"十二五"职业教育国家规划教材
经全国职业教育教材审定委员会审定

模具制造技术

——基于项目式教学方法

第2版

主　编　刘　航
副主编　李多铭
参　编　董贵荣　刘　雨
主　审　张磊明　高建博

机械工业出版社
CHINA MACHINE PRESS

本书是“十二五”职业教育国家规划教材，是根据《教育部关于“十二五”职业教育教材建设的若干意见》及教育部新颁布的《高等职业学校专业教学标准（试行）》，同时参考模具设计师与模具制造工国家职业资格标准，在第1版的基础上修订而成的。全书分为五个项目，内容包括准备模具制造工艺规程、机械加工模具零件、综合加工模具工作零件、测量与检验模具零件和装配模具，这五个项目都是以当前模具生产企业的具体项目为引导，以任务为驱动，深入浅出，学做结合，通过理实一体，使读者全面掌握和综合应用模具制造技术的能力，达到学以致用的目的。为便于教学，本书配套有电子教案、助教课件等教学资源，选择本书作为教材的教师可来电（010-88379934）索取，或登录 www.cmpedu.com 网站，注册、免费下载。

本书可作为高等职业院校模具设计与制造专业教材，也可作为数控、机械制造等机械类专业教材，以及相关工程技术人员岗位培训教材。

图书在版编目（CIP）数据

模具制造技术：基于项目式教学方法/刘航主编．—2版．—北京：机械工业出版社，2014.6（2026.2重印）
“十二五”职业教育国家规划教材
ISBN 978-7-111-47539-2

Ⅰ.①模…　Ⅱ.①刘…　Ⅲ.①模具—制造—高等职业教育—教材　Ⅳ.①TG76

中国版本图书馆CIP数据核字（2014）第169992号

机械工业出版社（北京市百万庄大街22号　邮政编码100037）
策划编辑：高　倩　责任编辑：张晓媛　版式设计：霍永明
责任校对：刘怡丹　封面设计：张　静　责任印制：刘　媛
北京建宏印刷有限公司印刷
2026年2月第2版第11次印刷
184mm×260mm · 14.5印张 · 348千字
标准书号：ISBN 978-7-111-47539-2
定价：45.00元

电话服务	网络服务
客服电话：010-88361066	机　工　官　网：www.cmpbook.com
010-88379833	机　工　官　博：weibo.com/cmp1952
010-68326294	金　书　网：www.golden-book.com
封底无防伪标均为盗版	机工教育服务网：www.cmpedu.com

第2版前言

本书是按照教育部《关于开展“十二五”职业教育国家规划教材选题立项工作的通知》，经过出版社初评、申报，由教育部专家组评审确定的“十二五”职业教育国家规划教材，是根据《教育部关于“十二五”职业教育教材建设的若干意见》及教育部新颁布的《高等职业学校专业教学标准（试行）》，同时参考模具设计师与模具制造工国家职业资格标准，在第1版的基础上修订而成的。

本书内容的编排从我国模具制造企业的实际情况出发，使教师教有所乐、学生学有所成。本书在编写过程中力求体现以培养学生从事模具设计与制造的基本技能为目标，体现学做有机结合、快乐学习的特色，遵循以学生为主体，以能力为本位，以企业需求为根本，以学生就业为导向的原则。全书共分为五个项目，内容包括准备模具制造工艺规程、机械加工模具零件、综合加工模具工作零件、测量与检验模具零件和装配模具，这五个项目都是以当前模具生产企业的具体项目为引导，以任务为驱动，依照基于工作过程导向的原则，按照由简到难的顺序，拟订模具制造典型工作任务，将专业理论知识融入到任务训练之中，学中做，做中学，全面实现理实一体的教学模式，使学生在学习训练中能够轻松、愉快地掌握模具制造技术，真正服务于企业。

本书在内容处理上主要有以下几点说明：① 五个项目里的任务导入与任务实施内容可参考本书的模式视各院校具体实训装备灵活变动；② 为了使15个任务得以完成、在理实一体教学中确实可操作，学生的最终考核成绩各项比例可适当调整；③ 项目内容及课时安排建议见下表，供参考。

项目	任务	课时	教学法
准备模具制造工艺规程	任务一　分析模具零件工艺，制订其工艺规程	4	理实一体
	任务二　选择模具零件毛坯及其定位基准	4	理实一体
	任务三　选定模具零件的工序尺寸，拟订其最终工艺路线	6~8	理实一体
机械加工模具零件	任务一　加工冲模模架	4	理实一体
	任务二　加工冲裁模具工作零件	4	理实一体
	任务三　加工注射模工作零件及其他结构零件	6~8	理实一体
综合加工模具工作零件	任务一　制订模具电火花加工工艺	4	理实一体
	任务二　制订模具电火花线切割加工工艺	6~8	理实一体
	任务三　制订模具其他制造方法的加工工艺	6	理实一体
测量与检验模具零件	任务一　测量与检验冷冲模工作零件	4	理实一体
	任务二　测量与检验塑料模工作零件	4	理实一体

（续）

项目	任务	课时	教学法
装配模具	任务一　装配单工序冲裁模	4	理实一体
	任务二　装配倒装式复合模	8	理实一体
	任务三　装配普通二板式塑料模	4～6	理实一体
	任务四　装配带侧抽芯的二板式塑料模	8	理实一体
参考课时		76～84	

本书由西安理工大学高等技术学院刘航副教授任主编，重庆机电职业技术学院李多铭任副主编。具体编写人员及分工如下：西安理工大学高等技术学院刘航副教授编写项目二、项目三、项目五，重庆机电职业技术学院李多铭高级工程师编写项目一，西安理工大学高等技术学院董贵荣讲师与西安电子科技大学高科学院刘雨讲师编写项目四。本书由张磊明副教授和高建博高级工程师共同主审。本书经全国职业教育教材审定委员会审定，教育部专家在评审过程中对本书提出了宝贵的建议，在此对他们表示衷心的感谢！

编写过程中，编者参阅了国内外出版的相关教材和资料，得到了全国机械职业教育模具设计与制造专业教学指导委员及陕西省模具工业协会和许多模具同行的有益指导，在此一并表示衷心感谢！

由于编者水平有限，书中不妥之处在所难免，恳请读者批评指正。

编　者

第1版前言

本书按照教育部颁布的高等职业技术院校模具设计与制造专业“模具制造技术”教学大纲编写，是高等职业技术院校模具设计与制造专业、数控专业和机械制造专业的教学用书，也可供有关工程技术人员参考。

本书的编者从事模具设计与制造专业的教学二十多年，并邀请了一批企业中的模具技术专家进行研讨。根据研讨得出的模具设计与制造技术岗位的技能要求及知识要求，对模具设计与制造技术岗位上的新技术、新工艺的应用情况进行了调研，结合目前高等职业技术院校学生的学习现状、就业态势，以及近几年在本课程教学过程中出现的一些新情况、新特点，最终确定了全书的编写思路和架构体系。

本书以模具制造工艺原理为主线，对传统的教学内容和课程体系进行了重组和整合，从模具制造工艺实施的生产实际出发，将模具零件的工艺分析、模具零件工艺规程的制定、模具制造工艺过程及分析、模具电火花加工、模具特种加工、模装配工艺、模具生产技术管理、快速成形技术的特点和应用、模具高速铣削加工的工艺特点以及获取“双证”等内容有机地结合起来，注重模具制造工艺原理的实际应用，以适应培养模具制造生产一线技术应用型人才的需要。本书在内容上力求适应当今高等职业院校的教学需要，从生产实际出发，做到简明、通俗。

本课程的教学时数为70~80学时。全书内容由八章组成，分别是模具制造工艺规程、模具零件的机械加工、模具电火花加工、模具制造的其他方法、模具装配工艺、模具生产技术管理、模具典型零件的加工工艺实例和模具加工技术的发展。

本书的编写分工为：西安理工大学高等技术学院刘航副教授任主编，并编写第一章、第二章、第三章、第四章和第七章；重庆机电职业技术学院望江分院李多铭高级讲师任副主编，并编写了第五章；张家界航空职业技术学院徐政坤副教授编写第八章；西安理工大学高科学院刘雨编写第六章。深圳信息职业技术学院张磊明副教授任主审。

本书配有电子课件，作为《模具制造技术》教材的辅助学习资料。在电子课件中收录了《模具制造技术》多媒体课件及一些与模具制造技术有关的动画、加工设备等重要工艺资料。使用本书作为教材的教师可登录机械工业出版社教材服务网 http://www.cmpedu.com 下载。咨询电话：010-88379193。

由于编者水平有限，错误和不足之处在所难免，恳切希望广大读者批评指正。

编　者

目 录

项目一　准备模具制造工艺规程

能力目标

1. 能正确选择模具零件的加工方法和工艺路线。
2. 具有分析和选择模具零件加工工艺及热处理工艺的能力。
3. 具有编制模具零件加工工艺文件的能力。

知识目标

1. 掌握机械加工工艺过程的组成，以及毛坯的选择原则。
2. 掌握确定加工余量的方法。
3. 熟悉机床及工艺装备的选择。
4. 了解工序尺寸及公差的确定。

任务一　分析模具零件工艺，制订其工艺规程

一、任务导入

模具限位导柱的加工任务见表 1-1。

表 1-1　模具限位导柱的加工任务

学习情境	实训地点：模具实训中心 教学条件：8 件模具限位导柱的毛坯、CY6140A 普通卧式车床、MA1420A 万能外圆磨床、活顶尖、中心钻、千分尺和游标卡尺等	教学要求
完成任务	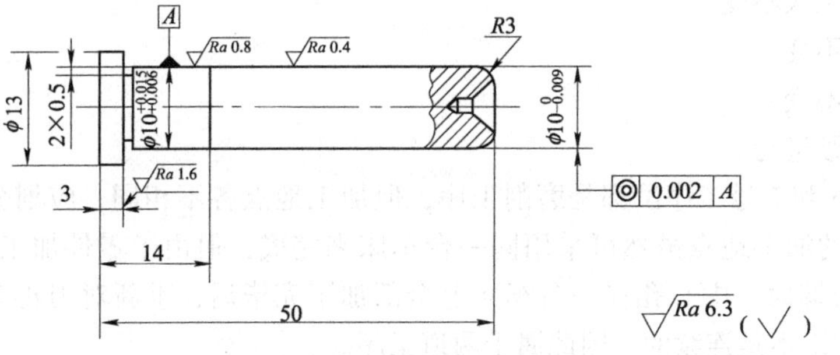	根据所学模具制造技术知识，完成左图所示模具限位导柱的加工，并进行检验

（续）

能力目标	会加工模具轴类零件，能填写模具加工工艺过程卡	
具体要求	① 掌握模具工艺规程的概念及工艺规程制订的方法、原则和步骤 ② 能正确选用外圆的加工方法 ③ 能完成外圆加工工艺与路线设计 ④ 能正确选择外圆加工刀具和切削用量 ⑤ 填写模具加工工艺过程卡	
教学法安排	① 多媒体教学 ② 现场演示 ③ 学生分组讨论 ④ 职业技能评价	理实一体
最终考核	工作文件 20%，操作过程 40%，工作结果 20%，汇报效果 10%，团队 10%	百分制

二、知识链接——模具制造中的基本概念

1. 生产过程和工艺过程

（1）生产过程　生产过程是指将原材料转变为成品的全过程。一般模具产品的生产过程包括原材料的运输和保管，生产的技术准备，毛坯的制造，模具零件的加工，模具的装配、检验，以及模具产品的包装和发送等。

（2）工艺过程　工艺过程是指直接改变加工对象的形状、尺寸、相对位置和性能，使之成为成品的过程。工艺过程是生产过程中的主要过程，其余过程，如生产的技术准备、检验、运输及保管等，则是生产过程中的辅助过程。

2. 模具的机械加工工艺过程

用机械加工方法直接改变毛坯的形状、尺寸和表面质量，使之成为模具零件的工艺过程，称为模具的机械加工工艺过程。将模具零件装配成一副模具的生产过程称为模具的装配工艺过程。

模具的机械加工工艺过程由若干个顺序排列的工序组成，毛坯依次通过这些工序变为成品。

（1）工序　一个或一组工人，在一个工作地点，对一个或同时对几个工件加工所完成的工艺过程称为工序。表 1-1 中图所示的限位导柱，当其加工数量较少时，有 5 道工序，见表 1-2；当加工数量较大时，就需要 9 道工序，见表 1-3。

划分工序的主要依据如下。

1）加工零件的工人不变。

2）加工的地点不变。

3）加工的零件不变。

4）加工必须连续进行。

表 1-3 中第 5、6 和 7 号工序虽都是磨削工序，但加工地点各不相同，应划分为 3 道工序。第 2、3 号工序的加工地点虽然可采用同一台车床来完成，但由于零件加工的数量大，应先将一批零件的两端面、中心孔在一台车床上全部加工完毕后，重新对刀再车外圆、车槽、倒角，其间的加工不是连续的，因此属于两道工序。

（2）工步　在一个工序内，往往需要采用不同的刀具和切削用量，对不同的表面进行加工，为便于分析和描述工序的内容，工序还可进一步划分为工步。当加工表面、切削工具和切削用量中的转速与进给量均不变时，所完成的这部分工序称为工步。例如，表 1-2 中的工序 2 有 3 个工步。

（3）安装与工位　为了在工件的某一部位上加工出符合技术要求规定的表面，就必须在机械加工前让工件在机床或夹具中占据一个正确的位置，这个过程称为工件的定位。工件从定位到夹紧的整个过程统称为安装。在一个工序内，工件的加工可能只需安装一次，也可能需要安装多次。工件在加工过程中应尽量减少安装次数，因为多一次安装就多一份误差，而且还增加了安装工件的辅助时间。

为了减少工件的安装次数，常采用各种回转工作台、回转夹具或移位夹具，使工件安装后可在几个不同位置进行加工。此时工件在机床上占据的每一个加工位置称为工位。图 1-1 所示为利用回转台在一次安装中顺次完成装卸工件、钻孔、扩孔和铰孔 4 个工位的加工实例。

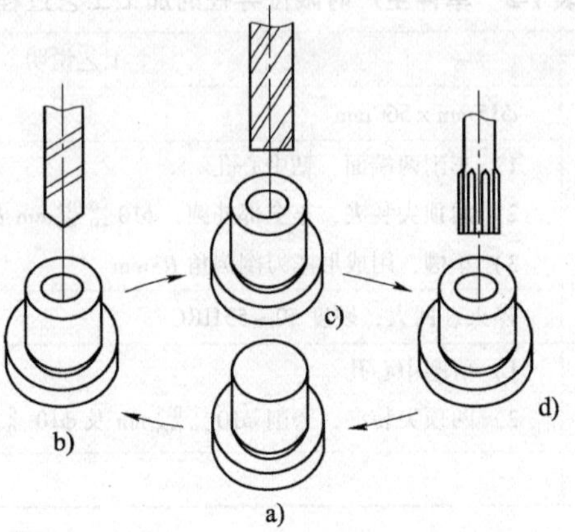

图 1-1　多工位加工实例

a）装卸工件　b）钻孔　c）扩孔　d）铰孔

（4）工步的合并　通常情况下，当构成工步的任一因素（加工表面、刀具或切削用量）改变后，就成为另一个工步。但为简化工序内容的叙述，有时需将一些工步加以合并。

1）对于性质相同、尺寸相差不大的表面，可合并为一个工步。如表 1-3 的工序 2 中两个端面的车削（车两端面），习惯上算作一个工步。

2）对于那些在一次安装中连续进行的多个（数量不限）相同的加工表面，可合并为一个工步。例如，图 1-2 所示的模具垫板零件上有 6 个 ϕ10mm 的孔需分别钻削。由于这 6 个加工表面完全相同，所以可合并为一个工步，即钻削 6 个 ϕ10mm 孔。

3）为了提高生产率而将多个表面用不同刀具进行同时加工，或用复合刀具同时加工工件的多个表面，也算作一个工步，称为复合工步。例如，图 1-3 所示为用一个钻头和两把车刀同时加工导套内孔和外圆的复合工步，就需要合并为一个工步。

（5）走刀　在一个工步内，当被加工表面需切除的金属层较厚，需要分多次切削时，则每一次切削就是一次走刀。走刀是工步的一部分，一个工步包括一次或多次走刀。

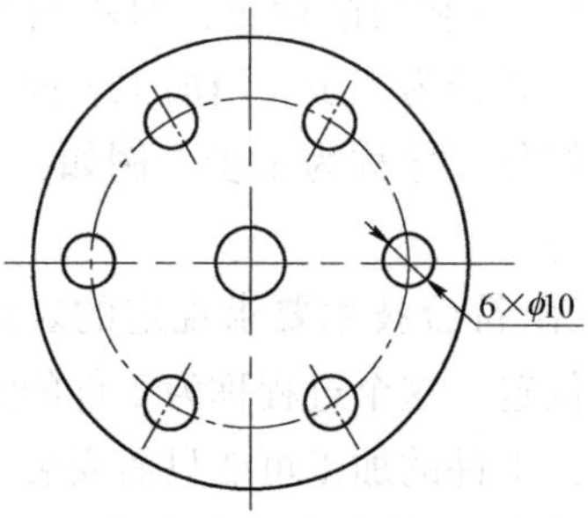

图 1-2 模具垫板零件

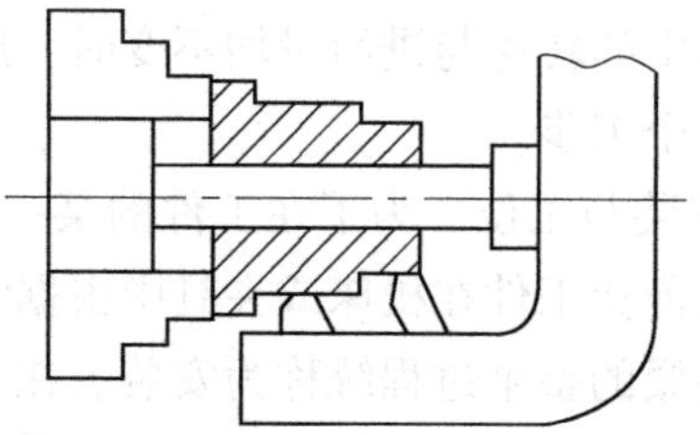

图 1-3 导套零件加工

三、任务实施

单件生产时限位导柱的加工工艺过程见表 1-2，成批生产时限位导柱的加工工艺过程见表 1-3。

表 1-2 单件生产时限位导柱的加工工艺过程

序号	工序名称	工艺说明
1	备料	ϕ15mm×560mm
2	车削	1）车削两端面，钻中心孔 2）两顶尖装夹，车全部外圆，$\phi10^{+0.015}_{+0.006}$mm 及 $\phi10^{\ 0}_{-0.009}$mm 处留余量 0.15mm 3）车槽，用成形车刀倒圆角 $R3$mm
3	热处理	淬火、回火，硬度 50～55HRC
4	磨削	1）研磨中心孔 2）两顶尖装夹，磨削 $\phi10^{+0.015}_{+0.006}$mm 及 $\phi10^{\ 0}_{-0.009}$mm 至尺寸
5	检验	

表 1-3 成批生产时限位导柱的加工工艺过程

序号	工序名称	工艺说明
1	备料	
2	车削	1）车削两端面 2）钻中心孔
3	车削	1）两顶尖装夹，车削全部外圆，$\phi10^{+0.015}_{+0.006}$mm 及 $\phi10^{\ 0}_{-0.009}$mm 处留余量 0.15mm 2）车槽，用成形车刀倒圆角 $R3$mm
4	热处理	淬火、回火，硬度 50～55HRC
5	磨削	1）研磨中心孔 2）两顶尖装夹，磨 $\phi10^{+0.015}_{+0.006}$mm 及 $\phi10^{\ 0}_{-0.009}$mm 至尺寸
6	磨削	砂轮机上装碗形砂轮，割去吊装段中心孔
7	磨削	专用夹具安装，多件集中磨平两端面，保证尺寸 50mm
8	钳工加工	研光圆角 $R3$mm
9	检验	

四、知识拓展

1. 生产纲领与生产类型

（1）生产纲领　每批需要制造产品的数量称为生产纲领，也称为生产量。零件的生产纲领 $N_{零}$ 可按下式计算，即

$$N_{零} = N_{产} n(1+\alpha)(1+\beta)$$

式中　$N_{产}$——产品的生产纲领（台/批）；

n——每台产品上的零件数量（件/台）；

α——零件的备品率（%）；

β——零件的平均废品率（%）。

（2）单件生产　每一个产品只生产一个或少数几个。模具制造通常属于单件生产。

（3）成批生产　产品周期地成批投入生产。一个工作地点需分批完成不同工件的某些工序。例如，模具中常用的标准模板、模座、导柱、导套等都属于成批生产类型。

根据产品的特征和批量的大小，成批生产又可分为小批生产、中批生产和大批生产。模具生产类型的工艺特点见表1-4，生产纲领与生产类型的关系见表1-5，机械产品类别与加工零件的质量的关系见表1-6。

表1-4　模具生产类型的工艺特点

特　点	少件生产	成批生产
零件互换性	配对制造，无互换性，通常由钳工修配	普遍具有互换性，保留某些试配
毛坯制造与加工余量	木模手工造型或自由锻造，毛坯精度低，加工余量大	部分用金属模或模锻，毛坯精度高，加工余量较小
机床设备及布置	通用设备，按机床用途排列布置	通用机床及部分高效专用机床，按零件类别分工段排列
夹具	多用通用夹具，靠划线法及试切法保证尺寸	专用夹具，部分靠划线保证
刀具与量具	采用通用刀具及万能量具	多采用专用刀具及量具
对工人的技术要求	熟练	中等熟练
工艺规程	只编制简单的工艺规程卡	有较详细的工艺规程，对关键零件有详细的工序卡片
生产率	低	高
制造成本	高	低

表1-5　生产纲领与生产类型的关系

生产类型	零件的年生产纲领/件		
	重型零件	中型零件	轻型零件
单件生产	<5	<10	<100
小批生产	5~100	10~200	100~500
中批生产	100~300	200~500	500~5000
大批生产	300~1000	500~5000	5000~50000
大量生产	>1000	>5000	>50000

表 1-6 机械产品类别与加工零件的质量的关系

机械产品类别	加工零件的质量/kg		
	轻型零件	中型零件	重型零件
电子工业机械及模具	<4	4~30	>30
机床	<15	<15~50	>50
重型机械	<100	100~2000	>2000

2. 模具零件的工艺分析

对模具零件进行工艺分析，就是要从加工制造的角度来研究模具零件图样各个方面是否存在不利于加工制造的因素或缺陷，并将这些不利因素或缺陷在制造开始前予以消除。

（1）审查零件图样的完整性与正确性　检查相关零件的结构与尺寸是否吻合；检查零件图的投影关系是否正确，表达是否清楚；检查零件的形状尺寸和位置尺寸是否完整、正确。若发现错误或遗漏，必须与设计者核对或提出修改意见。

（2）审查零件材料加工性能　审查零件的材料及热处理标注是否完整、合理。

1）需先淬硬，再用电火花或线切割加工的型腔或凹模类零件，不宜用淬透性差的碳素工具钢，而应采用淬透性好的材料，如 Cr12 和 Cr4W2MoV 等。

2）形状复杂的小零件，因热处理后难于进行磨削加工，必须采用微变形钢，如 Cr12MoV 和 Cr2Mn2SiWMoV 等。

（3）审查零件结构工艺性　零件结构工艺性是指所设计的零件进行加工时的难易程度。模具零件结构工艺性差的主要情况如下。

1）不必要的清角形状。

2）不必要的极窄槽。

3）不必要的极小尺寸型孔或外表面。

4）矩形凸模类零件四面都设计了吊装台肩（应修改为两面吊装台肩）。

5）尺寸接近的圆形过孔和圆形排料孔（应修改成统一尺寸的圆形过孔或排料孔）。

6）不必要的平圆底锪孔（应改为 120°的钻底孔形状）等。

（4）审查零件的技术要求　零件的技术要求如下。

1）加工表面的尺寸公差。

2）加工表面的几何公差。

3）各表面之间的相互位置公差。

4）加工表面的表面粗糙度。

5）热处理要求和其他技术要求。

3. 模具零件工艺规程的制订

将零件加工的全部工艺过程及加工方法按一定的格式写成书面文件，该书面文件就称为工艺规程。

（1）工艺规程的作用

1）工艺规程是组织生产和计划管理的重要资料。生产安排和调度，规定工序要求和质量检查等都以工艺规程为依据。

2）工艺规程是新产品投产前进行生产准备和技术准备的依据。刀具、夹具和量具的设计、制造或采购，原材料、半成品及外购件的供应，以及设备、人员的配备等，都受工艺规程的影响。

3）在新建和扩建工厂或车间时，必须有产品的全套工艺规程，以作为决定设备、人员、车间面积和投资预算等的原始资料。

4）行之有效的先进工艺规程还起着交流和推广先进经验的作用，有利于其他工厂缩短试制过程，提高工艺水平。

（2）编制模具零件工艺规程的基本要求　编制模具零件工艺规程的基本原则是保证以最低的成本和最高的效率来达到设计图样上的全部技术要求。因此，对模具零件工艺规程的要求主要包括以下四个方面。

1）工艺。工艺规程应全面、可靠和稳定地保证达到设计图样上所要求的尺寸精度、形状精度、位置精度、表面质量和其他技术要求。

2）经济。工艺规程要在保证技术要求和完成生产任务的前提下，使生产成本最低。

3）生产率。工艺规程要在保证技术要求的前提下，以较少的工时来完成加工制造。

4）劳动条件。工艺规程还必须保证工人具有良好而安全的劳动条件。

（3）制订模具零件工艺规程的步骤　制订工艺规程时，首先必须认真研究原始资料，其主要内容如下。

1）产品的整套装配图和零件图。

2）生产纲领和生产类型。

3）毛坯的情况，以及生产厂（车间）的生产条件，如机床设备和工艺装备等的状况。

4）研究、学习必要的标准手册和相似产品的工艺规程。

（4）编制工艺规程的一般步骤

1）研究模具装配图和零件图，进行工艺分析。

2）确定毛坯的种类、尺寸及其制造方法。

3）拟订零件的加工工艺路线，包括选择定位基准，确定加工方法，划分加工阶段，安排加工顺序和决定工序内容等。

4）确定各工序的加工余量，计算工序尺寸及其公差。

5）选择机床、工艺装备、切削用量及工时定额。

6）填写工艺文件。

（5）模具制造工艺规程的内容和确定原则与方法　根据模具制造工艺规程的性质、作用、要求和内容特点，其具体内容和确定原则与方法见表1-7。

表1-7　模具制造工艺规程的内容和确定原则与方法

序号	项　目	内容及其确定原则与方法
1	模具或零件	模具或零件的名称 模具或零件的图号或企业产品号
2	零件毛坯的选择与确定	毛坯的种类和材料 毛坯的供货状态、外形尺寸等
3	工艺基准的选择与确定	遵循工艺基准与设计基准重合的原则，遵循基准统一的原则
4	模具零件加工的工艺路线的设计（主要制订凸模和凹模的工艺路线）	1）分析零件的结构要素及其工艺性 2）确定工艺方法和加工顺序 3）根据现场的工艺装备，确定工序内容集中的程度

（续）

序号	项　　目	内容及其确定原则与方法
5	模具装配工艺路线的确定	1）确定装配方法 2）确定装配顺序 3）标准件的补充加工 4）装配与试模 5）验收条件与验收检查
6	工序余量的确定	工序余量的确定有计算法、查表修正法和经验估计确定法三种。模具零件加工工序余量的确定常用后两种方法
7	工序尺寸与公差的计算与确定	模具零件加工的工序尺寸与公差一般采用查表或经验估计确定法确定。只在采用NC、CNC高效精密机床加工，且工序内容集中时，须进行计算
8	机床与工装的选择与确定	1）机床的选择与确定 ① 机床的加工精度与零件的技术要求应适应 ② 机床的可加工尺寸与零件的尺寸应符合 ③ 机床的生产率和零件的生产规模应一致 ④ 选择机床时，须考虑现场所拥有的机床及其状态 2）工装的选择与确定。模具零件加工所有工装包括夹具、刀具和量具。在模具零件加工中，由于是单件制造，应尽量选用通用夹具和机床附有的夹具，以及标准刀具，其刀具的类型、规格和精度等级应与加工要求相符合
9	工序或工步切削用量的计算与确定	合理确定切削用量对保证加工质量，提高生产率，减少刀具的损耗具有重要意义。机械加工的切削用量包括主轴转速（r/min）、切削速度（m/min）、进给量（mm/r）、背吃刀量（mm）和走刀次数。电火花加工中，则须合理确定电规准
10	工时定额的计算与确定	在一定生产条件下，规定模具制造周期和完成每道工序所消耗的时间，不仅对提高工作人员积极性和生产技术水平有很大作用，还对保证按期完成用户合同中规定的交货期具有重要的经济、技术意义。工时定额公式为 $T_{定额}=T_{基本}+T_{辅助}+T_{布置}+T_{休息}+T_{准终}/n$ n——加工件数； $T_{准终}/n$——每件所耗的终结时间； $T_{基本}$——机动加工时间； $T_{辅助}$——直接用于机动加工的辅助工作时间； $T_{布置}$——布置工作地，如换刀、清理切屑和润滑机床等所耗时间； $T_{休息}$——休息与生理需要所耗时间； $T_{准终}$——进行准备，如阅读图样、领工具等，以及终结时送交成品、归还工装等所耗时间

（6）模具制造工艺规程的文件化和格式化　将模具制造工艺过程及其内容，按在制造过程中的不同用途和作用，分别以工艺过程卡、工艺卡和工序卡的形式，使工艺规程文件化、格式化，以利于有顺序、有计划地完成模具及其零件制造的全过程，并对其制造过程进行有效控制。

1）模具制造工艺过程卡。它是以工序为单元，以表格为形式，简要说明模具及其零件（主要是凸、凹模）的加工（或装配）过程的工艺文件。从模具制造工艺过程卡中可以了解、并明确制造工艺流程和加工方案。其内容与格式见表1-8。

表 1-8　模具制造工艺过程卡

工艺过程卡								
零件名称		模具编号		零件编号				
材料名称		毛坯尺寸		件数				
工序	机号	工种	施工简要说明	定额工时	实际工时	制造人	检验	等级
工艺员		年　月　日		零件质量等级				

2）模具制造工艺卡。它是按照模具及其零件的某一工艺阶段的内容，编制的工艺文件。仍以工序为单元，详细说明某一工艺阶段中的工序内容工艺参数（切削用量等）、操作要求和采用的机床与工艺装备等。其内容与格式见表 1-9。

表 1-9　模具制造工艺卡

工艺卡				产品型号		零件图号				
				产品名称		零件名称			共　页	第　页
材料牌号	毛坯种类	毛坯尺寸	毛坯件数	零件毛重/kg		零件净重/kg	材料消耗定额/kg		台产品零件数	每批数量
工序	安装	工步	工序内容	机床设备		工艺设备名称及编号			工时	
				名称及型号	编号	夹具	刀具	量具、辅具	准备终结	基本
						设计（日期）	校对（日期）	审核（日期）	标准化（日期）	会签（日期）
标记	处数	更改文件号	签字	日期	标记	处数	更改文件号	签字	日期	

3）模具制造工序卡。对于特别重要的、关键的工序，根据模具制造工艺过程卡或工艺卡的内容，按工序及其内容编制成表格形式的工艺文件称为工序卡。其内容见表 1-10，包括工序简图、该工序的工艺参数（如工序尺寸与公差和每工步的切削用量）、定额工时、操作要求，以及所用的机床与工艺装备等的说明与规定。

对凸模和凹模的制造来说，在采用高效、精密机床，如 CNC 加工中心，或铣床和镗（钻）床加工时，所编制的工序卡就是制订 CNC 机床加工程序的依据。

表 1-10 模具制造工序卡

模具		模具编号		工序号		工序简图
零件		零件编号				
毛坯材料		毛坯尺寸		毛坯件数		
序号	机号	工种	工序内容及工艺要求说明	工时		
				工艺参数（机加工切削用量、电加工工艺规准）		工装
工艺员		年 月 日		制造者	年 月 日	
检验员		年 月 日		检验纪要		

任务二 选择模具零件毛坯及其定位基准

一、任务导入

导套加工任务见表 1-11。

表 1-11 导套加工任务

学习情境	实训地点：模具实训中心 教学条件：4 件模具导套的毛坯、CA6140 普通卧式车床、MA1420A 万能外圆磨床、活顶尖、千分尺和游标卡尺等	教学要求
完成任务	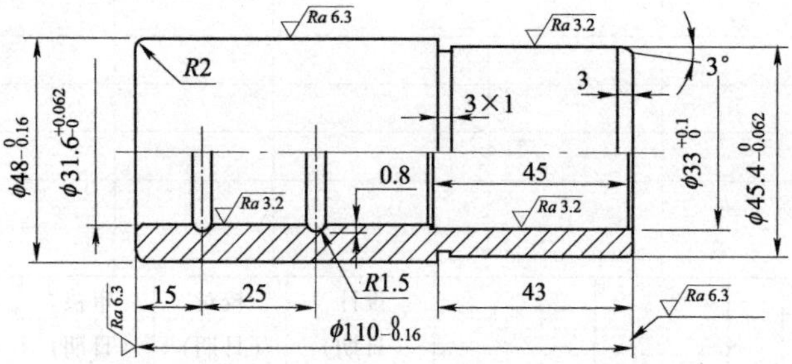 材料：20 钢 热处理：渗碳层深度 0.8～1.2mm，硬度 58～62HRC	根据所学模具制造技术知识，完成左图所示模具导套的加工，并进行检验
能力目标	会加工模具套类零件，能填写模具加工工艺过程卡	
具体要求	① 掌握孔加工工艺规程的概念及制订的方法、原则和步骤 ② 能正确选用孔的加工方法 ③ 能完成外圆及内孔加工工艺与路线设计 ④ 能正确选择外圆及内孔加工刀具和切削用量 ⑤ 填写模具加工工艺过程卡片	

（续）

学习情境	实训地点：模具实训中心 教学条件：4 件模具导套的毛坯、CA6140 普通卧式车床、MA1420A 万能外圆磨床、活顶尖、千分尺和游标卡尺等	教学要求
教学法安排	① 多媒体教学 ② 现场演示 ③ 学生分组讨论 ④ 职业技能评价	理实一体
最终考核	工作文件 20%，操作过程 40%，工作结果 20%，汇报效果 10%，团队 10%	百分制

二、知识链接——加工余量与定位基准选择

1. 加工余量及毛坯尺寸的确定

（1）加工余量的基本概念　为了得到成品零件而从毛坯上切去的一层金属称为加工余量，简称余量。余量又分为总余量和工序余量。

总余量是指由毛坯变为成品的过程中，在某加工表面上切除的金属总厚度，它等于毛坯尺寸与成品尺寸之差。

工序余量是指某加工表面在一道工序中所切除的金属层厚度，它等于上道工序所得到的加工尺寸（工序尺寸）与本工序要得到的加工尺寸之差。

图 1-4a 所示是加工工件的上平面，图 1-4b 所示是加工轴类零件的外表面，图 1-4c 所示是加工套类零件的内表面。其中 Z_i 为本道工序将要去除的工序余量。图 1-4a 中的工序余量非对称地分布在单边，称为单边余量，而图 1-4b 和图 1-4c 中的余量则对称地分布在工件的双边，称为双边余量。

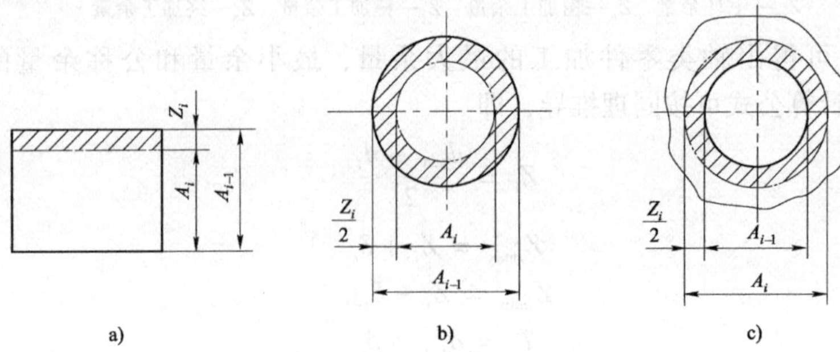

图 1-4　工件加工总余量

a）工件的上平面（单边余量）　b）轴类零件的外表面（外圆的双边余量）
c）套类零件的内表面（孔的双边余量）

$$Z = |A_{i-1}A_i|$$

式中　A_{i-1}——上道工序的工序尺寸（mm）；

A_i——本道工序的工序尺寸（mm）。

总余量 Z 则等于同一加工表面的各道工序余量之和，即

$$Z = Z_1 + Z_2 + \cdots + Z_n$$

式中　Z_1——第 1 道工序的加工余量（mm）；

Z_2——第 2 道工序的加工余量（mm）；

Z_n——第 n 道工序的加工余量（mm）。

上述各公式中，当工序尺寸是公称尺寸时，算出的余量称为公称余量。但毛坯制造和各工序加工都不可避免地存在着误差，因而无论是工序余量还是总余量都是变动值，于是又出现了最大余量和最小余量。

工序尺寸的偏差规定按“入体原则”进行标注。所谓入体原则，就是对于轴类零件等于被包容面的尺寸，工序尺寸偏差取单向负偏差，工序公称尺寸等于上极限尺寸；对于孔类等包容面的尺寸，工序尺寸偏差取单向正偏差，工序公称尺寸等于下极限尺寸。但对于毛坯表面，制造偏差一般取双向偏差即正负值。

最大余量、最小余量和公称余量与工序尺寸及公差的关系如图 1-5 所示。其中图 1-5a所示为加工外表面，图 1-5b 所示为加工内表面。

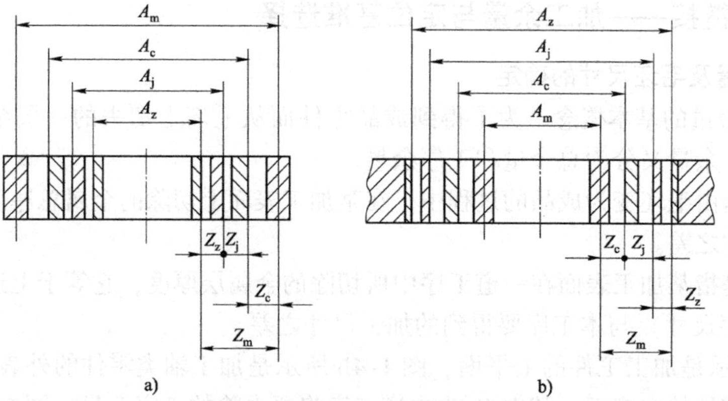

图 1-5　工序余量和尺寸分布图

a）加工外表面　b）加工内表面

A_m—毛坯尺寸　A_c—粗加工尺寸　A_j—精加工尺寸　A_z—终加工尺寸

Z_m—毛坯余量　Z_c—粗加工余量　Z_j—精加工余量　Z_z—终加工余量

根据图 1-5a 可得出轴类零件加工的最大余量、最小余量和公称余量的计算公式。图 1-5b内表面的计算公式可按同理推导，即

$$Z_i = \frac{d_{i-1} - d_i}{2}$$

$$Z_{i\max} = Z_i + \delta_i$$

$$Z_{i\min} = Z_i - \delta_{i-1}$$

$$T_i = \delta_{i-1} + \delta_i$$

式中　d_{i-1}、d_i——上道工序尺寸和本道的工序尺寸（mm）；

$Z_{i\max}$、$Z_{i\min}$——最大工序余量和最小工序余量（mm）；

T_i——工序余量公差（mm）；

δ_{i-1}——上道工序的工序公差（mm）；

δ_i——本道工序的工序公差（mm）。

（2）加工余量的确定

1）经验估算法。由工艺人员根据经验确定加工余量的方法称为经验估算法。模具零件多数属于单件或小批生产，为了确保余量足够，选定的加工余量一般较大。

2）查表修正法。以生产实践和试验研究积累的有关加工余量的资料数据为基础，反复验证，列成表格，使用时按具体加工条件查表修正余量值，此方法称为查表修正法。此法应用较广，查表时应注意表中数据的适用条件。

表 1-12 列出了中、小尺寸模具零件的工序余量，可供参考使用。

表 1-12　中、小尺寸模具零件的工序余量

本工序→下工序		本工序的表面粗糙度 $Ra/\mu m$	本工序的单边余量/mm
锻	车、刨、铣	3.2 ~ 12.5	锻圆柱形，2 ~ 4 锻六方体，3 ~ 6
车、刨、铣	粗磨	0.8 ~ 1.6	0.2 ~ 0.3
	精磨	0.4 ~ 0.8	0.12 ~ 0.18
刨、铣、粗磨	外形线切割	0.4 ~ 1.6	装夹处，>10 非装夹处，5 ~ 8
精磨、插、仿铣	钳工锉修打光	1.6 ~ 3.2	0.05 ~ 0.15
铣、插	电火花	0.8 ~ 1.6	0.3 ~ 0.5
精铣、钳修、精车、精镗、磨、电火花、线切割	研抛	0.4 ~ 1.8	0.005 ~ 0.01

2. 定位基准的选择

（1）基准的概念　在机械制造与设计中，可将基准的概念表述为用以确定零件上其他点、线、面位置所依据的点、线、面。基准按其作用不同，可分为设计基准和工艺基准两大类。

1）设计基准。设计零件时用以确定其他点、线、面的基准称为设计基准。如图 1-6 所示的导套零件，其外圆和内孔的设计基准是零件的轴线，端面 *B* 的设计基准是端面 *A*，内孔 *D* 的轴线则与 ϕ30h6 外圆的设计基准相同，也是零件的轴线。

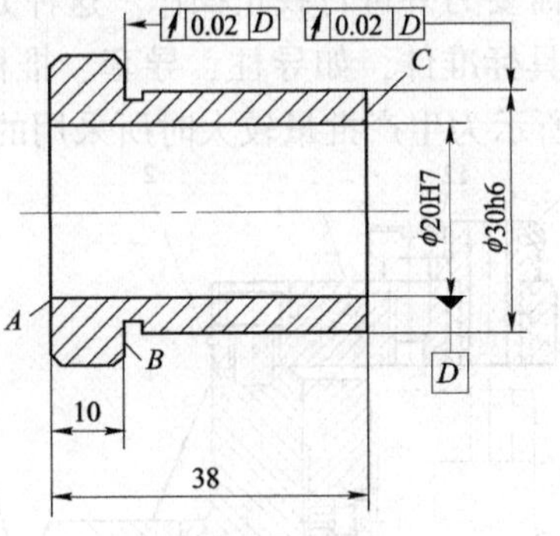

图 1-6　导套

2）工艺基准。零件在加工和装配过程中使用的基准称为工艺基准。按其用途不同又可分为定位基准、测量基准和装配基准。

① 定位基准。工件在夹具或机床上定位时使用的基准称为定位基准，该基准使工件的被加工表面相对于机床和刀具获得确定的位置。图 1-6 所示的导套零件若使用芯棒在外圆磨床上磨削 ϕ30h6 的外圆表面时，内孔的轴线即定位基准。

② 测量基准。测量工件已加工表面位置及尺寸时所依据的基准称为测量基准。如图 1-6 所示的导套零件，当以内孔轴线为基准（套在检验芯棒上）检验 ϕ30h6 外圆的径向圆跳动和端面圆跳动时，内孔的轴线即测量基准。

③ 装配基准。装配时用来确定零件在模具中的位置时所依据的基准称为装配基准。装配基准常常就是零件的主要设计基准。

（2）工件的安装方式　在各种不同的机床上加工模具零件时，有各种不同的安装方式，通常可归纳为直接找正法、划线找正法和采用夹具找正法三种。

1）直接找正法。由工人利用百分表或划针盘上的划针，以目测法找正工件正确位置的方法称为直接找正法。在车床上用单动卡盘夹持工件精车型芯，为使表面 *B* 的余量均匀，工人缓慢地转动夹持工件的卡盘，用百分表找正，如图 1-7 所示，其定位精度可达 0.02mm。直接找正法适用于大多数模具零件的加工。

2）划线找正法。刨削加工模板时，可先在工件上按设计要求划出中心线、对称线及各待加工表面的加工线，工件定位时再用划针按划线位置找正以确定其正确的加工位置，如图 1-8所示。这种按划线找正工件加工位置的方法称为划线找正法，其定位精度一般为 0.2 ~0.5mm。

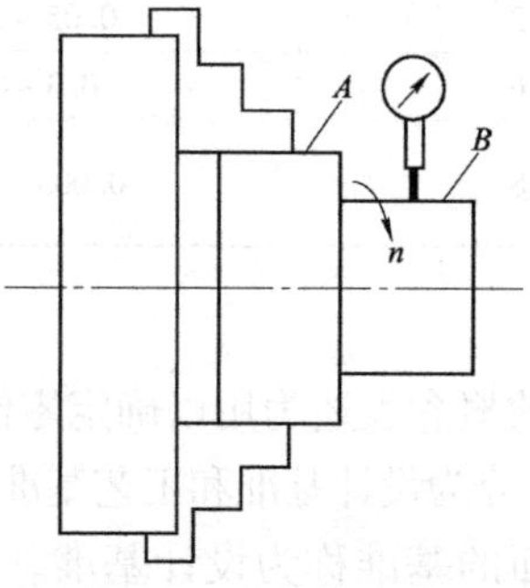

图 1-7　直接找正法

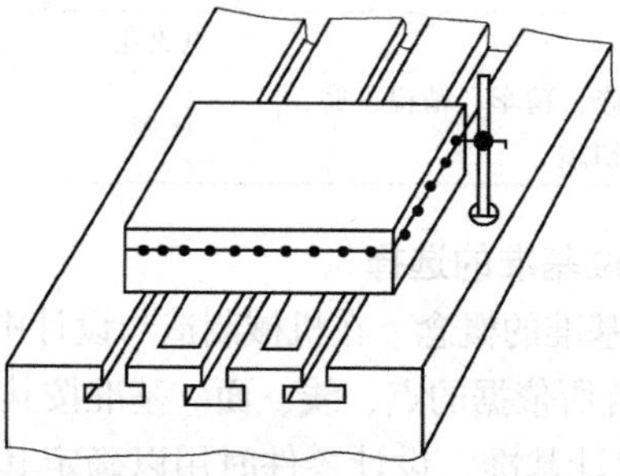

图 1-8　划线找正法

3）采用夹具安装。将夹具按其定位面安装在机床上，工件按六点定位原则直接放置在夹具的定位元件上并夹紧，不需要另外进行找正操作。这种方法装夹迅速，定位精度高，但需要设计和制造专用夹具。模具标准件，如导柱、导套、推杆和拉料杆等进行成批生产时，可采用专用夹具安装。图 1-9 所示为生产批量较大时所采用的专用回转式钻夹具。

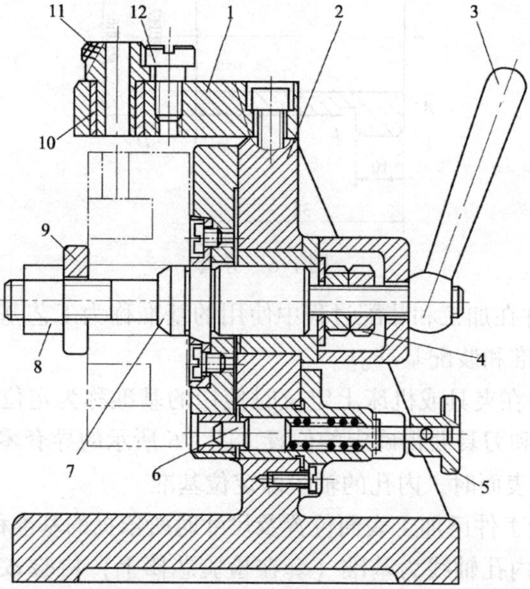

图 1-9　专用回转式钻夹具

1—钻模板　2—夹具体　3—手柄　4、8—螺母　5—把手　6—定位销

7—圆柱销　9—快换垫圈　10—衬套　11—钻套　12—螺钉

三、任务实施

模具制造工序卡见表 1-13 和表 1-14。

表 1-13　模具制造工序卡（一）

模具	冷冲压模	模具编号		工序号	20（车）	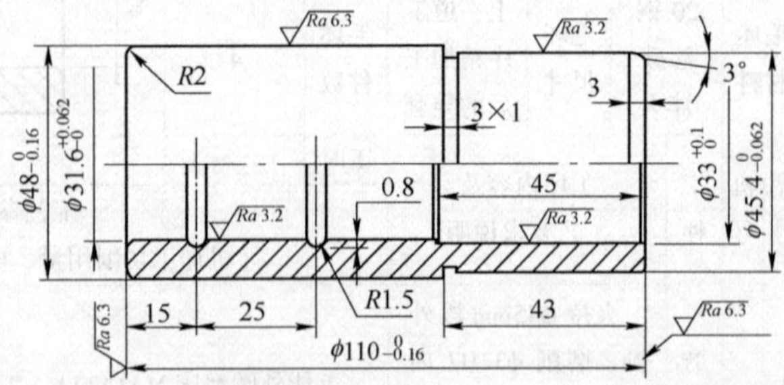
零件	导套	零件编号				
毛坯材料	20 钢热轧圆钢	毛坯尺寸	ϕ52mm × 500mm	毛坯件数	4	
				工时		

序号	机号	工种	工序内容及工艺要求说明	工艺参数（机加工切削用量、电加工工艺规准）	工装
1		下料	ϕ52mm × 500mm		
2		车削	夹持外圆，车削端面见光	CA6140 车床，主轴转速 760r/min，进给量 0.15 ~ 0.4mm/r，背吃刀量 0.5 ~ 1mm	自定心卡盘
3		车削	初钻通孔 ϕ15mm，扩孔至 ϕ30mm	主轴转速 400r/min，手动进给	麻花钻头
4		镗削	镗 ϕ33mm 孔至尺寸，倒孔口角	主轴转速 400r/min，进给量 0.15 ~ 0.3mm/r，背吃刀量 0.3 ~ 1.5mm	镗孔刀 游标卡尺
5		车削	车削 ϕ45r6 外圆至 ϕ45.4mm（留磨削余量 0.4mm），倒 3°角	主轴转速 760r/min，进给量 0.18 ~ 0.4mm/r，背吃刀量 0.3 ~ 1.5mm	外圆车刀 游标卡尺
6		车削	车槽 3mm × 1mm	主轴转速 400r/min，手动进给	车槽刀 游标卡尺
7		车削	掉头夹持外圆，车削另一端面，保证总长 110mm	主轴转速 760r/min，进给量 0.15 ~ 0.4mm/r，背吃刀量 0.5 ~ 1mm	端面车刀 游标卡尺
8		车削	粗、半精镗内孔至 ϕ31.6mm（留磨削余量），孔口倒圆角	主轴转速 400r/min，进给量 0.15 ~ 0.3mm/r，背吃刀量 0.3 ~ 1.5mm	镗孔刀 游标卡尺
9		车削	车削两个 R1.5mm 油槽	主轴转速 400r/min，手动进给	车槽刀
10		车削	车削 ϕ48mm 外圆至尺寸，倒 R2mm 圆角	主轴转速 760r/min，进给量 0.3 ~ 0.7mm/r，背吃刀量 0.3 ~ 1.5mm	外圆车刀 游标卡尺
11		检验	按图样要求检验 4 个导套		

工艺员	年　月　日	制造者	年　月　日
检验员	年　月　日	检验纪要	

表 1-14 模具制造工序卡（二）

<table>
<tr><td colspan="2">模具</td><td>冲压模</td><td>模具编号</td><td></td><td>工序号</td><td>50（磨）</td><td colspan="2" rowspan="4">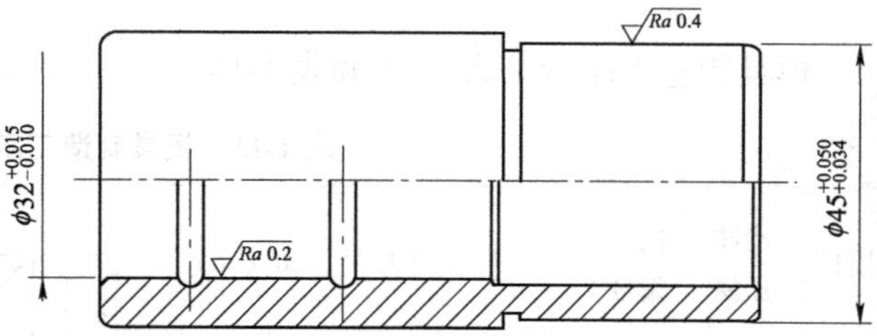
</td></tr>
<tr><td colspan="2">零件</td><td colspan="2">导套</td><td>零件编号</td><td colspan="2"></td></tr>
<tr><td colspan="2">毛坯材料</td><td>20钢渗碳淬火</td><td>毛坯尺寸</td><td>上一道工序精加工后的导套</td><td>毛坯件数</td><td>4</td></tr>
<tr><td rowspan="2">序号</td><td rowspan="2">机号</td><td rowspan="2">工种</td><td colspan="2" rowspan="2">工序内容及工艺要求说明</td><td>工时</td><td></td></tr>
<tr><td colspan="3">工艺参数
（机加工切削用量、电加工工艺规准）</td><td>工装</td></tr>
<tr><td>1</td><td></td><td>磨削</td><td colspan="2">夹持 ϕ45mm 段外圆，磨削 ϕ32H7 内孔至图示尺寸，留研磨余量 0.01mm</td><td colspan="3">万能外圆磨床 MA1420A，工件速度 30～50m/min</td><td>自定心卡盘
内径千分表</td></tr>
<tr><td>2</td><td></td><td>磨削</td><td colspan="2">用心轴装夹，以 ϕ32H7 内孔定位，磨削 ϕ45r6 内孔至尺寸</td><td colspan="3"></td><td>心轴，顶尖
外径千分尺</td></tr>
<tr><td>3</td><td></td><td>检验</td><td colspan="2">按图样要求检验4个导套</td><td colspan="3"></td><td></td></tr>
<tr><td></td><td></td><td></td><td colspan="2"></td><td colspan="3"></td><td></td></tr>
<tr><td></td><td></td><td></td><td colspan="2"></td><td colspan="3"></td><td></td></tr>
<tr><td colspan="3">工艺员</td><td colspan="2">年 月 日</td><td>制造者</td><td colspan="3">年 月 日</td></tr>
<tr><td colspan="3">检验员</td><td colspan="2">年 月 日</td><td>检验纪要</td><td colspan="3"></td></tr>
</table>

四、知识拓展

1. 毛坯尺寸的计算

在毛坯设计中，首先考虑的是毛坯的形式。在决定毛坯形式时主要考虑以下几个方面。

1）模具材料的类别。在模具设计中，可以根据规定的模具材料类别确定毛坯的形式。例如，精密冲裁模的上、下模座的材料多为铸钢，大型覆盖件拉深模的凸模、凹模和压边圈零件为合金铸铁时，这类零件的毛坯形式必然为铸造件。又如，非标准模架的上、下模座材料多为45钢，其毛坯形式应该是厚钢板的原型材。

2）模具零件的类别和作用。对于模具结构中的工作零件，如精密冲裁模和重载冲压模的工作零件，多为高碳高合金工具钢，其毛坯形式应该为锻造件。高使用寿命冲裁模的工作零件材料多为硬质合金，其毛坯形式为粉末冶金件。对于模具结构中的一般结构件，其毛坯形式多选择原型材。

3）模具零件几何形状特征和尺寸关系。当模具零件的不同外形表面尺寸相差较大时，如凸缘式模柄零件，为了节省原材料和减少机械加工的工作量，其毛坯形式应选择锻件。

2. 模具零件的毛坯形式

模具零件的毛坯形式主要有原型材、锻造件、铸造件和半成品件。

（1）原型材　原型材是指利用冶金材料厂提供的各种截面的棒料、条料、板料或其他形状截面的型材，经过下料后直接送往加工车间进行表面加工的毛坯。

原型材的主要下料方式有剪切法、锯切法、薄片砂轮切割法和火焰切割法。

1）剪切法。对于厚度 $t \leqslant 13$mm 的钢板材可以在机械式剪板机上进行下料，而对于厚度 $t = 13 \sim 32$mm 的厚钢板材应该在液压式剪板机上进行下料。对于圆棒料的剪切，应该在专用棒料剪切设备上进行下料，剪切棒料直径 $D \leqslant 25$mm。

2）锯切法。锯切法下料应用最广泛，下料的断面质量好，下料的长度尺寸精度高，是锻件毛坯原型材下料的主要方法。按照锯片形状的不同，锯床分为卧式带锯床、立式带锯床、圆盘锯床和卧式弓锯床四类，它们可以对钢铁材料和非铁金属的圆棒料、方料、型材等进行下料。

3）薄片砂轮切割法。薄片砂轮切割法是在砂轮片锯床上利用高速旋转的薄片砂轮与毛坯发生剧烈摩擦而产生高温，使毛坯局部变软熔化，在薄片砂轮旋转力作用下形成切口而最终切断。这种下料方式的优点是设备简单，下料长度尺寸准确，断口平齐，而且不受毛坯硬度和形状的限制。其缺点是下料时噪声大，而且砂轮片的消耗较大。常见砂轮片锯床最大锯切直径 $D_{\max} = 80$mm。

4）火焰切割法。火焰切割法是利用普通焊枪和专用气割设备的可燃气体和氧气的混合燃烧形成的火焰，对金属毛坯的切割部位集中加热到燃烧温度，然后喷射高速氧流，使切割部位金属发生快速燃烧，形成液态金属氧化物，同时依靠高速切割氧流的冲刷作用，吹除金属氧化物，形成切割缝。

火焰切割法的主要特点是设备简单、生产率高、成本低。主要用于碳的质量分数小于 0.7% 的碳素结构钢和低合金钢的切割下料，特别适用于切割厚度较大或形状较复杂的毛坯。同时能切割任意截面的型材。应注意，高碳钢、高合金钢和非铁金属材料不宜采用火焰切割法下料。

火焰切割后的毛坯应及时进行退火处理，以防加工时产生裂纹而报废或由于硬度不均匀而影响机械加工的正常进行。

（2）锻件　模具零件毛坯，对原型材进行下料之后，通过锻造的方法获得合理的几何形状和尺寸的毛坯，称为锻件毛坯。

1）锻造的目的。模具中的工作零件大量使用高碳高铬工具钢，这类材料的冶金质量存在严重的缺陷，只有通过锻造，打碎共晶网状碳化物，并使碳化物分布均匀，细化晶粒组织，提高模具零件的加工工艺性和使用寿命。其次就是改变毛坯形状。

2）锻件毛坯。由于模具生产属于单件或小批生产，模具零件锻件的锻造方式为自由锻造。模具零件锻件的几何形状多为圆柱形、圆板形、矩形，也有少数为 T 形、L 形或 Π 形等形状。

① 锻件加工余量。锻件应保证合理的机械加工余量。如果锻件机械加工的加工余量过大，不仅浪费了材料，还会造成机械加工工作量过大，增加了机械加工工时；如果锻件机械加工的加工余量过小，会使锻造过程中产生的锻造夹层、表层裂纹、氧化层、脱碳层和锻造不平现象无法消除，从而得不到合格的模具零件。

② 锻件下料尺寸的确定。合理地选择棒料的尺寸和下料方式，对于保证锻件质量和方便锻造操作都有直接的关系。在棒料的下料长度（L）和棒料的直径（d）的关系上，应满足 $L =（1.25 \sim 2.5）d$。在满足上述关系的前提下，尽量选用小规格的棒料。

3）锻件毛坯下料尺寸的确定。

① 计算锻件毛坯体积 $V_{坯}$。

$$V_{坯} = V_{锻} k$$

式中 $V_{锻}$——锻件的体积（mm^3）；

k——损耗系数，$k = 1.05 \sim 1.10$。

锻件在锻造过程中的总损耗量包括烧损量、切头损耗和芯料损耗三部分。烧损量包括毛坯在加热和锻造时产生的氧化皮而形成的材料损耗，它和毛坯加热次数、加热条件有关，经验表明当锻件质量＜5kg时，加热次数为1～2次；锻件质量为5～20kg时，加热次数为2～3次；锻件质量为20～60kg时，加热次数为3～5次。切头损耗是在锻造时由于切除锻件两端不平和裂纹部分的损耗，较小的锻件一般不考虑这部分损耗。芯料损耗是锻件需要冲孔而产生的损耗。为了计算方便，总损耗量可按锻件质量的5%～10%选取。在加热1～2次锻成，基本无鼓形和切头时，总损耗取5%。在加热次数较多和有一定鼓形时，总损耗取10%。

② 计算锻件毛坯尺寸。棒料理论直径 $D_{理}$ 为

$$D_{理} = \sqrt[3]{0.637 V_{坯}}$$

棒料的实际直径尺寸按现有钢材棒料的直径规格选取，当 $D_{理}$ 比较接近实有规格时，$D_{实} \approx D_{理}$。

棒料的长度应根据锻件毛坯的质量和选定的直径，查询棒料长度质量表确定。

（3）铸件　在模具零件中常见的铸件有冲压模具的上模座和下模座、大型塑料模的框架等，材料为灰铸铁HT200和HT250；精密冲裁模的上模座和下模座，材料为铸钢ZG270—500；大、中型冲压成形模的工作零件，材料为球墨铸铁和合金铸铁；另外，吹塑模具和注射模具，其材料为铸造铝合金，如铝硅合金ZL102等。

3. 定位基准的选择原则

模具零件机械加工的第一道工序只能使用毛坯上未经加工过的表面作为定位基准，这种基准称为粗基准。在以后的工序中，则应使用加工过的表面作为定位基准，该基准称为精基准。

当工件上没有能作为基准用的表面时，就必须在工件上专门设置或加工出定位基准，该基准称为辅助基准。图1-10所示的工艺夹头的外圆表面、中心孔及旋入圆锥定位柱头部螺孔内的工艺夹头，其外圆表面就是辅助基准。辅助基准在模具零件的工作中通常并无用处，完全是为了工艺上的需要而加工或设置的。加工完毕后如有必要可以去除。在制订工艺规程时，总是先考虑选择什么样的精基准来保证零件的各个表面的加工质量，然后考虑选择什么样的粗基准把精基准加工出来。

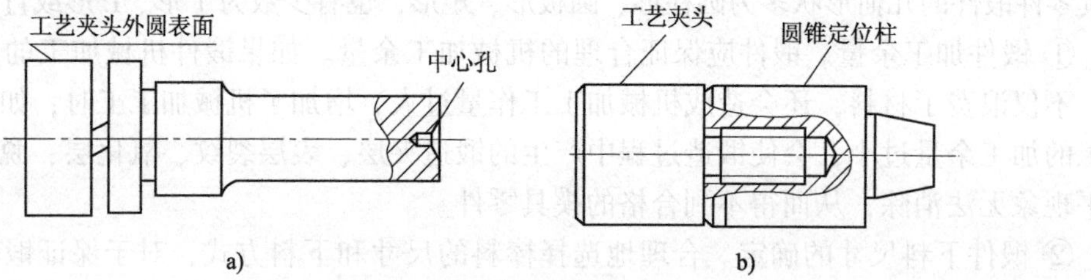

图1-10　辅助基准实例

a）夹头的外圆表面及其中心孔　b）工艺夹头

选择精基准时，主要考虑减少定位误差和保证加工质量。一般应遵循以下原则。

（1）基准重合原则　应尽量选择零件上的设计基准作为工艺定位的精基准，这样可以消除因基准不重合而产生的误差，这就是基准重合原则。如图 1-11 所示的哈夫型腔零件，当加工表面 *B*、*C* 时，从基准重合原则出发，应选择表面 *A*（设计基准）为定位基准。加工后，表面 *B*、*C* 相对 *A* 面的平行度取决于机床的几何精度，尺寸精度误差则取决于机床—刀具—工件工艺系统的一系列工艺因素。

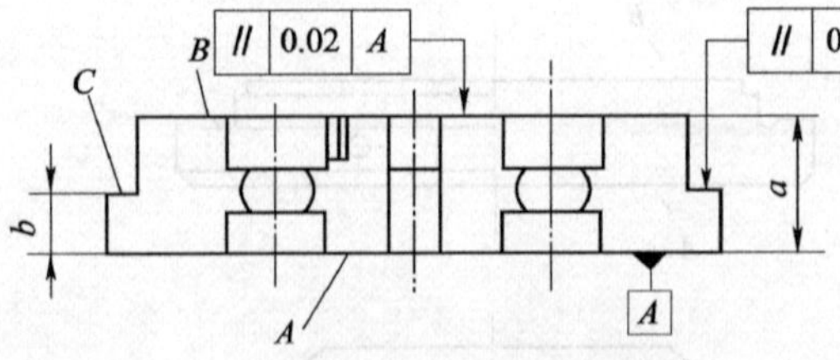

图 1-11　哈夫型腔零件

（2）基准统一原则　同一个零件的各个工序间应尽可能选用统一的定位基准来加工各表面，以保证各表面间的位置精度，这就是基准统一原则。执行基准统一原则既有利于保证工件各加工表面的相互位置精度，又能减少夹具的类型，节省夹具的设计制造费用，是比较经济合理的。例如，加工轴类模具零件常用两端中心孔作为精基准，工件支承在顶尖上，始终被两顶尖限制了三个移动和两个转动共 5 个自由度，这是生产实践中采用基准统一原则的典型实例。

（3）自为基准原则　某些精加工工序要求加工余量小而均匀时，常选择加工表面本身作为定位基准，称为自为基准原则。例如，在模板上铰销孔，浮动镗导柱安装孔或导套孔等，加工余量都很小，为使余量分布均匀，都以被加工孔表面本身作为定位基准。自为基准时，加工表面与其他表面之间的位置公差应由前面的加工工序保证。

（4）安装可靠原则　选择精基准时，应考虑能保证工件的装夹稳定可靠，并使夹具结构简单、操作方便。所以精基准应选择面积较大、尺寸及形状公差较小且表面粗糙度值较小的表面。

精基准选定之后，就应在最初的工序中把这些精基准加工出来，这时工件的各个表面均未加工过，究竟选择哪个表面作为粗基准，一般应遵循以下原则。

1）若工件必须首先保证某重要表面余量均匀，则应选择该表面为粗基准。图 1-12 所示为冲压模座的粗基准选择，其上表面 *B* 是安装其他模板的基准面，要求其加工余量均匀。此时就须将上表面 *B* 作为粗基准，先加工出模座的下表面 *A*，再以下表面 *A* 作为精基准加工上表面 *B*，这时上表面 *B* 的加工余量就比较均匀，且比较小。

2）若工件必须首先保证加工表面与不加工表面之间的位置度要求，则应选择不加工表面作为粗基准。图 1-13 所示为模具导套的粗基准选择，其外圆柱表面 *A* 是不加工表面，但加工时须保证与加工表面 *B*、*C* 之间的位置要求，所以应选择不加工表面 *A* 作为粗基准。如果零件上存在多个不加工表面都与相关的加工表面有位置精度要求，则选位置精度要求较高的不加工表面作为粗基准。

3）同一尺寸方向上的粗基准一般只能使用一次，避免重复使用。因为粗基准表面是毛坯表面，比较粗糙，如果在同一尺寸方向上重复采用这样的毛坯表面作为粗基准，则重复装夹时将会出现位置偏移，加大定位误差。

图 1-14 所示是注射模导套，如果重复使用毛坯表面 *B* 定位分别加工表面 *A* 和 *C*，必将使 *A*、*C* 两表面产生较大的同轴度误差，因此该零件的粗基准应选择表面 *A* 或 *C*。只有当零件的毛坯精度较高，相应的加工面位置精度要求不高，重复装夹产生的加工误差能控制在允许的范围内时，粗基准才允许重复使用。

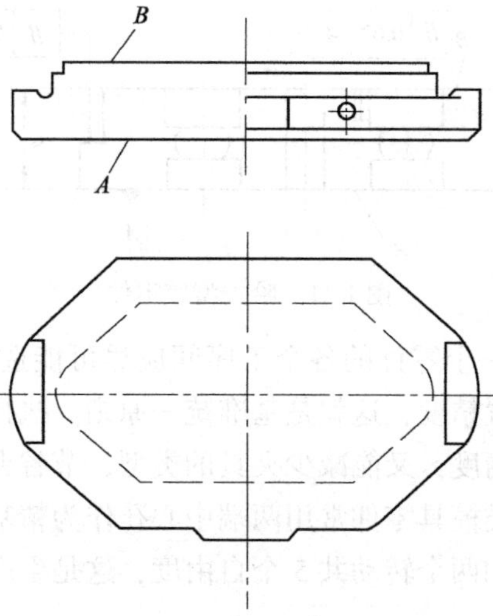

图 1-12　冲压模座的粗基准选择

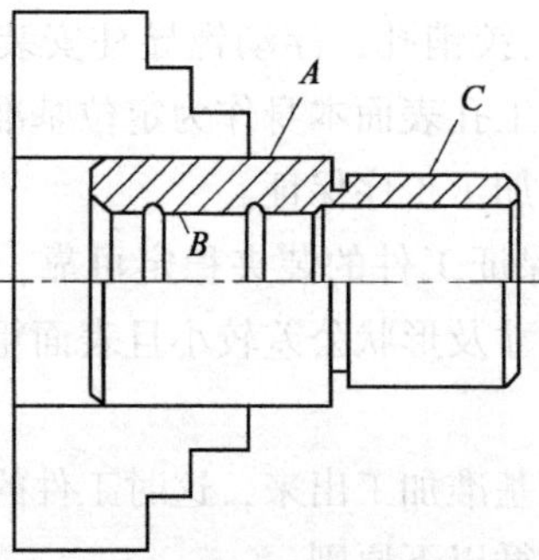

图 1-13　导套的粗基准选择

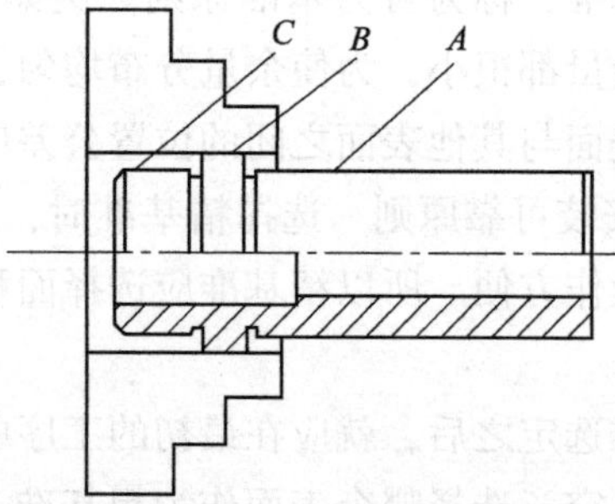

图 1-14　注射模导套

4）选作粗基准的表面应尽可能宽大、平整，没有飞边、浇口或其他缺陷，这样可使定位稳定、准确、夹紧方便、可靠。

任务三　选定模具零件的工序尺寸，拟订其最终工艺路线

一、任务导入

衔铁片级进模落料凸模加工任务见表 1-15。

表 1-15　衔铁片级进模落料凸模加工任务

学习情境	实训地点：模具实训中心 教学条件：8 件衔铁片级进模落料凸模合成毛坯、M7132 平面磨床、DK7725e 电火花线切割机床、TCK－12 退磁机、X8140 万能工具铣床、CY6140A 普通卧式车床、B665 牛头刨床、Z5125A 立式钻床、千分尺和游标卡尺等	具体要求
完成任务	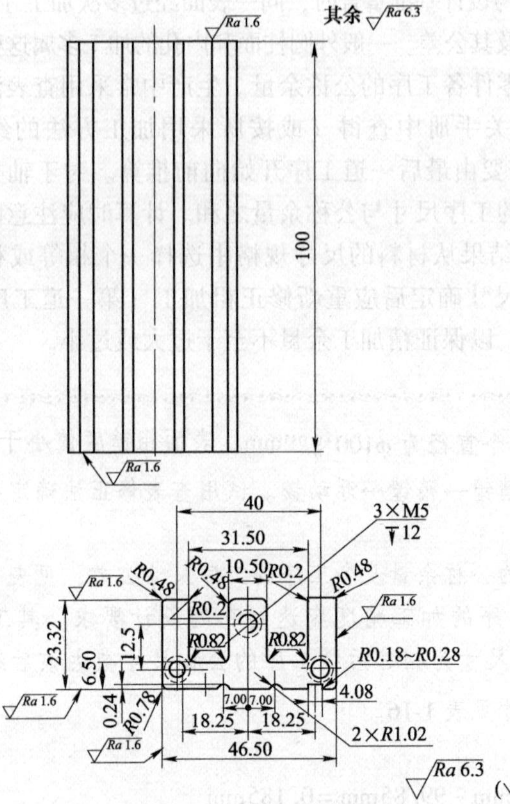 热处理，硬度 60～62HRC，螺纹深 15mm	根据所学模具制造技术知识，完成左图所示衔铁片级进模落料凸模的加工，并进行检验
能力目标	会加工衔铁片级进模落料凸模加工，能填写模具加工工艺过程卡	
具体要求	① 掌握工序尺寸及毛坯余量的选定 ② 能正确选用衔铁片级进模落料凸模的毛坯及定位基准 ③ 能完成衔铁片级进模落料凸模加工工艺与工艺路线的设计 ④ 能正确选择衔铁片级进模落料凸模加工刀具和切削用量 ⑤ 填写模具加工工艺过程卡	
教学法安排	① 多媒体教学 ② 现场演示 ③ 学生分组讨论 ④ 职业技能评价	理实一体教学方式
最终考核	工作文件 20%，操作过程 40%，工作结果 20%，汇报效果 10%，团队 10%	百分制

二、知识链接——工序尺寸、公差的确定及最终工艺路线的拟订

1. 工序尺寸及其公差的确定

某工序加工应达到的尺寸称为工序尺寸。正确确定工序尺寸及其公差是制订零件工艺规程的重要工作。工序尺寸及其公差的大小不仅受到加工余量大小的影响，而且与工序基准的选择有密切关系。以下介绍当工艺基准与设计基准重合时工序尺寸及其公差的确定。

当定位基准、工序基准、测量基准与设计基准重合时，同一表面经过多次加工才能满足加工精度要求，应确定各道工序的工序尺寸及其公差。一般外圆柱面和内孔的加工多属这种情况。

要确定工序尺寸，必须首先确定零件各工序的公称余量。生产中常采用查表法确定工序的公称余量。工序尺寸公差也可从有关手册中查得（或按所采用加工方法的经济精度确定）。按公称余量计算各工序尺寸，需要由最后一道工序开始向前推算。对于轴类零件，前道工序的工序尺寸等于相邻后续工序的工序尺寸与公称余量之和。计算时应注意两点：①对于某些毛坯（如热轧棒料）应按计算结果从材料的尺寸规格中选择一个相等或相近尺寸为毛坯尺寸；对于后一种情况，在毛坯尺寸确定后应重新修正粗加工（第一道工序）的工序余量；②精加工工序余量应进行验算，以保证精加工余量不至于过大或过小。

例 1-1 加工铸铁模板件毛坯上一个直径为 $\phi100^{+0.035}_{0}$mm，表面粗糙度值小于 $Ra1.25\mu m$ 的孔。孔加工的工艺路线为粗镗→半精镗→精镗→浮动铰。试用查表修正法确定孔的毛坯尺寸、各工序的工序尺寸及其公差。

先从有关资料或手册查取各工序的公称余量及各工序的工序尺寸公差，见表 1-16。公差带方向按入体原则确定。最后一道工序的加工精度应达到孔的设计要求。其工序尺寸为 $\phi100^{+0.035}_{0}$mm。其余各工序的工序公称尺寸为相邻后续工序的公称尺寸减去该后续工序的公称余量。经过计算得各工序的工序尺寸见表 1-16。

验算铰孔余量：

直径上最大余量　　100.035mm − 99.85mm = 0.185mm

直径上最小余量　　100mm − 99.904mm = 0.096mm

验算结果表明，铰孔余量是合适的。

表 1-16　$\phi100^{+0.035}_{0}$mm 孔的工序尺寸及其公差　（单位：mm）

加工方法	工序公称余量	工序尺寸公差	工序尺寸
浮动铰（IT7）	0.15	0.035	$\phi100^{+0.035}_{0}$
精镗（IT8）	0.55	0.054	$\phi99.85^{+0.054}_{0}$
半精镗（IT10）	2.3	0.14	$\phi99.3^{+0.14}_{0}$
粗镗（IT13）	7	0.46	$\phi97^{+0.46}_{0}$
毛坯孔	10	2.00	$\phi90\pm1.0$

2. 工艺路线的拟订

工艺路线的拟订就是对工艺规程进行总体安排，其主要任务如下：① 选择表面加工方

法；② 确定表面的加工顺序；③ 划分工序并确定工序内容；④ 选择定位基准和进行必要的尺寸换算等。

(1) 零件表面加工方法的选择　模具零件上既有简单的基本表面，如外圆、内孔和平面，又有一些复杂的成形表面。这些表面有着不同的加工质量要求，因此必须选择不同的表面加工方法。选择表面加工方法时应考虑的因素如下。

1) 经济精度和经济表面粗糙度。首先要根据被加工表面的形状、特点、加工的质量要求和各种加工方法所能达到的经济精度和经济表面粗糙度来确定加工方法以及分几次加工。所谓经济精度和经济表面粗糙度是指在正常条件下一种加工方法所能达到的精度和表面粗糙度。表 1-17 ~ 表 1-20 分别列出了外圆、内孔、平面和成形面的各种加工方法所能达到的经济精度和经济表面粗糙度，可供选择加工方法时参考。

表 1-17　外圆加工的经济精度和经济表面粗糙度

加工方法	经济精度	经济表面粗糙度 $Ra/\mu m$	加工方法	经济精度	经济表面粗糙度 $Ra/\mu m$
粗车	IT11 ~ IT13	12.5 ~ 50	精磨	IT6 ~ IT7	0.4 ~ 0.8
半精车	IT9 ~ IT10	2.5 ~ 10	研磨	IT6 ~ IT7	0.025 ~ 0.2
精车	IT7 ~ IT8	0.8 ~ 3.2	抛光	IT6 ~ IT7	0.025 ~ 0.2
粗磨	IT8 ~ IT9	0.8 ~ 3.2	精细车	IT6	0.2 ~ 1.6

表 1-18　内孔加工的经济精度和经济表面粗糙度

加工方法	经济精度	经济表面粗糙度 $Ra/\mu m$	加工方法	经济精度	经济表面粗糙度 $Ra/\mu m$
钻孔	IT11 ~ IT13	12.5 ~ 50	半精镗	IT8 ~ IT9	0.8 ~ 6.3
粗扩（镗）	IT10 ~ IT11	3.2 ~ 12.5	精镗	IT ~ IT7	0.2 ~ 1.6
锪孔	IT10 ~ IT11	3.2 ~ 12.5	细镗	IT ~ IT6	0.1 ~ 0.4
粗铰	IT8 ~ IT9	1.6 ~ 6.3	粗磨	IT8 ~ IT9	0.8 ~ 3.2
精铰	IT6 ~ IT7	0.4 ~ 3.2	研磨	IT6 ~ IT7	0.012 ~ 0.2

表 1-19　平面加工的经济精度和经济表面粗糙度

加工方法	经济精度	经济表面粗糙度 $Ra/\mu m$	加工方法	经济精度	经济表面粗糙度 $Ra/\mu m$
粗刨（铣）	IT11 ~ IT13	12.5 ~ 50	端面精车	IT7 ~ IT8	0.8 ~ 3.2
半精刨或铣	IT8 ~ IT11	3.2 ~ 12.5	端面精磨	IT6 ~ IT7	0.2 ~ 1.6
精刨（铣）	IT7 ~ IT8	0.8 ~ 3.2	粗磨	IT7 ~ IT8	0.8 ~ 1.6
粗磨	IT7 ~ IT8	0.8 ~ 1.6	精磨	IT6 ~ IT7	0.4 ~ 0.8
端面粗车	IT11 ~ IT12	12.5 ~ 50	研磨	IT6 ~ IT7	0.012 ~ 0.2
端面半精车	IT8 ~ IT10	3.2 ~ 12.5	刮研	IT6 ~ IT7	0.1 ~ 0.8

表 1-20　成形面加工的经济精度和经济表面粗糙度

加工方法	经济精度	经济表面粗糙度 $Ra/\mu m$	加工方法	经济精度	经济表面粗糙度 $Ra/\mu m$
仿形铣	0.2 ~ 0.5mm	1.6 ~ 3.2	线切割（快）	±0.01mm	0.4 ~ 1.6
成形磨削	IT6	0.4 ~ 1.6	线切割（慢）	±0.005mm	0.2 ~ 0.8
光曲磨削	±0.01mm	0.2 ~ 0.4	冷挤压	IT8 ~ IT10	0.1 ~ 0.4
坐标磨削	0.005mm	0.1 ~ 0.2	陶瓷型铸造	IT13 ~ IT16	1.6 ~ 6.3
电火花加工	0.01 ~ 0.05mm	0.8 ~ 1.6	电铸	0.02 ~ 0.05mm	0.2 ~ 0.4

2）零件材料及其力学性能。决定加工方法时要考虑加工零件的材料及其力学性能。例如，对淬硬钢应采用磨削或电加工方法；而对于非铁金属，为避免磨削时堵塞砂轮，一般采用高速精细车或金刚石镗削的方法进行精加工。

3）零件的生产类型。选择加工方法时还要考虑生产类型。由于模具零件大都属于单件或小批生产，所以以采用通用设备、通用工艺装备及一般加工方法为主。

4）现有设备及技术条件。选择加工方法时还要充分利用现有设备，挖掘企业的潜力，发挥操作人员及技术人员的积极性和创造性。在尽量减少外协工作量的同时，也应考虑不断改进现有的工艺方法和设备，推广新技术，不断提高本企业的工艺技术水平。

（2）零件加工阶段的划分 对于加工质量要求较高的零件，工艺过程应分阶段施工。模具加工工艺过程一般可分为以下几个阶段。

1）粗加工阶段。主要任务是切除大部分的加工余量，提高加工效率。此阶段的加工精度低，表面粗糙度值较大（IT12 以下，*Ra*12.5～*Ra*50μm）。

2）半精加工阶段。消除主要表面粗加工留下的误差，达到一定的精度及精加工余量，为精加工做好准备，并完成一些次要表面的加工，如钻孔、铣槽等（IT10～IT12，*Ra*3.2～*Ra*6.3μm）。

3）精加工阶段。使各主要表面达到图样要求（IT7～IT10，*Ra*0.4～*Ra*1.6μm）。

4）光整加工阶段。对于精度和表面粗糙度要求很高（IT6 及 IT6 以上精度）、加工表面的表面粗糙度值在 *Ra*0.2μm 以下的零件，需采用光整加工。但光整加工一般不能纠正几何形状误差和相互位置误差。

如果毛坯余量特别大，表面极其粗糙，则在粗加工前还应设置去皮加工，称为荒加工。荒加工常常在毛坯准备车间进行。

划分加工阶段的实质是为了贯彻机械加工“粗精分开”的原则。划分加工阶段具有以下优点。

1）保证零件的加工质量。由于粗加工阶段切除的余量较多，产生的切削力较大、切削热较多，所需的夹紧力也较大，因此引起工件的加工误差大，不能达到高的加工精度和小的表面粗糙度值的要求。将加工过程划分阶段后，可以使工件粗加工留下的误差，在半精加工和精加工中逐步得到修正和缩小，从而提高加工精度和获得更小的表面粗糙度值，最终达到零件的加工质量要求。同时，各加工阶段之间的时间间隔，相当于一个自然时效处理过程，有利于加工应力的平衡和释放，为进一步精加工奠定良好的基础。

2）合理使用加工设备。粗加工时应采用功率大、刚性好、精度较低的高效率机床以提高生产率，精加工时则应采用高精度机床以确保工件的精度要求。这样，既能合理使用设备，使各类机床的性能特点得到充分发挥，又能获得较高的生产率和加工精度，同时还有利于保持高精度机床的精度稳定性。

3）便于安排热处理工序。为了充分发挥热处理的作用和满足零件的热处理要求，在机械加工过程中需插入必要的热处理工序，使机械加工工艺过程自然划分为几个阶段。

例如，在注射模矩形斜导柱零件的加工中，粗加工后需要有消除应力的时效处理，以减少内应力引起的变形对加工精度的影响。半精加工后进行淬火，既能满足零件的性能要求，又可以使淬火中产生的变形在精加工中得到纠正。

4）粗加工后可及早发现毛坯中的缺陷。这样可及时报废或修补，以免继续精加工而造成浪费。

5）表面精加工安排在最后。目的是可防止或减少损伤，提高表面加工的精度和质量。

应当指出，上述加工阶段的划分并不是绝对的。当零件精度要求不高、结构刚性足够、毛坯质量较高、加工余量较小时，可以不划分加工阶段。

（3）工序的集中与分散　安排零件表面加工顺序时，除了合理划分加工阶段外，还应正确确定工序数目和工序内容。在一个零件的加工过程中，若组成的工序数目较少，则在每一道工序中的加工内容就比较多；若组成的工序数目较多，则每一道工序中的加工内容就比较少。根据组成工序的这一特点，通常将前者称为工序集中，后者称为工序分散。

1）工序集中的特点。

① 工件装夹次数减少，可在一次装夹中加工多个表面，有利于保证这些表面间的位置精度，其相互位置精度只与机床和夹具的精度有关。同时还可减少装夹工件的辅助时间，有利于提高生产效率。

② 减少机床数目，便于采用高生产率的机床，并可相应地减少操作人员和生产面积，简化生产计划和组织工作。

③ 专用机床和工艺装备比例增加，调整和维护难度大，因工件刚性不足和热变形等原因而影响加工精度的可能性加大。

2）工序分散的特点。与工序集中相反，所用机床和工艺装备比较简单，调整方便，操作容易；产品更换时生产准备工作较快，技术准备周期较短；设备数量和操作维护人员多，工件加工周期长，设备占地面积也较大。

（4）加工顺序的安排

1）机械加工工序的安排。模具零件的机械加工顺序安排，通常应遵循以下几个原则。

① 先粗后精原则。当零件需要分阶段进行加工时，先安排各表面的粗加工，中间安排半精加工，最后安排主要表面的精加工和光整加工。由于次要表面精度要求不高，一般在粗、半精加工后即可完成。对于那些与主要表面相对位置关系密切的表面，通常多置于主要表面精加工之后完成加工。

② 先主后次原则。先安排加工零件上的装配基面和主要工作表面等。如紧固用的光孔和螺孔等，由于加工面小，又和主要表面有相互位置的要求，一般都应安排在主要表面达到一定精度之后，如安排在半精加工之后进行，但又应在最后精加工之前进行加工。先主后次原则在一个工序内安排各工步的加工顺序时更应很好地贯彻。

③ 基面先行原则。在每一加工阶段，总是应先安排基准面的加工，如轴类零件加工中常采用中心孔作为统一基准。粗加工结束，半精加工或精加工开始前总是先钻中心孔。作为精基准，应使之具有足够的精度和表面粗糙度要求，并常常高于原来图样上的要求。如果精基准不止一个，则应按照基准转换的次序和逐步提高精度的原则安排。例如，精密滚珠保持套零件，其外圆和内孔就要互为基准反复进行加工。

④ 先面后孔原则。对于模座、凸凹模固定板、型腔固定板和推板等一般模具零件，平面所占轮廓尺寸较大，用平面定位比较可靠。因此，其工艺过程总是选择平面作为定位精基面，先加工平面，再加工孔。

2）热处理工序的安排。模具零件常采用的热处理工艺有退火、正火、调质、时效、淬火、回火、渗碳和渗氮等。按照热处理的目的，上述热处理工艺可大致分为预备热处理和最终热处理两大类。

① 预备热处理。预备热处理的目的主要是改善材料的可加工性，消除毛坯制造时的内应力和为最终热处理做准备。

- 退火：对于 $w_c > 0.7\%$ 的碳钢和合金钢一般采用退火降低硬度，以便于切削。
- 正火：对于 $w_c < 0.3\%$ 的碳钢和低合金钢，一般采用正火提高硬度，使切削时切屑不粘刀，以获得较小的表面粗糙度值。退火和正火一般安排在毛坯制造后、机械加工前进行。
- 调质：调质处理能获得均匀细致的回火索氏体，为表面淬火和渗氮时减少变形奠定金相组织基础，因此有时作为预备热处理。同时，由于调质处理后的零件综合力学性能较好，对某些硬度和耐磨性要求不高而综合力学性能要求较高的零件，也常作为最终热处理。调质处理一般安排在粗加工后、半精加工前进行。
- 时效处理：用于消除毛坯制造和机械加工过程中产生的内应力，对于精度要求不高的零件，一般在粗加工之前安排一次时效处理；对于精度要求较高、形状复杂的零件，则应在粗加工之后再安排一次时效处理；而对于一些精度要求特别高的零件，则需在粗加工、半精加工和精加工之间安排多次时效工序。

② 最终热处理。最终热处理的目的主要是提高零件的表面硬度和耐磨性，一般应安排在精加工阶段前后。

- 淬火与回火：淬火后由于材料的塑性和韧性下降，工件存在较大的内应力，组织不稳定，表面可能产生微裂纹，工件尺寸有明显变化等，所以淬火后必须进行回火处理。
- 渗碳淬火：渗碳淬火适用于低碳钢零件，主要目的是使零件的表面获得很高的硬度和耐磨性，而心部则仍保持较高的强度、韧性及塑性。由于渗碳淬火变形较大，而渗碳层深度一般仅为0.5～2mm，所以渗碳淬火应在半精加工和精加工之间进行，以便通过精加工修正其热变形并保持有足够的渗碳层深度。
- 渗氮处理：其主要目的是通过氮原子的渗入使零件表层获得含氮化合物，从而提高零件表面硬度、耐磨性、抗疲劳和耐腐蚀性。由于渗氮温度低，工件变形小，渗氮层较薄，因此渗氮工序应尽量靠后安排。为减少渗氮时的变形，渗氮前常需安排一道消除应力的工序。

③ 辅助工序的安排。辅助工序包括工件检验、去毛刺、清洗和涂缓蚀漆等。其中，检验是辅助工序的主要内容，它对于保证产品质量有着重要作用。除了每道工序结束时必须由操作人员按图样和工艺要求自行检验外，在下列情况下还应安排专门的检验工序。

- 在粗加工之后、精加工之前，一般应对工序尺寸和加工余量进行检验。
- 工件从一个车间转入另一个车间之前，应进行交接责任检验。
- 容易产生废品或花费工时较多的工序及重要工序前后，应安排中间检验，以便及时发现废品，防止继续加工造成浪费，同时也有利于确保产品质量。
- 工件全部加工结束后，应进行最终检验。由于多数模具零件按“工序集中”原则拟订工艺路线，通常检验工序安排在工件加工结束之后进行。各加工阶段之间则由操作人员自行检验。除了检验工序之外，一个加工阶段或重要工序结束后还应安排去毛刺、倒棱边、去磁、清洗、涂缓蚀油等辅助工序或工步。

三、任务实施

衔铁片级进模落料凸模工艺过程卡见表1-21。

表1-21 衔铁片级进模落料凸模工艺过程卡

零件名称	衔铁片级进模落料凸模		模具编号 B9	零件编号	B9048C24			
材料名称	Crl2		毛坯尺寸/mm 110×160×80	件数	4			
工序	机号	工种	施工简要说明	定额工时/min	实际工时	制造人	检验	等级
1	GW－4028/B	下料	ϕ100mm×180mm	50				
2		锻造	110mm×160mm×80mm	60				
3		热处理	退火					
4	B665	刨削	进行六面加工，均留淬火磨削余量和线切割余量	60				
5	M7132	磨削	磨削六面，用90°角尺找正，在尺寸100mm方向上留精磨余量0.4mm	80				
6		划线	划4个凸模及穿丝孔和12个螺孔位置	45				
7	Z512	钻削	钻4个凸模及穿丝孔和12个螺孔、攻螺孔	120				
8		热处理	按热处理工艺，保证硬度58～60HRC					
9	M7132	磨削	磨削尺寸100mm方向上预留精磨余量0.4mm	80				
10	TCK－12退磁机	退磁	退磁处理	30				
11	DK7725e	线切割	切割凸模外形达图样尺寸和形状要求	1200				
12		钳工加工	钳工修配达图样要求	60				
13		检验		20				
工艺员			年 月 日		零件质量等级			

四、知识拓展——工艺基准与设计基准不重合时工序尺寸及其公差的确定

在模具零件的实际加工中，时常会遇到需要间接保证设计尺寸或需要给后续工序留有足够的加工余量等情况，这时的工序尺寸将与图样标注的设计尺寸有所不同，即工序尺寸及其公差需另行确定。为了正确地确定工序尺寸及其公差，必须掌握尺寸链及其计算的方法。

1. 工艺尺寸链的基本概念

在零件加工过程中，为了对工艺尺寸进行分析计算，把互相关联的尺寸按一定顺序首尾相接形成的封闭尺寸组，称为工艺尺寸链。如图1-15所示，根据尺寸A_N和A_1，可以求得尺寸A_2。当加工得到尺寸A_1和A_2后，尺寸A_N同时也被间接地确定了，显然尺寸A_N的大小和精度将受尺寸A_1和A_2的大小和精度的影响。由尺寸A_N、A_1和A_2三者构成的这个封闭尺寸组即工艺尺寸链。

（1）工艺尺寸链的特征

1）尺寸的封闭性。即组成尺寸链的各尺寸是按一定顺序首尾衔接而成的封闭尺寸图形。

2）尺寸间的关联性。即在尺寸链中被间接地获得的尺寸（如 A_N），其大小将受到其他尺寸的影响。

（2）尺寸链相关术语　组成尺寸链图的每一个尺寸简称为尺寸链的环，如图1-15b中的 A_N、A_1 和 A_2 都是尺寸链的环。在这些环中，根据尺寸链的封闭性，最终被间接保证尺寸大小和精度的那个环，称为封闭环，如图1-15b所示的尺寸 A_N。除了封闭环之外，其余所有的环都称为组成环。组成环中任一环尺寸的变动都会引起封闭环尺寸的变动。当组成环尺寸的增减使封闭环尺寸随之增减时，该组成环称为增环，如图1-15b中的尺寸 A_1；当组成环尺寸的增减使封闭环尺寸反向变动时，该组成环称为减环，如图1-15b中的 A_2。

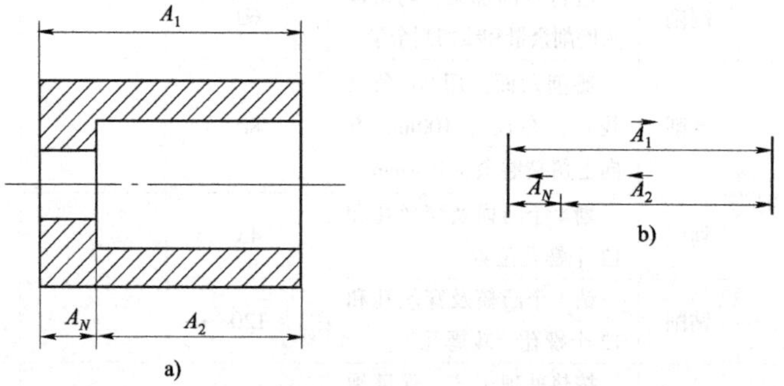

图1-15　工艺尺寸链示例

a）工件　b）尺寸链

（3）增环和减环的判别　分析尺寸链时，应首先确定封闭环，然后根据组成环对封闭环的影响情况判别增环与减环。为了迅速确定尺寸链组成环中哪些是增环，哪些是减环，可以利用尺寸链回路查找，即在尺寸链图中，首先对封闭环尺寸标一单向箭头，方向任意选定，再在各组成环上各标一个单向箭头，各环的箭头必须环绕尺寸链回路形成一个首尾相接的箭头循环圈，按各组成环对封闭环的影响规律，凡与封闭环箭头方向相反的环为增环，与封闭环箭头方向一致的环则为减环。在图1-15b中，A_1 与 A_N 的箭头方向相反，则为增环；A_2 与 A_N 的箭头方向一致，则为减环。

2. 工艺尺寸链的计算方法

（1）基本公式计算方法

$$N = \sum_{1}^{m} A_{Zi} - \sum_{m+1}^{n-1} A_{Ji}$$

式中　N ——封闭环的公称尺寸（mm）；

A_{Zi}——各增环的公称尺寸（mm）；

A_{Ji}——各减环的公称尺寸（mm）；

m——尺寸链中增环的数目；

n——尺寸链中包括封闭环在内的总环数。

$$N_{max} = \sum_{1}^{m} A_{Zimax} - \sum_{m+1}^{n-1} A_{Jimin}$$

$$N_{min} = \sum_{1}^{m} A_{Zimin} - \sum_{m+1}^{n-1} A_{Jimax}$$

式中 N_{max}——封闭环的上极限尺寸（mm）；

N_{min}——封闭环的下极限尺寸（mm）；

A_{Zimax}——各增环的上极限尺寸（mm）；

A_{Zimin}——各增环的下极限尺寸（mm）；

A_{Jimax}——各减环的上极限尺寸（mm）；

A_{Jimin}——各减环的下极限尺寸（mm）。

$$E_{SN} = \sum_{1}^{m} E_{SZi} - \sum_{m+1}^{n-1} E_{IJi}$$

$$E_{IN} = \sum_{1}^{m} E_{IZi} - \sum_{m+1}^{n-1} E_{SJi}$$

式中 E_{SN}——封闭环的上极限偏差（mm）；

E_{IN}——封闭环的下极限偏差（mm）；

E_{SZi}——增环的上极限偏差（mm）；

E_{IZi}——增环的下极限偏差（mm）；

E_{SJi}——减环的上极限偏差（mm）；

E_{IJi}——减环的下极限偏差（mm）。

$$T_N = \sum_{1}^{n-1} T_{Ai}$$

式中 T_N——封闭环的公差（mm）；

T_{Ai}——各组成环的公差（mm）。

（2）竖式计算方法　利用竖式计算工艺尺寸链可避免记忆烦琐的公式、且不容易出错，不失为计算、验算尺寸链的好方法。竖式计算工艺尺寸链的“口诀”如下。

口诀

增环上下极限偏差照抄

减环上下极限偏差对调、变号

封闭环求代数和

把“口诀”转换为表格形式后，见表1-22。

表1-22　竖式计算工艺尺寸链表　　（单位：mm）

公称尺寸（B_J）	上极限偏差（B_S）	下极限偏差（B_I）
增环公称尺寸（A_Z）	增环上极限偏差（E_{SZ}）	增环下极限偏差（E_{IZ}）
减环公称尺寸（A_J）	－减环下极限偏差（E_{IJ}）	－减环上极限偏差（E_{SJ}）
封闭环公称尺寸（N）	封闭环上极限偏差（E_{SN}）	封闭环下极限偏差（E_{IN}）

3. 尺寸链计算示例

（1）正计算　已知各组成环的尺寸及其公差（偏差），计算封闭环的尺寸及公差（偏差），称为正计算。

例1-2 如图1-16a所示衬套，$A_1=16^{+0.1}_{0}$mm，$A_2=10^{0}_{-0.05}$mm，加工三个端面，试计算尺寸N及其偏差。

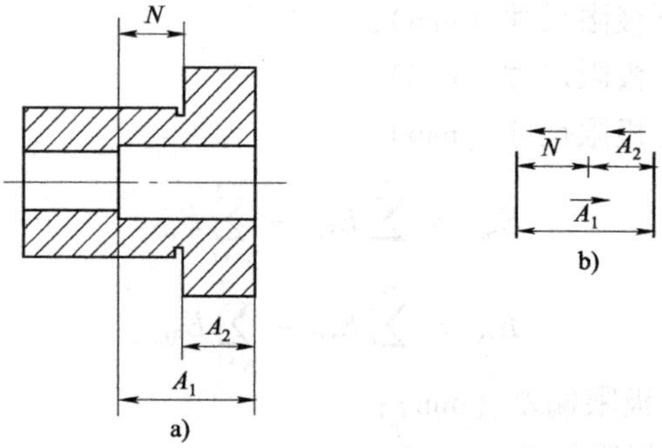

图1-16 衬套及工艺尺寸链

a）衬套 b）尺寸链

解：① 画尺寸链图。如图1-16b所示，根据加工过程可知N为封闭环，A_1为增环，A_2为减环。

② 计算N的公称尺寸 $N=16\text{mm}-10\text{mm}=6\text{mm}$

③ 计算N的公差 $T_N=T_{A2}+T_{A1}=0.1\text{mm}+0.05\text{mm}=0.15\text{mm}$

④ 计算N的上、下极限偏差

$$E_{SN}=+0.1\text{mm}-(-0.05\text{mm})=+0.15\text{mm}$$

$$E_{IN}=0-0=0$$

所以 $N=6^{+0.15}_{0}$mm

用竖式计算为 （单位：mm）

公称尺寸（B_J）	上极限偏差（B_S）	下极限偏差（B_I）
16	+0.1	0
-10	-（-0.05）	0
6	+0.15	0

即 $N=6^{+0.15}_{0}$mm

(2) 反计算 已知封闭环的尺寸及公差（偏差），计算确定各组成环的尺寸及公差（偏差），称为反计算。

反计算中可能有多个组成环的尺寸及公差同时处于“未知”状态。结合实例介绍等公差法和等精度法。

例1-3 图1-17a所示为拉料套，设计要求保证套的长度$L=35^{0}_{-0.1}$mm，导滑段长度$N=20\pm0.15$mm，而该尺寸难以测量，它是靠控制工序尺寸R、L_1、L_2来保证的，试计算工序尺寸L_1、L_2、R及其偏差。

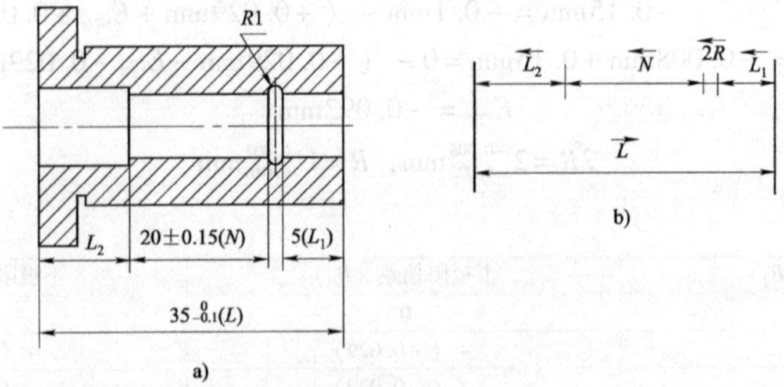

图 1-17 拉料套及工艺尺寸链

a）拉料套 b）尺寸链

解：

① 画尺寸链如图 1-17b 所示。根据加工过程可知 N 为封闭环，$2R$、L_1、L_2 为减环，L 为增环。

② 计算 L_2 的公称尺寸

$$2R = 2\text{mm}$$

$$L_1 = 5\text{mm}$$

所以 $$L_2 = 35\text{mm} - 20\text{mm} - 5\text{mm} - 2\text{mm} = 8\text{mm}$$

③ 计算 $2R$、L_1、L_2 的公差，有等公差法和等精度法两个方法。

等公差法：认为各组成环的公差值是相等的，根据基本公式，每个组成环的公差值之和等于封闭环的公差值，因此每个组成环均可从封闭环的公差中分得相等的一部分。等公差法是一种快捷便利的计算方法，在各组成环的公称尺寸值较为接近时计算精确度尚可。

$$T_{L1} = T_{L2} = T_{2R} = [0.15 - (-0.15) - 0.1]\text{mm}/(5-2) = 0.067\text{mm}$$

按入体原则可得 $$L_2 = 8\text{mm} \pm (0.067/2)\ \text{mm} = (8 \pm 0.033)\ \text{mm}$$

$$L_1 = (5 \pm 0.033)\text{mm}$$

按基本公式 $$-0.15\text{mm} = -0.1\text{mm} - (+0.033\text{mm} - E_{S2R} + 0.033\text{mm})$$

得 $E_{S2R} = -0.016\text{mm}$

$$+0.15\text{mm} = 0 - (-0.033\text{mm} + E_{I2R} - 0.033\text{mm})$$

得 $$E_{I2R} = -0.084\text{mm}$$

则 $$2R = 2^{-0.016}_{-0.084}\text{mm},\ R = 1^{-0.008}_{-0.042}\text{mm}$$

等精度法：认为各组成环的尺寸精度等级是相等的，按每个组成环某个相同的尺寸精度等级取值，然后将所有组成环的公差值相加后，验算其总值不超过封闭环的公差值。等精度法即使在各组成环的公称尺寸值相差较大时，其计算精确度仍较高，但计算相对较烦琐。

初定各组成环的公称尺寸公差等级为 IT9 级，查标准公差数值表得

$$T_{L1} = 0.058\text{mm}, T_{L2} = 0.058\text{mm}, T_{2R} = 0.048\text{mm}$$

$$T_{L1} + T_{L2} + T_{2R} + T_L = 0.058\text{mm} + 0.058\text{mm} + 0.048\text{mm} + 0.1\text{mm} = 0.264\text{mm}$$

各组成环的公差之和 0.264mm 小于并接近于 T_N，所以确定的各组成环的公称尺寸精度等级合适。考虑到尺寸较小也较难加工精确，因此，可将剩余的公差值 0.3mm − 0.264mm = 0.036mm 分配给尺寸 R。

按入体原则可得 $$L_1 = (5 \pm 0.029)\ \text{mm}$$

$$L_2 = (8 \pm 0.029)\ \text{mm}$$

按基本公式 $-0.15\text{mm}=-0.1\text{mm}-(+0.029\text{mm}+E_{S2R}+0.029\text{mm})$

得 $E_{S2R}=-0.008\text{mm}+0.15\text{mm}=0-(-0.029\text{mm}-E_{I2R}-0.029\text{mm})$

得 $E_{I2R}=-0.092\text{mm}$

则 $2R=2_{-0.092}^{-0.008}\text{mm}$，$R=1_{-0.046}^{-0.004}\text{mm}$

用竖式验算为 （单位：mm）

公称尺寸（B_J）	上极限偏差（B_S）	下极限偏差（B_I）
35	0	-0.1
-5	-（-0.029）	-（+0.029）
-8	-（-0.029）	-（+0.029）
-2	-（-0.092）	-（-0.008）
20	+0.150	-0.150

即 $N=(20\pm0.150)$ mm，满足题目要求。

（3）中间计算 已知封闭环及 $n-2$ 个组成环（n 为总环数）的公称尺寸及公差（偏差），计算确定另一个组成环的尺寸及公差（偏差），称为中间计算。中间计算时仅有一个"未知"组成环的尺寸及其公差，中间计算常用于工序尺寸换算的场合。

例1-4 图1-18a 所示是一个零件加工所要保证的各轴向尺寸，图1-18b 则表示该零件加工所经过的各道工序：① 车削端面及钻、扩、镗孔；② 车削外圆及台肩和小端面；③ 钻孔；④ 磨削外圆及台肩。在磨削外圆及台肩的工序中，不但要直接保证尺寸 $10_{-0.1}^{0}$mm，而且还要间接保证所钻孔中心至台肩面的距离尺寸（15±0.2）mm。钻孔时的工序尺寸是在尚需继续加工（磨削台肩）的台肩面上标注的。试计算该工序尺寸的公称尺寸及其偏差。

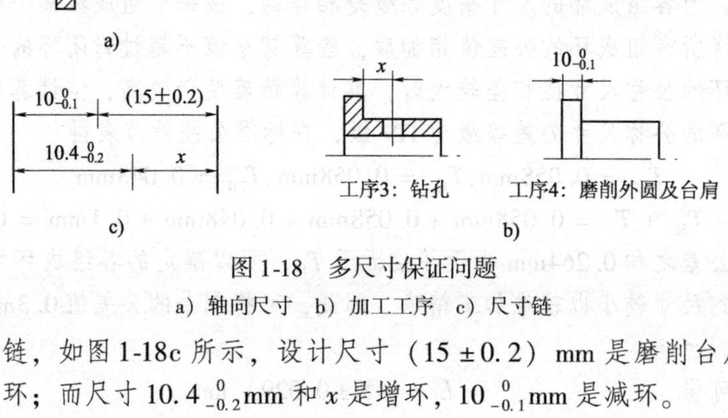

图1-18 多尺寸保证问题

a）轴向尺寸 b）加工工序 c）尺寸链

解： 画尺寸链，如图1-18c 所示，设计尺寸（15±0.2）mm 是磨削台肩时候间接保证的，所以是封闭环；而尺寸 $10.4_{-0.2}^{0}$mm 和 x 是增环，$10_{-0.1}^{0}$mm 是减环。

用竖式计算如下：

（单位：mm）

公称尺寸（B_J）	上极限偏差（B_S）	下极限偏差（B_I）
10.4	0	−0.2
x	B_{XS}	B_{XI}
−10	−（−0.1）	0
15	+0.2	−0.2

则 $x=14.6\text{mm}$，$B_{XS}=+0.1\text{mm}$，$B_{XI}=0$

$$x=14.6^{+0.1}_{0}\text{mm}$$

复习思考与训练

1-1 什么是工序、安装、工步、工位和走刀？

1-2 模具制造的生产类型一般有哪几类？各有什么工艺特征？

1-3 模具零件的毛坯主要有哪些类型？哪些模具零件必须进行锻造？

1-4 模具零件的工艺分析主要有哪些方面的内容？

1-5 什么是加工余量、工序余量和总余量？

1-6 如何确定锻件下料尺寸？

1-7 什么是基准？基准一般分成哪几类？

1-8 粗、精定位基准的选择原则有哪些？

1-9 工艺尺寸链有哪些特征？在什么情况下要进行工艺尺寸的计算？

1-10 经济精度和经济表面粗糙度的含义是什么？它们在工艺规程设计中起什么作用？

1-11 编制工艺规程时，为什么要划分加工阶段？在什么情况下可以不划分加工阶段？

1-12 工序集中和工序分散各有什么特点？

1-13 机械加工工序顺序的安排原则是什么？

1-14 热处理工序的安排主要考虑哪些方面的问题？

1-15 常用的模具工艺卡片包括哪些内容？

1-16 如图1-19所示的零件，$A_1=70^{-0.02}_{-0.07}\text{mm}$，$A_2=60^{0}_{-0.04}\text{mm}$，$A_3=20^{+0.19}_{0}\text{mm}$。因 A_3 不便测量，试重新标出测量尺寸及其公差。

1-17 如图1-20所示零件，在车床上已经加工好外圆、内孔及各面，现需在铣床上铣削端面槽，并保证尺寸 $8^{0}_{-0.06}\text{mm}$ 及（36±0.2）mm，求试切调刀的度量尺寸 H、A 及上、下极限偏差。

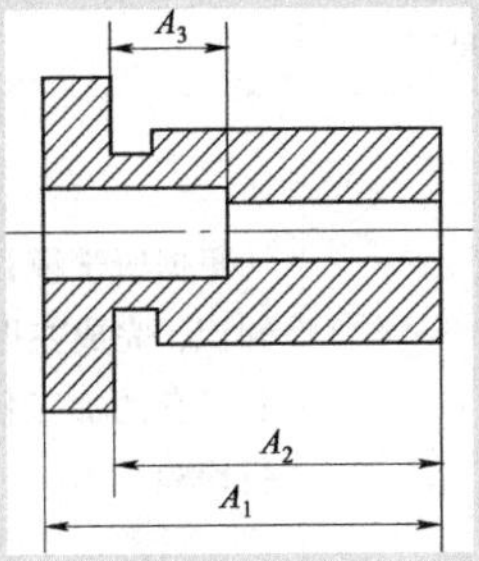

图1-19 零件

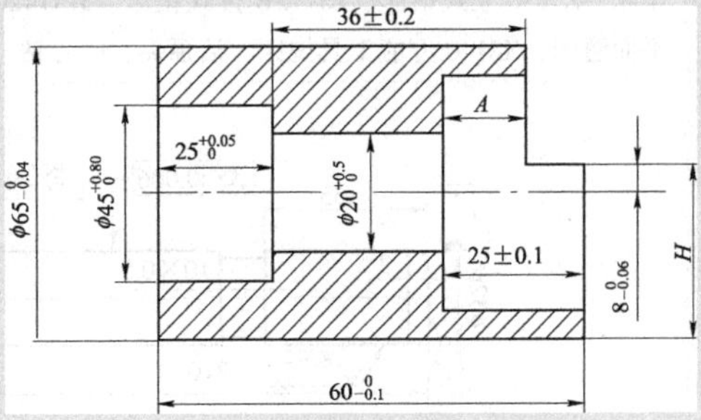

图1-20 零件

项目二 机械加工模具零件

能力目标

1. 能正确选择冷冲压模具工作零件和注射模具工作零件的加工方法和工艺路线。
2. 具有分析和选择模具工作零件加工工艺及热处理工艺的能力。
3. 具有编制模具工作零件及结构零件加工工艺文件的能力。

知识目标

1. 掌握模具工作零件机械加工工艺过程的组成，以及毛坯的选择原则。
2. 掌握确定模具工作零件加工余量的方法。
3. 熟悉普通机床及特种加工设备的选择方法。
4. 了解模具零件与普通机械零件加工的区别。

任务一 加工冲模模架

一、任务导入

导柱和导套的加工任务见表 2-1，上、下模座的加工任务见表 2-2。

表 2-1 导柱和导套的加工任务

学习情境	实训地点：模具实训中心 教学条件：两副导柱和导套毛坯、CY6140A 普通卧式车床、C620 普通卧式车床、Z5130 立式钻床、Z5125B 台式钻床、MA1420A 万能外圆磨床、M7132 平面磨床、X8140 万能工具铣床、活顶尖、中心钻、千分尺和游标卡尺等	教学要求
完成任务	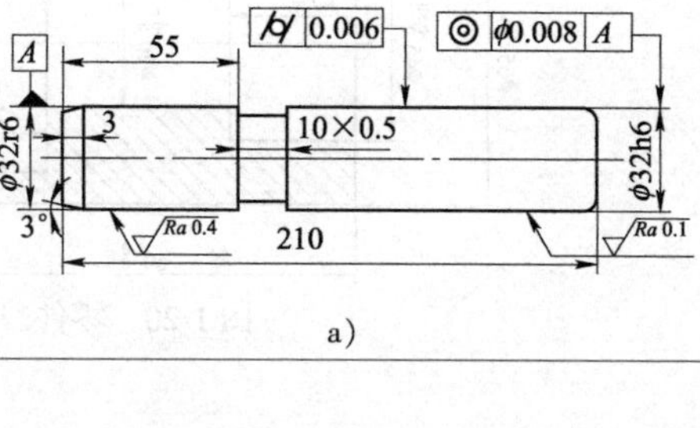 a)	根据所学模具制造技术知识，完成左图所示导柱和导套的加工任务，并进行检验

（续）

完成任务	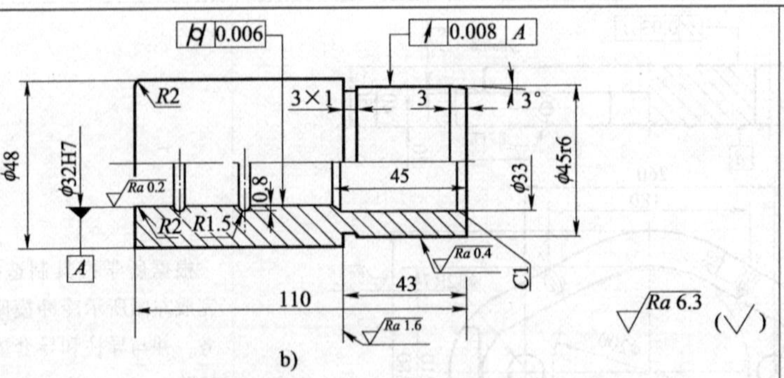 材料：20钢 热处理：渗碳深度0.8~1.2mm，硬度58~62HRC a）导柱　b）导套	根据所学模具制造技术知识，完成左图所示导柱和导套的加工任务，并进行检验
能力目标	会加工模具中轴类零件和套类零件能填写机械加工工艺过程卡	
具体要求	① 掌握工序尺寸及毛坯余量的选定 ② 能正确选用模具中轴类零件和套类零件的毛坯及定位基准 ③ 能完成模具中轴类零件和套类零件的加工工艺与路线设计 ④ 能正确选择模具中轴类零件和套类零件的加工刀具和切削用量 ⑤ 能填写机械加工工艺过程卡	
教学法安排	① 多媒体教学 ② 现场演示 ③ 学生分组讨论 ④ 职业技能评价	理实一体
最终考核	工作文件 20%，操作过程 40%，工作结果 20%，汇报效果 10%，团队 10%	百分制

表 2-2　上、下模座的加工任务

学习情境	实训地点：模具实训中心 教学条件：上模座和下模座的毛坯、M7132 平面磨床、X8140 万能工具铣床、CY6140A 普通卧式车床、B665 牛头刨床、Z5130 立式钻床，千分尺和游标卡尺等	教学要求
完成任务	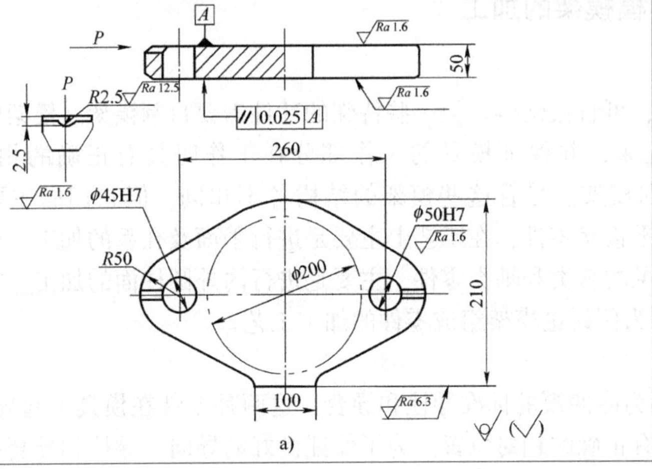	根据所学模具制造技术知识，完成左图所示冷冲模座的加工任务，并与导柱和导套进行装配及检验

（续）

完成任务	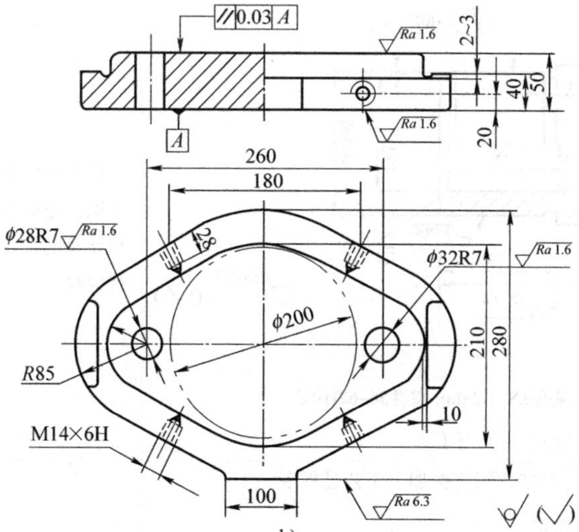 b) a）上模座 b）下模座	根据所学模具制造技术知识，完成左图所示冷冲模座的加工任务，并与导柱和导套进行装配及检验
能力目标	会加工模具中平面与孔系零件，能填写机械加工工艺过程卡	
具体要求	① 掌握工序尺寸及毛坯余量的选定 ② 能正确选用模具中平面与孔系零件的毛坯及定位基准 ③ 能完成模具中平面与孔系零件的加工工艺与路线设计 ④ 能正确选择模具中平面与孔系零件的加工刀具和切削用量 ⑤ 能填写机械加工工艺过程卡	
教学法安排	① 多媒体教学 ② 现场演示 ③ 学生分组讨论 ④ 职业技能评价	理实一体
最终考核	工作文件20%，操作过程40%，工作结果20%，汇报效果10%，团队10%	百分制

二、知识链接——冲模模架的加工

1. 冲模模架概述

冲模模架大都为标准件，可直接购得。但一些特殊的冲件需要自制模架。模架的主要作用是把模具中的零件连接起来，并保证模具的工作部分在工作时具有正确的相对位置。图2-1所示是常见的滑动导向模架。尽管这些模架的结构各不相同，但它们的主要组成零件，即上模座和下模座都是平板状零件，在工艺上主要是进行平面及孔系的加工。模架中的导套和导柱是机械加工中常见的套类和轴类零件，主要是进行内外圆柱面的加工。本书仅以图2-1c所示的后侧导柱模架为例讨论模架组成零件的加工工艺。

2. 导柱和导套的加工

表2-1中，图a、b分别为冷冲模的标准导柱和导套。这两种零件在模具中起导向作用，保证凸模和凹模在工作时具有正确的相对位置。为了保证良好的导向，导柱和导套在装配后

应保证模架的活动部分移动平稳，无阻滞现象。所以在加工中除了保证导柱、导套配合表面的尺寸和形状精度外，还应保证导柱、导套各自配合面之间的同轴度要求。构成导柱和导套的基本表面都是回转体表面，按照图示的结构尺寸和设计要求，可以直接选用适当尺寸的热轧圆钢做毛坯。

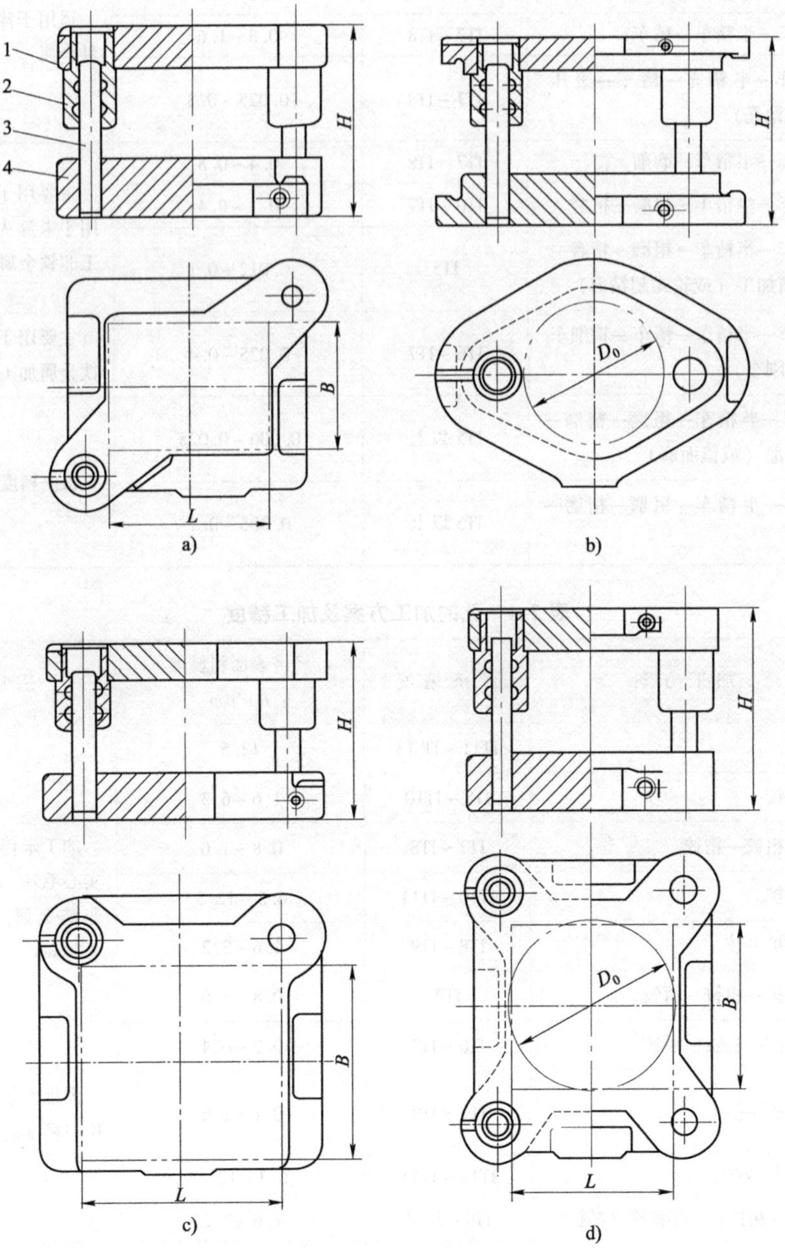

图 2-1　滑动导向模架

a）对角导柱模架　b）中间导柱模架　c）后侧导柱模架　d）四导柱模架

1—上模座　2—导套　3—导柱　4—下模座

为获得所要求的精度和表面粗糙度，外圆柱面和孔的加工方案可参考表 2-3 和表 2-4。

表 2-3　外圆柱面的加工方案及加工精度

序　号	加工方案	经济精度	经济表面粗糙度 $Ra/\mu m$	适用范围
1	粗车	IT11 ~ IT13	12.5 ~ 50	适用于淬火钢以外的各种金属
2	粗车—半精车	IT8 ~ IT10	3.2 ~ 6.3	
3	粗车—半精车—精车	IT7 ~ IT8	0.8 ~ 1.6	
4	粗车—半精车—精车—滚压（或抛光）	IT7 ~ IT8	0.025 ~ 0.2	
5	粗车—半精车—磨削	IT7 ~ IT8	0.4 ~ 0.8	主要用于淬火钢，也可用于未淬火钢，但不宜加工非铁金属
6	粗车—半精车—粗磨—精磨	IT6 ~ IT7	0.1 ~ 0.4	
7	粗车—半精车—粗磨—精磨—超精加工（或轮式超精磨）	IT5	0.012 ~ 0.1	
8	粗车—半精车—精车—精细车（金刚车）	IT6 ~ IT7	0.025 ~ 0.4	主要用于要求较高的非铁金属加工
9	粗车—半精车—粗磨—精磨—超精磨（或镜面磨）	IT5 以上	0.006 ~ 0.025	极高精度外圆的加工
10	粗车—半精车—粗磨—精磨—研磨	IT5 以上	0.006 ~ 0.1	

表 2-4　孔的加工方案及加工精度

序　号	加工方案	经济精度	经济表面粗糙度 $Ra/\mu m$	适用范围
1	钻	IT11 ~ IT 13	12.5	加工未淬火钢及铸铁的实心毛坯，也可用于加工非铁金属。孔径大于 15 ~ 20mm
2	钻—铰	IT8 ~ IT10	1.6 ~ 6.3	
3	钻—粗铰—精铰	IT7 ~ IT8	0.8 ~ 1.6	
4	钻—扩	IT10 ~ IT11	6.3 ~ 12.5	
5	钻—扩—铰	IT8 ~ IT9	1.6 ~ 3.2	
6	钻—扩—粗铰—精铰	IT7	0.8 ~ 1.6	
7	钻—扩—机铰—手铰	IT6 ~ IT7	0.2 ~ 0.4	
8	钻—扩—拉	IT7 ~ IT9	0.1 ~ 1.6	大批大量生产（精度由拉刀精度而定）
9	粗镗（或扩）	IT11 ~ IT13	6.3 ~ 12.5	除淬火钢外的各种材料，毛坯有铸出孔或锻出孔
10	粗镗（粗扩）—半精镗（精扩）	IT9 ~ IT10	1.6 ~ 3.2	
11	粗镗（粗扩）—半精镗（精扩）—精镗（铰）	IT7 ~ IT8	0.8 ~ 1.6	
12	粗镗（粗扩）—半精镗（精扩）—精镗—浮动镗刀精镗	IT6 ~ IT7	0.4 ~ 0.8	

（续）

序　　号	加工方案	经济精度	经济表面粗糙度 $Ra/\mu m$	适用范围
13	粗镗（扩）—半精镗—磨孔	IT7～IT8	0.2～0.8	主要用于淬火钢，也可用于未淬火钢，但不宜用于非铁金属
14	粗镗（扩）—半精镗—粗磨—精磨	IT6～IT7	0.1～0.2	
15	粗镗—半精镗—精镗—精细镗（金刚镗）	IT6～IT7	0.05～0.4	主要用于精度要求高的非铁金属加工
16	钻—（扩）—粗铰—精铰—珩磨；钻—（扩）—拉—珩磨；粗镗—半精镗—精镗—珩磨	IT6～IT7	0.025～0.2	精度要求很高的孔
17	以研磨代替上述方法中的珩磨	IT5～IT6	0.006～0.1	

3. 上、下模座的加工

冷冲模的上、下模座用来安装导柱、导套，连接凸、凹模固定板等零件，其结构、尺寸已标准化。

表2-2中冷冲模座是中间导柱的标准模座，多用铸铁或铸钢制造。为保证模架的装配要求，使模架工作时上模座可沿导柱上、下移动平稳，无阻滞现象，加工后模座的上、下平面应保持平行，对于不同尺寸的模座其平行度公差见表2-5；上、下模座上导柱、导套安装孔的孔间距离应保持一致；孔的轴线应与模座的上、下平面垂直，对安装滑动导柱的模座，其垂直度公差应不超过0.01mm/100mm。

表2-5　模座上、下平面的平行度公差　　（单位：mm）

公称尺寸	公差等级 4	公差等级 5	公称尺寸	公差等级 4	公差等级 5
	公差值			公差值	
40～63	0.008	0.012	250～400	0.020	0.030
63～100	0.010	0.015	400～630	0.025	0.040
100～160	0.012	0.020	630～1000	0.030	0.050
160～250	0.015	0.025	1000～1600	0.040	0.060

注：1. 公称尺寸是指被测表面的最大长度尺寸或最大宽度尺寸。
2. 公差等级按GB/T 1184—1996《形状和位置公差　未注公差值》。
3. 公差等级4级，适用于0Ⅰ、Ⅰ级模架。
4. 公差等级5级，适用于0Ⅱ、Ⅱ级模架。

模座加工主要是平面加工和孔系加工。为了使加工方便并易于保证加工技术要求，在各工艺阶段应先加工平面，再以平面定位加工孔系（先面后孔）。

模座毛坯经过铣（或刨）削加工后，磨削平面可以减小平面度误差和上、下平面的平行度误差。再以平面作主定位基准加工孔，容易保证孔的垂直度要求。

根据加工要求和生产条件，上、下模座的镗孔工序可以在专用镗床（批量较大时）、坐标镗床、双轴镗床上进行，也可以在铣床或摇臂钻等机床上，采用坐标法或利用引导元件进行。为了保证导柱和导套的孔间距离一致，在镗孔时常将上、下模座重叠在一起，一次装夹，同时镗出导套和导柱的安装孔。

平面的加工方案及加工精度见表2-6。

表2-6 平面的加工方案及加工精度

序 号	加工方案	经济精度	经济表面粗糙度 Ra/μm	适用范围
1	粗车	IT11 ~ IT13	12.5 ~ 50	端面
2	粗车—半精车	IT8 ~ IT10	3.2 ~ 6.3	
3	粗车—半精车—精车	IT7 ~ IT8	0.8 ~ 1.6	
4	粗车—半精车—磨削	IT6 ~ IT8	0.2 ~ 0.8	
5	粗刨（或粗铣）	IT11 ~ IT13	6.3 ~ 25	一般的不淬硬平面
6	粗刨（或粗铣）—精刨（或精铣）	IT8 ~ IT10	1.6 ~ 6.3	（端铣表面粗糙度值较小）
7	粗刨（或粗铣）—精刨（或精铣）—刮研	IT6 ~ IT7	0.1 ~ 0.8	精度要求较高的不淬硬平面，批量较大时宜采用宽刃精刨方案
8	以宽刃精刨代替上述刮研	IT7	0.2 ~ 0.8	
9	粗刨（或粗铣）—精刨（或精铣）—磨削	IT7	0.2 ~ 0.8	精度要求高的淬硬平面或不淬硬平面
10	粗刨（或粗铣）—精刨（或精铣）—粗磨—精磨	IT6 ~ IT7	0.025 ~ 0.4	
11	粗铣—拉	IT7 ~ IT9	0.2 ~ 0.8	大量生产，较小平面（精度视拉刀精度而定）
12	粗铣—精铣—磨削—研磨	IT5以上	0.006 ~ 0.1	高精度平面

三、任务实施

1. 导柱和导套加工工艺路线

导柱的加工工艺路线见表2-7，导套的加工工艺路线见表2-8。

表2-7 导柱的加工工艺路线

序号	工序名称	工艺说明	图 示
1	下料	按尺寸 φ35mm×215mm 切断	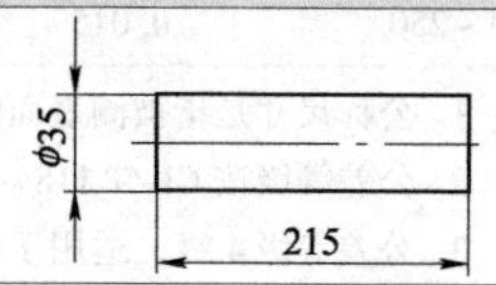
2	车削端面钻中心孔	1）车削端面，保证长度212.5mm 2）钻中心孔 3）掉头车削端面，保证210mm 4）钻中心孔	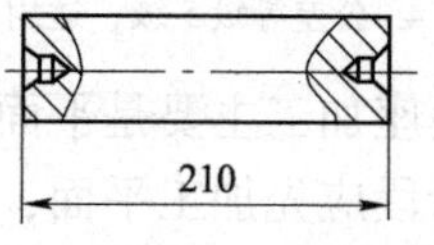
3	车削外圆	1）车削外圆，至 φ32.4mm 2）车削10mm×0.5mm槽到尺寸 3）车削端部 4）掉头，车削外圆至 φ32.4mm 5）车削端部	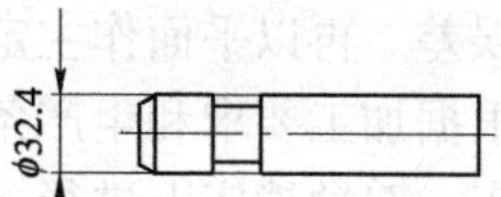

（续）

序号	工序名称	工艺说明	图　示
4	检验		
5	热处理	按热处理工艺进行，保证渗碳层深度 0.8 ~1.2mm，表面硬度 58 ~62HRC	
6	研中心孔	研中心孔 掉头，研另一端中心孔	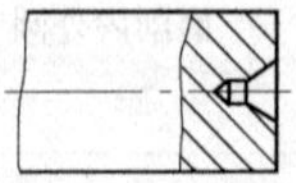
7	磨削外圆	1）磨削 φ32h6 外圆，留研磨余量 0.01mm 2）掉头磨削 φ32r6 外圆至尺寸	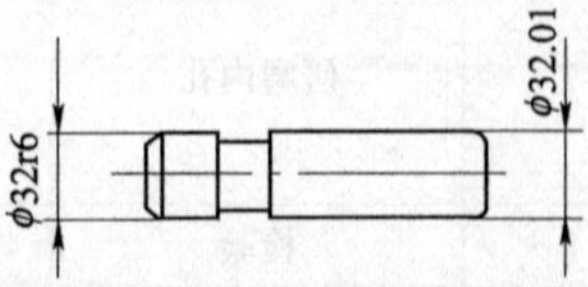
8	研磨	1）研磨外圆 φ32h6 至达到要求 2）抛光圆角	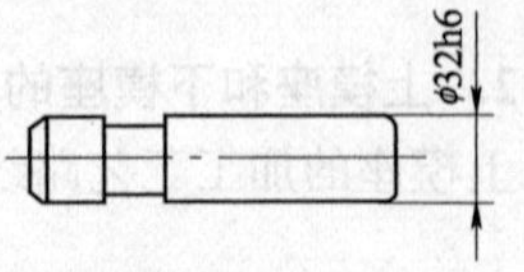
9	检验		

注：1. 表中的工序简图是为了直观地表示零件的加工部位绘制的，除专业模具厂外，一般模架生产属单件小批生产，工艺文件多采用工艺过程卡，不绘制工序图。

2. 表中简图用粗实线表示工序的加工表面。

表 2-8　导套的加工工艺路线

序　号	工 序 名 称	工 艺 说 明	图　示
1	下料	按尺寸 φ52mm ×115mm 切断	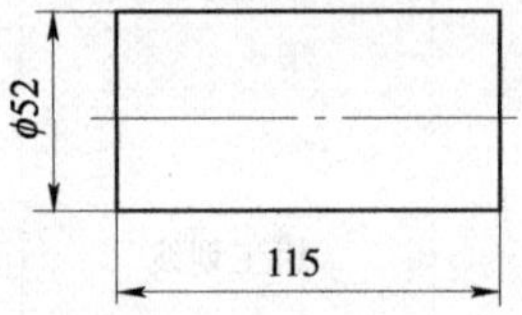
2	车外圆及内孔	1）车削端面，保证长度 113mm 2）钻 φ32mm 孔至 φ30 mm 3）车削 φ45mm 外圆至 φ45.4 mm 4）倒角 5）车削 3mm ×1mm 退刀槽至尺寸 6）镗削 φ32mm 孔至 φ31.6mm 7）镗削油槽 8）镗削 φ33 mm 孔至尺寸 9）倒角	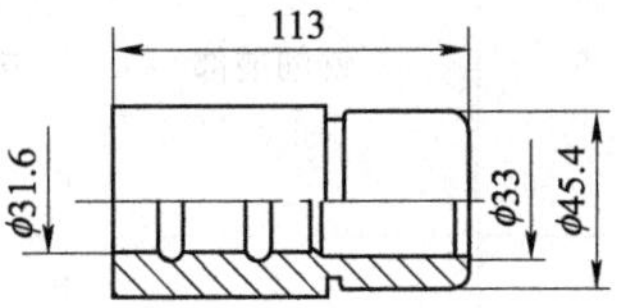
3	车外圆，倒角	1）车削 φ48mm 的外圆至尺寸 2）车削端面保证长度 110mm 3）倒内、外圆角	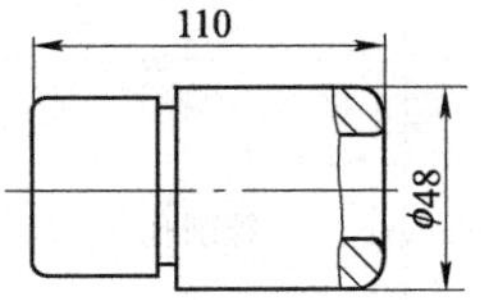
4	检验		

项目二　机械加工模具零件

（续）

序　号	工序名称	工艺说明	图　示
5	热处理	按热处理工艺进行，保证渗碳层深度 0.8～1.2mm，硬度 58～62HRC	
6	磨削内外圆	1）磨削 45mm 外圆达图样要求 2）磨削 32mm 内孔，留研磨量 0.01mm	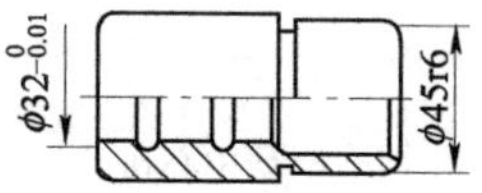
7	研磨内孔	研磨 ϕ32mm 孔达图样要求研磨圆弧	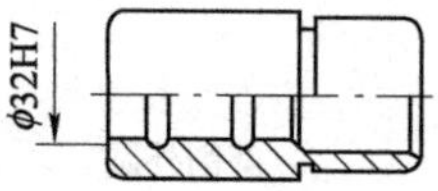
8	检验		

2. 上模座和下模座的加工工艺路线

上模座的加工工艺路线见表 2-9，下模座的加工工艺路线见表 2-10。

表 2-9　上模座的加工工艺路线

序　号	工序名称	工艺说明	图　示
1	备料	铸造毛坯	
2	刨削平面	刨削上、下平面，保证尺寸 50.8mm	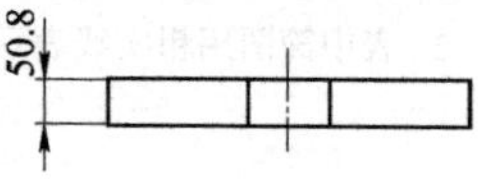
3	磨削平面	磨削上、下平面，保证尺寸 50mm	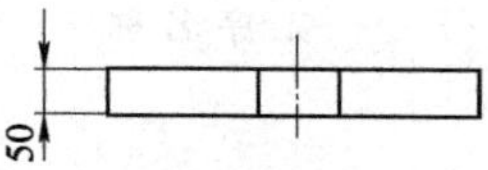
4	钳工划线	划前部和导套孔线	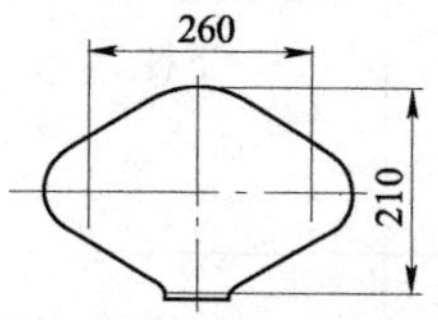
5	铣削前部	按线铣削前部	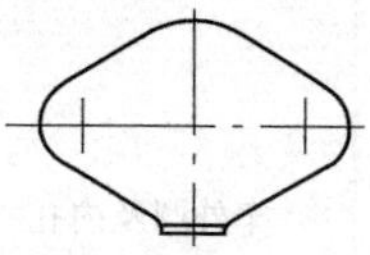
6	钻孔	按线钻导套孔至 ϕ43mm、ϕ48mm	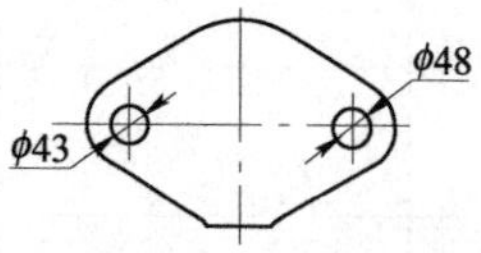
7	镗削孔	和下模座重叠一起镗孔至 ϕ45H7、ϕ50H7	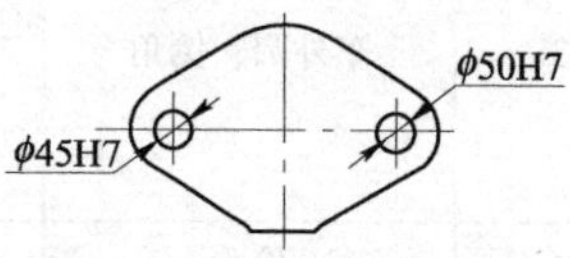

（续）

序　号	工序名称	工艺说明	图　示
8	铣削槽	按线铣削 *R*2. 5mm 的圆弧槽	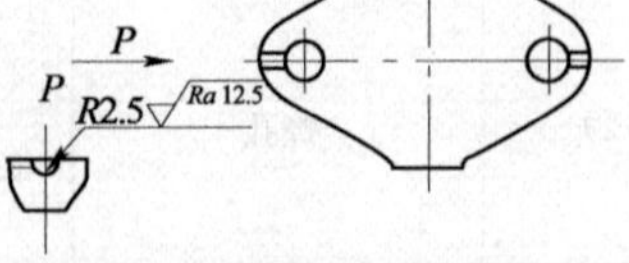
9	检验		

表 2-10　下模座的加工工艺路线

序　号	工序名称	工艺说明	图　示
1	备料	铸造毛坯	
2	刨削平面	刨削上、下平面，保证尺寸 50. 8mm	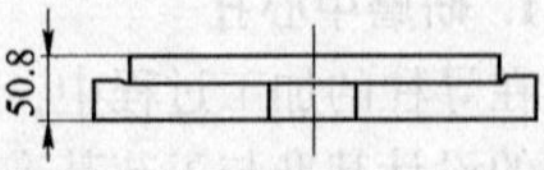
3	磨削平面	磨削上、下平面，保证尺寸 50mm	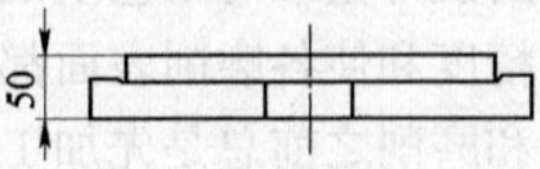
4	钳工划线	划前部线 划导柱孔和螺孔	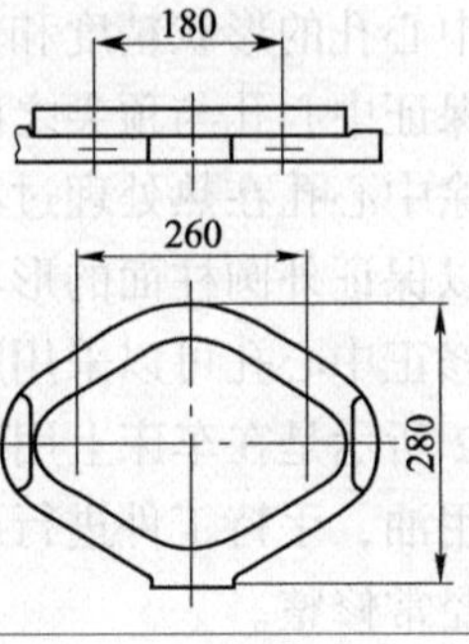
5	铣削前部	按线铣削前部台肩至尺寸	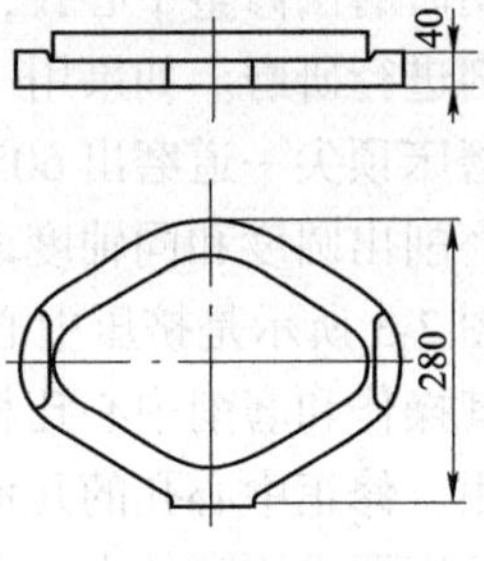
6	钻床加工	按线钻导套孔至 ϕ30mm、ϕ26mm，钻螺纹底孔并攻螺纹	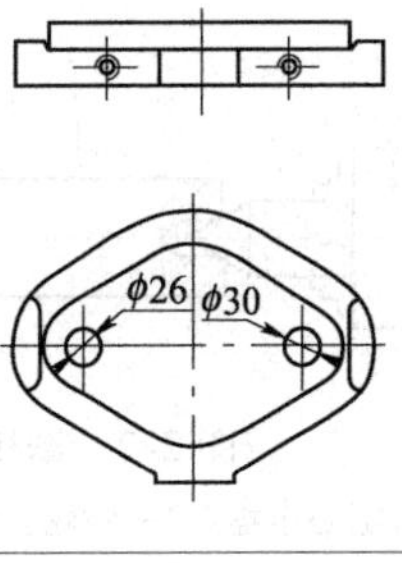

（续）

序号	工序名称	工艺说明	图示
7	镗孔	和上模座重叠，一起镗孔至 ϕ32R7、ϕ28R7	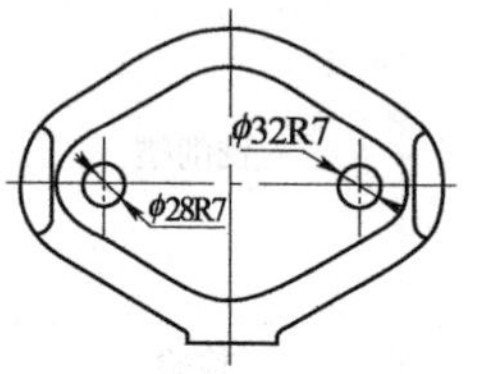
8	检验		

四、知识拓展

1. 研磨中心孔

在导柱的加工过程中，外圆柱面的车削和磨削都是以两端的中心孔定位，这样可使外圆柱面的设计基准与工艺基准重合，并使各主要工序的定位基准统一，易于保证外圆柱面间的位置精度和使各磨削表面都有均匀的磨削余量。由于要用中心孔定位，所以在外圆柱面进行车削和磨削之前总是先加工中心孔，以便为后续工序提供可靠的定位基准。

中心孔的形状精度和同轴度对加工质量有直接影响。特别是加工精度要求高的轴类零件，保证中心孔与顶尖之间的良好配合是十分重要的。导柱在热处理后修正中心孔，目的在于消除中心孔在热处理过程中可能产生的变形和其他缺陷，使磨削外圆柱面时能实现精确定位，以保证外圆柱面的形状精度和位置精度要求。

修正中心孔可以采用磨削、研磨和挤压等方法，可以在车床、钻床或专用机床上进行。图2-2所示是在车床上用磨削方法修正中心。在被磨削的中心孔处，加入少量煤油或全损耗系统用油，手持工件进行磨削。用这种方法修正中心孔效率高，质量较好。但砂轮磨损快，需要经常修整。

用研磨法修整中心孔，是用锥形的铸铁研磨头代替锥形砂轮，在被研磨的中心孔表面加研磨剂进行研磨。如果用一个与磨削外圆的磨床顶尖相同的铸铁顶尖作研磨工具，将铸铁顶尖和磨床顶尖一道磨出60°锥角后再研磨出中心孔，则可保证中心孔和磨床顶尖达到良好配合，磨削出圆度和同轴度误差不超过0.002mm的外圆柱面。

图2-3所示是挤压中心孔的硬质合金多棱顶尖。挤压时多棱顶尖装在车床主轴的锥孔内，其操作和磨削中心孔相似，利用车床的尾顶尖将工件压向多棱顶尖，通过多棱顶尖的挤压作用，修正中心孔的几何误差。此法生产率极高（只需几秒钟），但质量稍差，一般用于修正精度要求不高的中心孔。

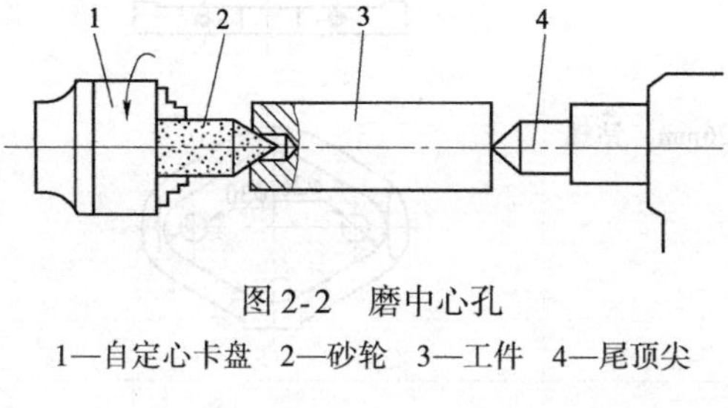

图2-2 磨中心孔

1—自定心卡盘 2—砂轮 3—工件 4—尾顶尖

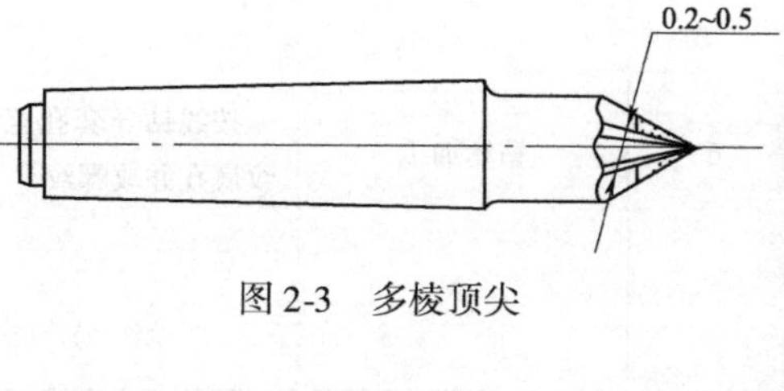

图2-3 多棱顶尖

2. 研磨导柱和导套

磨削导套时，正确选择定位基准对保证内、外圆柱面的同轴度要求是十分重要的。工件热处理后，在万能外圆磨床上，利用自定心卡盘夹持 ϕ48mm 外圆柱面，一次装夹后磨出 ϕ32H7 和 ϕ45r6 的内、外圆柱面，可以避免由于多次装夹所带来的误差，容易保证内、外圆柱面的同轴度要求。但每磨一件都要重新调整机床，所以，这种方法只适于在单件生产的情况下采用。如果加工数量较多的同一尺寸的导套，可以先磨削好内孔，再把导套装在专门设计的小锥度心轴上，如图 2-4 所示。以心轴两端的中心孔定位（使定位基准和设计基准重合），借心轴和导套间的摩擦力带动工件旋转，磨削外圆柱面，也能获得较高的同轴度要求，并可使操作过程简化，生产率提高。这种心轴应具有高的制造精度，其锥度在1/1000 ~ 1/5000 的范围内选取，硬度在 60HRC 以上。

导柱和导套的研磨加工，其目的在于进一步提高被加工表面的质量，以达到设计要求。在生产数量大的情况下（如专门从事模架生产），可以在专用研磨机床上研磨，单件小批生产可以采用简单的研磨工具，如图 2-5 和图 2-6 所示，在卧式车床上进行研磨。研磨时将导柱安装在车床上，由主轴带动旋转，在导柱表面均匀涂上一层研磨剂，然后套上研磨工具并用手将其握住，作轴线方向的往复运动。研磨导套与研磨导柱相类似，由主轴带动研磨工具旋转，手握套在研具上的导套，作轴线方向的往复直线运动。调节研具上的调整螺钉和螺母，可以调整研磨套的直径，以控制研磨量的大小，详细内容见光整加工部分。

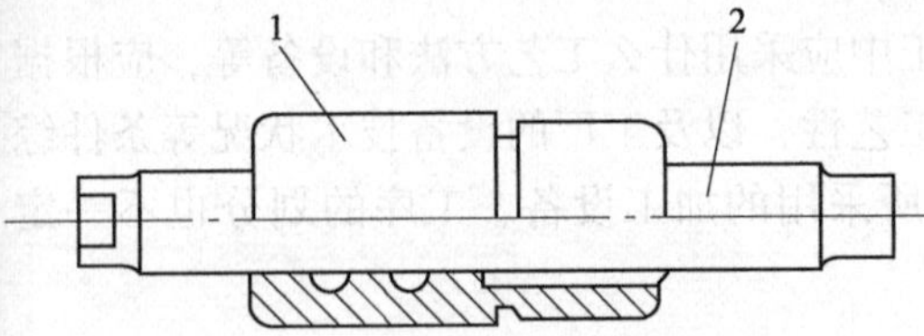

图 2-4 用小锥度心轴安装导套

1—导套 2—心轴

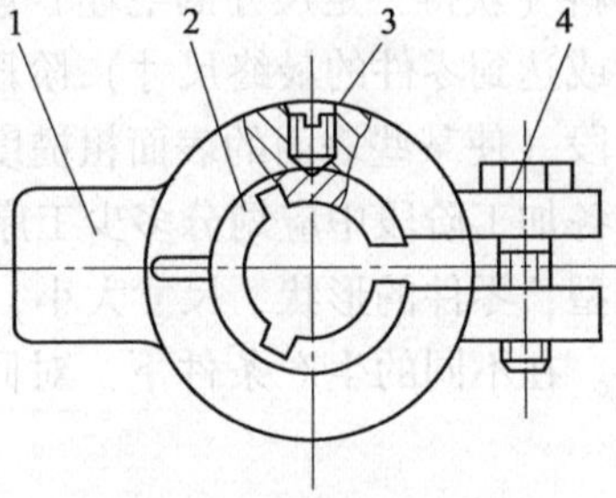

图 2-5 导柱研磨工具

1—研磨架 2—研磨套 3—限动螺钉 4—调整螺钉

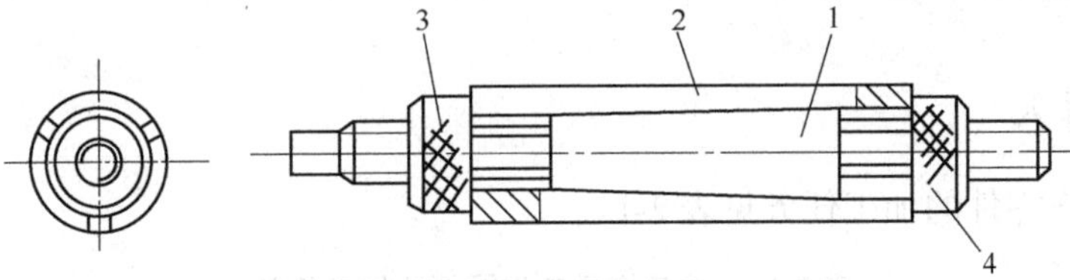

图 2-6 导套研磨工具

1—锥度心轴 2—研磨套 3、4—调整螺母

磨削和研磨导套孔时常见的缺陷是“喇叭口”（孔的尺寸两端大中间小）。造成这种缺陷的原因可能来自以下两方面。

1）磨削内孔时，当砂轮完全处在孔内，如图 2-7 中实线所示，砂轮与孔壁的轴向接触长度最大，磨杆所受的径向推力也最大，由于刚度原因，它所产生的径向弯曲位移使磨削深度减小，孔径相应变小。当砂轮沿轴向往复运动到两端孔口部位，砂轮必须超越两端，其径向推力减小，磨杆产生回弹，使孔径增大。要减小“喇叭口”就要合理控制砂轮相对孔口端面的超越距离，以便使孔的加工精度达到规定的技术要求。

2）研磨时工件的往复运动使磨料在孔口处堆积，在孔口处切削作用增强。所以在研磨过程中应及时清除堆积在孔口处的研磨剂，以防止和减轻这种缺陷的产生。

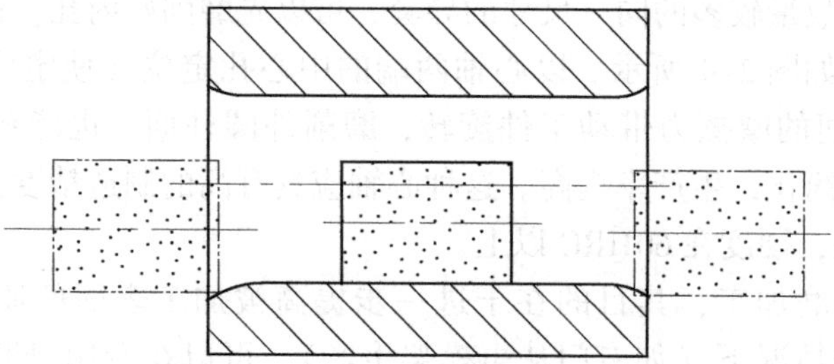

图 2-7　磨孔时“喇叭口”的产生

研磨导柱和导套用的研磨套和研磨棒一般用铸铁制造。研磨剂用氧化铝或氧化铬（磨料）与全损耗系统用油或煤油（磨液）混合而成。磨料粒度一般在 F220 ~ F800 范围内选用。

按被研磨表面的尺寸大小和要求，一般导柱、导套的研磨余量为0.01 ~ 0.02mm。

将导柱、导套的工艺过程适当归纳，大致可划分成如下几个加工阶段。

备料（获得一定尺寸的毛坯）阶段→粗加工和半精加工（去除毛坯的大部分余量，使其接近或达到零件的最终尺寸）阶段→热处理（达到需要硬度）阶段→精加工阶段→光整加工阶段（使某些表面的表面粗糙度达到设计要求）。

在各加工阶段中应划分多少工序，零件在加工中应采用什么工艺方法和设备等，应根据生产类型，零件的形状、尺寸大小，零件的结构工艺性，以及工厂的设备技术状况等条件综合考虑。在不同的生产条件下，对同一零件加工所采用的加工设备、工序的划分也不一定相同。

任务二　加工冲裁模具工作零件

一、任务导入

冲裁模具工作零件的加工任务见表 2-11。

表 2-11　冲裁模具工作零件的加工任务

学习情境	实训地点：模具实训中心 教学条件：4 件落料冲孔复合模凹模、凸凹模及凸模毛坯，M7132 平面磨床、DK7725e 电火花线切割机床、MA1420A 万能外圆磨床、X8140 万能工具铣床、CY6140A 普通卧式车床、B665 牛头刨床、Z5125A 立式钻床、千分尺和游标卡尺等	教学要求

（续）

完成任务	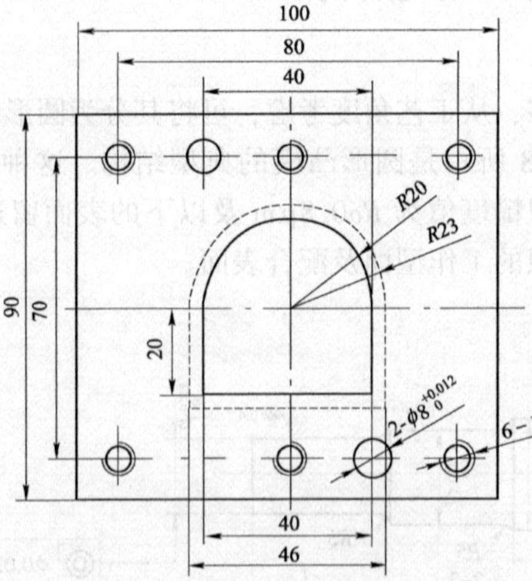 凹模 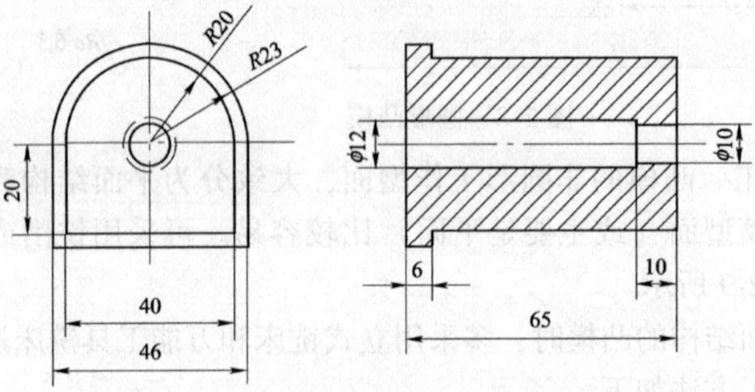 凸凹模 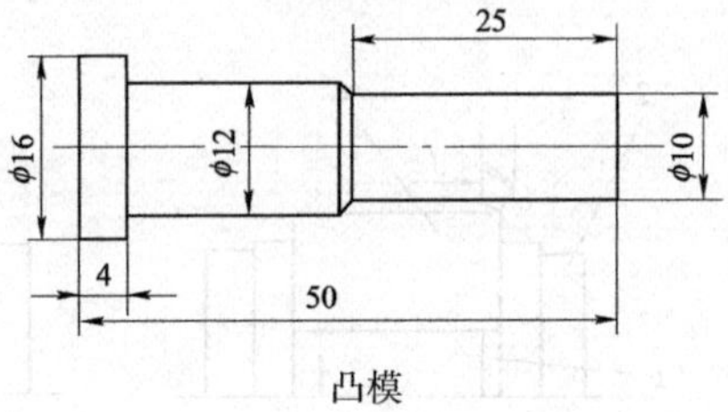 凸模	根据所学模具制造技术知识，完成左图所示凹模、凸凹模及凸模的加工任务，并进行检验
能力目标	会加工模具中模具工作零件，能填写机械加工工艺过程卡	
具体要求	① 掌握模具工作零件工序尺寸及毛坯余量的选定 ② 能正确选用模具中模具工作零件的毛坯及定位基准 ③ 能完成模具中模具工作零件的加工工艺与路线设计 ④ 能正确选择模具中模具工作零件的加工刀具和切削用量 ⑤ 能填写机械加工工艺过程卡	
教学法安排	① 多媒体教学 ② 现场演示 ③ 学生分组讨论 ④ 职业技能评价	
最终考核	工作文件 20%，操作过程 40%，工作结果 20%，汇报效果 10%，团队 10%	百分制

二、知识链接——冲裁模具工作零件的加工

1. 冲裁凸模的加工

冲裁凸模的刃口形状种类繁多，从工艺角度考虑，可将其分为圆形和非圆形两种。

（1）圆形凸模的加工　图2-8所示是圆形凸模的典型结构。这种凸模加工比较简单，热处理前毛坯经车削加工，表面粗糙度值为 $Ra0.8\mu m$ 及以下的表面留适当磨削余量。热处理后，经磨削加工即可获得较理想的工作型面及配合表面。

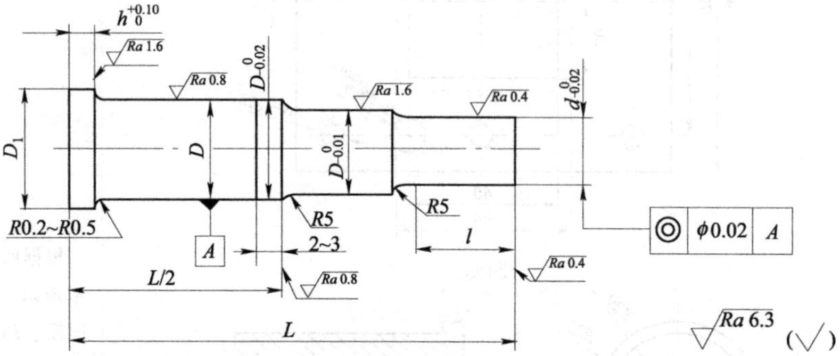

图2-8　圆形凸模

（2）非圆形凸模的加工　凸模的非圆形工作型面，大致分为平面结构和非平面结构两种。加工以平面构成的凸模型面（或主要是平面）比较容易。可采用铣削或刨削方法对各表面逐次进行加工，如图2-9所示。

采用铣削方法加工平面结构的凸模时，多采用立式铣床和万能工具铣床进行加工。这类模具中某些倾斜平面的加工方法如下。

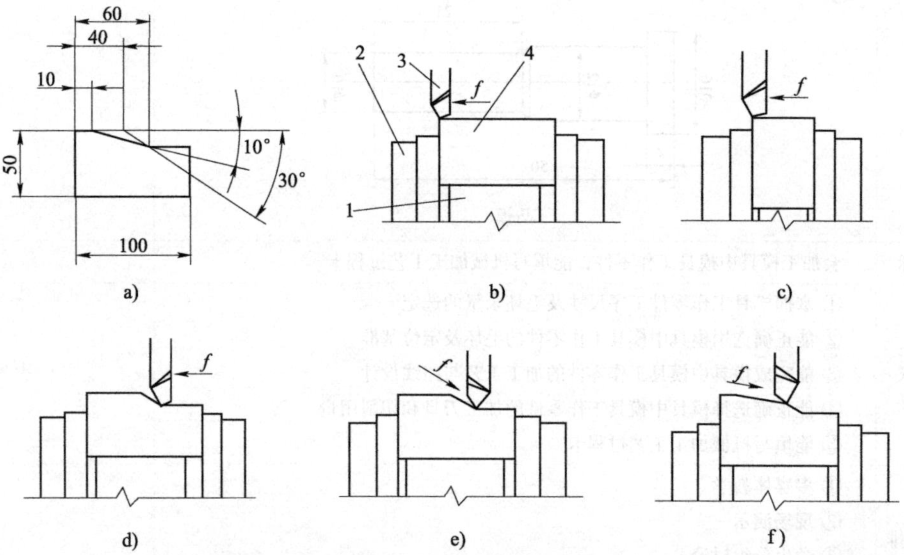

图2-9　平面结构凸模的刨削加工

a）凸模　b）刨削四面　c）刨削两端面　d）刨削小平面　e）刨削30°斜面　f）刨削10°斜面

1—垫块　2—平口钳　3—刨刀　4—凸模

1）工件斜置。装夹工件时使被加工斜面处于水平位置进行加工，如图 2-10 所示。

2）刀具斜置。使刀具相对于工件倾斜一定的角度，对被加工表面进行加工，如图 2-11 所示。

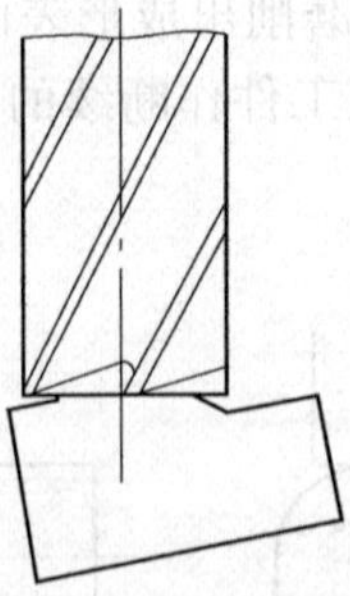

图 2-10　工件斜置铣削

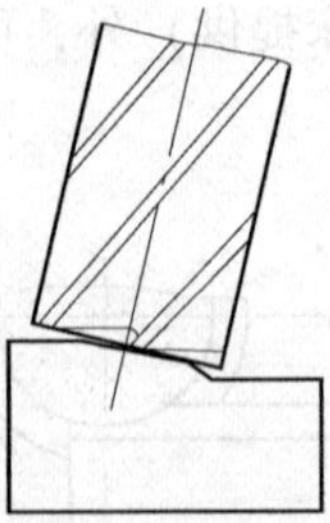

图 2-11　刀具斜置铣削

3）将刀具制作成一定的锥度对斜面进行加工，这种方法一般少用。

加工非平面结构的凸模，如图 2-12 所示，可根据凸模形状、结构特点和尺寸大小采用车削、仿形铣削、数控铣削或在通用铣（刨）床等机床上进行加工。

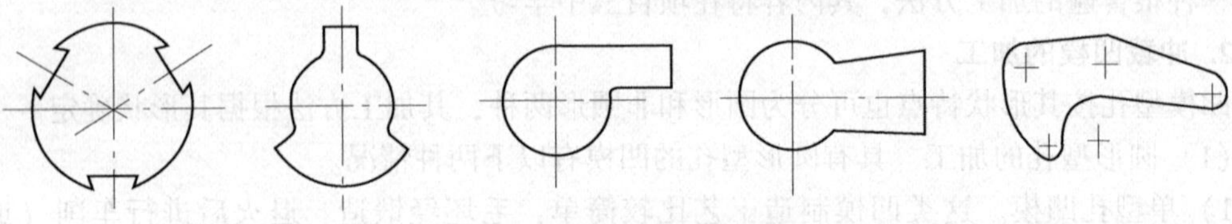

图 2-12　非平面结构的凸模

采用仿形铣削或数控铣削加工可以减轻劳动强度，容易获得所要求的形状尺寸。数控铣削的加工精度比仿形铣削高。仿形铣削是靠仿形销和靠模的接触来控制铣刀的运动，因此仿形销和靠模的尺寸形状误差、仿形运动的灵敏度等会直接影响零件的加工精度。无论仿形铣削或数控铣削，都应采用螺旋齿铣刀进行加工，这样可使切削过程平稳，容易获得较小的表面粗糙度。

在普通铣床上加工凸模是采用划线法进行加工的。加工时按凸模上划出的刃口轮廓线，手动操作机床工作台（或机床附件）进行切削加工。这种加工方法对操作工人的技术水平要求高，劳动强度大，生产率低，加工质量取决于工人的操作技能，而且会增加钳工的工作量。

当采用铣、刨削方法加工凸模的工作型面时，由于结构原因，有时不可能用一种方法加工出全部型面（如凹入的尖角和小圆弧），则应考虑采用其他加工方法对这些部位进行补充加工。在某些情况下为便于机械加工而将凸模加工成组合结构。

（3）成形磨削　成形磨削用来对模具的工作零件进行精加工，不仅用于加工凸模，也可加工镶拼式凹模的工作型面。采用成形磨削加工模具零件可获得高精度的尺寸、形状，可以加工淬硬钢和硬质合金，获得良好的表面质量。根据工厂的设备条件，成形磨削可在通用平面磨床上采用专用夹具或成形砂轮进行，也可在专用的成形磨床上进行。成形磨削的方法有以下两种。

1）成形砂轮磨削法。这种方法是将砂轮修整成与工件被磨削表面完全吻合的形状进行磨削加工，以获得所需要的成形表面，如图 2-13 所示。此法一次所能磨削的表面宽度不能太大。为获得一定形状的成形砂轮，可将金刚石固定在专门设计的修整夹具上对砂轮进行修整。

2）夹具磨削法。夹具磨削法是借助于夹具，使工件的被加工表面处在所要求的空间位置上，或使工件在磨削过程中获得所需的进给运动，磨削出成形表面，如图 2-14 所示。工件除作纵向进给（由机床提供）外，可以借助夹具使工件作断续的圆周进给，这种磨削圆弧的方法称为回转法。

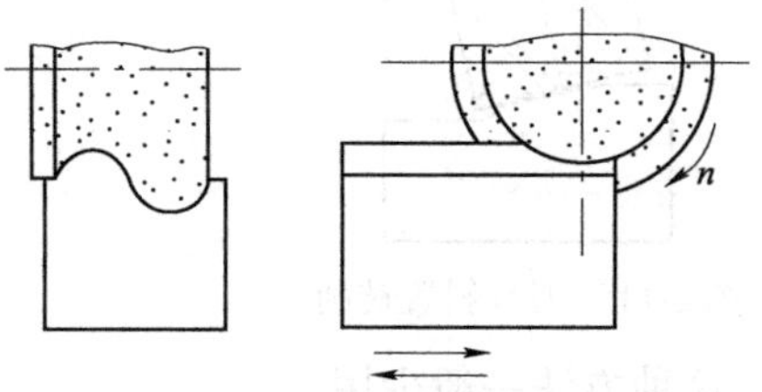

图 2-13　成形砂轮磨削法

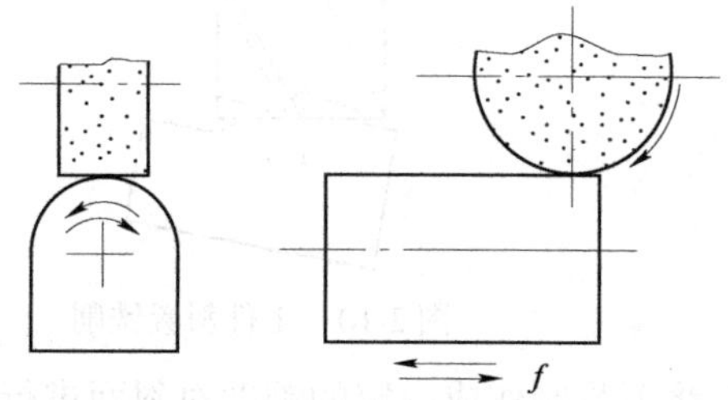

图 2-14　夹具磨削法

（4）电加工　利用电火花及线切割对冲裁凸模进行各种粗、精加工是现代模具制造行业中一种很普遍的加工方法，其内容将在项目三中学习。

2. 冲裁凹模的加工

凹模型孔按其形状特点也可分为圆形和非圆形两种，其加工方法根据其形状确定。

（1）圆形型孔的加工　具有圆形型孔的凹模有以下两种情况。

1）单型孔凹模。这类凹模制造工艺比较简单，毛坯经锻造、退火后进行车削（或铣削）及钻、镗型孔，并在上、下平面和型孔处留适当的磨削余量。再由钳工划线、钻所有固定用孔、攻螺纹、铰销孔，然后进行淬火、回火。热处理后磨削上、下平面及型孔即成。

2）多型孔凹模。冲裁模中的级进模和复合模，凹模有时会出现一系列圆孔，各孔尺寸及相互位置有较高的精度要求，这些孔称为孔系。为保证各孔的相互位置精度要求，常采用坐标法进行加工。

镶入式凹模如图 2-15 所示，固定板 1 不进行淬火处理，凹模镶件经淬火、回火和磨削后分别压入固定板的相应孔内。固定板上的镶件孔可在坐标镗床上加工。

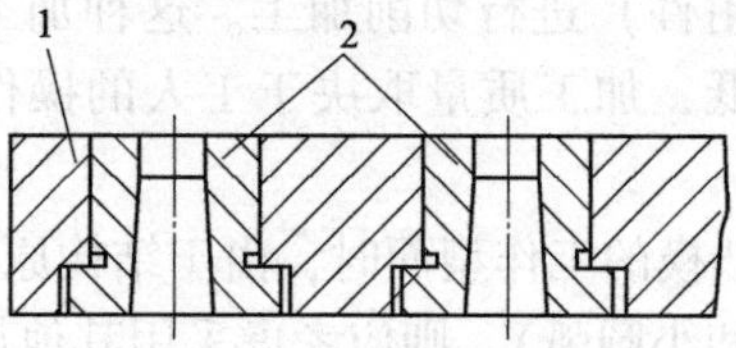

图 2-15　镶入式凹模

1—固定板　2—凹模镶件

图 2-16 所示为立式双柱坐标镗床。机床的工作台能在纵、横移动方向上作精确调整，大多数工作台移动量的读数值最小单位为 0.001mm。机床定位精度一般可达 2μm。工作台移动值的读取方法可采用光学式或数字显示式。

在坐标镗床上按坐标法镗孔是将各孔间的尺寸转化为直角坐标尺寸，如图 2-17 所示。加工时将工件置于机床的工作台上，用百分表找正相互垂直的基准面 a 和 b，使其分别和工作台的纵横运动方向平行后夹紧。然后使基准面与机床主轴的轴线对准，将工作台纵向移动

x_1。再使基准 h 与主轴的轴线对准，将工作台横向移动 y_1。此时，主轴的轴线与孔Ⅰ的轴线重合，可将孔加工到所要求的尺寸。加工完孔Ⅰ后按坐标尺寸 x_2、y_2 及 x_3、y_3 调整工作台，使孔Ⅱ及孔Ⅲ的轴线依次和机床主轴的轴线重合，镗出孔Ⅱ及孔Ⅲ。

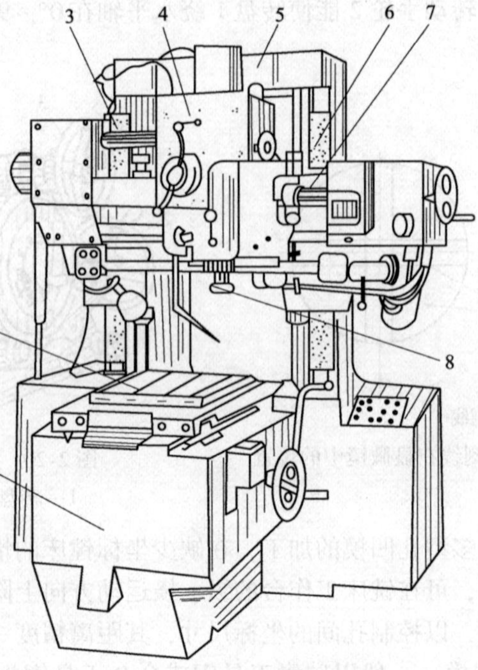

图 2-16 立式双柱坐标镗床

1—床身 2—工作台 3、6—立柱 4—主轴箱 5—顶梁 7—横梁 8—主轴

在工件的安装调整过程中，为了使工件上的基准 a 或 b 对准主轴的轴线，可以采用多种方法。图 2-18 所示是用定位角铁和光学中心测定器进行找正。光学中心测定器 2 以其锥柄定位，安装在镗床主轴的锥孔内，在目镜 3 的视场内有两对十字线。定位角铁的两个工作表面互成90°，在它的上平面上固定着一个直径约7mm 的镀铬钮，钮上有一条与角铁垂直工作面重合的刻线。使用时将角铁的垂直工作面紧靠工件 4 的基准面（a 面或 b 面），移动工作台从目镜观察，使镶铬钮上的刻线恰好落在目镜视场内的两对十字线之间，如图 2-19 所示。此时，工件的基准面已对准机床主轴的轴线。

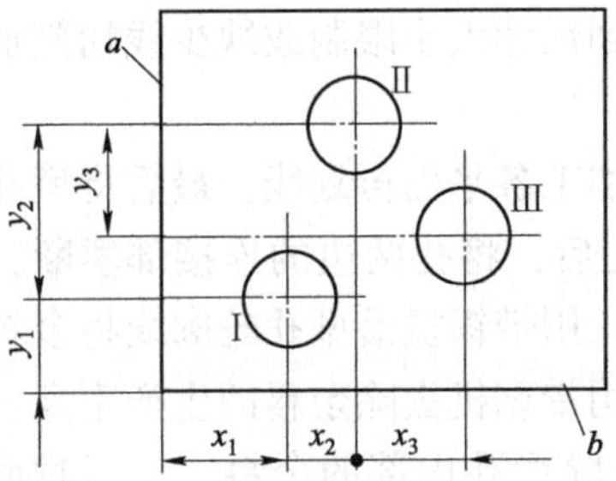

图 2-17 孔系的直角坐标尺寸

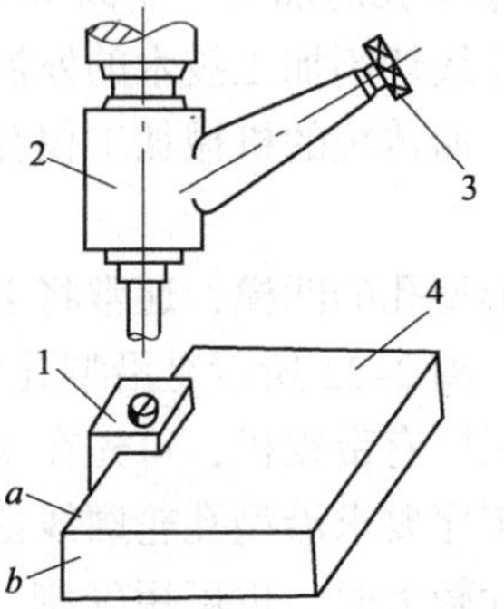

图 2-18 用定位角铁和光学中心测定器找正

1—定位角铁 2—光学中心测定器 3—目镜 4—工件

加工分布在同一圆周上的孔，可以使用坐标镗床的机床附件——万能回转工作台，如图2-20所示。转动手轮3，转盘1可绕垂直轴旋转360°，旋转的读数精度为1″，使用时将转台置于坐标镗床的工作台上。当加工同一圆周上的孔时应调整工件，使各孔所在圆的圆心与转盘1的回转轴线重合。转动手轮2能使转盘1绕水平轴在0°～90°的范围内倾斜某一角度，以加工工件上的斜孔。

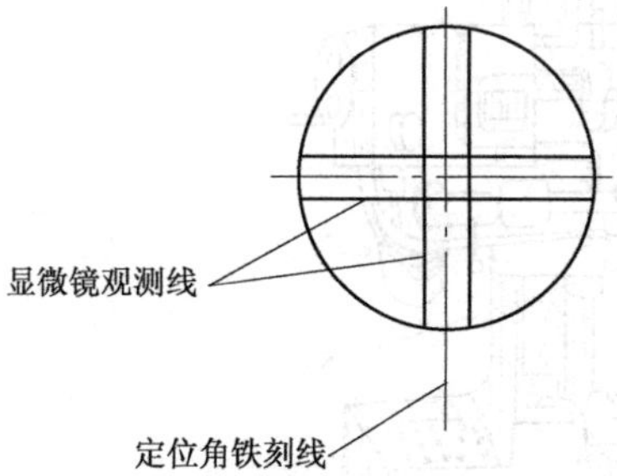

图2-19 定位角铁刻线在显微镜中的位置

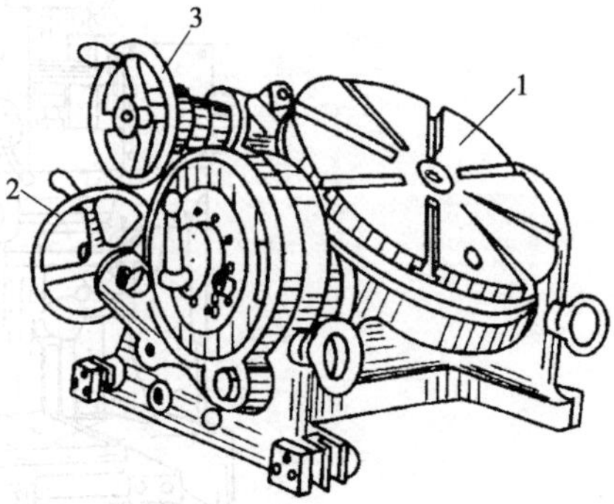

图2-20 万能回转工作台
1—转盘 2、3—手轮

对于具有镶件结构的多型孔凹模的加工，在缺少坐标镗床的情况下，也可在立式铣床上用坐标法加工孔系。为此，可在铣床工作台的纵、横运动方向上附加量块、百分表测量装置来调整工作台的移动距离，以控制孔间的坐标尺寸，其距离精度一般可达0.02mm。

整体结构的多型孔凹模，一般以碳素工具钢或合金工具钢为原材料，热处理后其硬度常在60HRC以上。制造时，毛坯经锻造退火，对各平面进行粗加工和半精加工，钻削、镗削型孔。在上、下平面及型孔处留适当的磨削余量，然后进行淬火、回火。热处理后，磨削上、下平面，以平面定位在坐标磨床上对型孔进行精加工。型孔的单边磨削余量通常不超过0.2mm。

在对型孔进行镗孔加工时，必须保证孔系的位置度要求，否则会给坐标磨床的加工造成困难。最理想的方法是用加工中心进行加工，它不仅能保证各型孔间的位置度要求，而且凹模上所有螺孔和定位销孔的加工都可在一次安装中全部完成，极大地简化了操作，有利于提高劳动生产率。

（2）非圆形型孔的加工　非圆形型孔凹模如图2-21所示，用机械加工的方法显然比较困难。由于数控线切割加工技术的发展和在模具制造中的广泛应用，许多传统的型孔加工方法都被其取代，而传统的机械加工仅存在于线切割加工受到尺寸大小限制或缺少线切割加工设备的情况下。

对于非圆形型孔的凹模，通常将毛坯锻造成矩形，先加工各平面再划线，最后将型孔中心的余料去除。图2-22所示是沿型孔轮廓线内侧顺次钻孔后，将孔两边的连接部錾断，去除余料。如果工厂有带锯机，可先在型孔的转折处钻孔后，用带锯机沿型孔轮廓线将余料切除，并按后续工序要求沿型孔轮廓线留适当的加工余量。用带锯机去除余料的生产率高。

当凹模尺寸较大时，也可用气割（氧乙炔焰）方法去除型孔内部的余料。切割时型孔应留有足够的加工余量。切割后的模坯应进行退火处理，以便进行后续加工。

切除余料后，可采用以下方法对型孔进行进一步的加工。

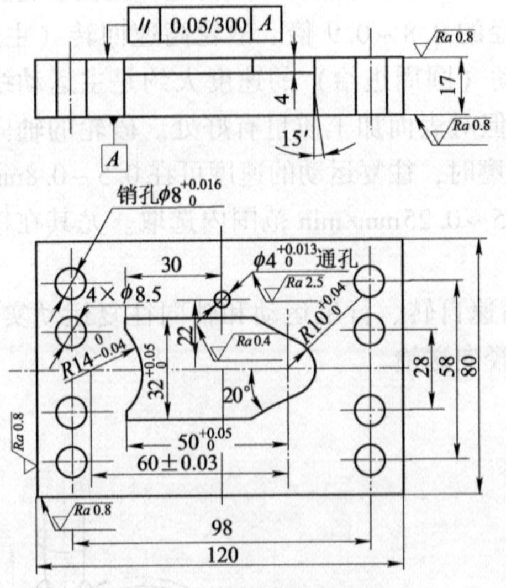

图 2-21　非圆形型孔凹模

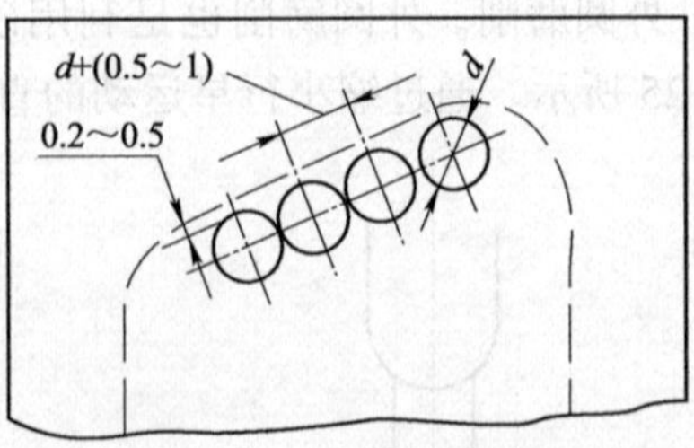

图 2-22　型孔轮廓线钻孔

1）仿形铣削。在仿形铣床上采用平面轮廓仿形，对型孔进行半精加工或精加工，其加工精度可达0.05mm，表面粗糙度值为$Ra1.5\sim Ra2.5\mu m$。仿形铣削加工容易获得形状复杂的型孔，可减轻操作者的劳动强度，但需要制造靠模，使生产周期增长。靠模通常都用容易加工的木材制造，因其受温度、湿度的影响极易变形，从而影响加工精度。

2）数控加工。用数控铣床加工型孔容易获得比仿形铣削更高的加工精度，而且不需要制造靠模，通过数控指令实现加工过程的自动化，从而降低了对操作工人的技能要求，提高了生产率。此外，还可采用加工中心对凹模进行加工。在加工中心上经一次装夹不仅能加工非圆形型孔，还能同时加工固定螺孔和销孔。

当没有仿形铣床或数控铣床时，可在立式铣床或万能工具铣床上加工型孔。铣削时按型孔的轮廓线手动操作铣床工作台纵、横运动进行加工。这对操作者的技术水平要求高，劳动强度大，加工精度低，生产率低，加工后钳工修整工作量大。

用铣削方法加工型孔时，铣刀半径应小于型孔转角处的圆弧半径。对于转角半径特别小的部位或尖角部位，只能用其他加工方法（如插削）或钳工进行修整来获得型孔，加工完毕后再加工落料斜度。

（3）坐标磨床加工　坐标磨床主要用于对淬火后的模具零件进行精加工，它不仅能加工圆孔，也能对非圆形型孔进行加工；不仅能加工内成形表面，也能加工外成形表面。它是在淬火后进行孔加工的机床中精度最高的一种。

坐标磨床和坐标镗床相似，也是用坐标法对孔系进行加工，其坐标精度可达2μm，只是坐标磨床用砂轮作切削工具。机床的磨削机构能完成三种运动，即砂轮的高速自转（主运动）、行星运动（砂轮回转轴线的圆周运动）及砂轮沿机床主轴轴线方向的直线往复运动，如图2-23所示。

在坐标磨床上进行磨削加工的基本方法有以下几种。

1）内孔磨削。利用砂轮的高速自转、行星运动和轴向的直线往复运动，即可进行内孔磨削，如图2-24所示。利用行星运动直径的增大实现径向进给。

进行内孔磨削时，由于砂轮直径受孔径限制，同时为降低磨头的转速，应使砂轮直径尽可能接近磨削的孔径，砂轮直径一般可取为孔径的0.8～0.9倍。砂轮高速回转（主运动）的线速度一般比普通磨削的线速度低。行星运动（圆周进给）的速度大约是主运动线速度的0.15倍。慢的行星运动速度将减小磨削量，但对表面加工质量有好处。砂轮的轴向往复运动（轴向送给）的速度与磨削的精度有关，粗磨时，往复运动的速度可在0.5～0.8mm/min范围内选取；精磨时，往复运动的速度可在0.05～0.25mm/min范围内选取。尤其在精加工结束时，要用很低的行程速度。

2）外圆磨削。外圆磨削也是利用砂轮的高速自转、行星运动和轴向往复运动实现的，如图2-25所示。通过缩小行星运动的直径实现径向送给。

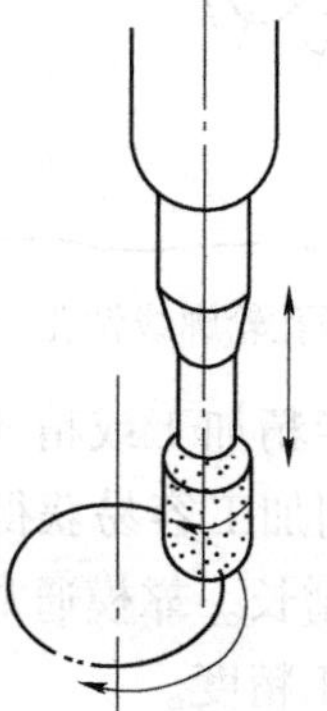

图2-23　砂轮的三种运动

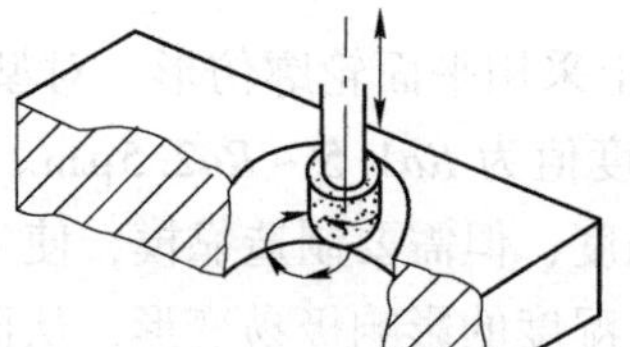

图2-24　内孔磨削

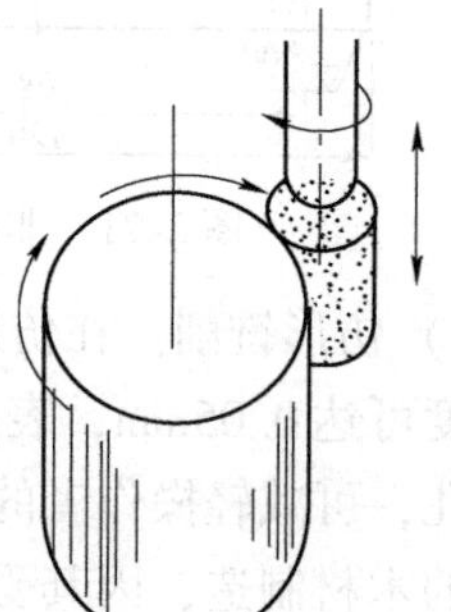

图2-25　外圆磨削

3）锥孔磨削。磨削锥孔时，由机床上的专门机构使砂轮在轴向进给的同时连续改变行星运动的半径。锥孔圆锥角的大小取决于两者变化的比值，所磨锥孔的最大圆锥角为12°。磨削锥孔的砂轮应修出相应的圆锥角，如图2-26所示。

4）平面磨削。磨削平面时，砂轮仅自转不作行星运动，工作台进给，如图2-27所示。平面磨削适用于平面轮廓的精加工。

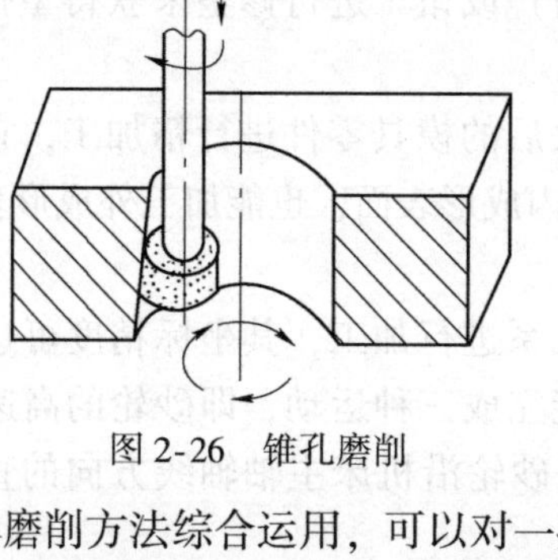

图2-26　锥孔磨削

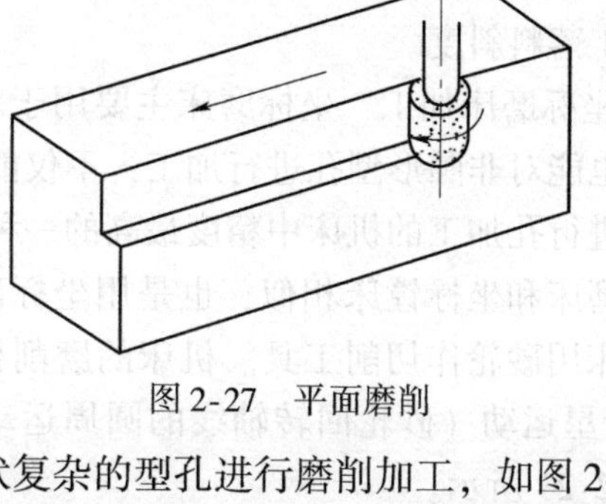

图2-27　平面磨削

将基本磨削方法综合运用，可以对一些形状复杂的型孔进行磨削加工，如图2-28所示。磨削图2-28a所示的凹模型孔时，可先将平转台固定在机床工作台上，用平转台装夹工件，经找正使工件的对称中心与平转台的回转中心重合。调整机床使孔O_1的轴线与主轴轴线重合，用内孔磨削方法磨出O_1的圆弧段。再调整工作台使工件上的O_2与主轴中心重合，磨削该圆弧至要求尺寸。利用圆形转台将工件回转180°，磨削O_3的圆弧至要求尺寸。

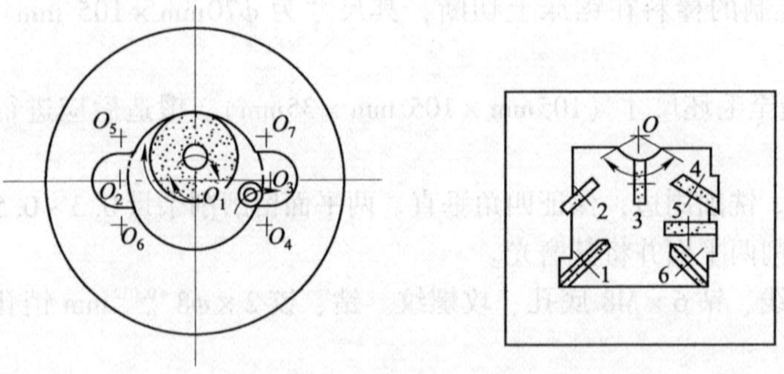

图 2-28　磨削异型型孔

使O_4与机床主轴轴线重合，磨削时停止行星运动，操纵磨头往复摆动磨削O_4的凸圆弧。砂轮的径向进给方向与磨削外圆相同。注意使凸、凹圆弧在连接处平整光滑。利用圆形平转台换位逐次磨削O_5、O_6、O_7的圆弧。其磨削方法与O_4相同。

图2-28 b所示是利用磨槽附件对型孔轮廓进行磨削加工。其中，1、4、6是采用成形砂轮进行磨削，2、3、5是采用平砂轮进行磨削。工作时使中心O与主轴重合，操纵磨头往复摆动磨削中心O的圆弧。要注意保证圆弧与平面在交点处连接准确。

数控坐标磨床技术不断发展，已十分适合于加工尺寸和位置精度要求高的多型孔凹模等零件，可显著提高模具的生产率。

当型孔形状复杂，使用机械加工方法无法完成加工时，凹模可采用镶拼结构，将内表面加工转变成外表面加工。凹模采用镶拼结构时，应尽可能将拼合面选在对称线上，如图2-29所示，以便一次装夹同时加工多个镶块。凹模的圆形刃口部位应尽可能保持完整的圆形，如图2-30a所示，它比图2-30b所示的拼合方式容易获得高的圆度精度。

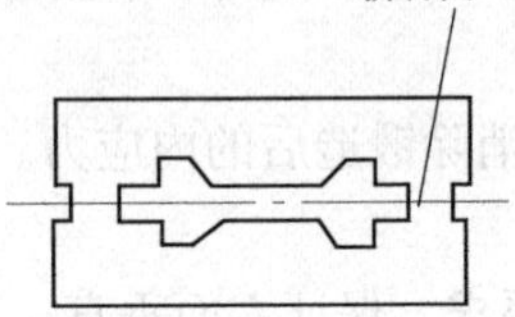

图 2-29　拼合面在对称线上

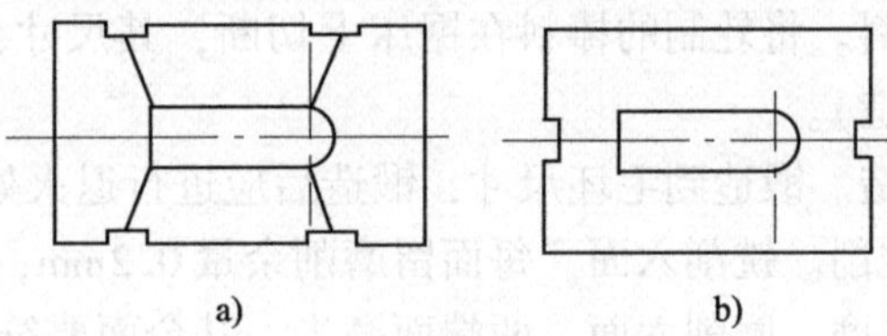

图 2-30　圆形刃口的拼合

(4) 电加工　利用电火花及线切割对冲裁凹模进行各种粗、精加工是现代模具制造行业中一种很普遍的加工方法，其内容将在项目三中学习。

三、任务实施

1. 模具工作零件加工的工艺过程

凸模、凹模和凸凹模是冷冲模的主要零件，其技术要求较高，制造时应注意保证质量。由于凸模和凹模的形状是多种多样的，且各工厂的生产条件也不相同，因此不可能列出适合于任何形状的凸模和凹模的工艺过程。

2. 凹模的加工工艺过程

凹模的零件尺寸见表2-11。

1）备料。材料为Cr12，毛坯尺寸为105mm×105 mm×35mm。

①下料。将轧制的棒料在锯床上切断，其尺寸为ϕ70mm×105 mm（毛坯尺寸+7%烧损量）。

②锻造。锻造至毛坯尺寸（105mm×105 mm×35mm）。锻造后应进行退火处理以消除内应力。

2）铣削六面。铣削周边，保证四角垂直。两平面留磨削余量0.3~0.5mm。

3）平磨。磨削两平面并将其磨光。

4）钳工。划线、钻6×M8底孔、攻螺纹。钻、铰2×$\phi 8^{+0.012}_{0}$mm销孔和型腔线切割穿丝孔（ϕ5mm）。

5）铣削。按划线铣出漏料孔，尺寸要符合图样要求。

6）热处理。淬火、回火，保证硬度为58~62HRC。模具的热处理有其专门的热处理工艺规程，但为了充分消除模具的淬火应力，回火次数必须在两次以上。

7）平磨。平磨两面达图样要求；平磨四周，保证四角垂直（定位基准，精密模具加工时采用）。

8）线切割。线切割型孔达图样要求。应根据零件要求的精度和表面要求，选择适合的线切割机。

9）精加工。手工精研刃口。对于快走丝线切割的表面，要通过研磨才能达到使用要求。而对于慢走丝线切割的表面，虽然能达到使用要求，但研磨能去除加工表面的变质层，有利于提高模具的使用寿命。

10）检验。检验工件尺寸，对工件进行缓蚀处理，入库。

3. 凸凹模的加工工艺过程

凹凸模的零件尺寸见表2-11。

1）备料。材料为Cr12，毛坯尺寸为50 mm×50 mm×65mm。

①下料。将轧制的棒料在锯床上切断，其尺寸为ϕ80mm×130 mm（4个凸凹模毛坯合在一起锻造）。

②锻造。锻造到毛坯尺寸，锻造后应进行退火处理，以消除锻造后的内应力。

2）铣削。铣削六面。每面留磨削余量0.2mm，

3）平磨。磨削六面，两端面磨光，其余面要符合图样要求，保证六面垂直。

4）划线。按图样划线。

5）线切割。把凸凹模整块毛坯依图样切割成四个凸凹模毛坯。

6）铣削。

①以四周边为基准，钻ϕ10mm型孔到ϕ9.5mm，钻ϕ11 mm漏料孔至图样要求。

②粗铣型面，周边留磨削余量0.2mm，台肩圆弧面铣削至尺寸。

7）热处理。淬火、回火，保证硬度58~62HRC。

8）平磨。平磨两端面要符合图样要求。

9）用坐标磨床磨孔。以ϕ9.5mm为基准找正，磨孔，磨孔尺寸要符合图样要求。ϕ10mm型孔也可以用内孔磨床磨削，以ϕ9.5mm为基准找正、找平端面，磨孔至符合图样要求为止。

10）平磨。以ϕ10mm型孔为基准，磨削三个型面和三个配合平面，磨合至符合图样

要求。

11）工具磨。以 ϕ10mm 型孔为基准，磨削圆弧型面和配合圆弧面，磨合至符合图样要求。

12）检验。检验工件尺寸，对工件进行缓蚀处理，入库。

4. 凸模的加工工艺过程

凸模零件尺寸见表2-11。

1）备料。材料为Crl2，毛坯尺寸为 ϕ20mm×55mm。将轧制的圆棒在锯床上切断。

2）车削。粗车，留工艺顶针凸台，留磨削余量0.5mm，如图2-31所示。

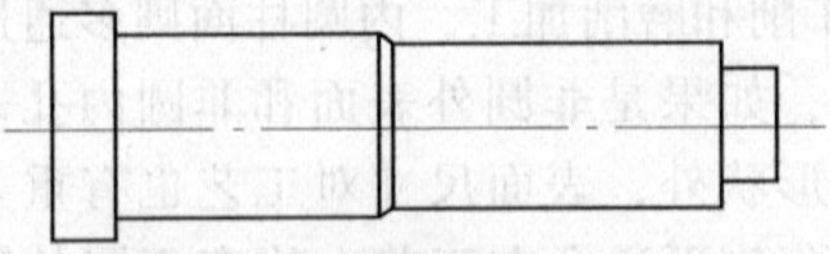

图2-31　凸模粗加工工艺图

3）热处理。淬火、回火，保证硬度为58～60HRC。

4）磨削外圆。用顶尖顶两端磨削外圆，刃口端磨光并保留工艺顶针凸台，其余磨合至符合图样要求。

5）去除工艺顶针凸台。去除工艺顶针凸台并磨平，保证总长度符合图样要求。

6）检验。检验工件尺寸，对工件进行缓蚀处理，入库。

四、知识拓展

1. 模具机械加工工艺过程及分析

根据模具设计的结构要求不同和工厂的设备条件，模具的机械加工大致有以下几种情况。

1）用车床、铣床、刨床、钻床、磨床等通用机床加工模具零件，然后进行必要的钳工修配，装配成各种模具。

2）对于精度要求高的模具零件，只用普通机床加工，难以保证高的加工精度，因而需要采用精密机床进行加工。用于模具加工的精密机床有坐标镗床和坐标磨床等。这些设备多用于加工固定板上的凸模固定孔、模座上的导柱和导套孔，以及某些凸模和凹模的刃口轮廓。形状复杂的空间曲面则采用仿形铣床进行加工，它们是提高模具精度不可缺少的普通加工手段。

3）为了使模具零件，特别是形状复杂的凸模、凹模型孔和型腔的加工更趋自动化，减少钳工修配的工作量，采用数控机床（如三坐标数控铣床、加工中心和数控磨床等设备）加工模具零件。

模具制造工艺是把模具设计转化为模具产品的过程。模具制造工艺的任务就是研究、探讨制造的可能性和如何制造的问题，进而研究怎样以低成本、短周期制造出高质量模具的问题。

2. 模具制造工艺路线

（1）模具制造工艺路线的类别　工艺路线是指进行产品开发、研制、生产所涉及的各个环节，模具制造是系统工程各个环节中的一环。然而，一套模具从其使用性质来看是服务于上述产品的开发、研制、生产过程的一套工具装置，但模具制造过程因完全独立于产品开发、研制、生产的过程，而使其成为另外的一项系统工程——模具制造工程。所以，工艺路线应分为产品开发、研制、生产工艺路线和模具制造工艺路线。

（2）模具零件加工的工艺分析　模具的零件图是制订加工工艺最主要的原始资料之一。

1）零件的结构分析。由于使用要求不同，模具零件具有各种不同的形状和尺寸。但是，无论何种形状的零件都是由基本面和异形面组成的。基本面有内、外圆柱面、圆锥面和平面等；异形面主要有螺旋面、渐开线齿形表面及其他不规则曲面等。在研究具体零件的结构特点时，首先要分析该零件是由哪些表面组成的，因为表面形状是选择加工方法的基本因素。例如，外圆柱面一般由车削和磨削加工，内圆柱面则多通过钻削、扩削、铰削、镗削、磨削和电蚀等加工方法获得，如果是非圆外表面和非圆内孔表面，则一般用铣削、磨削和电蚀等方法加工。除表面形状外，表面尺寸对工艺也有重要的影响。以内孔为例，大孔与小孔、深孔与浅孔、通孔与不通孔在工艺上均有不同的特点。大孔和浅孔的加工方法有很多，而小孔加工的方法却不多。模具的小孔加工多采用钻孔、电火花和电火花线切割加工。

2）零件的技术要求分析。零件的技术要求包括下列几个方面。

①主要加工表面的尺寸精度。

②主要加工表面的形状精度。

③主要加工表面之间的相互位置精度。

④各加工表面的表面粗糙度，以及表面质量方面的其他要求。

⑤热处理要求及其他要求。

分析零件的技术要求时，应首先根据零件主要表面的精度和表面质量的要求，初步确定为达到这些要求所需的加工方法，然后确定相应的中间工序及粗加工工序所需的加工方法。例如，对于孔径不大的 IT7 精度的内孔，当最终加工方法取精铰时，精铰孔之前通常要经过钻孔、扩孔和粗铰孔等加工。其次要分析加工表面之间的相对位置关系，包括表面之间的尺寸联系和相对位置精度。认真分析零件图上尺寸的标注及主要表面的位置精度，即可初步确定各加工表面的加工顺序。

零件的热处理要求影响到加工方法和加工余量的选择，同时对零件加工工艺路线的安排也有很大的影响。例如，要求渗碳淬火的零件，热处理后一般变形较大。对于零件上精度要求较高的表面，工艺上要安排精加工工序（磨削加工或电蚀加工，通孔则多用电火花线切割加工），而且要适当加大精加工工序的加工余量。

在研究零件图时，如发现图样上的视图、尺寸标注、技术要求有错误或遗漏，或零件的结构工艺性不好时，应提出修改意见。但修改时必须征得设计人员的同意，并经过一定的批准手续，必要时应与设计者协商进行改进分析，以确保在保证产品质量的前提下，更容易地将零件制造出来。

（3）模具零件加工的工艺过程　模具制造属于单件或小批生产。模具零件的工艺规程一般都订得比较简单，而且往往与零件的工艺路线卡合在一起，以表格的形式写在卡片上，此卡片称为工艺卡。工艺卡的格式和内容应根据各工厂的具体情况而定。模具零件的工艺卡的内容大致包括工种、施工说明及工时定额等，但通常将加工（或装配）内容及要求简要明朗地编写在工艺卡片的该工序上。

(4) 模具制造工艺路线的编制　在模具制造过程中有必要编制如下有关工艺文件：模具制造的基本工艺路线、模具零件制造的工艺路线和模具制造工艺规程等。

模具零件制造的工艺路线是指根据模具零件设计要求，确定模具零件在加工过程中所需要的加工工序、使用的设备及所需协作的相关部门。模具零件制造的工艺路线是指导模具零件加工流程的工艺文件，一般用卡片形式标明模具零件加工过程中所需要的每一道工序、顺序及完成的加工内容。不同模具零件在制造过程中，因模具零件形状不同、技术要求不同、加工手段不同等，具有不同的工艺路线。如图 2-32 所示的落料凹模，其工艺路线如下。

1）方案一：备料→外形加工→平磨、磨基准平面→钳工（划线、钻孔、攻螺纹）→粗、精铣/车削/镗削加工型孔→热处理→平磨→钳修。

2）方案二：备料→外形加工→平磨、磨基准平面→钳工（划线、钻孔、攻螺纹）→粗铣/车削/镗削加工型孔→热处理→平磨、磨削基准平面→精磨销孔、修磨型孔。

3）方案三：备料→外形加工→平磨、磨削基准平面→钳工（划线、钻孔、攻螺纹）→热处理→平磨、磨削基准平面→线切割型孔、销孔→修磨型孔、销孔。

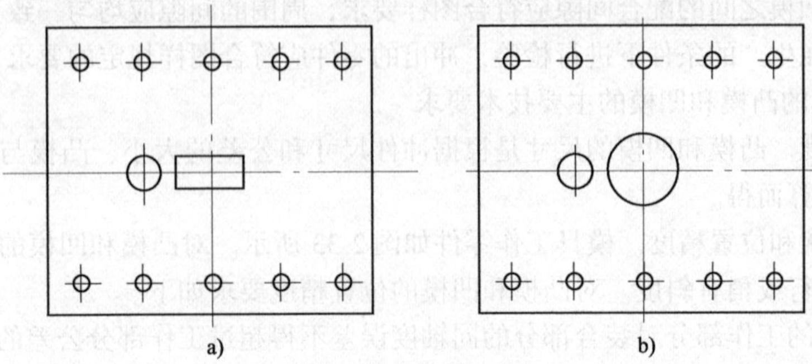

图 2-32　落料凹模

从上面的工艺路线方案中可以看出：

1）因模具型孔形状不同所采用的加工手段也不同，方案一、方案二的方孔采用铣削加工，圆孔则可以采用车床镗孔或铣床镗孔。

2）采用加工手段不同，工艺路线则不同。

3）方案一的型孔避免不了热处理造成的变形，所以只适用于要求不高的小型模具。

4）方案二、方案三的型孔、销孔的加工均在热处理之后，避免了热处理造成的变形，使模具能获得较高的加工精度。方案二获得的模具质量最高，方案三的加工工艺最为简单，而且适用于任何形状的冲裁模，这是目前采用最多的工艺方案。所以，编制模具零件加工工艺路线，必须考虑如下因素。

① 模具的种类不同，其制造工艺不同。

② 模具结构的复杂程度及模型的形状。

③ 模具的精度。

④ 模具的使用要求。

⑤ 模具的加工条件。

⑥ 模具材料。

模具制造工艺规程是在模具制造过程中指导每一道工序如何保证模具制造质量的工艺文件。模具制造工艺规程一般配有工艺简图，并详细说明该工序的每个工步的加工（或装配）内容、工艺参数、操作要求，以及所用设备和工艺装备等。模具制造工艺规程通常包括模具零件加工工艺规程、模具热处理工艺规程和模具装配调试工艺规程等文件。模具制造工艺规程多用于大批量生产和成批生产中的重要零件。

3. 冷冲压模具制造工艺

（1）冲裁模的主要技术要求

1）组成模具的各零件的材料、尺寸公差、几何公差、表面粗糙度和热处理等均应符合相应图样的要求。

2）模架的三项技术指标（上模座上平面对下模座下平面的平行度、导柱轴线对下模座下平面的垂直度和导套孔轴线对上模座上平面的垂直度）均应达到规定的精度要求。

3）模架的上模沿导柱的上、下移动应平稳且无阻滞现象。

4）装配好的冲裁模的封闭高度应符合图样规定的要求。

5）模柄的轴线对上模座上平面的垂直度要符合图样要求。

6）凸模和凹模之间的配合间隙应符合图样要求，周围的间隙应均匀一致。

7）模具应在生产的条件下进行检验，冲出的零件应符合图样规定的要求。

（2）冲裁模的凸模和凹模的主要技术要求

1）尺寸精度。凸模和凹模的尺寸是根据冲件尺寸和公差的大小、凸模与凹模之间的间隙及制造公差计算而得。

2）表面形状和位置精度。模具工作零件如图2-33所示。对凸模和凹模的表面形状的要求是侧壁应该平行或稍有斜度。对凸模和凹模的位置精度要求如下。

①圆形凸模的工作部分对装合部分的同轴度误差不得超过工作部分公差的一半。

②凸模的端面应与中心线垂直。

③级进模、复合模和冲裁模的多孔凹模都有位置精度要求，其公差的大小根据冲件的位置精度而定。

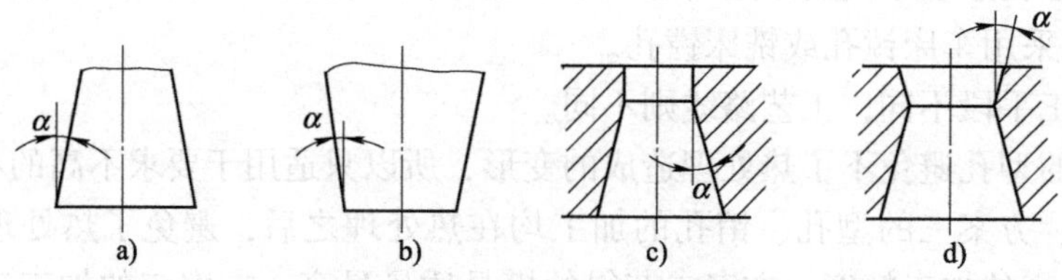

图2-33 模具工作零件
a)、b）凸模 c)、d）凹模

3）表面光洁、刃口锋利。要求刃口部分的表面粗糙度值小于 $Ra0.4\mu m$，装配表面的表面粗糙度小于 $Ra0.8\mu m$，其余为 $Ra6.3\mu m$。

刃口部分表面光洁有利于获得锋利的刃口，并且可以提高冲件质量。如果刃口不锋利，冲件就会产生毛刺，甚至可能发生显著的弯曲。

4）硬度。为了使冲压工作顺利进行，凸模和凹模的工作部分应具有较高的硬度和较强的耐磨性，以及良好的韧性，通常要求凹模工作部分的热处理硬度在60HRC以上，凸模的热处理硬度在58HRC以上。

任务三 加工注射模工作零件及其他结构零件

一、任务导入

动模镶件的加工任务见表2-12，动模固定板的加工任务见表2-13。

表2-12 动模镶件的加工任务

学习情境	实训地点：模具实训中心 教学条件：4件动模镶件毛坯（Cr12MoV），M7132平面磨床、DK7725e电火花线切割机床、X8140万能工具铣床、MA1420A万能外圆磨床、CY6140A普通卧式车床、B665牛头刨床、Z5125A立式钻床、千分尺和游标卡尺等	教学要求
完成任务	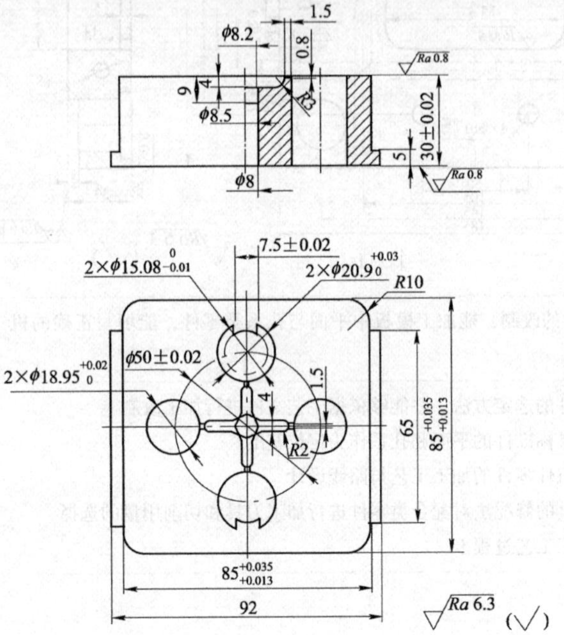 材料 Cr12MoV，热处理硬度50～55HRC	根据所学模具制造技术知识，完成左图所示动模镶件的加工，并进行检验
能力目标	会加工模具中的核心零件，能填写机械加工工艺过程卡	
具体要求	① 掌握模具中核心零件工序尺寸及毛坯余量的选定方法 ② 能正确选用模具中核心零件的毛坯及定位基准 ③ 能完成模具中核心零件的加工工艺与路线设计 ④ 能正确选择模具中核心零件的加工刀具和切削用量 ⑤ 能填写模具中核心零件机械加工工艺过程卡	
教学法安排	① 多媒体教学 ② 现场演示 ③ 学生分组讨论 ④ 职业技能评价	理实一体
最终考核	工作文件15%，操作过程40%，工作结果25%，汇报效果10%，团队10%	百分制

表 2-13 动模固定板的加工任务

学习情境	实训地点：模具实训中心 教学条件：两件动模固定板毛坯（45 钢）、M7132 平面磨床、DK7725e 电火花线切割机床、X8140 万能工具铣床、CY6140A 普通卧式车床、B665 牛头刨床、Z5125A 立式钻床，加长麻花钻，M10 丝锥，4h7 铰刀、千分尺和游标卡尺等	教学要求
完成任务	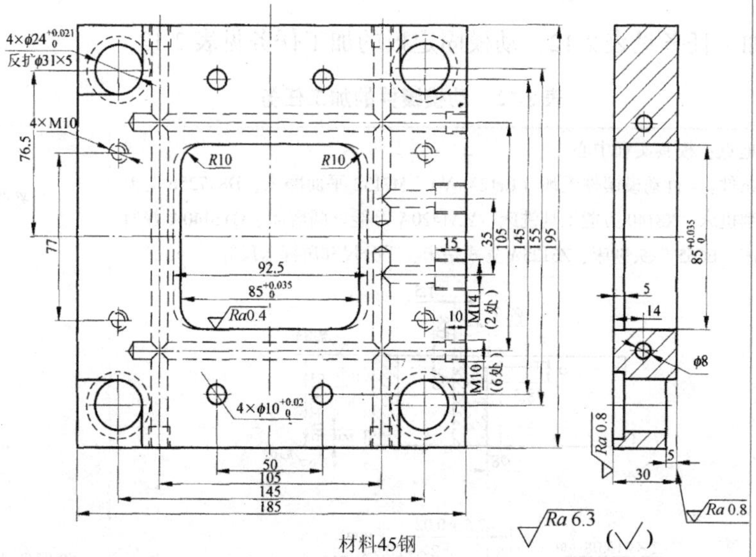 材料45钢	根据所学模具制造技术知识，完成左图所示动模固定板的加工，并与表2-12中动模镶件进行装配及检验
能力目标	会进行模具标准件的改制，能加工模板中平面与孔系类零件，能填写正确的机械加工工艺过程卡	
具体要求	① 掌握模具标准件的选定方法，并能够依据工艺文件进行加工改制 ② 能正确选用模具标准件的平面和孔系作为定位基准 ③ 能完成模具中组件零件的加工工艺与路线设计 ④ 能正确应用模具的修配法对配合类零件进行加工刀具和切削用量的选择 ⑤ 能填写机械加工工艺过程卡	
教学法安排	① 多媒体教学 ② 现场演示 ③ 学生分组讨论 ④ 职业技能评价	理实一体
最终考核	工作文件 15%，操作过程 40%，工作结果 25%，汇报效果 10%，团队 10%	百分制

二、知识链接——注射模工作零件及结构零件的加工

1. 注射模的制造工艺

（1）注射模的主要技术要求　模具精度是影响塑料成形件精度的重要因素之一。为了保证模具精度，制造时应达到如下主要技术要求。

1）组成注射模的所有零件在材料、加工精度和热处理质量等方面均应符合相应图样的

要求。

2）组成模架的零件应达到规定的加工要求（表2-14），装配成套的模架应活动自如，并达到规定的平行度和垂直度等要求。

表2-14 模架零件的加工要求

零件名称	加工部位	条件	要求
动、定模板	厚度	平行度公差	0.02mm/300mm 以内
	基准面	垂直度公差	0.02mm/300mm 以内
	导柱孔	孔径公差	H7
		孔距公差	±0.02mm
导柱	压入部分直径	精磨	k6
	滑动部分直径	精磨	f7
	直线度	无弯曲变形	0.02mm/100mm
	硬度	淬火、回火	>55 HRC
导套	外径	磨削加工	k6
	内径	磨削加工	H7
	内、外径关系	同轴度公差	0.01mm
	硬度	淬火、回火	>55 HRC

① 浇口板上平面对底板下平面的平行度公差为0.05mm/300mm。

② 导柱、导套的轴线对模板的垂直度公差为0.02mm/100mm。

③ 分型面闭合时的贴合间隙<0.03mm。

3）模具的功能必须达到设计要求。

① 抽芯滑块和推出装置的动作要正常。

② 加热和温度调节部分能正常工作。

③ 冷却水路畅通且无漏水现象。

4）为了检验模具塑料成形件的质量，装配好的模具必须在生产条件下（或用试模机）试模，并根据试模存在的问题进行修整，直至试出合格的成形件为止。

（2）注射模成形零件的主要技术要求

1）尺寸精度。注射模成形零件的工作尺寸是根据塑件的尺寸和公差大小、制造公差计算而得。

2）表面形状和位置精度。模具的位置精度同尺寸精度一样，直接影响到产品的位置精度。

3）表面粗糙度。注射模的表面粗糙度是由塑件表面的要求决定的。根据塑件的使用要求，其表面粗糙度一般为波纹面、沙面、亚光面、光面、镜面和超镜面六类。

4）硬度。注射模成形零件的硬度是保证模具使用寿命的重要技术指标之一。注射模在工作中，每注射一次，模具型腔就要经受一次高压、高速的塑料流冲刷，经过长期反复工作，型腔表面会失去光泽，型腔的磨蚀会造成尺寸超差，特别是浇口附近的磨蚀最为严重。

模具成形零件的硬度根据其使用要求，通常分为调质模（硬度28～35HRC）和硬模（硬度50～62HRC）两种。

5）排气。在分型面和型腔深处或塑料流最后充满处必须设置排气槽。

（3）塑料模型腔零件加工的工艺分析　模具加工根据各种条件不同有不同的加工工艺，需注意以下两个方面。

1）模具的使用硬度。由于模具的使用硬度不同，模具的加工工艺也不同。调质的模具可以在热处理调质后进行车削、刨削、钻削、铣削、磨削等切削加工；而硬模，一般先进行车削、刨削、钻削、铣削、攻螺纹等粗加工再进行热处理，热处理后一般只能进行磨削、电火花加工和研磨等精加工（现代高速加工除外）。

2）模具的加工条件。根据模具加工条件和手段不同，有不同的加工工艺，其难点也不同。

① 传统的加工。传统的加工是指用普通机床加工，最后用钳工修整型腔的方法。

② 电火花加工。随着电火花加工精度的不断提高，以及电火花成形机床的普及，模具的型腔加工及有些难以切削加工的配合面都使用了电火花加工。使用电火花加工动模块和定模块型腔时，其难点是抽芯配合面封胶处型孔的加工。其关键是控制放电间隙，以及保证与线切割加工的抽芯滑块的配合。

③ 数控加工。数控加工可以高质量、高速地自动完成各种复杂曲线或复杂曲面的加工。

2. 型腔的加工

在型腔模中，型腔的作用是成形制件的表面。其加工精度和表面质量普遍要求较高，对工人劳动量的消耗也较大。型腔上常常需要加工出形状复杂的内成形面或花纹，此工艺过程非常复杂。常见的型腔形状大致可分成回转曲面和非回转曲面两种。前者可用车床、内圆磨床或坐标磨床加工，其工艺过程一般都比较简单。而加工非回转曲面的型腔要困难得多，常常需要使用专门的加工设备或进行大量的钳工加工，劳动强度大，生产率低。生产中应充分利用各种设备的加工能力和附属装置，尽可能减少钳工的工作量。

（1）车削加工　车削加工主要用于加工回转曲面的型腔或型腔的回转曲面部分。图2-34所示是对拼式压塑模型腔，其中 ϕ44.7mm 的球面和 ϕ21.71mm 的圆锥面可用车削方法加工。

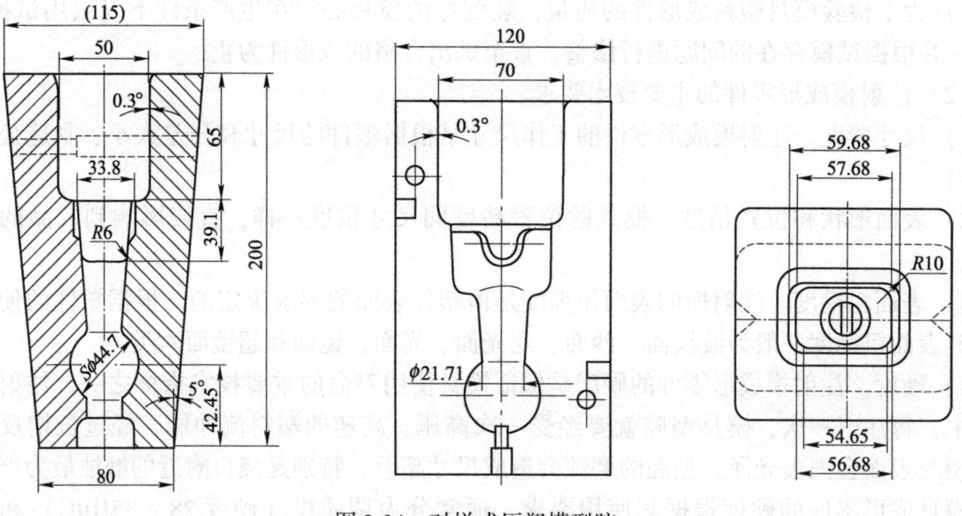

图2-34　对拼式压塑模型腔

保证对拼式压模上两拼块的型腔相互对准是十分重要的。为此，在车削前对毛坯应首先完成下列加工，并为车削加工准备可靠的工艺基准。

1）将毛坯加工为平行六面体，5°斜面暂不加工。

2）在拼块上加工出导钉孔和工艺螺孔，如图 2-35 所示，为车削时作装夹用。

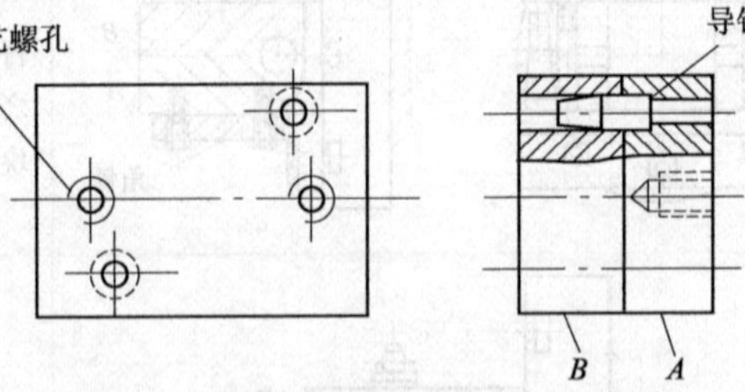

图 2-35　拼块上的工艺螺孔和导钉孔

3）将分型面磨平，在两拼块上装导钉，一端与拼块 A 过盈配合，另一端与拼块 B 间隙配合。

4）将两块拼块拼合后磨平四个侧面及一个端面，保证垂直度（用 90°角尺检查），要求两拼块厚度保持一致。

5）在分型面上以球心为圆心，以 ϕ44.7mm 为直径划线，保证 $H_1=H_2$，如图 2-36 所示。

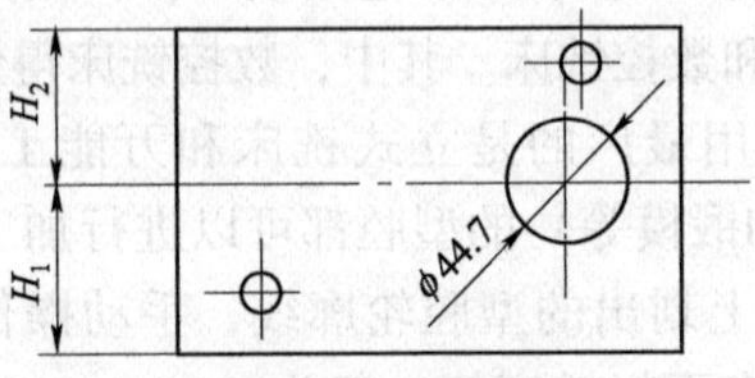

图 2-36　划线

对拼式塑压模型腔的车削过程见表 2-15。

表 2-15　对拼式压塑模型腔的车削过程

序　号	工序名称	图　示	工艺说明
1	装夹	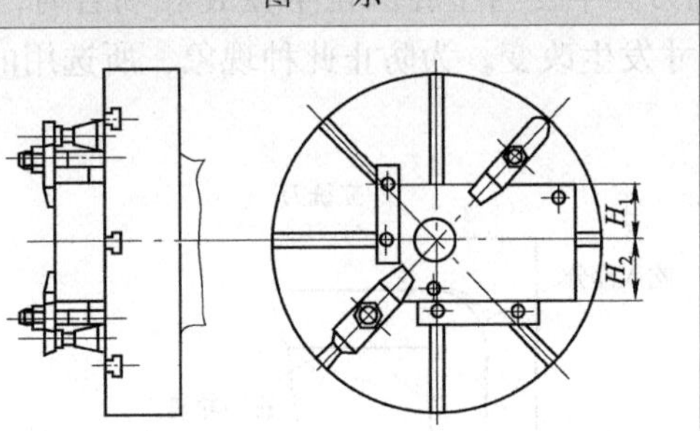	1）将工件压在花盘上，按 ϕ44.7mm 的线找正后，再用百分表检查两侧面，使 H_1、H_2 保持一致 2）靠紧工件的一对垂直面压上两块定位块，以备车削另一件时定位
2	车削球面	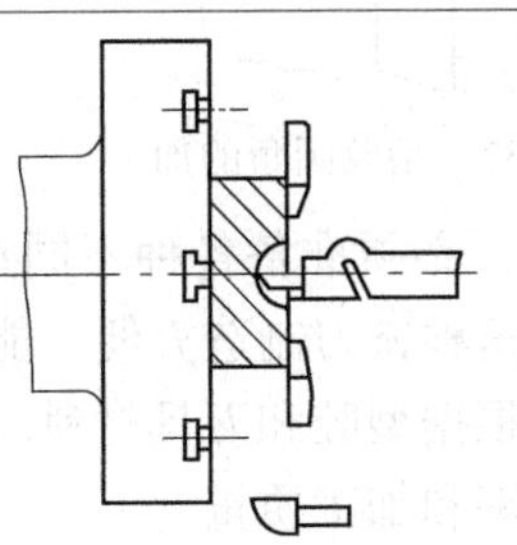	1）粗车球面 2）使用弹簧刀杆和成形车刀精车球面

（续）

序　　号	工序名称	图　　示	工艺说明
3	装夹工件	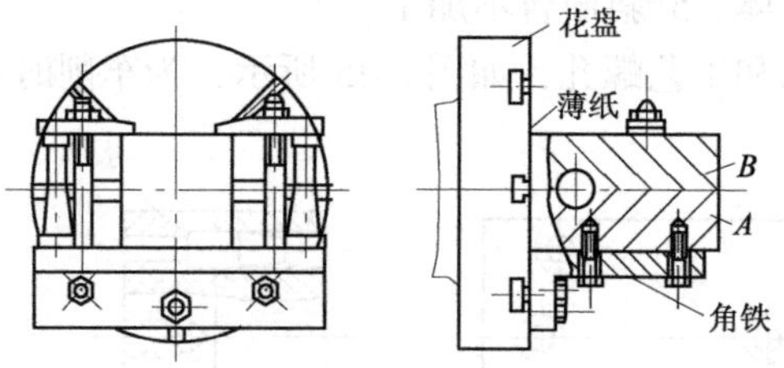	1）用花盘和角铁装夹工件 2）用百分表按外形找正工件后将工件和角铁压紧（在工件与花盘之间垫一薄纸的作用是便于卸开拼块）
4	车削锥孔	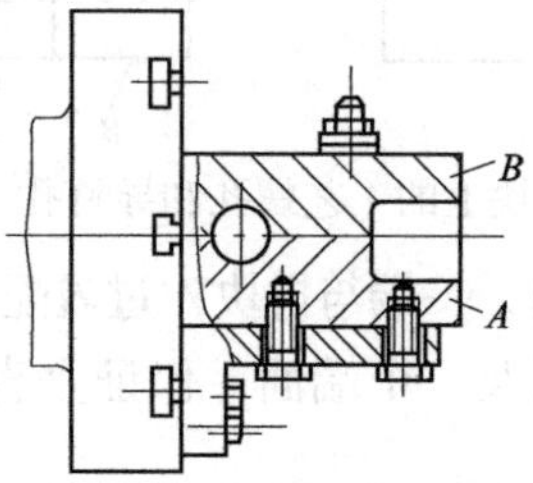	1）钻、镗孔至 ϕ21.71mm（松开压板卸下拼块 *B* 检查尺寸） 2）车削锥度（同样卸下拼块 *B* 观察及检查）

（2）铣削加工　铣床的种类很多，加工范围较广，在模具加工中应用最多的是立式铣床、万能工具铣床、仿形铣床和数控铣床。其中，数控铣床得到了广泛的应用。

普通铣床加工型腔时，使用最广的是立式铣床和万能工具铣床，它们对大部分模具（如压缩模、注射模、压铸模和锻模等）的型腔都可以进行加工。由于模具生产多为单件生产，所以加工时常常是按模坯上划出的型腔轮廓线，手动操作机床工作台（或机床附件）进行切削加工，被加工表面的表面粗糙度值一般为 *Ra*1.6μm，所以加工时需要在被加工表面留适当的修磨和抛光余量，由钳工进行修整和抛光才能成为合格的型腔。采用普通铣床加工型腔时，工人的劳动强度大，生产率低，对工人的操作技术水平要求较高。

加工型腔时，常因铣刀加长，当进给至型腔的转角处时由于切削力波动导致刀具倾斜而造成误差，如图 2-37 所示。当刀具半径与型腔圆角半径 *R* 相吻合时，刀具在圆角上的倾斜变化会导致加工部位斜度和尺寸发生改变。为防止此种现象，所选用的铣刀，其半径应小于型腔圆弧半径 *R*。

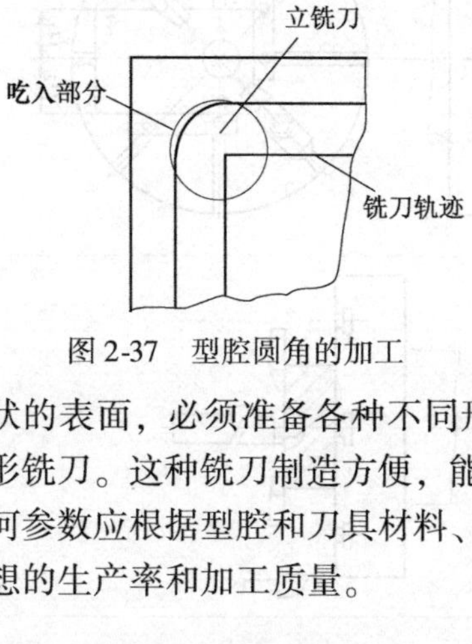

图 2-37　型腔圆角的加工

为了能加工出各种特殊形状的表面，必须准备各种不同形状和尺寸的铣刀。图 2-38 所示是适合于不同用途的单刃指形铣刀。这种铣刀制造方便，能用较短的时间制造出来，可及时满足加工的需要。刀具的几何参数应根据型腔和刀具材料、刀具强度、使用寿命及其他切削条件合理选择，以获得较理想的生产率和加工质量。

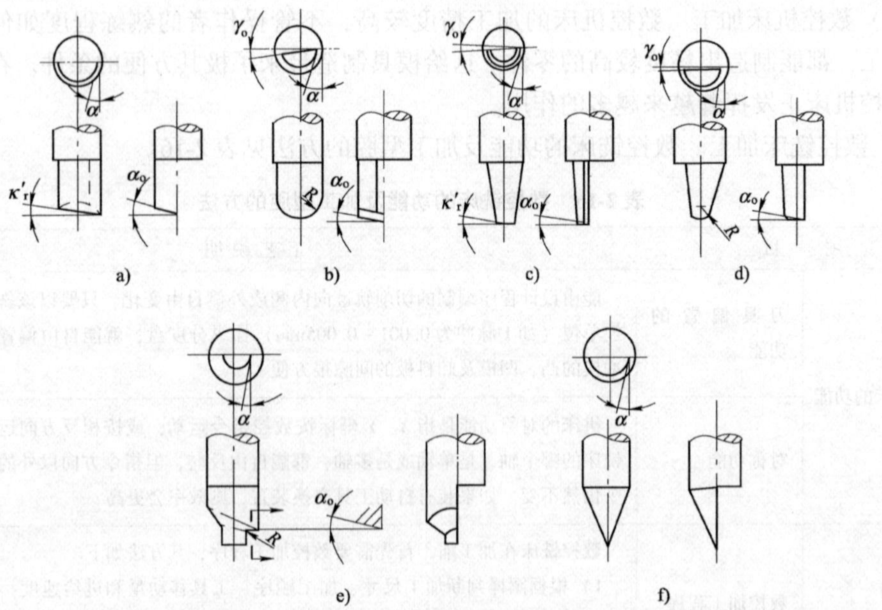

图 2-38　单刃指形铣刀

a）用于平底、侧面为垂直平面工件的铣削　b）用于加工半圆槽及侧面垂直、底部为圆弧工件的铣削

c）用于平底斜侧面的铣削　d）用于斜侧面、底部有圆弧槽工作的铣削

e）用于铣削凸圆弧面　f）用于刻铣细小文字及花纹

根据实际的加工条件，还可采用双刃立铣刀（图 2-39）铣削型腔。由于双刃立铣刀切削时受力平衡，铣削精度较高，能比单刃铣刀承受更大的切削力。双刃立铣刀是标准产品，可直接从市场购买。此外，在某些特殊情况下及粗加工时也可以采用多刃的标准立铣刀加工。

为了提高铣削效率，对某些铣削余量较大的型腔，铣削前可在型腔轮廓线的内部连续钻孔，孔的深度和型腔的深度接近，如图 2-40 所示。先用圆柱立铣刀粗铣，去除大部分加工余量后，再采用特型铣刀精铣。特型铣刀的斜度和端部形状应与型腔侧壁和底部转角处的形状相吻合。

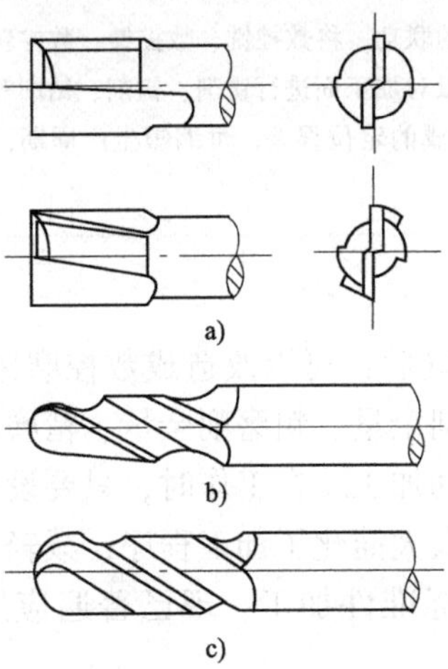

图 2-39　双刃立铣刀

a）平头端铣刀　b）圆头锥铣刀　c）圆头立铣刀

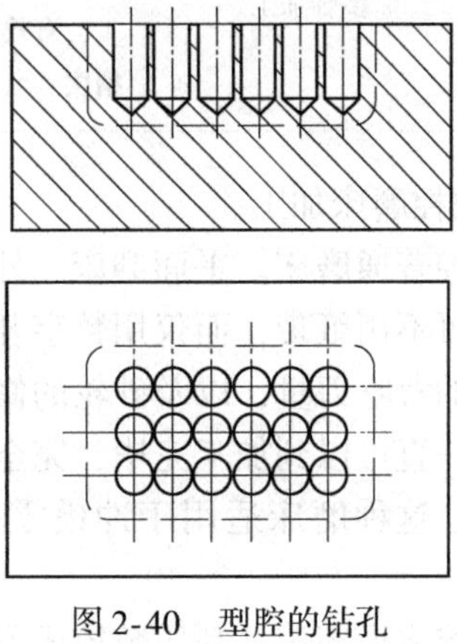

图 2-40　型腔的钻孔

（3）数控机床加工　数控机床的加工精度较高，不管操作者的熟练程度如何，只要按程序加工，都能制造出精度较高的零件。这给模具制造带来了极其方便的条件。在模具加工中，数控机床正发挥着越来越多的作用。

1）数控铣床加工。数控铣床的功能及加工型腔的方法见表2-16。

表2-16　数控铣床的功能及加工型腔的方法

项目		工艺说明
数控铣床的功能	刀具偏置的功能	能由设计程序编制的切削轨迹向内侧或外侧自由变化。只要以该铣床设立的数控单位（如1脉冲为0.001～0.005mm）操纵分度盘，就能自由偏置，这对调整冲模的凸、凹模及卸料板的间隙很方便
	对称功能	机床的对称功能是指*X*、*Y*坐标按数控指令运动，或按相反方向运动。即无论铣床的哪个轴，是单轴或是多轴，都能自由反转，但指令方向以外的其他数控指令仍然不变。如果装有自动工具交换装置，则效率会更高
数控加工条件	数控加工程序	数控铣床在加工前，首先需要数控加工程序，其方法如下 1）根据图样判断加工尺寸、加工顺序、工具移动量和进给速度，按一定的规程编制程序 2）编程分为手工编程和自动编程，其方法可参考有关资料
	数控装置的程序设计	数控装置有定位控制装置和轮廓控制装置。定位控制装置是控制最后位置的装置，它只给出工具的最后加工位置。轮廓控制装置要求连续控制工具的移动轨迹，不仅有直线，也有弧线，因此，必须用线段计算起点与终点，将信号编入计算机
加工方法	两轴加工	用双轴控制，如在*X*、*Y*平面上加工轮廓，*Z*轴用手动进给，借助刀具偏置的功能，重复加工缩小、放大轮廓
	两轴半加工	用三轴控制，但只能控制两个轴，对于*Z*轴则自动进给，在*X*、*Y*平面上连续加工一系列轮廓制成立体形状
	三轴加工	用三轴（*X*、*Y*、*Z*）同时控制，可以加工各种曲面
	多轴加工	同时控制4个及4个以上坐标轴的联动，将数控铣、数控镗、数控钻等功能组合在一起，工件在一次装夹后，可以对加工面进行铣削、镗削、钻削等多工序加工，有效地避免了由于多次安装造成的定位误差，可缩短生产周期，提高加工精度

2）数控磨床加工。

①数控普通磨床。平面磨床、外圆磨床加上数控装置后，可以改造成数控磨床。例如，平面磨床可不用纸带，而仅用数字开关就可以设定总磨削余量、粗磨削余量、精磨削余量和这些磨削的背吃刀量，以及砂轮的修整工具等，并能自动加工。在工作时，只要设定好以上参数后，一直可以到加工完毕，完全不需要人工参与，大大简化了加工程序，减轻了工人的体力劳动。这种磨床适用于冲模零件的标准化生产及标准件加工。现已普遍应用到生产之中。

②数控成形磨床。利用数控成形磨床加工模具零件，其所需的操作过程完全是由数值控制。在加工中，只要编制数控加工程序，即可进行自动成形加工。数控成形磨床的类型、功

能和使用要求见表2-17。

表2-17　数控成形磨床的类型、功能和使用要求

项　目	工艺说明
类　型	1）卧式数控成形磨床：工作台作左右往复运动 2）立式数控成形磨床：砂轮作上下运动
功　能	1）控制砂轮进给量 2）控制工作台进给量 3）砂轮能自动修正 4）加工角度能自动分度
磨削方式	1）自动对砂轮的形状作成形处理，并对模块进行与砂轮形状相同的成形磨削 2）用形状简单的砂轮，按所要求的形状成形磨削（仿形磨削）工件轮廓 3）有复合成形砂轮及仿形砂轮两种磨削加工形式磨削
磨削要求	1）模具零件设计时，应设计成带有柄部的形式，以方便装夹，一次成形 2）对上道工序的加工精度要有一定要求

3）加工中心加工。加工中心是将多道相关工序集中，形成以工件为中心的多工序自动加工机床，它本身相当于一条自动生产线。加工中心现已广泛应用于模具制造的各部门。

加工中心的特点及应用见表2-18。

表2-18　加工中心的特点及应用

项　目	工艺说明
类　型	1）主轴垂直的立式加工中心加工精度高、工件装夹方便，并可实现多件加工 2）主轴横置的卧式加工中心可实现多件一次加工，但排屑较困难
特　点	1）加工中心实际上是多工序可自动换刀的数控镗铣床。它有多个坐标控制系统，可实现点位控制进给钻削、锉削、铰削及连续控制铣削 2）加工中心具有刀库。各种刀具装在一个刀库中，工件在机床上一次装夹后，由数控加工程序控制机床自动换刀，依次对工件各表面（除底面以外）自动完成钻削、扩孔、铰削、镗削和攻螺纹等多种加工 3）能更换主轴箱和工作台（有的没有）
数控功能	加工中心大多采用计算机控制，不仅能指令动作，还可以储存记录一定的加工方式（旋转数及进给量），在加工时，只要调用相关的指令，就可以对一系列工件进行处理加工
在模具制造中的应用	1）可进行多孔加工 2）可进行无人自动操作 3）可进行三维（X、Y、Z）加工 4）加工速度快，可提高机床的利用率

（4）光整加工　光整加工是安排在精加工之后的工序，其主要作用是降低零件表面粗糙度值，提高表面形状精度和增加表面光泽。在模具加工中，光整加工主要用于模具的成形面，它对于提高模具使用寿命和形状精度，以及保证顺利成形都起着重要的作用。

1）研磨和抛光。

①研磨的原理。研磨是使用研具、游离磨料对被加工表面进行微量加工的精密加工方

法。在被加工表面和研具之间置以游离磨料和润滑剂，使被加工表面和研具之间产生相对运动并施以一定压力，磨料产生切削、挤压等作用，从而去除表面凸起处，使被加工表面精度提高，表面粗糙度值降低。研磨加工的过程如图2-41所示。

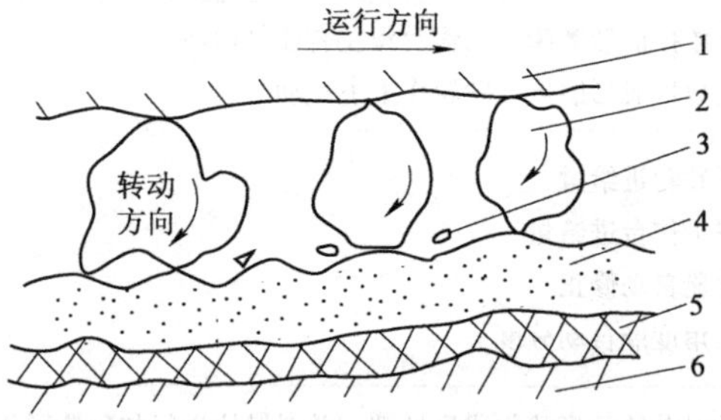

图2-41 研磨加工的过程

1—研具 2—磨料 3—切屑 4—原加工变质层 5—研磨加工变质层 6—工件基体

②研磨的特点。在研磨过程中，被加工表面发生复杂的物理变化，甚至化学变化，其主要由微刃切削、挤压塑性变形和化学作用共同产生。研磨具有以下特点。

- 尺寸精度高：研磨采用极细的磨粒，在低速、低压作用下，逐次磨掉表面的凸峰金属，加工中产生的热量少，被加工表面的变形和变质层很轻微，可稳定获得高精度表面。尺寸精度可达0.025μm。
- 形状精度高：由于微量切削，研磨运动轨迹复杂，并且不受运动精度的影响，因此可获得较高的形状精度。球体的圆度公差可达0.025μm，圆柱体的圆柱度公差可达0.1μm。
- 表面粗糙度值低：在研磨过程中，磨粒的运动轨迹不重复，有利于均匀磨掉被加工表面的凸峰，从而降低表面粗糙度值，表面粗糙度值可达0.1μm。
- 提高表面耐磨性：由于研磨表面质量提高，使摩擦因数减小，并且使有效接触表面积增大，从而使耐磨性提高。
- 提高疲劳强度：由于研磨表面存在着残余压应力，这种应力有利于提高零件表面的疲劳强度。
- 无法提高各表面之间的位置精度。
- 多为手工作业，劳动强度大。

③抛光的原理。抛光加工的过程与研磨加工基本相同，抛光加工的过程如图2-42所示。

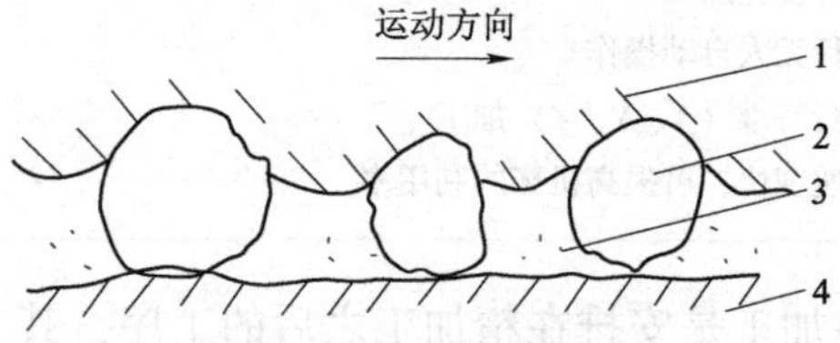

图2-42 抛光加工的过程

1—软质抛光器具 2—细磨粒 3—微小切屑 4—工件

抛光是一种比研磨更细微磨削的精密加工。研磨时研具较硬，其微切削作用和挤压塑性变形作用较强，在尺寸精度和表面粗糙度方面都有明显的加工效果。在抛光过程中也存在着微切削作用和化学作用。由于抛光所用研具较软，还存在塑性流动作用，这是由于抛光过程中的摩擦现象，使抛光接触点温度上升，引起热塑性流动。抛光的作用是进一步降低表面粗糙度值，并获得光滑的表面，但不提高表面的形状精度和位置精度，这也是与研磨的最大区别。

抛光加工是在研磨之后进行，经抛光加工后的表面粗糙度值小于 $Ra0.4\mu m$。模具成形面的最终加工大部分都需要进行研磨和抛光。

2）光整加工在模具中的作用。随着对模具成形面精度和表面粗糙度要求的不断提高，特别是高使用寿命、高精密模具，其精度已发展到微米级。除了在加工中选用高精度、自动化的加工设备外，研磨抛光加工也是实现高精度的重要一环。

冲压模具、塑料模具和金属压铸模具的成形面，除了一部分可以采用超精磨削加工达到设计要求外，多数成形面和高精度表面都需要研磨抛光加工，而且大部分需要模具钳工手工作业完成。研磨抛光工作量约占模具整个工作量的三分之一。

模具成形面的表面粗糙度对模具的使用寿命和制件质量都有较大影响，在采用磨削方法加工成形面时，加工表面不可避免地出现微细磨痕、裂纹和伤痕等缺陷，这些缺陷对于某些精密模具的影响尤为突出。

另外，各种中小型冷冲压模和型腔模的型腔、型孔成形面的精加工方法主要是电火花成形加工和电火花线切割，在电加工之后成形面形成一层薄薄的变质层。变质层上的许多缺陷，除几何形状规则的表面可以采用高精度的坐标磨削加工外，多数情况需要依靠研磨抛光来去除变质层，以保证成形面的精度和表面粗糙度要求。

3）研磨抛光分类。

① 按研磨抛光过程中操作者参与的程度分类。

- 手工作业研磨抛光：特别是型腔中窄缝、不通孔、深孔和死角部位的加工，仍然是手工研磨抛光方法占主导地位。
- 机械设备研磨抛光：主要依靠机械设备进行的研磨抛光。它包括一般研磨抛光设备和智能自动抛光设备，这是研磨抛光发展的主要方向。机械设备研磨抛光质量不依赖操作者的个人技术水平，而且工作效率比较高，如挤压研磨抛光、电化学研磨抛光等。

② 按研磨抛光的原理分类。

- 机械式研磨抛光：利用磨料的机械能量和切削力对被加工表面进行微切削为主的研磨抛光。
- 非机械式研磨抛光：主要依靠电能、化学能等非机械能形式进行的研磨抛光。

③ 按研磨抛光剂的使用条件分类。

- 湿研：将磨料和研磨液组成的研磨抛光剂连续加注或涂敷于研具表面，磨料在研具和被加工表面之间滚动或滑动，形成对被加工表面的切削运动。其加工效率较高，但加工表面的几何形状和尺寸精度不如干研。多用于粗研或半精研。
- 干研：将磨料均匀地压嵌在研具表层中，施以一定压力使嵌砂进行研磨加工。可获得很高的加工精度和低的表面粗糙度值，但加工效率低。一般用于精研。
- 半干研：类似湿研，使用糊状研磨膏。粗研、精研均可。

4）研磨抛光的加工要素。研磨抛光的加工要素见表2-19。

表 2-19 研磨抛光的加工要素

项 目		内 容
加工方式	驱动方式	手动、自动、数字控制
	运动形式	回转、往复
	加工面数	单面、双面
研具	材料	硬度（淬火钢、铸铁），软质（木材、塑料）
	表面状态	平滑、沟槽、孔
	形状	平面、圆柱面、球面、成形面
磨料	材料	金属氧化物、金属碳化物、渗氮物、硼化物
	粒度	<0.01μm
	材质	硬度、韧性
研磨液	种类	油性、水性
	作用	冷却、润滑、活性化学作用
加工参数	相对运动	1～100m/min
	压力	0.001～3.0MPa
	时间	视加工条件而定
环境	温度	视加工要求而定，超精密型（20±1）℃
	净化	视加工要求而定，超精密型

5）手工研磨抛光。

① 研磨抛光剂。研磨抛光剂是由磨料和研磨抛光液组成的均匀混合剂。

• 磨料：在机械式研磨抛光加工中磨料对被加工表面起着微切削作用和微挤压塑性变形作用，磨料选择正确与否对加工质量起着重要作用。磨料的选择主要有磨料的种类和粒度。

磨料有氧化铝磨料、碳化硅磨料、金刚石磨料、氧化铁磨料和氧化铬磨料等。常用磨料的主要性能见表 2-20。一般根据被加工材料的软硬程度和表面粗糙度值，以及研磨抛光的质量要求选择不同种类的磨料。常用磨料及其适用范围见表 2-21。

磨料粒度的选择主要依据研磨抛光前被加工表面的表面粗糙度情况及研磨抛光后的质量要求，粗加工时选择颗粒尺寸较大的粒度，精加工时选择颗粒尺寸较小的粒度。

表 2-20 常用磨料的主要性能

磨 料		显微硬度（HV）	抗弯强度/MPa	抗压强度/MPa	热稳定性/℃
氧化铝		1800～2450	87.2	757	1200
碳化硅		3100～3400	155	1500	1300～1400
碳化硼		4150～9000	300	1800	700～800
立方氮化硼		7300～9000	300	800～1000	1250～1350
金刚石	天然	8600～10600	210～490	2000	700～800
	人造		300		

表 2-21 常用磨料及其适用范围

磨料		适用范围
系列	名称	
刚玉系（氧化铝系）	棕刚玉	粗、精研磨钢、铸铁和硬青铜
	白刚玉	粗研淬火钢、高速钢和非铁金属
	铬刚玉	研磨低表面粗糙度表面、钢件
	单晶刚玉	研磨不锈钢等强度高、韧性大的工件
碳化物系	黑碳化硅	研磨铸铁、黄铜、铝
	绿碳化硅	硬质合金、硬铬、玻璃、陶瓷、石材
	碳化硼	研磨和抛光硬质合金、陶瓷、人造宝石等高硬度材料，为金刚石的代用品
超硬磨料系	天然金刚石	研磨硬质合金、人造宝石、玻璃、陶瓷、半导体材料等高硬难切材料
	人造金刚石	
	立方氮化硼	研磨高硬度淬火钢，高钒高钼，高速钢，镍基合金
软磨料系	氧化铁	精细研磨和抛光钢、淬硬钢、铸铁、光学玻璃及单晶硅。氧化铈的研磨、抛光效率是氧化铁的 1.5 ~2 倍
	氧化铬	
	氧化铈	

用不同粒度的磨料研磨抛光加工可达到的表面粗糙度值见表 2-22。

表 2-22 磨料粒度及其可达到的表面粗糙度值

磨料粒度	可达到的表面粗糙度值 Ra/μm
F360	0.32 ~0.63
F400	0.16 ~0.32
F500	0.08 ~0.16
F600	
F800	0.04 ~0.08
F1000	
F1200	0.02 ~0.04
F1400	
F1600	0.01 ~0.02
F1800	<0.01
F2000	

• 研磨抛光液：在研磨抛光过程中研磨抛光液起着调合磨料、使磨料均匀分布和冷却润滑的作用，通过改变磨料和研磨抛光液之间的比例来控制磨料在研磨抛光剂中的含量。研磨抛光液有矿物油、动物油和植物油三类。其中，30 机油（全损耗系统用油）应用最普遍，煤油在粗、精加工中都可使用；猪油中含有油酸活性物质，在研磨抛光过程中与被加工表面产生化学反应，加速研抛过程，又增加零件表面光泽。常用研磨抛光液及其用途见表 2-23。

表 2-23 常用研磨抛光液及其用途

工件材料		研磨抛光液
钢	粗研	煤油 3 份、全损耗系统用油 1 份，汽轮机油或锭子油少量、轻质矿物油适量
	精研	全损耗系统用油
铸铁		煤油
铜		动物油（熟猪油与磨料拌成糊状，后加 30 倍煤油）适量、锭子油和植物油
淬火钢，不锈钢		植物油、汽轮机油或乳化油
硬质合金		航空汽油

• 研磨抛光膏：研磨抛光膏是由磨料和研磨抛光液组成的研磨抛光剂，研磨抛光膏分硬磨料研磨抛光膏和软磨料研磨抛光膏两类。

硬磨料研磨抛光膏中的磨料有氧化铝、碳化硅、碳化硼和金刚石等，常用粒度为 F200、F220 和 F280 等磨粉和微粉，磨料硬度应大于工件硬度。

软磨料研磨抛光膏中磨料多为氧化铝、氧化铁和氧化铬等，粒度为 F400 及以下的微粉。软磨料研磨抛光膏中含有油质活性物质，使用时根据需要可以用煤油或汽油稀释。

② 研磨抛光工具。

• 研具材料：研磨抛光时直接和被加工表面接触的研磨抛光工具称为研具。研具的材料很广泛，原则上研具材料硬度应比被加工材料硬度低，但如果研具材料过软，则会使磨粒全部嵌入研具表面而使切削作用降低。

一般研具材料有低碳钢、灰铸铁、黄铜和纯铜，此外，硬木、竹片、塑料、皮革和毛毡也是常用材料。

• 普通磨石：普通磨石一般用于粗研磨，它由氧化铝、碳化硅磨料和粘结剂压制烧结而成。使用时根据型腔形状磨成需要的形状，并根据被加工表面的表面粗糙度和材料硬度选择相应的磨石。当被加工零件材料较硬时，应该选择较软的磨石，反之则选择较硬的磨石。当被加工零件表面粗糙度要求较高时，所选磨石要细一些，组织要致密些。

• 研磨平板：研磨平板主要用于单一平面及中、小镶件端面的研磨抛光，如冲裁凹模端面、塑料模中的单一平面分型面等。研磨平板用灰铸铁材料制成，并在平面上开设相交成 60°或 90°、宽 1～3mm、距离为 15～20mm 的槽，研磨抛光时在研磨平板上放些微粉和抛光液进行。

• 外圆研磨环：外圆研磨环是在车床或磨床上对外圆表面进行研磨的研具。研磨环有固定式和可调式两类，固定式研磨环的研磨内径不可调节，而可调式研磨环的研磨内径可以在一定范围内调节，以适应外圆变化的需要。

③ 内圆研磨芯棒。用于研磨内圆表面，根据研磨零件的外形和结构不同，分别在钻床、车床或磨床上进行研磨。研磨芯棒有固定式和可调式两类。固定式研磨芯棒的外径不可调节，芯棒外圆表面制有螺旋槽，以容纳研磨抛光剂。固定式芯棒一般由模具钳工在钻床上进行较小尺寸圆柱孔的加工。芯棒长度为研磨零件长度的 2 ~3 倍。

6）机械抛光。随着现代技术的发展，在抛光加工中相继出现了电动抛光、电解抛光、超声波抛光及机械—超声抛光、电解抛光—机械—超声抛光等复合工艺。应用这些工艺可以减轻劳动强度，提高抛光的速度和质量。

① 圆盘式磨光机。图 2-43 所示是圆盘式磨光机，用手握住对一些大型模具去除仿形加工后的走刀痕迹及倒角，其抛光精度不高，抛光程度接近粗磨。

图 2-43　圆盘式磨光机

② 电动抛光机。这种抛光机主要由电动机、传动软轴及手持式研抛头组成。使用时传动电动机挂在悬挂架上，电动机起动后通过软轴传动手持式研抛头产生旋转或往复运动。

使用电动抛光机进行抛光或研磨时，应根据被加工表面的原始表面粗糙度和加工要求，选用适当的研抛工具和研磨剂，由粗到细逐步进行加工。在进行研磨操作时移动要均匀，在整个表面不能停留；研磨剂涂布不宜过多，要均匀散布在加工表面上，采用研磨膏时必须添加研磨液；每次改变不同粒度的研磨剂都必须将研具及加工表面清洗干净。

7）研磨抛光工艺过程。

① 研抛余量。研抛余量的大小取决于零件尺寸、原始表面粗糙度、精度和最终的质量要求。理论上讲，研抛余量的大小选择为只要能去除表面加工痕迹和变质层即可。研抛余量过大，会使加工时间增多，研抛工具和材料消耗增多、加工成本增大；研抛余量过小，加工后会达不到要求的表面粗糙度和精度。

淬硬后成形表面的表面粗糙度值由 *Ra*0. 8μm 提高到 *Ra*0. 4μm 时的研抛余量如下。

- 平面：0. 015 ~0. 03mm；当零件的尺寸公差较大时，研抛余量可以放在零件尺寸公差范围以内。
- 内圆：当尺寸为 ϕ25 ~ϕ125mm 时，取 0. 04 ~0. 08mm。
- 外圆：当 d≤10mm 时，取 0. 03 ~0. 04mm。
  当 d 为 10 ~30mm 时，取 0. 03 ~0. 05mm。
  当 d 为 31 ~60mm 时，取 0. 04 ~0. 06mm。

② 研磨抛光步骤及注意事项。研磨抛光加工一般经过粗研磨、细研磨、精研磨、抛光四个阶段，四个阶段中总的研磨抛光次数依据研磨抛光余量，及初始和最终的表面粗糙度和精度而定。磨料的粒度从粗到细，每次更换磨料都要清洗好工具和零件。

在研磨抛光过程，磨料的运动轨迹要保证被加工表面各点均有相同的或近似的切削条件和磨削条件。磨料的运动轨迹可以往复、交叉，但不应该重复。要根据被加工表面的大小和形状选择适当的运动轨迹形式，可以有直线式、正弦曲线式、无规则圆环式、摆线式和椭圆线式等。

三、任务实施

1. 动模镶件加工工艺过程

动模镶件如图 2-44 所示，其加工工艺过程如下。

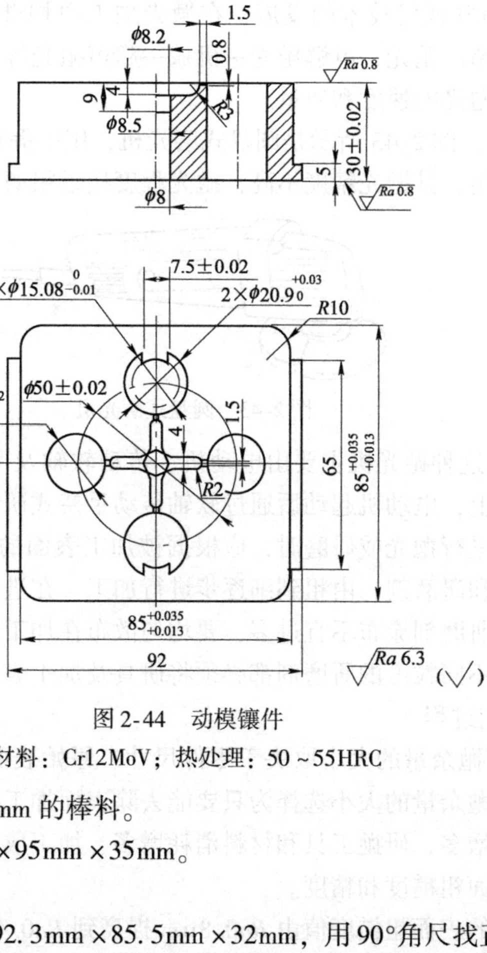

图 2-44 动模镶件

材料：Cr12MoV；热处理：50～55HRC

1）备料。下 ϕ60mm×85mm 的棒料。

2）锻造。锻造成 102mm×95mm×35mm。

3）热处理。退火。

4）刨削。刨削六面，成 92.3mm×85.5mm×32mm，用 90°角尺找正。

5）磨削。磨削六面，成 92mm×85.2mm×31.5mm，用 90°角尺找正。

6）铣削。铣削挂台，保证尺寸 5mm，将 92mm 精铣至 85.2mm，并铣削 4 处 R10mm；钻各孔中心；铣削分流道及浇口，留研磨余量。

7）钳工加工。钻 $2\times\phi18.95^{+0.02}_{0}$mm 及 $2\times\phi20.9^{+0.03}_{0}$mm 四孔的线切割穿丝孔 ϕ4mm。

8）热处理。淬火、回火，硬度至 50～55HRC。

9）磨削。磨削六面，成 $85^{+0.035}_{+0.013}$mm×$85^{+0.035}_{+0.013}$mm×31mm，用 90°角尺找正。

10）磨削。与动模固定板进行装配，磨上下面，保证尺寸（30±0.02）mm。

11）线切割。割 $2\times\phi18.95^{+0.02}_{0}$mm 及 $2\times\phi20.9^{+0.03}_{0}$mm，直径留 0.01mm 研磨余量。

12）钳工加工。研磨抛光各孔、分流道与浇口至要求，保证与推管外表面滑配。

13）检验。

2. 动模固定板加工工艺过程

动模固定板如图 2-45 所示，其加工工艺过程如下。

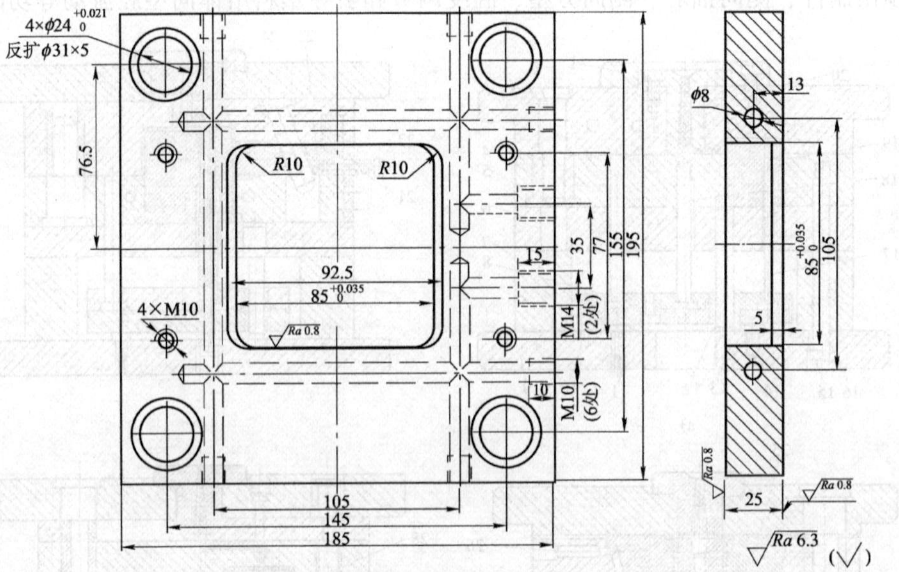

图 2-45　动模固定板（材料：45）

1）备料。下料 205 mm×195mm×35mm。

2）热处理。正火。

3）刨削。刨削六面至尺寸 198 mm×188 mm×31 mm，用 90°角尺找正。

4）磨削。磨削上、下两大面，厚度至 30mm。

5）铣工加工。精铣侧面至尺寸 195mm×185mm×30mm，用 90°角尺找正。

6）钳工加工。钻 4×$\phi24^{+0.021}_{0}$ mm 预孔留镗（导柱孔），钻 4×$\phi10^{+0.02}_{0}$ mm 预孔留镗（复位杆孔），钻排孔，去中间 $85^{+0.035}_{0}$ mm×$85^{+0.035}_{0}$ mm 方孔废料。

7）铣削。校外形，精铣中间方孔 $85^{+0.035}_{0}$ mm×$85^{+0.035}_{0}$ mm 达到图样要求，铣削方孔挂台 92.5mm 达到图样要求（也可以用线切割工艺加工完成）。

8）镗削。校外形及中间方孔，镗削 4×$\phi24^{+0.021}_{0}$ mm 导柱孔及 4×$\phi10^{+0.02}_{0}$ mm 复位杆孔达到图样要求。

9）铣削。钻 φ8mm 水道孔，铣削 4×φ31mm 挂台深 5mm，铣削导柱排屑槽。

10）钳工加工。钻水嘴及堵塞孔螺纹底孔并攻螺纹；钻 4×M10 底孔 φ8.5mm 并攻螺纹。

11）检验。

四、知识拓展

1. 注射模的结构组成

注射模的结构与塑料种类、制件的结构形状、制件的产量、注射工艺条件、注射机的种类等多项因素有关，因此其结构可以有多种形式。无论各注射模结构的差异有多大，其基本结构都有许多共同的特点，如图 2-46 所示。根据各零（部）件与塑料的接触情况，可以将模具的组成零件分为成形零件和结构零件两类。

（1）成形零件　与塑料接触，并构成型腔的零件称为成形零件，它们决定着塑料制件的几何形状和尺寸。例如，凸模（型芯）形成制件的内形，而凹模（型腔）形成制件的外形。

（2）结构零件　除成形零件以外的模具零件称为结构零件。这些零件具有支承、导向、排气、顶出制件、侧向抽芯、侧向分型、温度调节和引导塑料熔体向型腔流动等功能。

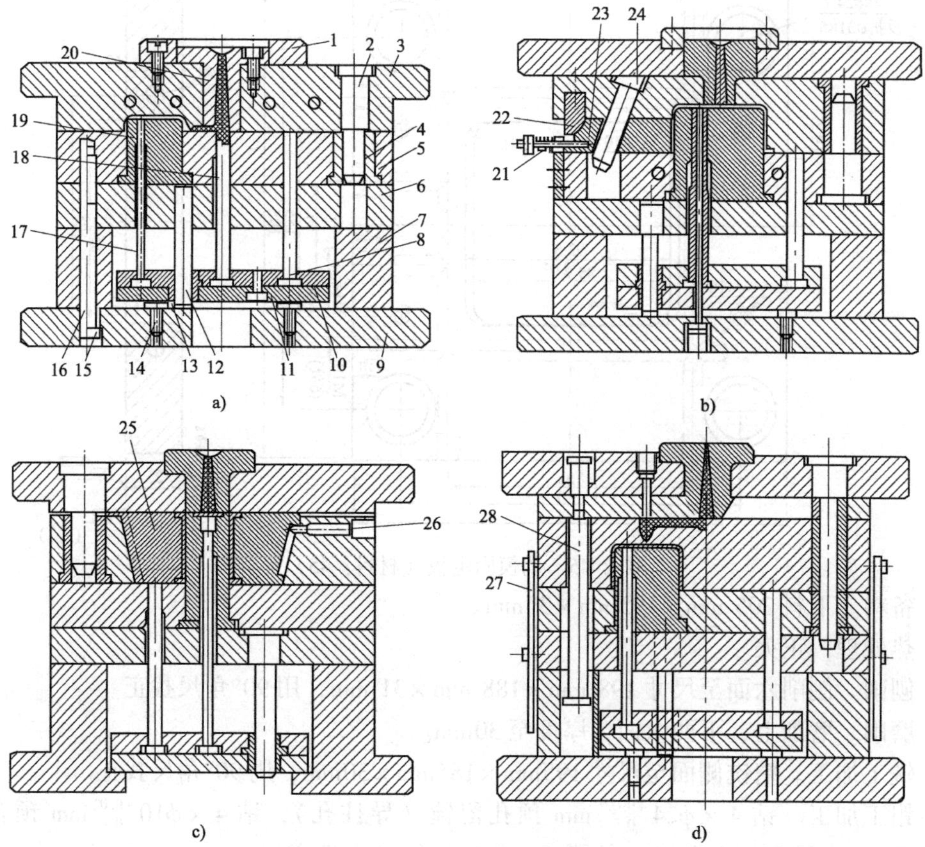

图 2-46　不同结构形式的注射模

a）普通标准模架注射模　b）侧型芯式注射模　c）拼块式注射模　d）三板式注射模

1—定位圈　2—导柱　3—凹模　4—导套　5—型芯固定板　6—支承板　7—垫块　8—复位杆　9—动模座板　10—推杆固定板　11—推板　12—推板导柱　13—推板导套　14—限位钉　15—螺钉　16—定位销　17—推杆　18—拉料杆　19—型芯　20—浇口套　21—弹簧　22—楔紧块　23—侧型芯滑块　24—斜销　25—斜滑块　26—限位螺钉　27—定距拉板　28—定距拉杆

在结构零件中，合模导向装置与支承零部件的组合构成注射模模架，如图 2-47 所示。

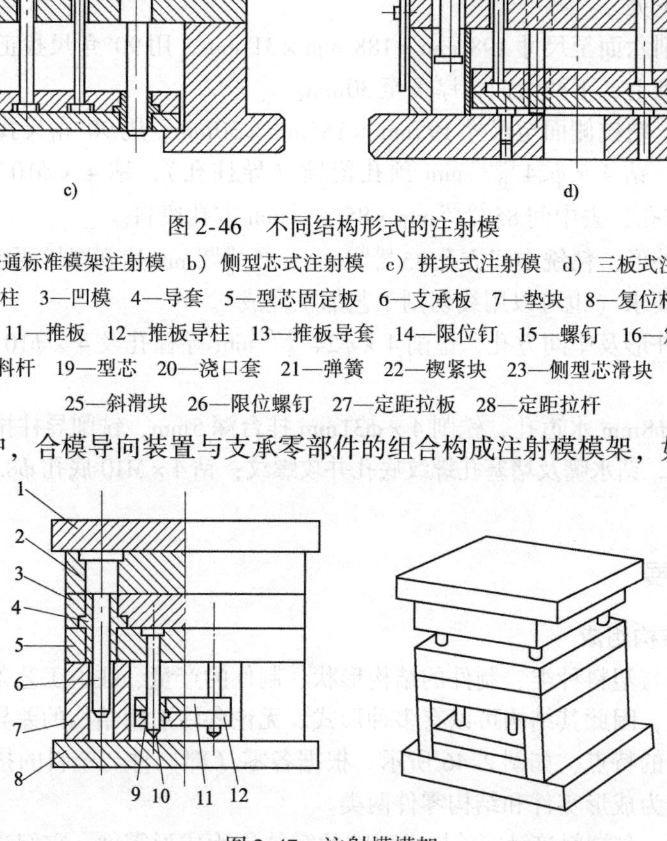

图 2-47　注射模模架

1—定模座板　2—定模板　3—动模板　4—导套　5—支承板　6、10—导柱　7—垫块　8—动模座板　9—推板导套　11—推杆固定板　12—推板

2. 模架组成零件的加工

（1）模架的技术要求　模架是用来安装或支承成形零件和结构零件的基础，同时还要保证动、定模上有关零件的准确对合（如凸模和凹模），并避免模具零件间的干涉，因此模架组合后其安装基准面应保持平行，模架在水平自重条件下分型面的贴合间隙见表2-24。导柱、导套和复位杆等零件装配后要运动灵活、无阻滞现象。

表2-24　模架在水平自重条件下分型面的贴合间隙　（单位：mm）

模板长度	贴合间隙
<400	≤0.03
400～630	≤0.04
630～1000	≤0.06
1000～2000	≤0.08

（2）模架零件的加工　从零件结构和制造工艺角度考虑，图2-47所示模架的基本组成零件有导柱、导套及各种模板（平板状零件）。导柱、导套的加工主要是内、外圆柱面加工。适用于加工不同精度要求的内、外圆柱面的工艺方法、工艺方案及基准选择等在冷冲模架的加工中已经讲到，这里不再重叙。支承零件（各种模板、支承板）都是平板状零件，在制造过程中主要进行平面加工和孔系加工，在平面加工中要特别注意防止变形，保证装配时有关结合平面的平面度和平行度要求。特别是在粗加工后若模板有弯曲变形，则在磨削加工时电磁吸盘会把这种变形矫正过来，磨削后加工表面的形状误差并不会得到矫正，为此，应在电磁吸盘未接通电流的情况下，用适当厚度的垫片，垫入模板与电磁吸盘间的间隙中，再进行磨削。上、下两面用同样方法交替进行，可获得小于0.02mm/300mm^{2}的平面度误差。若需要精度更高的平面，应采用刮研方法加工。

为了保证动、定模板上导柱、导套安装孔的位置精度，根据实际加工条件，可采用坐标镗床、双轴坐标镗床或数控坐标镗床进行加工。当没有上述设备且精度要求较低时，也可在卧式镗床或铣床上将动、定模板重叠在一起，一次装夹，同时镗出相应的导柱和导套的安装孔。在对模板进行镗孔加工时，应在模板平面精加工后以模板的大平面及两相邻侧面作为定位基准，将模板放置在机床工作台的等高垫铁上。各等高垫铁的高度应严格保持一致。对于精密模板，等高垫铁的高度差应小于3μm。工作台和垫铁应用干净布料擦拭，彻底清除切屑粉末。模板的定位面应用细磨石打磨，以去掉模板在搬运过程中产生的划痕。在使模板大致达到平行后，轻轻夹住，然后以长度方向的前侧面为基准，用百分表找正后将其压紧，最后将工作台再移动一次，进行检验并加以确认。模板用螺栓加垫圈紧固，压板着力点不应偏离等高垫铁中心，以免模板产生变形，如图2-48所示。

3. 其他结构零件的加工

（1）浇口套的加工　常见的浇口套有两种类型，如图2-49所示。图中，B型结构在模具装配时，用固定在定模上的定位环压住左端台阶面，以防止注射时浇口套在塑料熔体的压力作用下退出定模。d与定模上相应孔的配合为H7/m6；D与定位环内孔的配合为H10/f9。由于注射成形时浇口套要与高温塑料熔体和注射机喷嘴反复接触和碰撞，浇口套一般采用碳素工具钢T8A制造，进行局部热处理，硬度为57HRC左右。

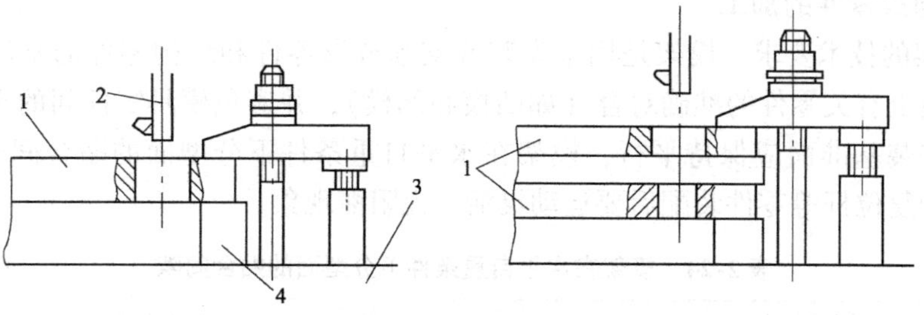

图 2-48　模板的装夹

a）单个模板镗孔　b）定、动模同时镗孔

1—模板　2—镗杆　3—工作台　4—等高垫铁

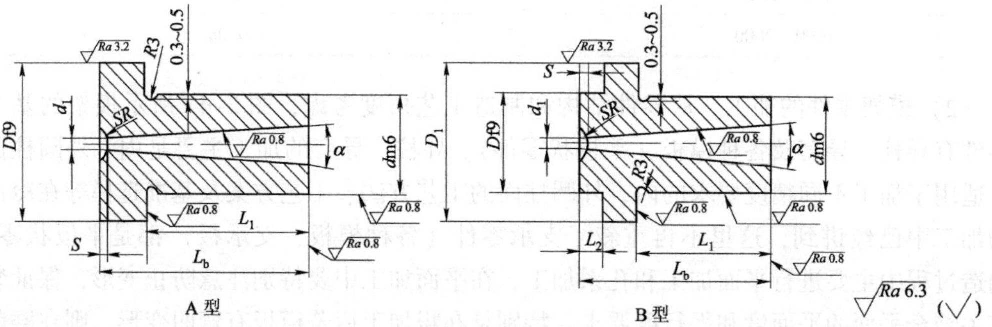

图 2-49　浇口套

与一般套类零件相比，浇口套锥孔孔径小（其小端直径为 3 ~8mm），加工较难，同时还应保证浇口套锥孔与外圆的同轴度，以便在模具安装时通过定位环使浇口套与注射机的喷嘴对准。

加工图 2-49 所示浇口套的工艺路线见表 2-25。

表 2-25　加工浇口套的工艺过程

序号	工序名称	工 艺 说 明
1	备料	1）按零件结构及尺寸大小选用热轧圆钢或锻件作为毛坯 2）保证直径和长度方向上有足够的加工余量 3）若浇口套凸肩部分长度不能可靠夹持，应将毛坯长度适当加长
2	车削	1）车削外圆 d 及端面，留磨削余量 2）车削退刀槽至设计要求 3）钻孔 4）用锥度铰刀加工锥孔至设计要求 5）掉头车削 D_1 外圆至设计要求 6）车削外圆 D，留磨削余量 7）车削端面，保证尺寸 L_b 8）车削球面凹坑至设计要求
3	检验	
4	热处理	
5	磨削	以锥孔定位，磨削外圆 d 及 D 至设计要求
6	检验	

（2）侧型芯滑块的加工　当注射成形带有侧凹或侧孔的塑料制品时，模具必须带有侧向分型或侧向抽芯机构，如图 2-46 b、c 所示。图 2-50 所示是一种斜导柱抽芯机构的结构图。图 2-50a 所示为合模状态，图 2-50b 所示为开模状态。在侧型芯滑块上装有侧向型芯或成形镶块。侧型芯滑块与滑槽可采用不同的结构组合，如图 2-51 所示。

从以上结构可以看出侧型芯滑块是侧向抽芯机构的重要组成零件，注射成形和抽芯的可靠性需要它的运动精度来保证。滑块与滑槽的配合特性常选用 H8/g7 或 H8/h8，其余部分应留有较大的间隙。两者配合面的表面粗糙度为 *Ra*0.63 ~ *Ra*1.25μm。滑块材料常采用 45 钢或碳素工具钢，导滑部分可局部或全部淬硬，硬度为 40 ~ 45HRC。加工如图 2-52 所示侧型芯滑块的工艺路线见表 2-26。

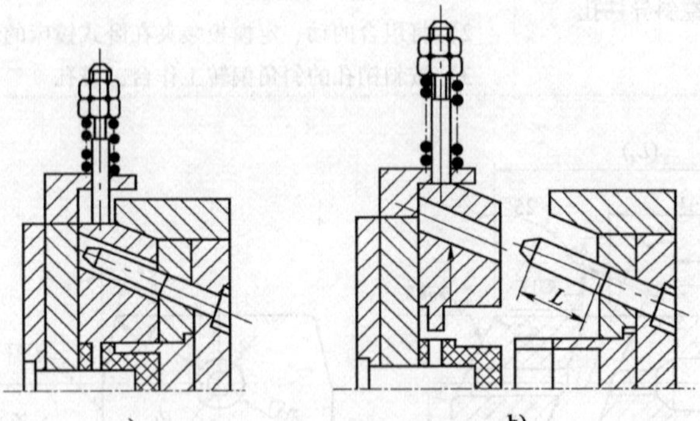

a)　　b)

图 2-50　斜导柱抽芯机构

a）合模状态　b）开模状态

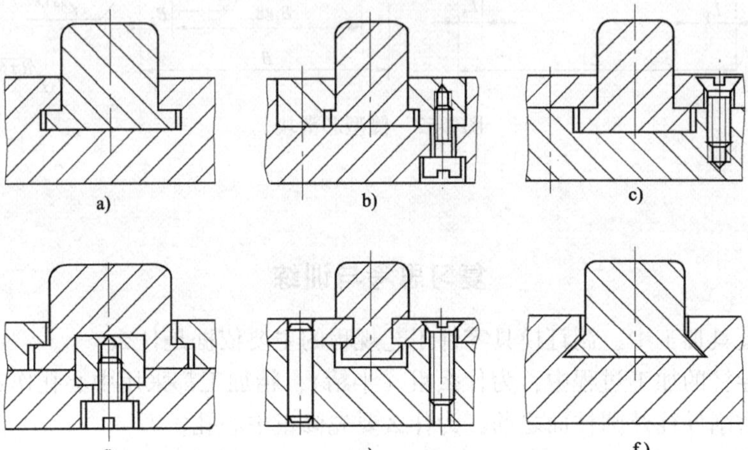

a)　b)　c)　d)　e)　f)

图 2-51　侧型芯滑块与滑槽的常见结构组合

表 2-26　加工侧型芯滑块的工艺路线

序　　号	工序名称	工艺说明
1	备料	将毛坯锻成平行六面体，保证各面有足够的加工余量
2	铣削	铣削六面
3	钳工划线	
4	铣削	1）铣削导滑部分，表面粗糙度为 *Ra*0.8μm 及以上的各表面留磨削余量 2）铣削各斜面至设计要求

（续）

序 号	工序名称	工艺说明
5	钳工加工	去毛刺，倒钝锐边 加工螺孔
6	热处理	
7	磨削	磨削滑块导滑面达设计要求
8	镗型芯固定孔	1）将滑块装入滑槽内 2）按型腔上侧型芯孔的位置确定侧滑块上型芯固定孔的位置尺寸 3）按上述位置尺寸镗滑块上的型芯固定孔
9	镗斜导柱孔	1）动模板、定模板组合，用楔紧块将侧型芯滑块锁紧（在分型面上用0.02mm金属片垫实） 2）将组合的动、定模板装夹在卧式镗床的工作台上 3）按斜销孔的斜角偏转工作台，镗孔

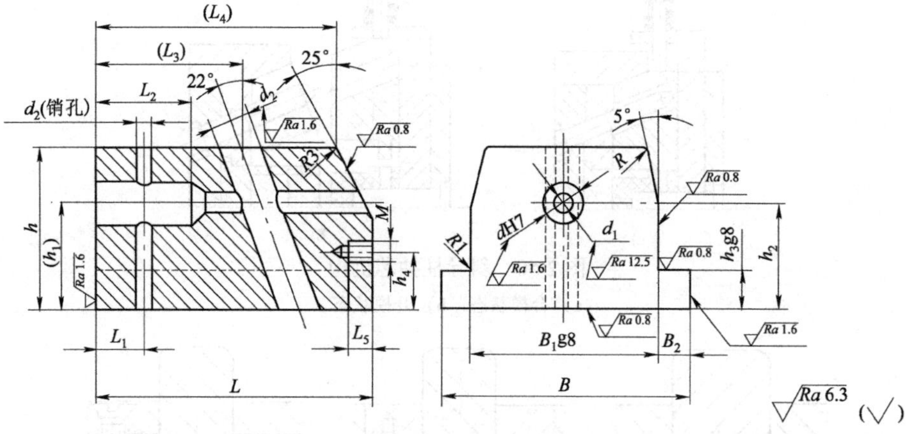

图 2-52 侧型芯滑块

复习思考与训练

2-1 在模具加工中，制订模具零件工艺规程的主要依据是什么？

2-2 在导柱的加工过程中，为什么粗（半精）、精加工都采用中心孔作定位基准？

2-3 在磨削导柱外圆柱面之前，为什么要先修正中心孔？

2-4 拟订图 2-53 所示可卸导柱的工艺路线，并选出相应的机加工设备。

2-5 加工导套时，怎样保证配合表面间的位置精度要求？

2-6 在机械加工中，非圆形凸模的粗（半精）、精加工可采用哪些方法？试比较这些加工方法的优缺点。

2-7 成形磨削适用于加工哪些模具零件？常采用哪些磨削方法？

2-8 对具有圆形型孔的多型孔凹模，在机械加工时怎样保证各型孔间的位置精度？

2-9 对具有非圆形型孔的凹模和型腔，在机械加工时常采用哪些方法？试比较其优缺点。

2-10 拟订图 2-54 所示凸模和凹模的工艺路线，并选出相应的加工设备。

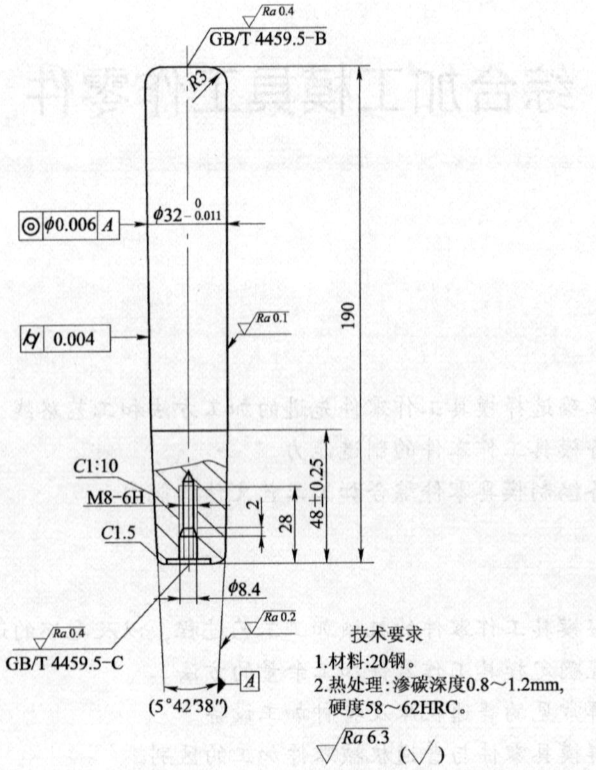

图 2-53 可卸导柱

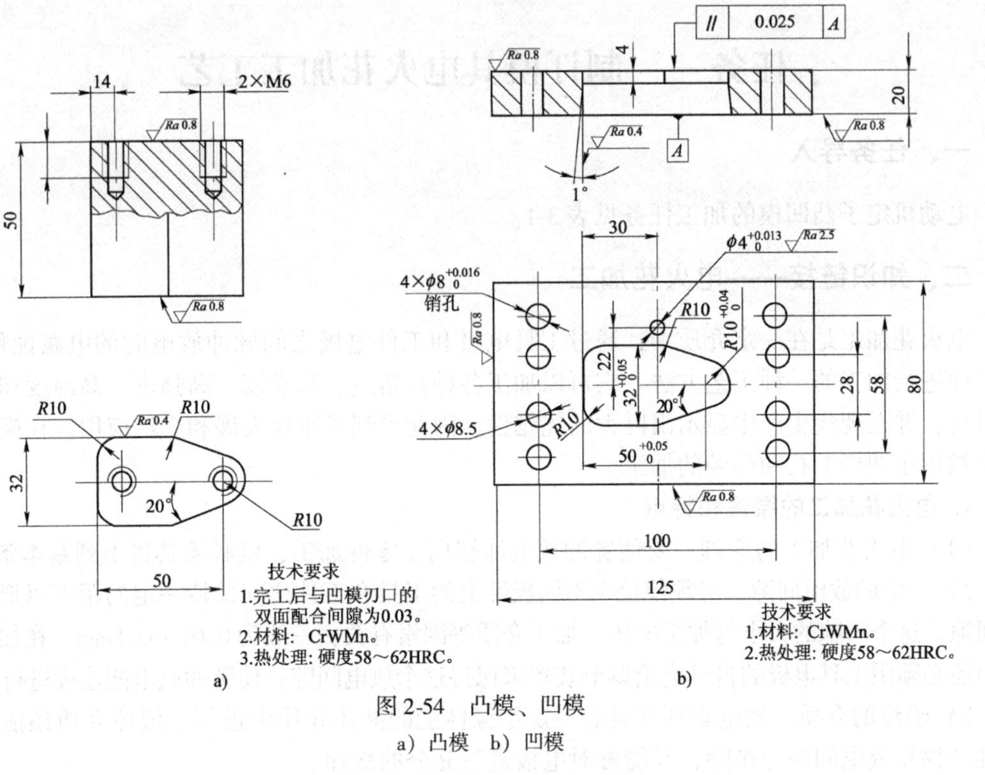

图 2-54 凸模、凹模

a）凸模 b）凹模

项目三　综合加工模具工作零件

能力目标

1. 能正确选择模具工作零件先进的加工方法和工艺路线。
2. 具备模具工作零件的制造能力。
3. 具备编制模具零件综合加工工艺文件的能力。

知识目标

1. 掌握模具工作零件的机械加工工艺过程，以及毛坯的选择原则。
2. 掌握确定模具工作零件加工余量的方法。
3. 了解常见的普通机床及特种加工设备。
4. 了解模具零件与普通机械零件加工的区别。

任务一　制订模具电火花加工工艺

一、任务导入

电动机定子凸凹模的加工任务见表3-1。

二、知识链接——电火花加工

电火花加工是在一定介质中，通过工具电极和工件电极之间脉冲放电时的电腐蚀作用，对工件进行加工的一种工艺方法。它可以加工各种高熔点、高硬度、高强度、高纯度和高韧性材料，并在现代生产中显示出巨大的优越性，因此得到了迅速发展和广泛应用。在模具制造中被用于凹模型孔和型腔的加工。

1. 电火花加工的原理和特点

（1）电火花加工的原理　要使脉冲放电能够用于零件加工，就必须具备下列基本条件。

1）一定的放电间隙。必须使接在不同极性上的工具和工件之间保持一定的距离以形成放电间隙。这个间隙的大小与加工电压、加工介质等因素有关，一般为0.01～0.1mm。在加工过程中还必须用工具电极的自动进给调节装置来保持这个放电间隙，使脉冲放电能连续进行。

2）绝缘的介质。放电必须在具有一定绝缘性能的液体介质中进行。液体介质还能够将电蚀产物从放电间隙中排除，并能够对电极进行充分的冷却。

表 3-1 电动机定子凸凹模的加工任务

学习情境	实训地点：模具实训中心 教学条件：4 件电动机定子凸凹模毛坯、M7132 平面磨床、DK7725e 电火花线切割机床、HCD400K 数控电火花成形机、X8140 万能工具铣床、CY6140A 普通卧式车床、B665 牛头刨床、Z5125A 立式钻床、千分尺和游标卡尺等	教学要求
完成任务	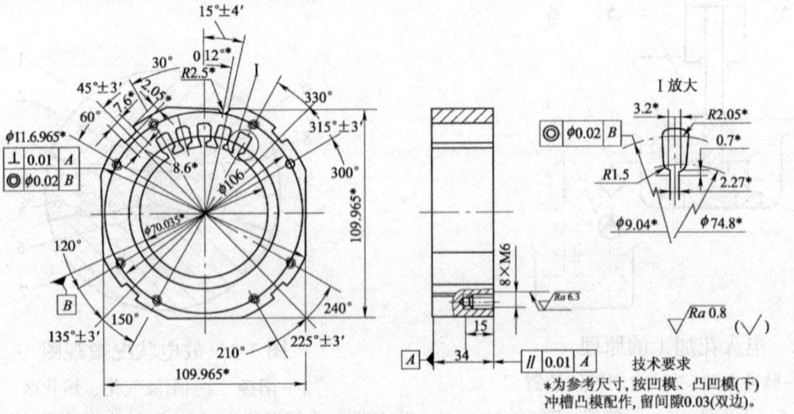	根据所学模具制造技术知识，完成左图所示电动机定子凸凹模零件的加工任务，并进行检验
能力目标	会进行模具工作零件的电加工，能填写模具加工工艺过程卡	
具体要求	① 掌握电加工机床操作及工件在机床上安装与调整的正确方法 ② 能正确选用电加工工艺规准并能合理转换 ③ 能完成模具工作零件加工工艺与路线设计 ④ 能正确选择毛坯余量 ⑤ 能正确选择模具工作零件的热处理及后处理工艺 ⑥ 能填写机械加工工艺过程卡	
教学法安排	① 多媒体教学 ② 现场演示 ③ 学生分组讨论 ④ 职业技能评价	理实一体
最终考核	工作文件 15%，操作过程 40%，工作结果 25%，汇报效果 10%，团队 10%	百分制

近年来，新开发的水基工作液可替代煤油作工作液，使粗加工效率大幅度提高。

3）单向脉冲。脉冲波形基本是单向的，如图 3-1 所示。放电延续时间 t_i 称为脉冲宽度，t_i 应小于 10^{-3}s，以使放电所产生的热量来不及从放电点过多传导扩散到其他部位，从而只在极小的范围内使金属局部熔化，直至气化。相邻脉冲之间的间隔时间 t_o 称为脉冲间隔，其大小应使放电介质能够恢复到绝缘状态（称为消电离），以免引起持续电弧放电，烧伤加工表面。$T=t_i+t_o$ 称为脉冲周期。

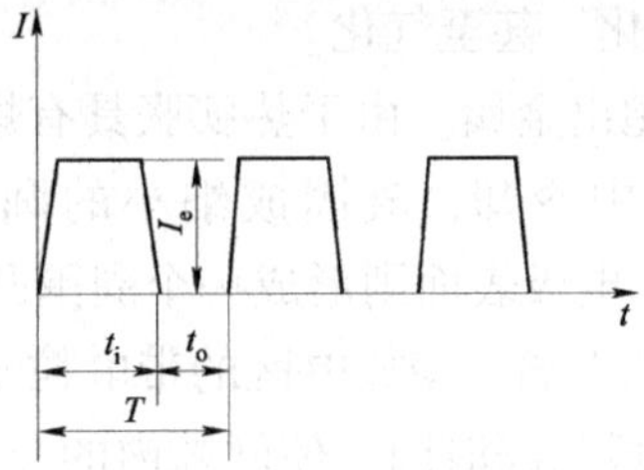

图 3-1 脉冲电流波形

t_i—脉冲宽度 t_o—脉冲间隔 T—脉冲周期 I_e—电流峰值

4）足够的能量。有足够的脉冲放电能量，以保证放电部位的金属熔化或气化。

电火花加工的原理如图 3-2 所示。自动进给调节装置能使工件和工具电极经常保持给定的放电间隙。由脉冲电源输出的电压加在液体介质中的工件和工具电极（以下简称电极）上。当电压升高到间隙中介质的击穿电压时，会使介质在绝缘强度最低处被击穿，产生火花放电，如图 3-3 所示。瞬间高温使工件和电极表面都被蚀除一小块材料，形成小的凹坑。

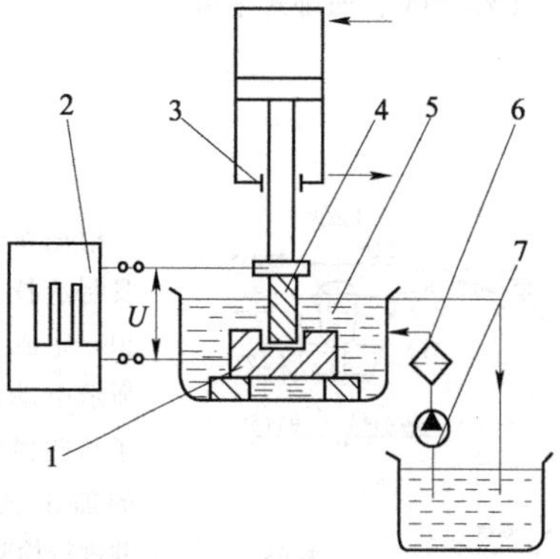

图 3-2 电火花加工的原理

1—工件 2—脉冲电源 3—自动进给装置 4—工具电极 5—工作液 6—过滤器 7—泵

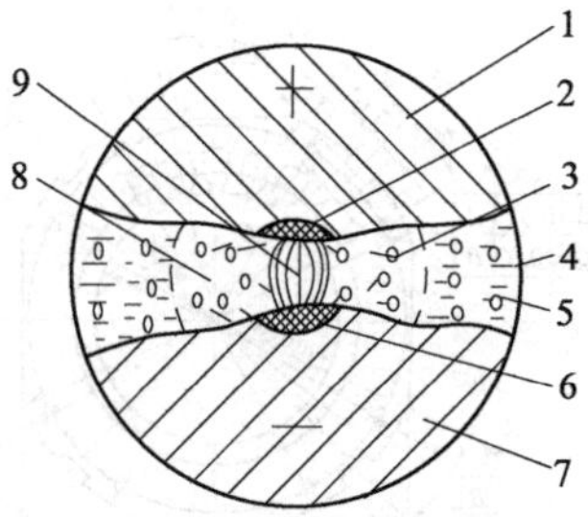

图 3-3 放电状况微观图

1—阳极 2—阳极气化、熔化区 3—熔化的金属微粒 4—工作介质 5—凝固的金属微粒 6—阴极气化、熔化区 7—阴极 8—气泡 9—放电通道

一次脉冲放电的过程分为电离、放电、热膨胀、抛出金属和消电离等几个连续的阶段。

1）电离。由于工件和电极表面存在着微观的凹凸不平，在两者相距最近的点上电场强度最大，会使附近的液体介质首先电离为电子和正离子。

2）放电。在电场的作用下，电子高速奔向阳极，正离子奔向阴极，并产生火花放电，形成放电通道。在这个过程中，两极间液体介质的电阻从绝缘状态的几兆欧姆骤降到几分之一欧姆。由于放电通道受放电时磁场力和周围液体介质的压缩，其横截面积极小，电流强度可达 $10^5 \sim 10^6 A/cm^2$。放电状况如图 3-3 所示。

3）热膨胀。由于放电通道中电子和离子高速运动时相互碰撞，产生大量的热能。阳极和阴极表面受高速电子和离子流的撞击，其动能也转化成热能，因此在两极之间沿通道形成了一个温度高达 10000～12000℃ 的瞬时高温热源。在热源作用区的电极和工件表面层金属会很快熔化，甚至气化。

4）抛出金属。由于热膨胀具有爆炸的特性，爆炸力将熔化和气化了的金属抛入附近的液体介质中冷却，凝固成细小的圆球状颗粒，其直径视脉冲能量而异（一般为 0.1～500μm），电极表面则形成一个周围凸起的微小圆形凹坑，如图 3-4 所示。

5）消电离。使放电区的带电粒子复合为中性粒子的过程称为消电离。在一次脉冲放电后应有一段间隔时间，使间隙内的介质来得及消电离而恢复绝缘强度，以实现下一次脉冲击穿放电。如果电蚀产物和气泡来不及很快排除，就会改变间隙内介质的成分和绝缘强度，破坏消电离过程，易使脉冲放电转变为连续电弧放电，影响加工。

一次脉冲放电之后，两极间的电压急剧下降到接近于零，间隙中的电介质立即恢复到绝缘状态。此后，两极间的电压再次升高，又在另一处绝缘强度最小的地方重复上述放电过程。多次脉冲放电的结果，使整个被加工表面由无数小的放电凹坑构成，如图 3-5 所示。工具电极的轮廓形状便被复制在工件上，达到加工的目的。

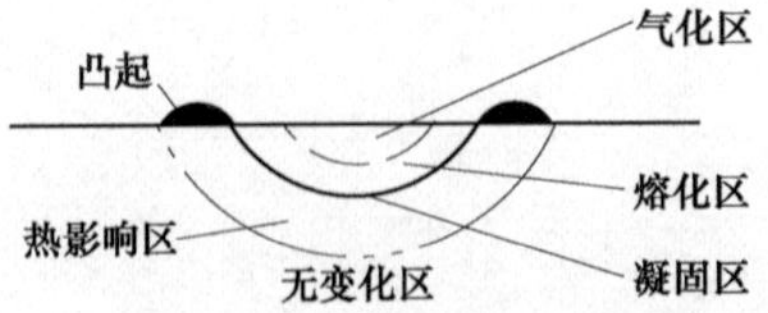

图 3-4　放电凹坑剖面示意图

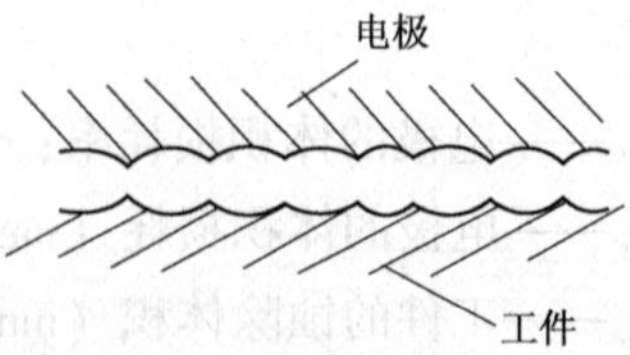

图 3-5　加工表面局部放大图

在脉冲放电过程中，工件和电极都要受到电腐蚀。但正、负两极的蚀除速度不同，这种两极蚀除速度不同的现象称为极性效应。产生极性效应的基本原因是由于电子的质量小，其惯性也小，在电场力作用下容易在短时间内获得较大的运动速度，即使采用较短的脉冲进行加工也能大量、迅速地到达阳极，轰击阳极表面。而正离子由于质量大，惯性也大，在相同时间内所获得的速度远小于电子。当采用短脉冲进行加工时，大部分正离子尚未到达负极表面，脉冲便已结束，所以负极的蚀除量小于正极。但是，当用较长的脉冲加工时，正离子可以有足够的时间加速，获得较大的运动速度，并有足够的时间到达负极表面，加上它的质量大，因而正离子对负极的轰击作用远大于电子对正极的轰击，负极的蚀除量则大于正极。

电极和工件的蚀除量不仅与脉冲宽度有关，而且还受电极及工件材料、加工介质、电源种类、单个脉冲能量等多种因素的综合影响。在电火花加工过程中，极性效应越显著越好。因此必须充分利用极性效应，合理选择加工极性，以提高加工速度，减少电极的损耗。在实际生产中，把工件接正极的加工称为“正极性加工”或“正极性接法”，把工件接负极的加工称为“负极性加工”或“负极性接法”。极性的选择主要靠实验确定。

（2）电火花加工的特点

1）便于加工用机械加工难以加工或无法加工的材料，如淬火钢、硬质合金和耐热合金等。

2）电极和工件在加工过程中不接触，两者间的宏观作用力很小，所以便于加工小孔、深孔和窄缝零件，而不受电极和工件刚度的限制；对于各种型孔、立体曲面、复杂形状的工件，均可采用成形电极一次加工成形。

3）电极材料不必比工件材料硬。

4）直接利用电、热能进行加工，便于实现加工过程的自动控制。

由于电火花加工具有上述独特的优点。加之电火花加工工艺技术水平的不断提高，数控电火花机床的普及，其应用领域日益扩大，已在模具制造、机械、航天、航空、电子、仪器、轻工等部门用来解决各种难加工的材料和复杂形状零件的加工问题。

2. 影响电火花加工质量的主要因素

加工质量包括电蚀表面的加工精度及表面质量。

（1）影响加工精度的因素　工件的加工精度除受机床精度、工件的装夹精度、电极制造及装夹精度影响之外，还要受电极损耗和放电间隙的影响。

1）电极损耗对加工精度的影响。在电火花加工过程中，电极会受到电腐蚀而损耗。电极损耗是影响加工精度的一个重要因素，因此掌握电极损耗规律，采取措施尽量减小电极损耗，对保证加工精度是很重要的。

型腔加工时，常用电极的体积损耗率来衡量电极的损耗情况，即

$$C_V = \frac{V_E}{V_W} \times 100\%$$

式中 C_V——电极的体积损耗率；

V_E——电极的体积损耗（mm^3）；

V_W——工件的蚀除体积（mm^3）。

穿孔加工时，常用长度损耗率来衡量电极的损耗，即

$$C_L = \frac{h_E}{h_W}$$

式中 C_L——电极的长度损耗率；

h_E——电极长度方向上的损耗尺寸（mm）；

h_W——工件上已加工出的深度尺寸（mm）。

在加工过程中，电极的不同部位的损耗是不同的。电极的尖角、棱边等凸起部位的电场强度较强，易形成尖端放电，所以这些部位比平坦部位的损耗要快。电极的不均匀损耗必然使加工精度下降。

此外，电极损耗还受脉冲电源的电参数、加工极性和加工面积等因素的综合影响。

2）放电间隙对加工精度的影响。电火花加工时，电极和工件之间发生脉冲放电需保持一定的放电间隙。由于放电间隙的存在，使得实际加工出的工件型孔（或型腔）尺寸是电极沿加工轮廓正好相差了一个放电间隙（单边间隙）。若不考虑电蚀产物引起的二次放电（由电蚀产物在侧面间隙中滞留引起的电极侧面和已加工面之间的放电现象）和电极进给时机械误差的影响，放电间隙可用下面的经验公式表示，即

$$\delta = K_\delta t_i^{0.3} I_e^{0.3}$$

式中 δ——放电间隙（μm）；

t_i——脉冲宽度（μs）；

I_e——放电峰值电流（A）；

K_δ——系数（与电极、工件材料有关）。

从上式可知，如果要得到稳定的放电间隙，就必须使脉冲电源的电参数保持稳定，同时还应使机床精度和刚度保持稳定。此外，还要注意电蚀产物在间隙中的滞留而引起的二次放电对放电间隙的影响。单面放电间隙值一般为0.01～0.1mm。加工精度与放电间隙是否稳定和均匀有关，间隙越稳定、均匀，其加工精度就越高。目前采用稳定的脉冲电源和高精度机床，在加工过程稳定性良好的情况下放电间隙误差可控制在0.05δ的范围内。

3）加工斜度对加工精度的影响。在加工过程中随着加工深度的增加，二次放电次数增多，侧面间隙逐渐增大，使被加工孔入口处的间隙大于出口处的间隙，出现加工斜度，使加工表面产生形状误差，如图3-6所示。二次放电的次数越多，单个脉冲的能量越大，则加工斜度越大。二次放电的次数与电蚀产物的排除条件有关。因此，应从工艺上采取措施及时排除电蚀产物，使加工斜度减小。目前精加工时的加工斜度可控制在10′以下。

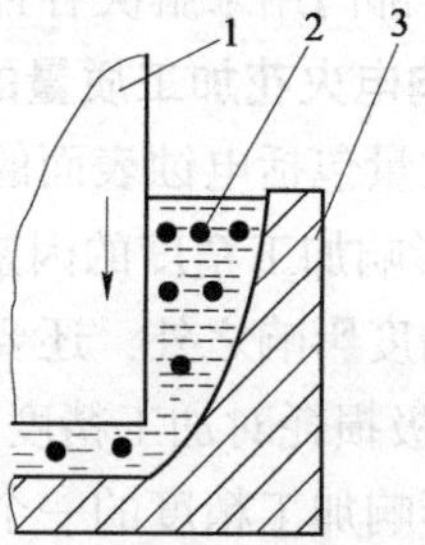

图3-6 二次放电造成侧面间隙增大

1—工具电极 2—电蚀产物 3—工件

(2) 影响表面质量的因素

1) 表面粗糙度。电火花加工后的表面是由脉冲放电时所形成的大量凹坑排列重叠而形成的。在一定的加工条件下，加工表面的表面粗糙度可用以下经验公式表示，即

$$Ra = K_{Ra} t_i^{0.3} I_e^{0.3}$$

式中 Ra——实测的表面粗糙度评定参数（μm）；

K_{Ra}——系数（用钢电极加工淬火钢，按负极性加工时 $K_{Ra}=2.3$）；

t_i——脉冲宽度（μs）；

I_e——电流峰值（A）。

单个脉冲能量越大，则表面越粗糙。要使 Ra 值减小，就必须减小单个脉冲能量。

对于电火花加工的表面粗糙度，粗加工一般可达 $Ra12.5 \sim Ra25\mu m$，精加工可达 $Ra0.8 \sim Ra3.2\mu m$，微细加工可达 $Ra0.2 \sim Ra0.8\mu m$。加工熔点高的硬质合金等可获得比钢更小的表面粗糙度值。由于电极的相对运动，侧壁的表面粗糙度值比底面的小。近年来研制的超光脉冲电源已使电火花成形加工的表面粗糙度值达到 $Ra0.1 \sim Ra0.2\mu m$。

2) 表面变化层。经电火花加工后的表面将产生包括凝固层和热影响层的表面变化层（见图 3-4），它的化学性能（工作介质和石墨电极的碳元素渗入工件表层）、物理性能和力学性能均有所变化。

热影响层位于凝固层和工件基体材料之间，该层金属受到放电点传来的高温的影响，使材料的金相组织发生了变化。对未淬火钢，热影响层就是淬火层。对经过淬火的钢，热影响层是重新淬火层。由于所采用的电参数、冷却条件及工件材料原来的热处理状况不同，变化层的硬度变化情况也不一样。图 3-7 所示为未淬火钢经过电火花加工后的表层显微硬度变化情况。图 3-8 所示为已淬火钢的情况。

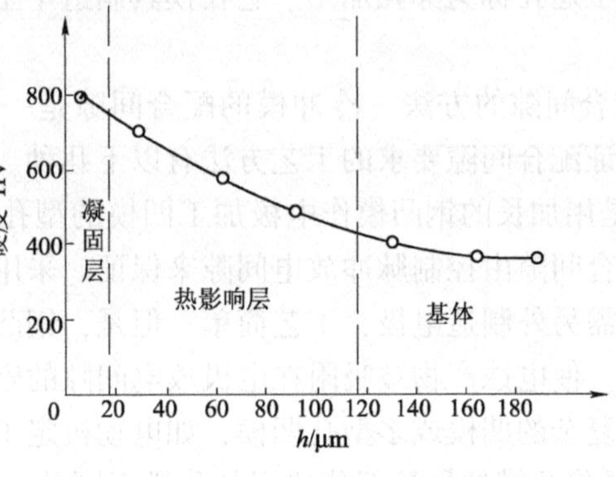

图 3-7 未淬火钢 T10 经过电火花加工后的表层显微硬度

规准：$t_i = 120\mu s$ $I_e = 16A$

表面变化层的厚度与工件材料及脉冲电源的电参数有关，它随着脉冲能量的增加而增厚。粗加工时变化层一般为 0.1 ~ 0.5mm，精加工时一般为 0.01 ~ 0.05mm。凝固层的硬度一般比较高，故电火花加工后工件的耐磨性比机械加工的好。但随之而来的是增加了钳工研磨、抛光的困难。

(3) 影响生产率的因素 单位时间内从工件上蚀除的金属量称为电火花加工的生产率。生产率的高低受加工极性、工件材料的热学物理常数、脉冲电源、电蚀产物的排除情况等因素的影响。生产率与脉冲参数之间的关系可用经验公式表示，即

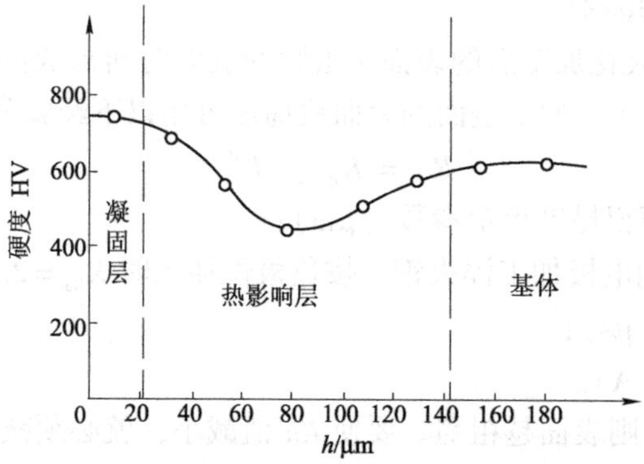

图 3-8 已淬火钢 T10 经过电火花加工后的表层显微硬度

规准：$t_i=280\mu s$ $I_e=50A$

$$V_w = K_{VW} W_e f$$

式中 V_w ——电火花加工的生产率（g/min）；

K_{VW}——系数（与电极材料、脉冲参数、工作液成分等因素有关）；

W_e——单个脉冲能量（J）；

f——脉冲频率（Hz）。

在一定的加工条件下，增加单个脉冲能量能增大金属的蚀除量，使生产率提高。但单个脉冲的能量增大，使电蚀凹坑的断面尺寸也增大，将使表面粗糙度值增大。另外，提高脉冲频率使单位时间内的放电次数增多，也能提高电火花加工的生产率。

3. 凹模型孔的加工

用电火花加工方法加工通孔称为穿孔加工。它在模具制造中主要用于加工用切削加工方法难以加工的凹模型孔。

（1）保证凸、凹模配合间隙的方法　冷冲模的配合间隙是一个很重要的技术指标，在电火花加工中，常用的保证配合间隙要求的工艺方法有以下几种。

1）直接法。直接法是用加长的钢凸模作电极加工凹模的型孔，加工后将凸模上的损耗部分去除。凸、凹模的配合间隙由控制脉冲放电间隙来保证。采用直接法可以获得均匀的配合间隙，模具质量高，不需另外制造电极，工艺简单。但是，钢凸模作电极加工速度低，在直流分量的作用下易磁化，使电蚀产物被吸附在电极放电间隙的磁场中而形成不稳定的二次放电。直接法适用于形状复杂的凹模或多型孔凹模，如电动机定子、转子硅钢片冲模等。

2）混合法。混合法是将凸模的加长部分选用与凸模不同的材料，如铸铁等连接或钎焊在凸模上，与凸模一起加工，以连接或钎焊部分作穿孔电极的工作部分。加工后，再将电极部分去除。此方法的优点是可选择电加工性能好的电极材料，因此，其电加工性能比直接法的好；电极与凸模连接在一起加工，电极形状、尺寸与凸模一致，加工后凸、凹模配合间隙均匀。混合法是一种使用较广泛的方法。

3）修配凸模法。凸模和工具电极分别制造，在凸模上留一定的修配余量，按电火花加工成形的凹模型孔修配凸模，达到所要求的凸、凹模配合间隙。这种方法的优点是电极可以选用电加工性能好的电极材料。由于凸、凹模的配合间隙是靠修配凸模来保证的，所以，无论凸、凹模的配合间隙大或小都可采用这种方法。其缺点是增加了制造电极和钳工修配的工作量，而且不易得到均匀的配合间隙。修配凸模法只适用于加工形状比较简单的冲模。

（2）电极设计

1）电极材料。由电火花的加工原理可以看出，任何导电材料都可以用来制作电极。但在实际生产中应选择损耗小、加工过程稳定、生产率高、机械加工性能良好、来源丰富、价格低廉的材料作电极。常用电极材料的种类和性能见表3-2。选择时应根据加工对象、工艺方法、脉冲电源的类型等因素综合考虑。

表3-2 常用电极材料的种类和性能

电极材料	电火花加工性能		机械加工性能	说明
	加工稳定性	电极损耗		
钢	较差	中等	好	在选择电参数时应注意加工的稳定性，可以凸模作电极
铸铁	一般	中等	好	—
石墨	尚好	较小	尚好	机械强度较差，易崩角
黄铜	好	大	尚好	电极损耗太大
纯铜	好	较小	较差	磨削困难
铜钨合金	好	小	尚好	价格贵，多用于深孔、直壁孔和硬质合金穿孔
银钨合金	好	小	尚好	价格贵，用于精密及有特殊要求的加工

2）电极结构。电极的结构形式应根据电极外形尺寸的大小与复杂程度、电极的结构工艺性等因素综合考虑。

① 整体式电极。整体式电极是用一块整体材料加工而成，是最常用的结构形式。对于横截面积及质量较大的电极，可在电极上开孔以减轻电极质量，但孔不能开通，且孔口必须向上，如图3-9所示。

② 组合电极。当同一凹模上有多个型孔时，在某些情况下可以把多个电极组合在一起，如图3-10所示，一次穿孔可完成各型孔的加工，这种电极称为组合电极。组合电极加工的生产率高，各型孔间的位置精度取决于各电极的位置精度。

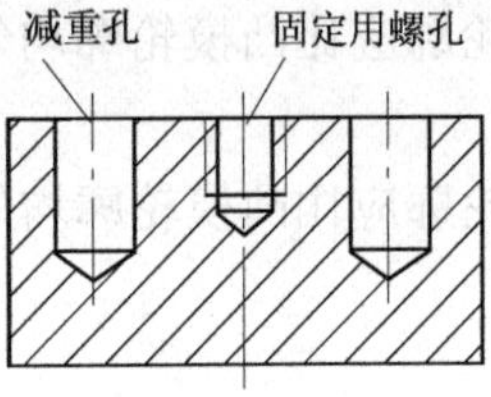

图3-9 整体电极

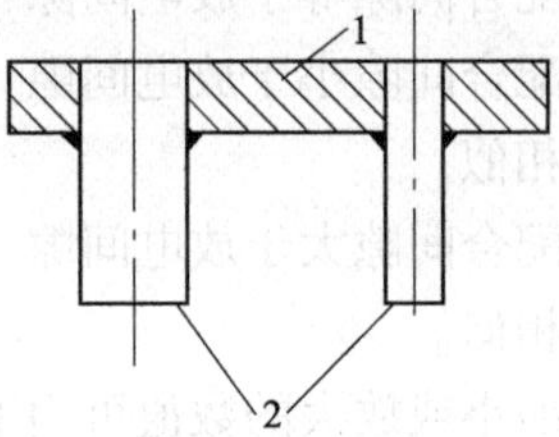

图3-10 组合式电极

1—固定板 2—电极

③ 镶拼式电极。对于形状复杂的电极，当整体加工有困难时，常将其分成几块，分别加工后再镶拼成整体，这样既节省材料又便于电极的制造。

3）电极尺寸。

① 电极横截面尺寸的确定。垂直于电极进给方向的电极截面尺寸称为电极的横截面尺寸。在凸、凹模图样上的公差有不同的标注方法。当凸模与凹模分开加工时，在凸、凹模图样上均标注公差；当凸模与凹模配合加工时，落料模将公差标注在凹模上，冲孔模将公差标注在凸模上，另一个只注公称尺寸。因此，电极截面尺寸分别按下述两种情况计算。

当按凹模型孔尺寸和公差确定电极的横截面尺寸时，电极的轮廓应比型孔均匀地缩小一个放电间隙值，如图 3-11 所示。与型孔尺寸相对应的电极尺寸为

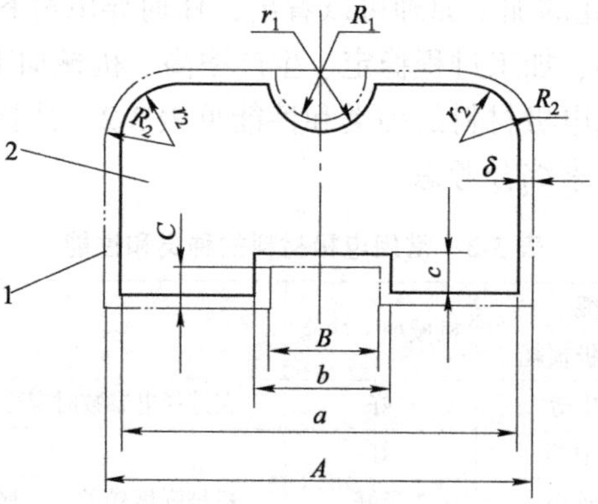

图 3-11　按型孔尺寸确定电极的横截面尺寸

1—型孔轮廓　2—电极横截面

$$a = A - 2\delta$$
$$b = B + 2\delta$$
$$c = C$$
$$r_1 = R_1 + \delta$$
$$r_2 = R_2 - \delta$$

式中　A、B、C、R_1、R_2——型孔的公称尺寸（mm）；

a、b、c、r_1、r_2——电极横截面的公称尺寸（mm）；

δ——单边放电间隙（mm）。

当按凸模尺寸和公差确定电极的横截面尺寸时，则随凸模、凹模配合间隙 Z（双面）的不同，分为以下三种情况。

第一种：配合间隙等于放电间隙（$Z=2\delta$）时，电极与凸模横截面公称尺寸完全相同。

第二种：配合间隙小于放电间隙（$Z<2\delta$）时，电极轮廓应比凸模轮廓均匀地缩小一个数值，但形状相似。

第三种：配合间隙大于放电间隙（$Z>2\delta$）时，电极轮廓应比凸模轮廓均匀地放大一个数值，但形状相似。

电极单边缩小或放大的数值可用下式计算

$$a_1 = \frac{|Z - 2\delta|}{2}$$

式中　a_1——电极横截面轮廓的单边缩小量或放大量（mm）；

Z——凸、凹模双边配合间隙（mm）；

δ——单边放电间隙（mm）。

② 电极长度尺寸的确定。电极长度取决于凹模的结构形式、型孔的复杂程度、加工深度、电极材料、电极使用次数、装夹形式及电极制造工艺等一系列因素，可按图 3-12 进行计算，即

$$L = Kt + h + l + (0.4 \sim 0.8)(n - l)Kt$$

式中　t——凹模的有效厚度（电火花加工的深度）（mm）；

h——当凹模下部挖空时，电极需要加长的长度（mm）；

l——为夹持电极而增加的长度（mm），为 10～20mm；

n——电极的使用次数；

K——与电极材料、型孔复杂程度等因素有关的系数。

K 值选用的经验数据为纯铜 2～2.5、黄铜 3～3.5、石墨 1.7～2、铸铁 2.5～3、钢 3～3.5。当电极材料损耗小、型孔简单、电极轮廓无尖角时，K 取小值；反之取大值。

在生产中为了减少脉冲参数的转换次数，简化操作，有时将电极适当增长，并将增长部分的截面尺寸均匀减小，做成阶梯状，这种电极称为阶梯电极，如图 3-13 所示。阶梯部分的长度 L_1 一般取凹模加工厚度的 1.5 倍左右，阶梯部分的均匀缩小量 $h_1 = 0.1 \sim 0.15$mm。对阶梯部分不便进行切削加工的电极，常用化学浸蚀的方法将断面尺寸均匀缩小。

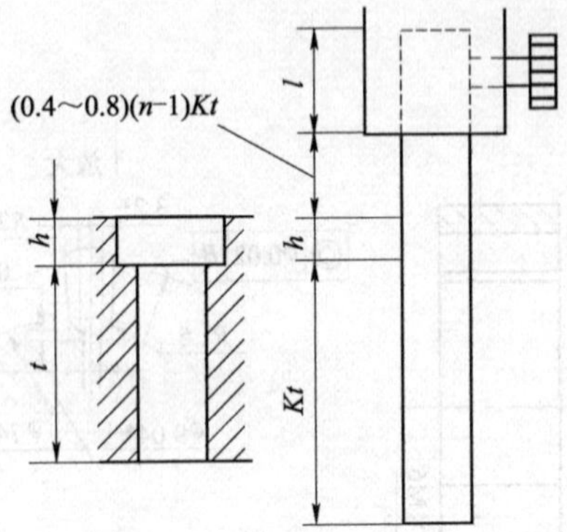

图 3-12　电极长度尺寸

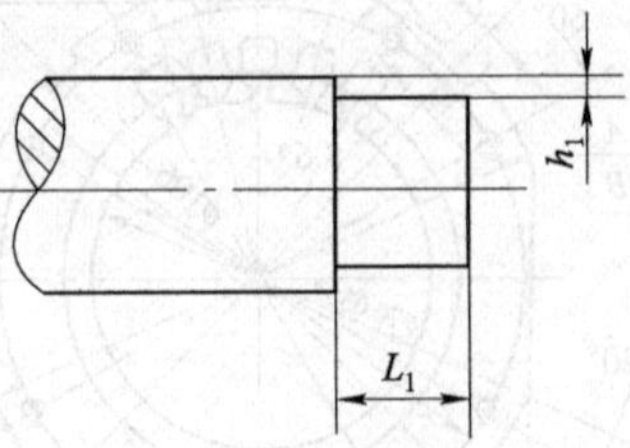

图 3-13　阶梯电极

③ 电极横截面的尺寸公差一般取模具刃口相应尺寸公差的 1/2～2/3。电极在长度方向上的尺寸公差没有严格要求。电极侧面的平行度误差在 100mm 长度上不超过 0.01mm。电极工作表面的表面粗糙度值不大于型孔的表面粗糙度值。

（3）凹模模坯准备　凹模模坯准备是指电火花加工前的全部工序。常用的凹模模坯准备工序见表 3-3。

表 3-3　常用的凹模模坯准备工序

序　号	工　序	加工内容及技术要求
1	下料	用锯床锯断所需的材料，包括需切削的材料
2	锻造	锻造所需的形状，并改善其内部组织
3	退火	消除锻造后的内应力，并改善其加工性能
4	刨（铣）削	刨（铣）削四周及上、下平面，厚度留余量 0.4～0.6mm
5	平磨	磨削上、下平面及相邻两侧面，用 90°角尺找正，表面粗糙度值达 $Ra0.63 \sim Ra1.25\mu m$
6	划线	钳工按型孔及其他安装孔划线
7	钳工	钻排孔，除掉型孔废料
8	插（铣）削	插（铣）削型孔，单边留余量 0.3～0.5mm
9	钳工	加工其余各孔
10	热处理	按图样要求淬火
11	平磨	磨削上、下面，为使模具光整，最好再磨削四侧面
12	退磁	退磁处理（目前因机床性能提高，大多可省略）

为了提高电火花加工的生产率和便于工作液强迫循环，应去除凹模模坯型孔废料，只留适当的余量作为电火花穿孔余量。余量的大小直接影响加工效率与加工精度。余量小，则加工的生产率及形状精度高，但如果余量过小则容易因热处理变形而产生废品，对电极定位也将增加困难。因此，应根据型孔形状及精度确定其余量大小。一般留单边余量 0.25 ~ 0.5mm，形状复杂的型孔可适当增大，但不超过1mm。余量分布应均匀。为了避免淬火变形的影响，电火花穿孔加工应在淬火后进行。

三、任务实施

电动机定子凸凹模中，凹模型孔有 24 个槽，冲件厚度为 0.5mm，配合间隙为 0.03 ~ 0.07mm（双边），模具材料为 Cr12MoV，硬度为 60 ~ 62HRC，如图 3-14 所示。

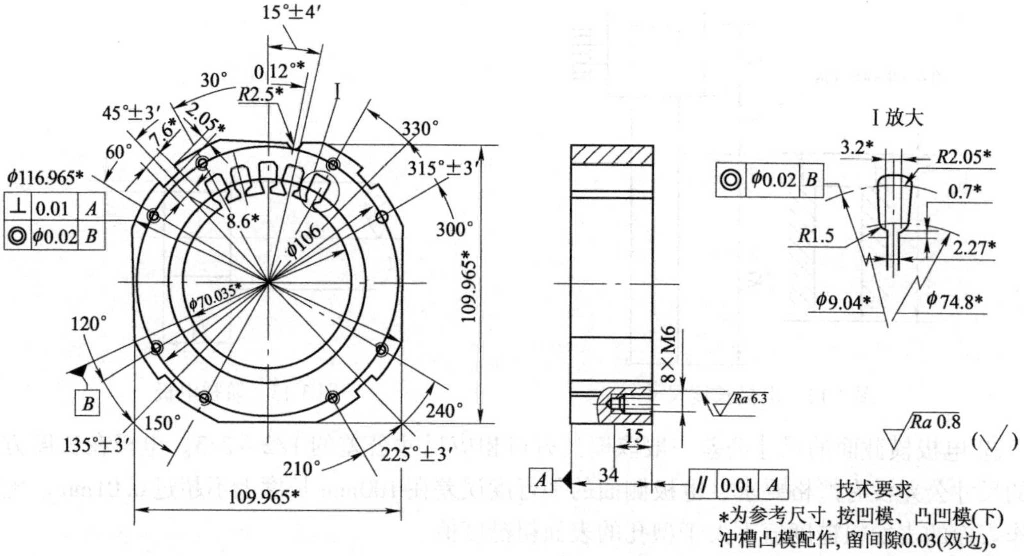

图 3-14 电动机定子凸凹模零件图

由于配合间隙较小，且对凸模和相应的凹模型孔的制造公差要求比较严，因此如果使用常规的配作则存在一定的难度。采用图 3-15 所示凸模作电极对凹模型孔异形槽进行电火花加工既简单又能保证配合间隙要求。其工艺过程如下。

1）电极（凸模）加工工艺过程：锻造→退火→粗、精刨→淬火与回火→成形磨削，或锻造→退火→刨（铣）削平面→淬火与回火→磨削上、下平面→线切割加工。

凸模长度应加长一段作为电火花加工的电极，其长度根据凹模刃口的高度而定。

2）电极（凸模）固定板的加工工艺过程：锻造→退火→粗、精车→划线→加工孔（孔比凸模单边放大 1 ~ 2mm 作为浇注合金间隙）→磨削平面。

3）电极（凸模）的固定。在专用的分度坐标装置（万能回转台）上分别找正各凸模的位置，用锡基合金（固定电极用合金）将凸模固定在固定板上，达到各槽位置精度要求。

4）凸凹模加工工艺过程：锻造→退火→粗、精车（上、下面）→样板划线→加工螺孔，在各槽位置钻冲油孔，在中心位置钻穿丝孔→淬火与回火→磨削平面→退磁→线切割内孔及外形→用组合后的凸模作电极，电火花加工各槽。

凸凹模各槽与凸模的间隙大小靠电火花加工时所选的电规准控制。如果配合间隙不在放

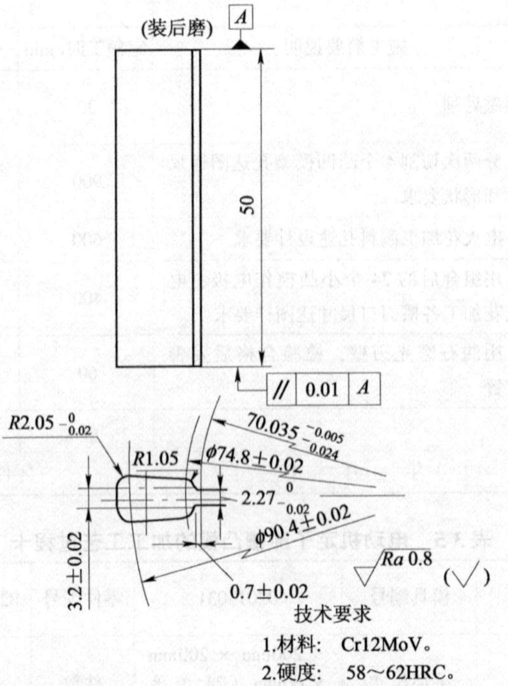

图 3-15 电动机定子冲槽凸模零件图

电间隙内，则应对凸模电极部分采用化学浸蚀或镀铜的方法适当减小或增大。

电动机定子凸凹模的加工工艺过程卡见表 3-4，电动机定子冲槽凸模的加工工艺过程卡见表 3-5。

表 3-4 电动机定子凸凹模的加工工艺过程卡

零件名称		电动机定子凸凹模	模具编号	B2013031	零件编号	B2013031 - 5		
材料名称		Cr12MoV	毛坯尺寸	250mm × 250mm × 45mm	件数	4		
工序	机号	工种	施工简要说明	定额工时/min	实做工时	制造人	检验	等级
1		备料	Crl2MoV 型钢棒料φ125mm ×240mm	60				
2		锻造	将毛坯锻成 250mm × 250mm × 45mm	60				
3		热处理	退火，消除内应力，改善加工性能					
4	B663	刨削	刨削六面，用 90°角尺找正，留淬火磨削余量 0. 5 mm	60				
5	M7132	磨削	磨平上、下两端面至尺寸 34. 5mm	120				
6		钳工划线	以毛坯实际对称中心为基准对中划线，确定凸凹模的穿丝孔、销孔和螺孔位置，打样冲眼	40				
7	Z512	钻、铰、攻螺纹	钻穿丝孔、螺纹底孔，攻 M6 螺纹，保证螺孔的垂直度要求	30				
8		热处理	按热处理工艺，保证硬度58 ~62HRC					
9	M7132	磨削	磨削两端面至尺寸 34mm	120				

（续）

工序	机号	工种	施工简要说明	定额工时/min	实做工时	制造人	检验	等级
10	TCK－12 退磁机	退磁	退磁处理	30				
11	DK7725e	线切割	分两次切割4个凸凹模型孔达图样尺寸和形状要求	900				
12	HCD400K	电火花	电火花加工漏料孔达设计要求	600				
13	HCD400K	电火花	用组合后的24个小凸模作电极，电火花加工各槽刃口尺寸达图样要求	400				
14		钳工修整	用油石磨光刃壁，检验合格后妥善放置	60				
15		检验		40				
工艺员			年　月　日	零件质量等级				

表3-5　电动机定子冲槽凸模的加工工艺过程卡

零件名称	电动机定子冲槽凸模	模具编号	B2013031	零件编号	B2013031－6			
材料名称	Cr12MoV	毛坯尺寸	200mm×200mm×60mm（24个落料凸模）	件数	24			
工序	机号	工种	施工简要说明	定额工时/min	实做工时	制造人	检验	等级
1		备料	Crl2MoV型钢棒料 ϕ125mm×95mm	60				
2		锻造	将毛坯锻成150mm×150mm×80mm（24个落料凸模，凸模长度应加长20mm作为电火花加工的电极）	120				
3		热处理	退火，消除内应力，改善加工性能					
4	B663	刨削	刨削六面，用90°角尺找正，留淬火磨削余量0.5mm	180				
5	M7132	磨削	磨平上、下两端面至尺寸70mm	220				
6		钳工划线	依毛坯尺寸确定24个落料凸模穿丝孔位置，打样冲眼	60				
7	Z512	钻	钻穿丝孔	60				
8		热处理	按热处理工艺，保证硬度58～60HRC					
9	M7132	磨削	磨削两端面到70 mm	240				
10	TCK－12退磁机	退磁	退磁处理	30				
11	DK7725e	线切割	切割24个异形凸模外形达图样尺寸和形状要求	1200				
12		钳工修整	用油石磨光刃壁，检验合格后妥善放置	240				
13		检验		30				
工艺员			年　月　日	零件质量等级				

四、知识拓展

1. 电火花加工凹模型孔

（1）电极、工件的装夹与调整　在电火花加工时，必须将电极和工件分别装夹到机床（图 3-16）的主轴和工作台上，并将其找正、调整到正确位置。电极、工件的装夹及调整精度对模具的加工精度有直接影响。

1）电极的装夹及找正。对于整体电极，一般使用夹头将电极装夹在机床主轴的下端。图 3-17所示是用标准套筒装夹的圆柱形电极。直径较小的电极可用钻夹头装夹，如图 3-18 所示。尺寸较大的电极用标准螺钉夹头装夹，如图 3-19 所示。镶拼式电极一般采用一块连接板，将几个电极拼块连接成一个整体后，再装到机床主轴上找正。加工多型孔凹模的多个电极可在标准夹具上加定位块进行装夹，或用专用夹具进行装夹。

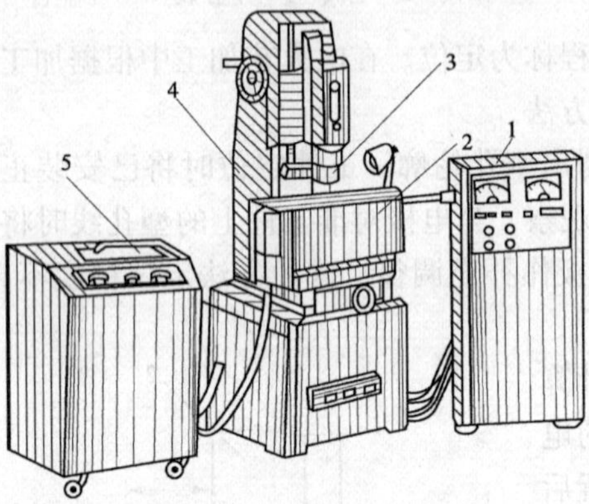

图 3-16　电火花加工机床

1—电源　2—工作液箱　3—主轴
4—床身　5—工作液系统

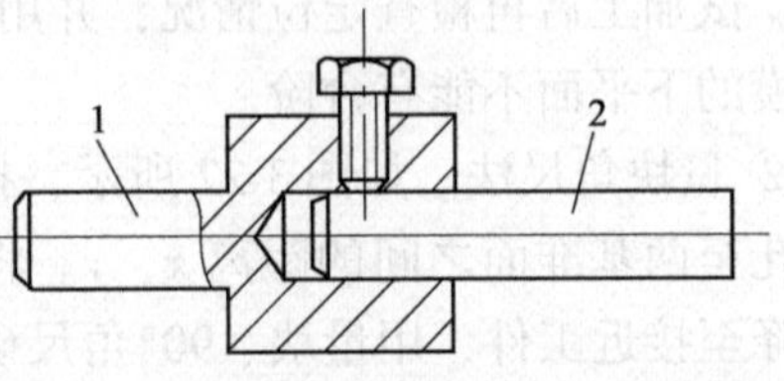

图 3-17　用标准套筒装夹的圆柱形电极

1—标准套筒　2—圆柱形电极

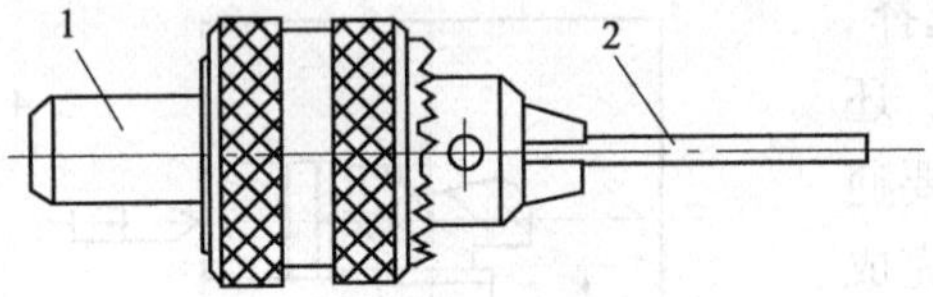

图 3-18　用钻夹头装夹电极

1—钻夹头　2—电极

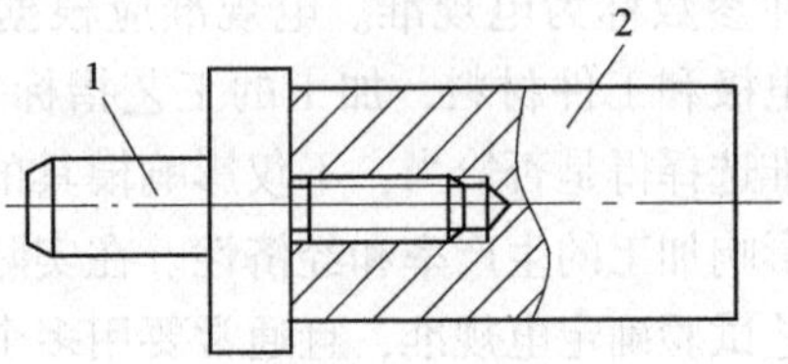

图 3-19　用标准螺钉夹头装夹电极

1—标准螺钉夹头　2—电极

电极装夹时必须进行找正，使其轴线或电极轮廓的素线垂直于机床工作台面，在某些情况下电极横截面上的基准还应与机床工作台滑板的纵横运动方向平行。

找正电极的方法较多，图 3-20 所示是用精密角尺观察它的测量边与电极侧面的一条素线间的间隙，在相互垂直的两个方向上进行观察和调整，直到两个方向观察到的间隙上下都均匀一致时，电极与工作台的垂直度即被找正。这种方法比较简便，找正精度也较高。

图 3-21 所示是用千分表找正电极的垂直度。将主轴上下移动，在相互垂直的两个方向上用千分表找正，其误差可直接由千分表显示。这种找正方法可靠、精度高。

2）工件的装夹。一般情况下，工件装夹在机床的工作台上，用压板和螺钉夹紧。

装夹工件时应使工件相对于电极处于一个正确的相对位置，以保证所需的位置精度要

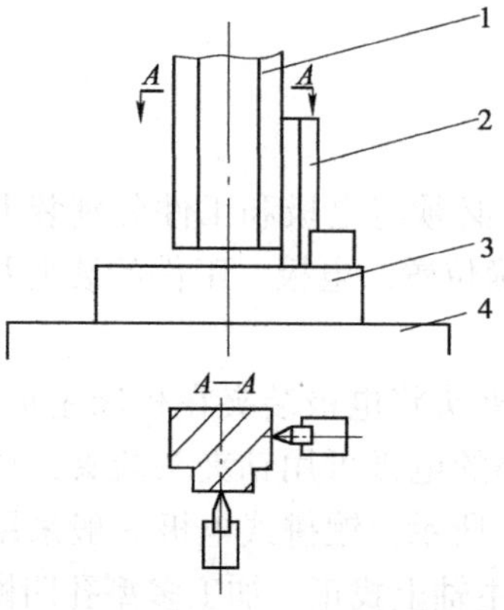

图 3-20　用精密角尺找正电极垂直度

1—电极　2—精密角尺　3—凹模　4—工作台

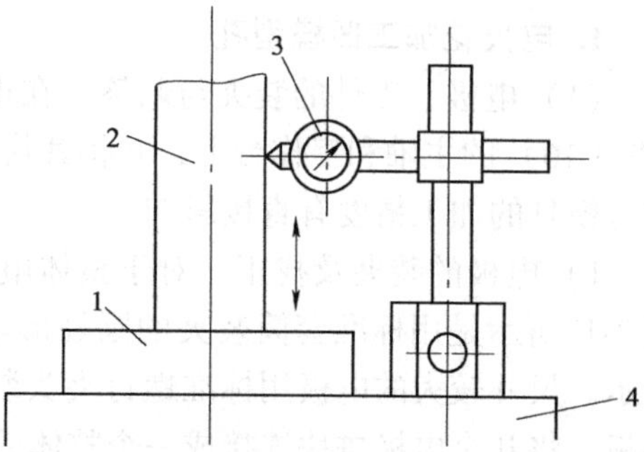

图 3-21　用千分表找正电极

1—凹模　2—电极　3—千分表　4—工作台

求。使工件在机床上相对于电极具有正确位置的过程称为定位。在电火花加工中根据加工条件可采用不同的定位方法。以下是两种常见的定位方法。

① 划线法。按加工要求在凹模的上、下平面划出型孔轮廓，工件定位时将已安装正确的电极垂直下降，靠上工件表面，移动工件并仔细观察，当电极对准工件上的型孔线时将其压紧。试加工后再检查定位情况，并用床鞍和中滑板作补充调整。这种方法定位精度不高，且凹模的下平面不能有台阶。

② 量块角尺法。如图 3-22 所示，按加工要求计算出型孔至两基准面之间的距离 x、y。将安装正确的电极下降至接近工件，用量块、90°角尺确定工件位置后将其压紧。这种方法不需要专用工具，操作简单方便。

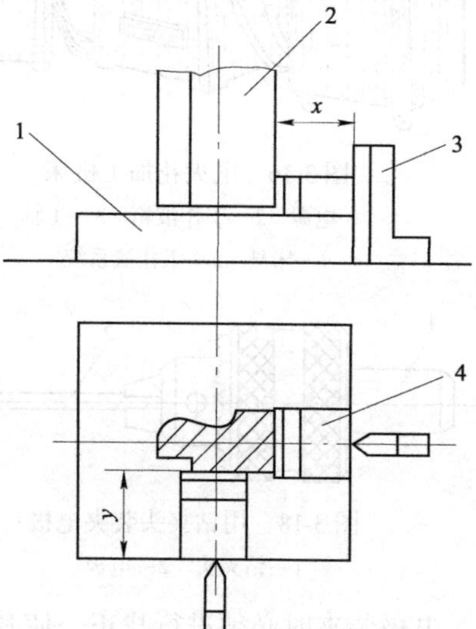

图 3-22　量块角尺法

1—凹模　2—电极　3—90°角尺　4—量块

（2）电规准的选择与转换　电火花加工中所选用的电脉冲参数称为电规准。电规准应根据工件的加工要求、电极和工件材料、加工的工艺指标等因素来选择。电规准选择得是否恰当，不仅影响模具的加工精度，还直接影响加工的生产率和经济性。在实际生产中主要通过工艺试验确定电规准，且通常要用多个规准才能完成凹模型孔加工的全过程。电规准分为粗、中、精三种。从一个规准调整到另一个规准称为电规准的转换。

粗规准主要用于粗加工。对它的要求是生产率高，工具电极损耗小，被加工表面的表面粗糙度值小于 $Ra12.5\mu m$。所以，粗规准一般采用较大的电流峰值，较长的脉冲宽度（$t_i=20\sim60\mu s$），采用钢电极时，电极相对损耗应低于10%。

中规准是粗、精加工间过渡性加工所采用的电规准，用以减小精加工余量，促进加工稳定性和提高加工速度。中规准采用的脉冲宽度一般为 $6\sim20\mu s$。被加工表面的表面粗糙度值为 $Ra3.2\sim Ra6.3\mu m$。

精规准用来进行精加工，其要求是在保证冲模各项技术要求（如配合间隙、表面粗糙度和刃口斜度）的前提下尽可能提高生产率，故多采用小的电流峰值、高频率和短的脉冲宽度（$t_i=2\sim6\mu s$）。被加工表面的表面粗糙度值可达 $Ra0.8\sim Ra1.6\mu m$。

粗、精规准的正确配合可以较好地解决电火花加工的质量和生产率之间的矛盾。凹模型孔用阶梯电极加工时，电规准转换的程序如下。

1）当阶梯电极工作端的台阶进给到凹模刃口处时，转换成中规准过渡加工 1~2mm 后，再转入精规准加工。若精规准有两挡，则还应依次进行转换。

2）在规准转换时，其他工艺条件也要适当配合。

① 粗规准加工时，排屑容易，因此冲油压力可小些。

② 转入精规准后加工深度增加，放电间隙小，排屑困难，因此冲油压力应逐渐增大。

③ 当穿透工件时，冲油压力适当降低。

3）对加工斜度、表面粗糙度值要求较小和精度要求较高的冲模加工，要将上部冲油改为下端抽油，以减小二次放电的影响。

（3）冲裁模加工示例

1）电火花加工凹模孔工艺。电火花加工凹模孔的工艺过程见表 3-6。

表 3-6　电火花加工凹模孔的工艺过程

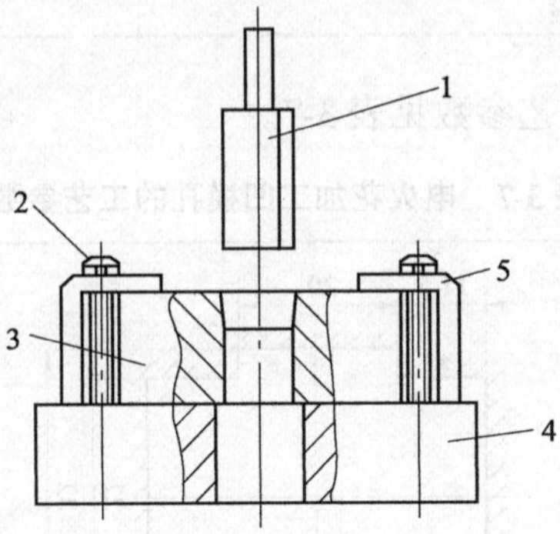

1—工具电极　2—螺钉　3—凹模　4—工作台　5—压板

序　号	工 艺 说 明	注 意 事 项
1	零件加工前的准备： 1）将零件（凹模、卸料板、凸模固定板）上、下面先划出对应的型孔线 2）去掉中间余料，留加工余量 0.25~1mm，尖角处用手锉修整 3）零件需热处理淬硬的，应热处理	1）划线的目的是便于加工中找正 2）各边加工余量应相同 3）各螺孔、销孔在淬硬前加工
2	电极的准备： 1）检查电极尺寸及形状的正确性 2）将电极装夹正确并找正 3）电极与零件应进行退磁处理	电极的偏斜度不应超过凸、凹模间隙的 1/4
3	选择电规准及转换级数： 1）根据型孔大小、电极材料、工作机床选择电规准参数 2）工具电极接在脉冲电源的负极，而加工零件接在正极	对于不同材料，电源也可反接，以提高效率

（续）

序　号	工艺说明	注意事项
4	电火花加工过程： 1）把准备好的零件（如凹模）所需切削刃口朝下，并找正凹模90°基面与机床导轨的平行度，调整后压紧在机床工作台上 2）找正工具电极对工作台的垂直度 3）将电极下降，盖住零件型孔，然后用铅笔沿电极四周在零件上划线，这时，抬起电极观察铅笔线所表示的各边余量是否均匀。经调整均匀后压紧 4）根据工艺图样计算所加工孔对基准面的坐标尺寸，并用相应块规定位 5）开动机床，把工作液槽上升，使零件全部浸入介质中 6）先用弱规准进行加工，观察接触面四周是否产生电火化放电，若不放电继续调整 7）调整合适开始放电后，紧固螺钉，用选用的标准电规准进行加工 8）取出零件，检验	1）全长不大于0.01mm 2）深度应低于液面60～80mm 3）工途中不允许再重新定位

2）电火花加工凹模孔的工艺参数见表3-7。

表3-7　电火花加工凹模孔的工艺参数

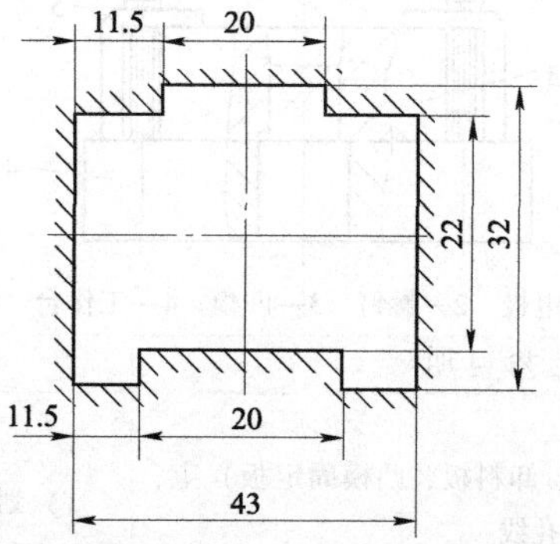

使用机床	HCD400K数控电火花成形机床
凹模形式	1）材料：T8A淬火 2）型孔周长：160mm直壁模，高15mm 3）单边余量：2mm
电极	1）材料：铸铁（生铁） 2）阶梯电极，单边缩小0.15mm
电规准	1）粗规准：脉冲宽度9μs，重复频率16kHz，直流高压3500V，时间15min 2）精规准：脉冲宽度1.5μs，重复频率20～100kHz，直流高压2000～2400V，时间29min
加工效果	总计时间：44min 刃口高度：15mm 表面粗糙度值：*Ra*0.8～*Ra*1.6μm

2. 电火花加工型腔

用电火花加工方法加工型腔比加工凹模型孔困难得多。型腔的加工属于不通孔加工，金属蚀除量大，工作液循环困难，电蚀产物的排除条件差，电极损耗不能用增加电极长度和进给来补偿；加工面积大，加工过程中要求电规准的调节范围也较大；型腔复杂，电极损耗不均匀，影响加工精度。因此，型腔加工要从设备、电源、工艺等方面采取措施来减小或补偿电极损耗，以提高加工精度和生产率。型腔电火花加工与其他加工方法的比较见表3-8。

表3-8　型腔电火花加工与其他加工方法的比较

加工方法		机加工（立铣、仿形铣）	冷挤压	电火花加工
对各类型腔的适应性	大型腔	较好	较差	好
	深型腔	较差	低碳钢等塑性好的材料尚好	较好
	复杂型腔	立铣稍差，仿形铣较好	较差、有的要分次挤压才行	较好
	文字图案	差	较好	好
	硬材料	较差	差	好
加工质量	精度	立铣较高，仿形铣较差	较高	比机加工高，比冷挤压低
	表面粗糙度值	立铣较小，仿形铣大	小	比机加工小，比冷挤压大
	后工序抛光量	立铣较小，仿形铣大	小	较小
效益	辅助时间（包括二类工具）	长	较长	较短
	成形时间	长	很短	较短
辅助工具	种类	成形刀具、靠模等	挤头、套圈等	电极、装夹工具等
	重复使用性	可多次使用	可使用几次	一般不能多次使用
操作与劳动强度		操作复杂，劳动强度高	操作简单，强度低	操作简单，强度低
经济效益		低	高	高
适用范围		较简单的型腔，并在淬火前加工	小型型腔，塑性好的材料在退火状态下加工	各种材料，大、中、小均可。淬火后也能加工

（1）型腔加工的工艺方法

1）单电极加工方法。单电极加工法是指用一个电极加工出所需的型腔。此方法常用于下列几种情况。

① 用于加工形状简单、精度要求不高的型腔。

② 用于加工经过预加工的型腔。为了提高效率，型腔在电火花加工之前应先采用切削加工的方法进行预加工，并留适当的电火花加工余量。在型腔淬火后用一个电极进行精加工，达到型腔的精度要求。一般型腔可用立式铣床进行预加工；复杂型腔或大型型腔可先用立式铣床去除大量的加工余量，再用仿形铣床精铣。在能保证加工成形的条件下，电火花加工的余量越小越好。一般地，型腔侧面余量单边留0.1～0.5mm，底面余量留0.2～0.7mm。如果是多台阶复杂型腔则余量应适当减小。电火花加工余量应均匀，否则将使电极损耗不均匀，影响成形精度。

③ 用平动法加工型腔。对有平动功能的电火花机床，在型腔不进行预加工的情况下也可用一个电极加工出所需的型腔。在加工过程中，先采用低损耗、高生产率的电规准对型腔

进行粗加工，然后起动平动头带动电极（或数控坐标工作台带动工件）作平面圆周运动，同时按粗、中、精的加工顺序逐级转换电规准，并相应加大电极作平面圆周运动的回转半径，将型腔加工到所规定的尺寸及表面粗糙度要求。

2）多电极加工法。多电极加工法是用多个电极，依次更换、加工同一个型腔，如图3-23所示。每个电极都要对型腔的整个被加工表面进行加工，但电规准各不相同。所以设计电极时必须根据各电极所用电规准的放电间隙来确定电极尺寸。每更换一个电极进行加工，都必须把被加工表面上由前一个电极加工所产生的电蚀痕迹完全去除。

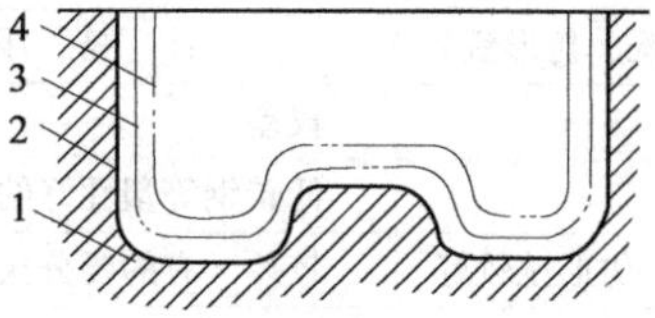

图3-23　多电极加工示意图

1—模块　2—精加工后的型腔　3—中加工后的型腔　4—粗加工后的型腔

用多电极加工法加工的型腔精度高，尤其适用于加工尖角、窄缝多的型腔。其缺点是需要制造多个电极，并且对电极的制造精度要求很高，更换电极需要保证高的定位精度。因此，这种方法一般只用于精密型腔加工。

3）分解电极法。分解电极法是根据型腔的几何形状，把电极分解成主型腔电极和副型腔电极分别制造。先用主型腔电极加工出型腔的主要部分，再用副型腔电极加工型腔的尖角和窄缝等部位。

（2）电极设计

1）电极的材料和结构选择。

① 电极材料。型腔加工常用的电极材料主要是纯铜和石墨。纯铜组织致密，适用于形状复杂、轮廓清晰、精度要求较高的塑料成形模和压铸模等，但机械加工性能差，难以成形磨削。由于密度大、价格昂贵，纯铜不宜用于制作大、中型电极。石墨电极容易成形，密度小，所以宜作大、中型电极；但机械强度较差，在采用宽脉冲大电流加工时，容易起弧烧伤。

铜钨合金和银钨合金是较理想的电极材料，但价格昂贵，故只用于特殊型腔加工。

② 电极结构。整体式电极适用于尺寸大小和复杂程度一般的型腔。镶拼式电极适用于型腔尺寸较大，单块电极毛坯尺寸不够，或电极形状复杂，将其分块才易于制造的情况。组合式电极适于一模多腔时采用，以提高加工速度，简化各型腔之间的定位工序，易于保证型腔的位置精度。

2）电极尺寸的确定。加工型腔的电极，其尺寸大小与型腔的加工方法、加工时的放电间隙、电极损耗及是否采用平动等因素有关。电极设计时需确定的电极尺寸如下。

① 电极的水平尺寸。电极在垂直于主轴进给方向上的尺寸称为水平尺寸。当型腔采用单电极进行电火花加工时，电极水平尺寸的确定方法与穿孔加工的相同，只要考虑放电间隙，即电极的水平尺寸等于型腔的水平尺寸均匀地缩小一个放电间隙。当型腔采用单电极平动加工时，需要考虑的因素较多，其水平尺寸的均匀缩小量按以下公式计算，即

$$a = A \pm Kb$$

式中 a——电极水平方向上的公称尺寸（mm）；

A——型腔的公称尺寸（mm）；

K——与型腔尺寸标注有关的系数；

b——电极单边缩放量（mm）。

$$b = e + \delta_j - \gamma_j$$

式中 e——平动量（mm），一般取0.5～0.6mm；

δ_j——精加工最后一挡规准的单边放电间隙（mm），最后一挡规准通常指表面粗糙度值小于$Ra0.8\mu m$时的δ_j值，一般为0.02～0.03mm；

γ_j——精加工（平动）时电极侧面损耗（单边）（mm），一般不超过0.1mm，通常忽略不计。

式中的“±”号及K值按下列原则确定：如图3-24所示，与型腔凸出部分相对应的电极凹入部分的尺寸（图3-24中r_2、a_2。）应放大，即用“+”号；反之，与型腔凹入部分相对应的电极凸出部分的尺寸（图3-24中r_1、a_1）应缩小，即用“-”号。

当型腔尺寸以两加工表面为尺寸界线标注时，若蚀除方向相反（图3-24中A_1），则取$K=2$；若蚀除方向相同（图3-24中C），则取$K=0$。当型腔尺寸以中心线或非加工面为基准标注（图3-24中R_1、R_2）时，则取$K=1$；凡与型腔中心线之间的位置尺寸及角度尺寸相对应的电极尺寸不缩不放，则取$K=0$。

② 电极的垂直尺寸。即电极在平行于主轴轴线方向上的尺寸，如图3-25所示。垂直尺寸可按下式计算，即

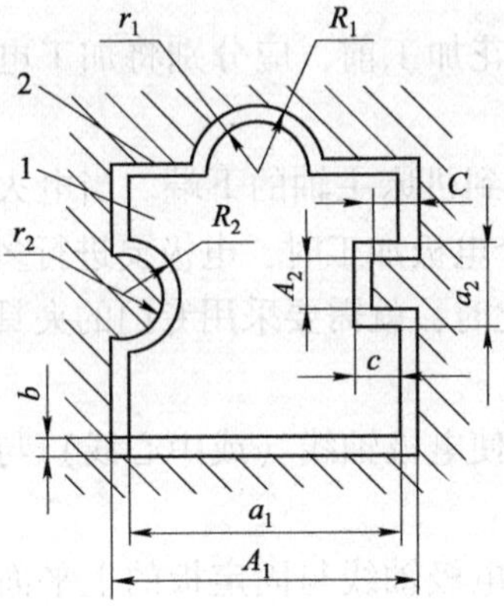

图3-24 电极的水平尺寸

1—电极 2—型腔

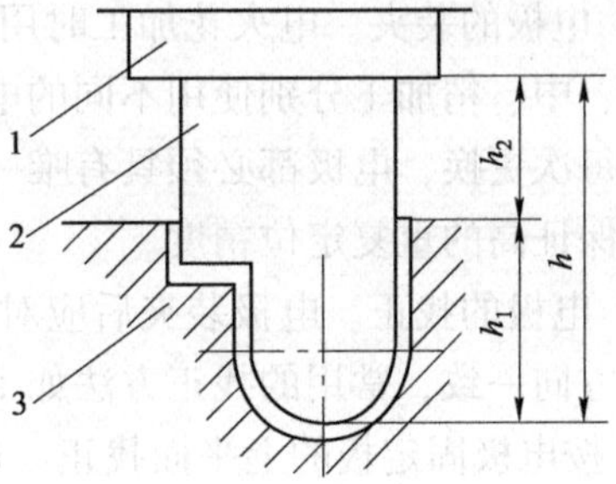

图3-25 电极的垂直尺寸

1—电极固定板 2—电极 3—工件

$$h = h_1 + h_2$$

$$h_1 = H_1 + C_1H_1 + C_2S - \delta_j$$

式中 h——电极垂直方向的总高度（mm）；

h_1——电极垂直方向的有效工作尺寸（mm）；

H_1——型腔垂直方向的尺寸（型腔深度）（mm）；

C_1——粗规准加工时，电极端面相对损耗率，其值小于1%，C_1H_1只适用于未预加工的型腔；

C_2——中、精规准加工时电极端面相对损耗率，其值一般为20%～25%；

S——中、精规准加工时端面总的进给量（mm），一般为0.4～0.5mm；

δ_j——最后一挡精规准加工时端面的放电间隙（mm），一般为0.02～0.03mm，可忽略不计；

h_2——考虑加工结束时，为避免电极固定板和模块相碰，同一电极能多次使用等因素而增加的高度（mm），一般取5～20mm。

3）排气孔和冲油孔。由于型腔加工时的排气、排屑条件比穿孔加工困难，为防止排气、排屑不畅，影响加工速度、加工稳定性和加工质量，设计电极时应在电极上设置适当的排气孔和冲油孔。一般情况下，冲油孔要设计在难于排屑的拐角、窄缝等处，如图3-26所示，排气孔要设计在蚀除面积较大的位置（如图3-27所示）和电极端部有凹入的位置。

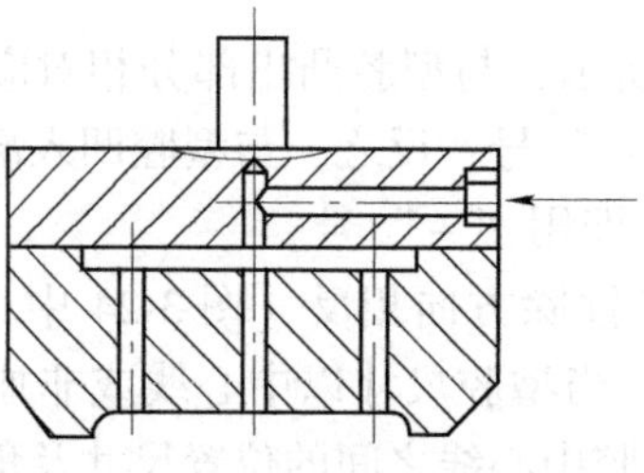

图3-26 设冲油孔的电极

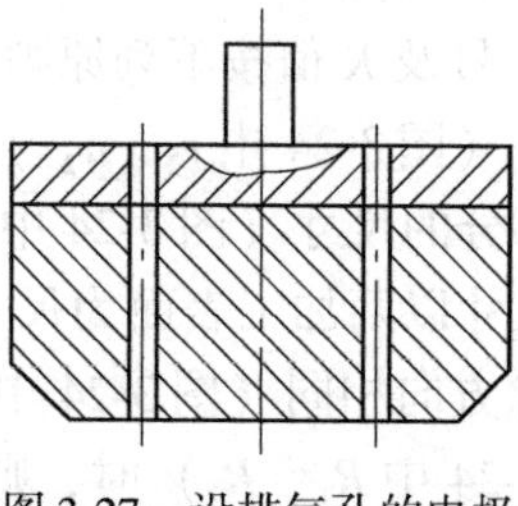

图3-27 设排气孔的电极

冲油孔和排气孔的直径应小于平动偏心量的两倍，一般为$\phi1\sim\phi2$mm。若过大则会在电蚀表面形成凸起，不易清除。各孔间的距离为20～40mm，以不产生气体和电蚀产物的积存为原则。

（3）电极、工件的装夹和调整　型腔在进行电火花加工前，应分别将加工电极和型腔模坯装夹到机床上，并调整到正确的加工位置。

1）电极的装夹。电火花加工时用夹具将电极装夹到机床主轴的下端。当电火花加工过程中粗、中、精加工分别使用不同的电极，即采用多个电极加工时，电极要进行多次更换和装夹。每次更换，电极都必须具有唯一确定的位置。此时，就需要采用专门的夹具来安装电极，以保证高的重复定位精度。

2）电极的找正。电极装夹后应对其进行找正，以使电极轴线（或中心线）与机床主轴的进给方向一致，常用的找正方法如下。

① 按电极固定板的上平面找正。电极在制造时使电极轴线与固定板的上平面垂直。找正电极时，以固定板的上平面作基准，用百分表进行找正，如图3-28所示。

② 按电极的侧面找正。当电极侧面为较长的直壁面时，可用90°角尺或百分表直接找正电极，其操作法与找正穿孔电极相同。

③ 按电极的下端面找正。当电极的下端面为平面时，可用百分表按下端面进行找正，其操作方法与按电极固定板的上平面找正相似。

3）电极、工件相对位置的调整。加工型腔时，工件安装在机床的工作台上，应使工件相对于电极处于一个正确的位置（称为定位），以保证型腔的位置尺寸精度。常用的定位方法有以下几种。

① 量块角尺法。若电极侧面为直平面，可采用量块、90°角尺来找正电极，其操作方法与找正凹模型孔加工电极相同。

② 十字线法。在电极或电极固定板的侧面划出十字中心线，在模坯上也划出十字中心线，找正电极和工件的相对位置时，依靠90°角尺分别将电极在模坯上对应的中心线对准即可，如图3-29所示。此法定位精度低，只适用于定位精度要求不高的模具。

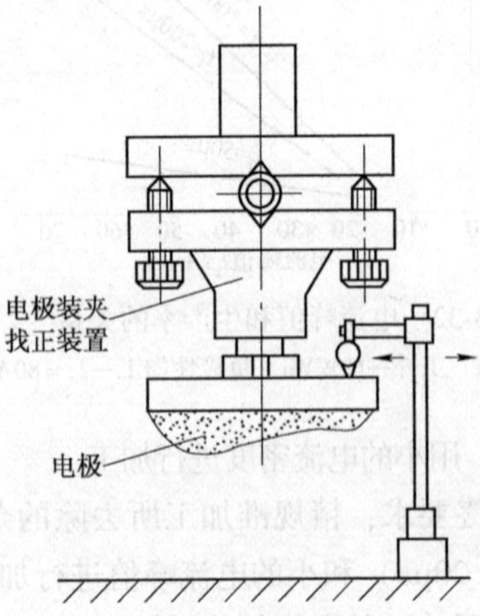

图3-28 电极找正

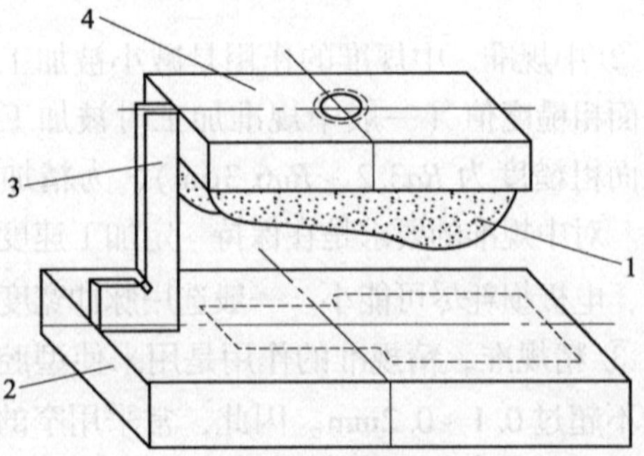

图3-29 十字线法

1—电极 2—模坯 3—90°角尺 4—电极固定板

③ 定位板法。在电极固定板和型腔模坯上分别加工出相互垂直的两定位基准面，在电极的定位基准面分别固定两个平直的定位板，定位时将模坯上的定位基准面分别与相应的定位板贴紧，如图3-30所示。此法较十字线法定位精度高。

（4）电规准的选择与转换

1）电规准的选择。正确选择和转换电规准，实现低损耗、高生产率加工，对保证型腔的加工精度和经济效益是很重要的。图3-31所示是用晶体管脉冲电源加工时，脉冲宽度与电极损耗的关系曲线。当电流峰值一定时，随着脉冲宽度减小，电极损耗增大，且脉冲宽度越小，电极损耗上升趋势越明显。当 $t_i > 500\mu s$ 时，电极损耗可以小于1%。

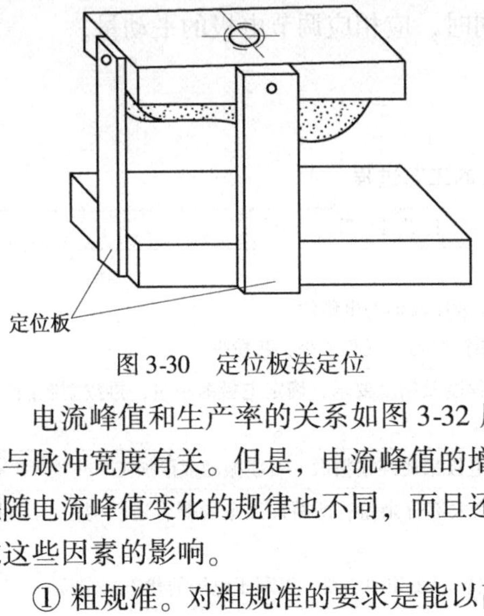

图3-30 定位板法定位

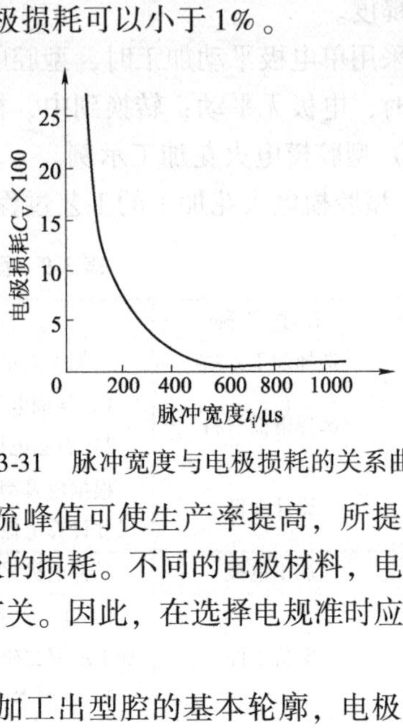

图3-31 脉冲宽度与电极损耗的关系曲线

电流峰值和生产率的关系如图3-32所示。增大电流峰值可使生产率提高，所提高的幅度与脉冲宽度有关。但是，电流峰值的增加会加快电极的损耗。不同的电极材料，电极的损耗随电流峰值变化的规律也不同，而且还与脉冲宽度有关。因此，在选择电规准时应综合考虑这些因素的影响。

① 粗规准。对粗规准的要求是能以高的蚀除速度加工出型腔的基本轮廓，电极损耗要

小，电蚀表面不能太粗糙，以免增大精加工的工作量。为此，一般选用宽脉冲（$t_i > 500\mu s$）和大的峰值电流，用负极性进行粗加工。加工中还应注意加工电流与加工面积之间的配合关系，用石墨电极加工钢时的电流密度为 3～5A/cm²，用纯铜电极加工钢时的电流密度可稍大些。

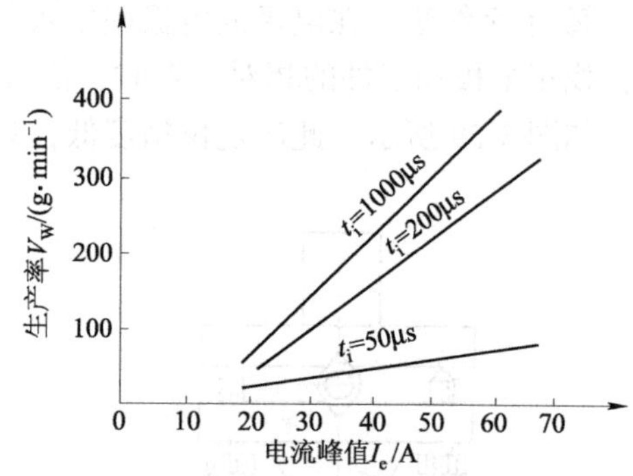

图 3-32 电流峰值和生产率的关系
电极—Cu 工件—CrWMn 负极性加工—I_e = 80A

② 中规准。中规准的作用是减小被加工表面的表面粗糙度值（一般中规准加工时被加工表面的表面粗糙度为 $Ra3.2$～$Ra6.3\mu m$），为精加工作准备。对中规准的要求是在保持一定加工速度的条件下，电极损耗尽可能小。一般选用脉冲宽度 t_i = 20～400μs，用小的电流密度进行加工。

③ 精规准。精规准的作用是用来使型腔达到加工的最终要求，精规准加工所去除的余量一般不超过 0.1～0.2mm。因此，常采用窄的脉冲宽度（$t_i < 20\mu s$）和小的电流峰值进行加工。由于脉冲宽度小，故电极损耗大（约 25%）。但因精加工余量小，故电极的绝对损耗并不大。

伺服电极主轴系统能准确控制加工深度，因而精加工余量可减小到 0.05mm 左右，加上脉冲电源又附有精微加工电路，精加工可达到表面粗糙度值低于 $Ra0.4\mu m$ 的良好工艺效果，而且精修时间较短。

2）电规准的转换。电规准转换的挡数应根据加工对象确定。加工尺寸小、形状简单的浅型腔时，电规准转换挡数可少些；加工尺寸大、深度大、形状复杂的型腔时，电规准转换挡数应多些。粗规准一般选择一挡；中规准和精规准可选择 2～4 挡。

开始加工时，先选粗规准参数进行加工，当型腔轮廓接近加工深度（约留 1mm 的余量）时，减小电规准，依次转换成中、精规准各挡参数加工，直至达到所需的尺寸精度和表面粗糙度。

当采用单电极平动加工时，型腔的侧面修光是靠调节电极的平动量来实现的。使用粗规准加工时，电极无平动；转换到中、精规准加工的同时，应相应调节电极的平动量。

（5）型腔模电火花加工示例

1）型腔模电火花加工的工艺过程见表 3-9。

表 3-9 型腔模电火花加工的工艺过程

序号	工序名称	工艺说明
1	选择加工方法	按加工要求选择工艺方法
2	选择电极材料	1）纯铜电极要求为无杂质、经锻压成形的电解铜 2）石墨电极要质细、致密，颗粒均匀、气孔率小、灰粉少
3	设计电极	根据模具型腔大小深浅、复杂程度及精度要求，确定电极缩小量，再按型腔图样尺寸计算电极的水平尺寸及垂直尺寸
4	加工电极	单件电极采用机械加工，批量电极采用纯铜精锻、石墨振动成形加工
5	准备工件	1）工件先用机械加工方法去除大部分余量，所留加工余量要合适、均匀，工件加工后要去磁，除锈 2）工件磨平后，在表面要划出轮廓线和中心线，以利于电极的找正、定位

3 PROJECT

（续）

序　号	工序名称	工艺说明
6	工件、电极的装夹与找正定位	1）先将工件直接安放在垫板、垫块、工作台面或油杯盖上，然后将工件中心线找正到与机床十字滑板移动的轴线相平行。定位时要用量块，深度尺、百分表等找正其位置度及垂直度，已定位的工件用压板压紧 2）装夹电极时，电极与夹具要保持清洁，接触良好。在紧固时，要防止电极变形。定位准确
7	中间检查	检查加工深度、型腔上口水平尺寸，观察加工情况是否稳定，适当调整电参数
8	加工结束后检查	检查工件的各项技术要求

2）现以某锻模型腔为例，说明型腔电火花加工电参数的选取，见表3-10。

表3-10　锻模型腔电火花加工电参数

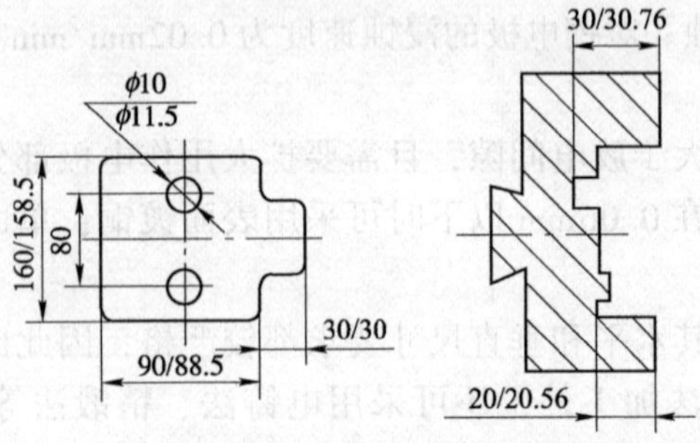

（尺寸上方为型腔要求尺寸，尺寸下方为石墨电极尺寸）

序　号	规　准		空载电压/V	工作电压/V	工作电流/A	垂直进给量/mm	偏心进给量/mm	表面粗糙度 $Ra/\mu m$
1	脉冲电动机	由强到弱	30	17	50	11	0	25～50
2			33	18	150	18	0	50～100
3			20	15	20	2.00	0.10	25～50
4			25	20	5	0.30	0.25	12.5～25
5	PLC	$C=2\mu F$ $R=12\Omega$ $L=0.04H$	250	125	4	0.22	0.20	12.5～25
6	脉冲发生器	$C=8\mu F$ $R=12\Omega$ $L=0.04H$	250	125	3	0.10	0.10	6.3～12.5
7	脉冲发生器	$C=2\mu F$ $R=92\Omega$ $L=0.04H$	250	125	1.5	0.05	0.05	6.3～12.5
8		$C=0.5\mu F$ $R=92\Omega$ $L=0.04H$	250	100	0.8	0.03	0.05	1.6～3.2

3. 电极制造

电极制造应根据电极类型、尺寸、材料和结构的复杂程度等综合考虑。穿孔加工时，电极的垂直尺寸一般无严格要求，而水平尺寸要求较高。对这类电极，若适合切削加工，则可用切削加工方法粗加工和精加工。对于纯铜、黄铜一类材料制作的电极，其最后加工可用刨削或由钳工精修来完成，也可采用电火花线切割加工来制作电极。

当需要将电极和凸模连接在一起进行成形、磨削时，如图3-33所示，可采用环氧树脂或聚乙烯醇缩醛胶粘合。当粘合面积小不易粘牢时，为了防止电极在磨削过程中脱落，可采用焊接的方法将电极材料和凸模连接在一起。

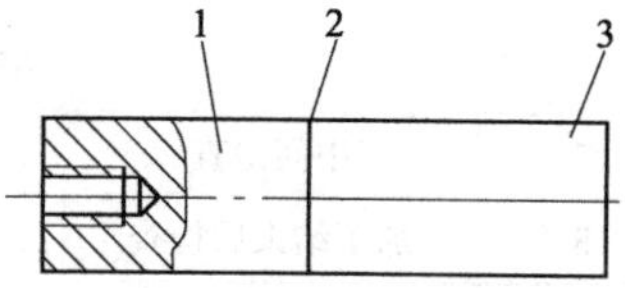

图3-33　凸模与电极粘合
1—凸模　2—粘合面　3—电极

当直接用钢凸模作电极时，若凸、凹模配合间隙小于放电间隙，则凸模作为电极部分的断面轮廓必须均匀缩小。此时，可采用氢氟酸（HF）6%（体积分数，后同）、硝酸（HNO_3）14%和蒸馏水（H_2O）80%所混合而成的溶液浸蚀。对钢电极的浸蚀速度为0.02mm/min。此外，还可采用其他种类的腐蚀液进行浸蚀。

当凸、凹模配合间隙大于放电间隙，且需要扩大用作电极部分的凸模断面轮廓时，可采用电镀法。单边扩大量在0.06mm以下时可采用表面镀铜；单面扩大量超过0.06mm时可采用表面镀锌。

型腔加工用的电极，其水平和垂直尺寸要求都较严格，因此比加工穿孔电极困难。对纯铜电极除采用切削加工法加工外，还可采用电铸法、精锻法等，最后由钳工精修以满足要求。由于使用石墨毛坯制作电极时，机械加工、抛光都很容易，所以应以机械加工方法为主。当石墨毛坯尺寸不够时可采用螺栓压紧或用环氧树脂、聚氯乙烯醋酸液等粘接，制造成拼块电极，如图3-34所示，拼块要用同一牌号的石墨材料，要注意石墨在烧结制作时形成的纤维组织方向，避免不合理拼合（图3-35）引起电极的不均匀损耗，降低加工质量。

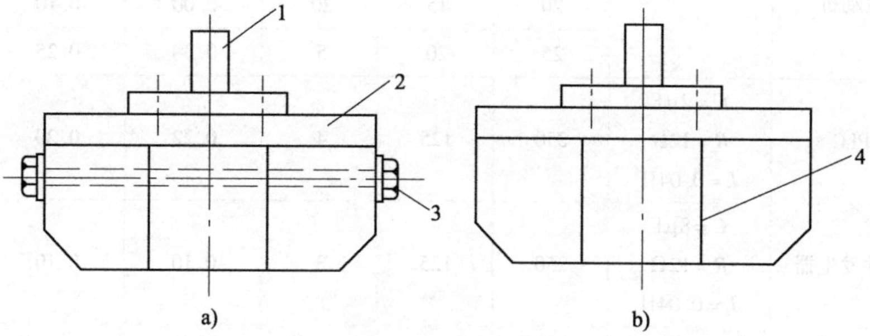

图3-34　石墨拼块电极
a）螺栓压紧　b）粘合
1—电极柄　2—电极固定板　3—螺栓　4—粘合面

由于石墨性脆，在其上不适合攻螺纹，故石墨电极常采用螺栓或压板将石墨电极固定在电极固定板上，如图3-36所示。电极固定板的贴合面必须平整光洁，连接必须牢固可靠。否则将影响加工精度或使加工不稳定。

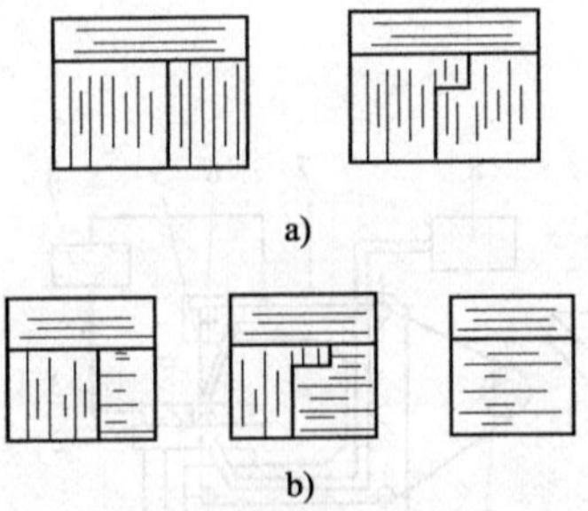

图 3-35 石墨纤维方向及拼块组合

a）合理拼法 b）不合理拼法

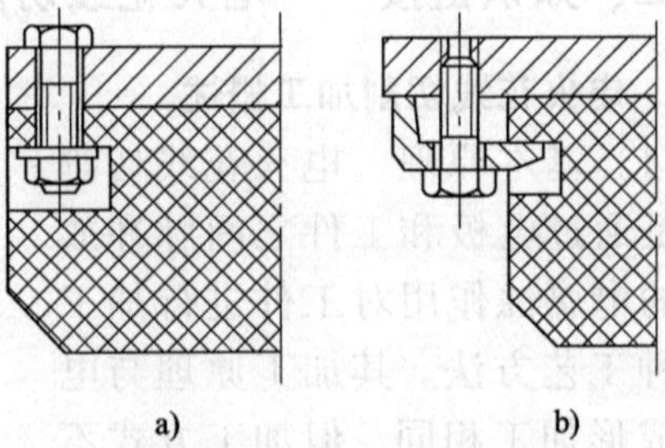

图 3-36 石墨电极的固定

任务二 制订模具电火花线切割加工工艺

一、任务导入

凸凹模的加工任务见表 3-11。

表 3-11 凸凹模的加工任务

学习情境	实训地点：模具实训中心 教学条件：4 件凸凹模毛坯、M7132 平面磨床、DK7725e 电火花线切割机床、X8140 万能工具铣床、CY6140A 普通卧式车床、B665 牛头刨床、Z5125A 立式钻床、千分尺和游标卡尺等	教学要求
完成任务	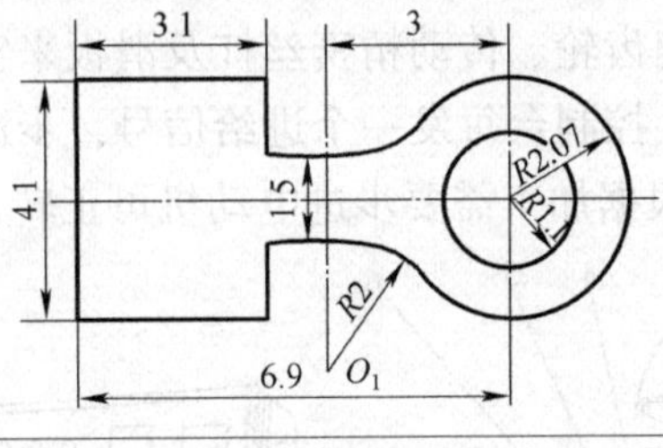	根据所学模具制造技术知识，完成左图所示凸凹模零件的线切割加工任务，并进行检验
能力目标	会进行模具工作零件的线切割编程，能操作机床，能填写模具加工工艺过程卡	
具体要求	① 掌握模具工作零件线切割加工工序尺寸及毛坯余量的选定方法 ② 能编制模具工作零件的数控加工程序，并能进行装夹与调整 ③ 能完成模具工作零件线切割加工的加工工艺与路线设计 ④ 了解线切割机床的规格及主要参数 ⑤ 能填写机械加工工艺过程卡	
教学法安排	① 多媒体教学 ② 现场演示 ③ 学生分组讨论 ④ 职业技能评价	理实一体
最终考核	工作文件 20%，操作过程 40%，工作结果 20%，汇报效果 10%，团队 10%	百分制

二、知识链接——电火花线切割加工

1. 电火花线切割加工概述

（1）基本原理 电火花线切割加工是通过电极和工件之间脉冲放电时的电腐蚀作用对工件进行加工的一种工艺方法。其加工原理与电火花成形加工相同，但加工方式不同，电火花线切割加工采用连续移动的金属丝作电极，如图3-37所示。工件接脉冲电源的正极，电极丝接负极，工件（或工作台）相对电极丝按预定的要求运动，从而使电极丝沿着所要求的切割路线进行电腐蚀，实现切割加工。在加工中，电蚀产物由循环流动的工作液带走；电极丝以一定的速度运动（称为走丝运动），其目的是减小电极损耗，且不被火花放电烧断，同时也有利于电蚀产物的排除。

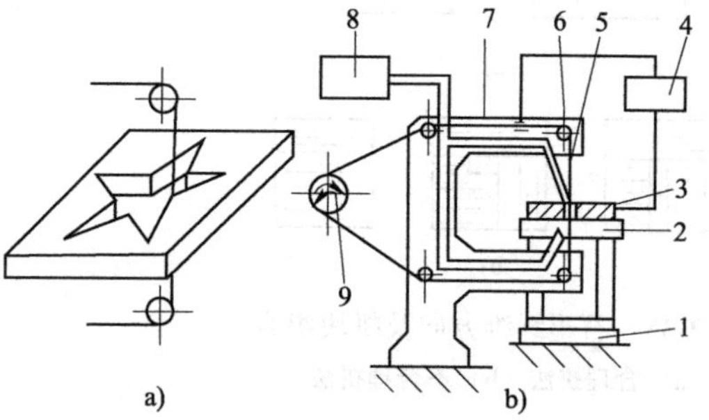

图3-37 电火花线切割加工示意图

a）切割图形 b）机床加工示意图

1—工作台 2—夹具 3—工件 4—脉冲电源 5—电极丝 6—导轮 7—丝架 8—工作液箱 9—储丝筒

（2）线切割加工机床 目前，我国广泛使用的线切割机床主要是数控电火花线切割机床，按其走丝速度分为快速走丝、中走丝和慢速走丝线切割机床三种。图3-38所示为快速走丝数控线切割机床。储丝筒2由电动机1驱动，使绕在储丝筒上的电极丝3经过丝架4上的导轮5作往复的高速移动，并将电极丝整齐地排绕在储丝筒上。工件6装夹在工作台上。工作台的运动由步进电动机经减速齿轮、传动精密丝杠及滑板来实现，由两台步进电动机分别驱动工作台纵、横方向的移动。控制台每发一个进给信号，步进电动机就旋转一个规定的角度，使工作台移动0.001mm。根据加工需要步进电动机可正转，也可反转。

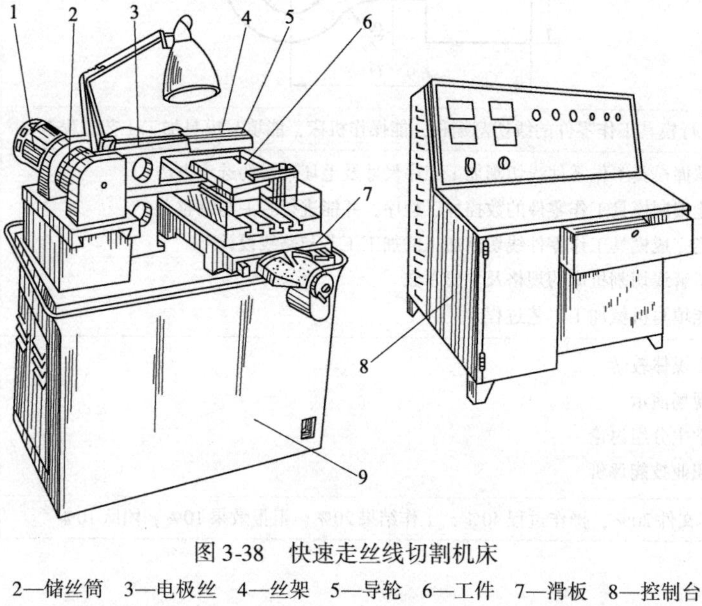

图3-38 快速走丝线切割机床

1—电动机 2—储丝筒 3—电极丝 4—丝架 5—导轮 6—工件 7—滑板 8—控制台 9—床身

1）快速走丝线切割机床采用直径为0.08～0.2mm的钼丝或直径为0.3mm左右的铜丝作电极，走丝速度为48～600m/min，而且是双向往返循环运行，成千上万次地反复通过加工间隙，一直使用到断丝为止。工作液通常采用5%（体积分数）左右的乳化液和去离子水等。电极丝的快速运动能将工作液带进狭窄的加工缝隙，起到冷却的作用，同时还能将电蚀产物带出加工间隙，以保持加工间隙的“清洁”状态，有利于切割速度的提高。目前能达到的加工精度为±0.01mm，表面粗糙度值为$Ra0.63$～$Ra2.5\mu m$，最大切割速度可达$50mm^2/min$，切割厚度与机床的结构参数有关，最大可达500mm。该机床还能切割锥度，且最大可达36°，可满足一般模具的加工要求。

2）慢速走丝线切割机床采用直径0.03～0.35mm的铜丝作电极，走丝速度为3～12m/min，线电极只是单向通过间隙，不重复使用，可避免电极损耗对加工精度的影响。工作液主要是去离子水和煤油。加工精度可达0.001mm，表面粗糙度值$<Ra0.32\mu m$，被加工表面的表面质量也接近磨削水平。这类机床还能进行自动穿电极丝和自动卸除加工废料等工作，自动化程度较高，能实现无人操作加工，但其价格比快速走丝机床要高得多。

3）中走丝线切割机床如图3-39所示，是在高速往复走丝电火花线切割机上实现多次切割功能，俗称为中走丝线切割。中走丝线切割机床是我国独创的电加工机床。

实际上，所谓中走丝并非指走丝速度介于快速与慢速之间，而是复合走丝线切割机床，即走丝原理是在粗加工时采用高速（8～12m/s）走丝，精加工时采用慢速(1～3m/s)走丝。这样工作相对平稳、抖动小，并通过多次切割减少材料变形及钼丝损耗带来的误差，使加工质量相应提高，加工质量可介于快速走丝机与慢速走丝机之间。

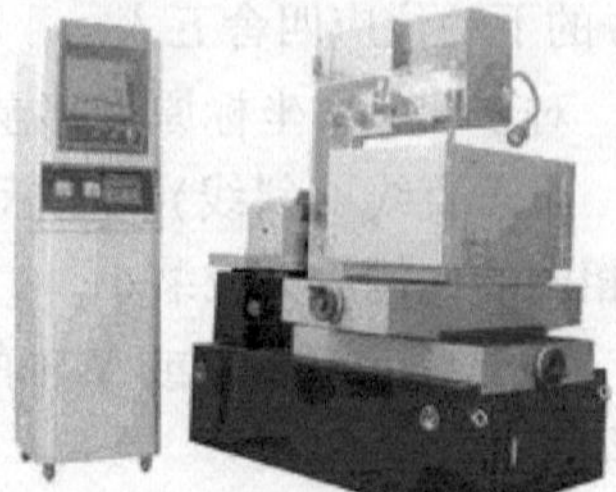

图3-39　中走丝线切割机床

中走丝技术加工时，在多次切割中第一次切割任务主要是快速稳定切割，可选用高电流峰值、较长脉冲宽度的电规准进行大电流切割，以获得较快的切割速度；第二次切割任务是精修，需保证加工尺寸精度，可选用中规准，使第二次切割后加工表面的表面粗糙度值为$Ra1.4$～$Ra1.7\mu m$，为了达到精修的目的，通常采用慢速走丝方式，走丝速度为1～3m/s，加工精度可达0.005mm；第三次、第四次或后续切割（目前中走丝控制软件最多可以实现七次切割）的任务是抛磨修光，可用最小的脉冲宽度（目前最小可达1μs）进行修光，表面粗糙度值小于$Ra0.3\mu m$，真正实现了“快速走丝的价格，慢速走丝的效果”。

（3）线切割加工的特点　与电火花成形加工相比，电火花线切割加工有如下特点。

1）不需要制作电极，可节约电极设计和制造的费用，缩短生产周期。

2）能方便地加工出形状复杂、细小的通孔和外形表面。

3）由于在加工过程中，快速走丝线切割采用低损耗电源且电极丝快速移动；慢速走丝线切割单向走丝，在加工区域总是保持新电极加工。因而电极损耗极小（一般可忽略不计），有利于加工精度的提高。

（4）线切割加工的应用　线切割广泛用于加工硬质合金、淬火钢模具零件、样板、各种形状复杂的细小零件、窄缝等。例如，形状复杂、带有尖角和窄缝的小型凹模的型孔可采用整体结构在淬火后加工，这样既能保证模具精度，又可简化模具设计和制造的费用。

2. 3B 格式程序

要使数控线切割机床按照预定的要求、自动完成切割加工，首先，要把被加工零件的切割顺序、切割方向及有关尺寸等信息，按一定格式记录在机床所需要的输入介质（磁盘或 U 盘）上，输入机床的数控装置，经数控装置运算变换以后，控制机床进行运动。将被加工零件的图样及技术要求转变成机床所需控制介质的全过程称为程序编制。

目前，3B 格式程序仍然是我国常用数控线切割机床的程序格式，见表 3-12。

表 3-12 无间隙补偿的程序格式（3B 型）

B	X	B	Y	B	J	G	Z
分隔符号	X 坐标值	分隔符号	Y 坐标值	分隔符号	计数长度	计数方向	加工指令

（1）分隔符号 B 因为 X、Y、J 均为数码，故用分隔符号（B）将其隔开，以免混淆。

（2）坐标值（X、Y） 为了简化数控装置，规定只输入坐标的绝对值，其单位为 μm，μm 的下一位应四舍五入。

对于圆弧，坐标原点移至圆心，X、Y 为圆弧起点的坐标值。

对于直线（斜线），坐标原点移至直线起点，X、Y 为终点坐标值。允许将 X 和 Y 的值按相同的比例放大或缩小。

对于平行于 X 轴或 Y 轴的直线，即当 X 或 Y 为零时，X、Y 值均可不写，但分隔符号必须保留。

（3）计数方向 G 选取 X 方向进给总长度进行计数的称为计 X，用 G_X 表示；选取 Y 方向进给总长度进行计数的称为计 Y，用 G_Y 表示。为了保证加工精度，应正确选择计数方向。为防止漏走，对于直线（或斜线），应选两坐标轴中加工直线在其上有最大投影长度的坐标轴方向为计数方向，可按图 3-40 选取。当直线终点坐标（X_e，Y_e）在阴影区域内，计数方向取 G_Y；在阴影区域外，则取 G_X。斜线正好在 45°线上时，计数方向可任意选取，即

$$|Y_e| > |X_e| \text{时,取} G_Y$$

$$|X_e| > |Y_e| \text{时,取} G_X$$

$$|X_e| = |Y_e| \text{时,取} G_X \text{或} G_Y \text{均可}$$

对于圆弧，按图 3-41 选取。圆弧终点坐标（X_e，Y_e）在阴影区内取 G_X，反之取 G_Y，与斜线相反。若终点正好在 45°斜线上时，计数方向可以任意选取，即

$$|X_e| > |Y_e| \text{时，取} G_Y$$

$$|Y_e| > |X_e| \text{时，取} G_X$$

$$|X_e| = |Y_e| \text{时，取} G_X \text{或} G_Y \text{均可}$$

（4）计数长度 J 计数长度是指被加工图形在计数方向上的投影长度（即绝对值）的总和，以 μm 为单位。对于计数长度 J 应补足六位，如计数长度为 1988μm，则应写成 001988。近年来生产的线切割机床，由于数控功能较强，则不必补足六位，只写有效位数即可。

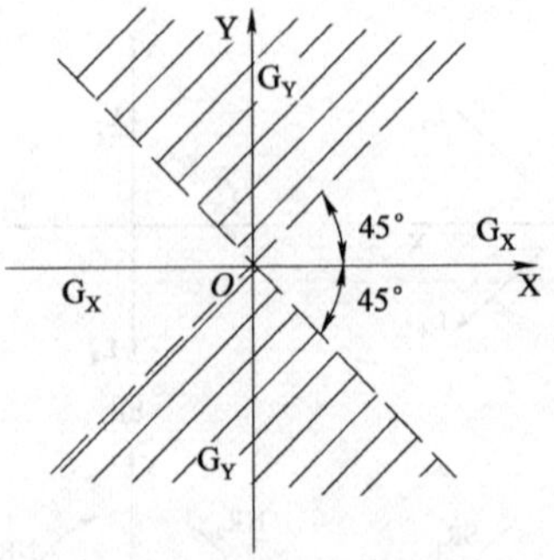

图 3-40　斜线的计数方向

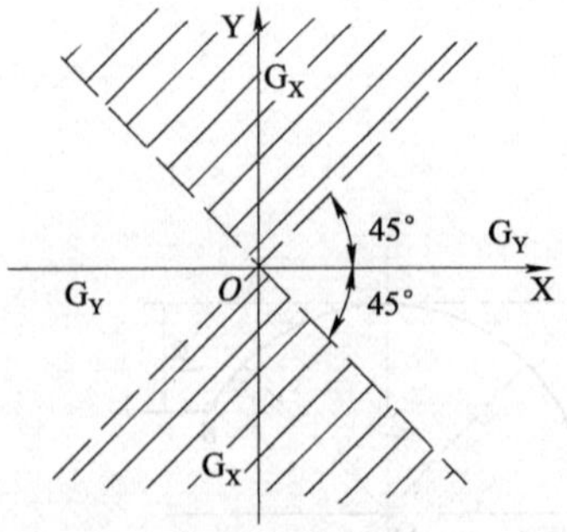

图 3-41　圆弧的计数方向

例 3-1　加工图 3-42 所示斜线 $\overline{OA}$，其终点为 A（X_e，Y_e），且 $Y_e>X_e$，试确定 G 和 J。

因为 $|Y_e|>|X_e|$，$\overline{OA}$ 斜线与 X 轴夹角大于 45°，计数方向取 G_Y，斜线 $\overline{OA}$ 在 Y 轴上的投影长度为 Y_e，故 $J=Y_e$。

例 3-2　加工图 3-43 所示圆弧，加工起点在第四象限，终点 B（X_e，Y_e）在第一象限，试确定 G 和 J。

加工终点靠近 Y 轴，$|Y_e|>|X_e|$，计数方向取 G_X；计数长度为各象限中的圆弧段在 X 轴上投影长度的总和，即 $J=J_{X1}+J_{X2}$。

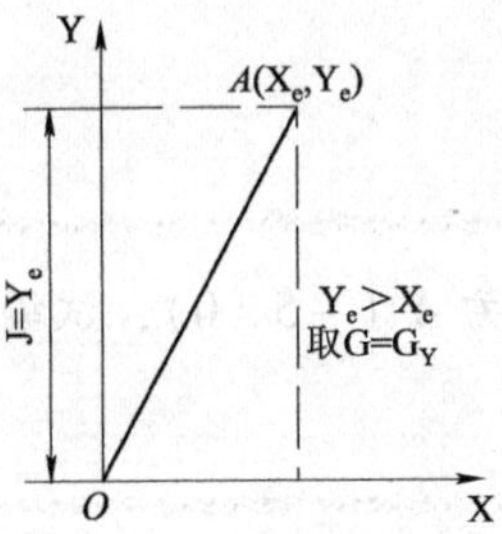

图 3-42　斜线的 G 和 J

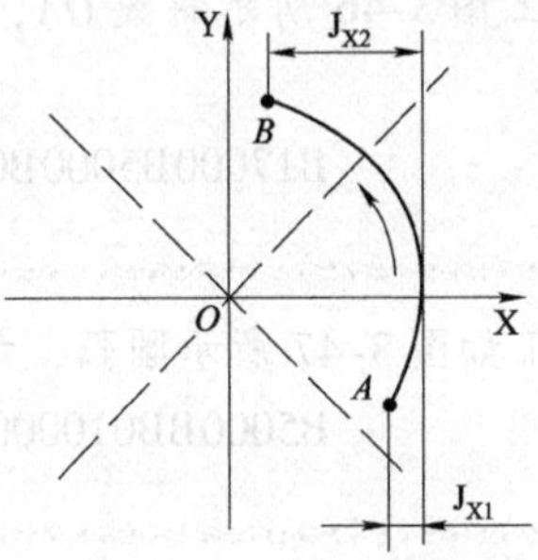

图 3-43　圆弧的 G 和 J

例 3-3　加工图 3-44 所示的圆弧，加工终点为 B（X_e，Y_e），试确定 G 和 J。

因加工终点 B 靠近 X 轴，$|X_e|>|Y_e|$，故计数方向取 G_Y，J 为各象限的圆弧段在 Y 轴上投影长度的总和，即

$$J = J_{X1} + J_{X2} + J_{X3}$$

（5）加工指令 Z　加工指令 Z 是用来传送关于被加工图形的形状、所在象限和加工方向等信息的。控制台根据这些指令，正确选用偏差计算公式，进行偏差计算，控制工作台的进给方向，从而实现机床的自动化加工。加工指令共 12 种，如图 3-45 所示。

位于四个象限中的直线段称为斜线。加工斜线的加工指令分别用 L_1、L_2、L_3、L_4 表示，如图 3-45a 所示。与坐标轴相重合的直线，根据进给方向，其加工指令可按图 3-45b 选取。

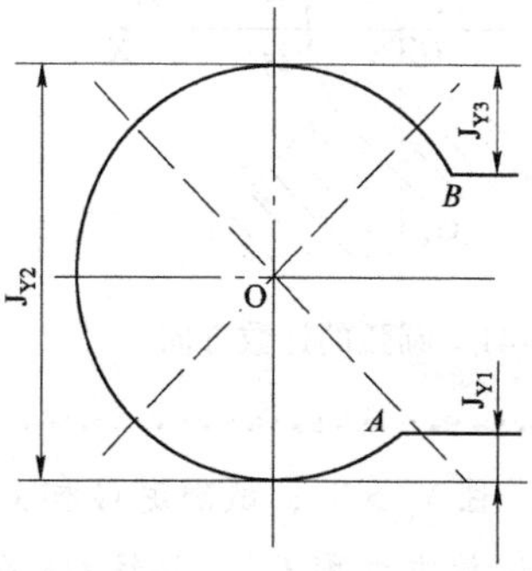

图 3-44 圆弧的 G 和 J

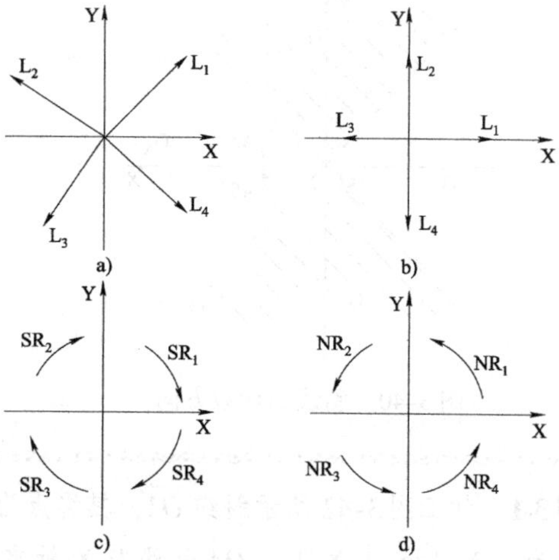

图 3-45 加工指令

加工圆弧时，若被加工圆弧的加工起点在坐标系的四个象限中，并按顺时针插补，如图 3-45c所示，加工指令分别用 SR_1、SR_2、SR_3、SR_4 表示，按逆时针方向插补时，分别用 NR_1、NR_2、NR_3、NR_4 表示，如图 3-45d 所示。若加工起点刚好在坐标轴上，其指令可选相邻两象限中的任何一个。

例 3-4 加工图 3-46 所示斜线 $\overline{OA}$，终点 A 的坐标为 $X_e = 17$mm，$Y_e = 5$mm，写出加工程序。

其程序为 B17000B5000B017000$G_X L_1$

例 3-5 加工如图 3-47 所示圆弧，加工起点的坐标为 A（−5，0），试编制程序。

其程序为 B5000BB010000$G_Y SR_2$

例 3-6 加工如图 3-48 所示的 1/4 圆弧，加工起点为 A（0.707，0.707），终点为 B（−0.707，0.707），试编制程序。

相应的程序为 B707B707B001414$G_X NR_1$

由于终点恰好在 45°线上，故也可取 G_Y，即

B707 B707 B000586$G_Y NR_1$

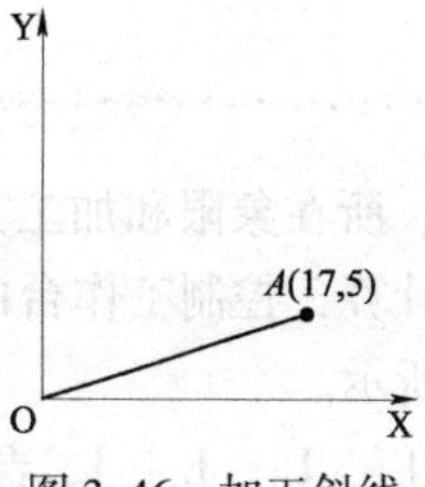

图 3-46 加工斜线

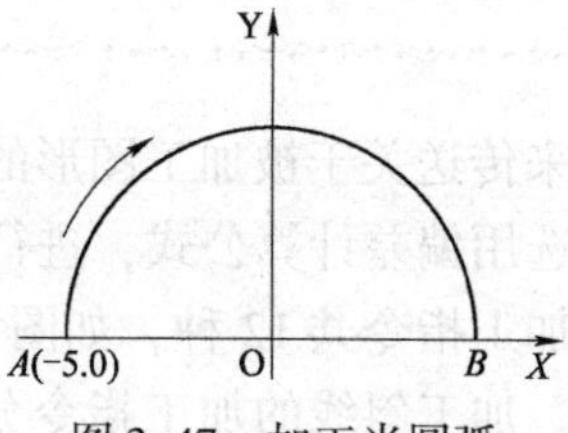

图 3-47 加工半圆弧

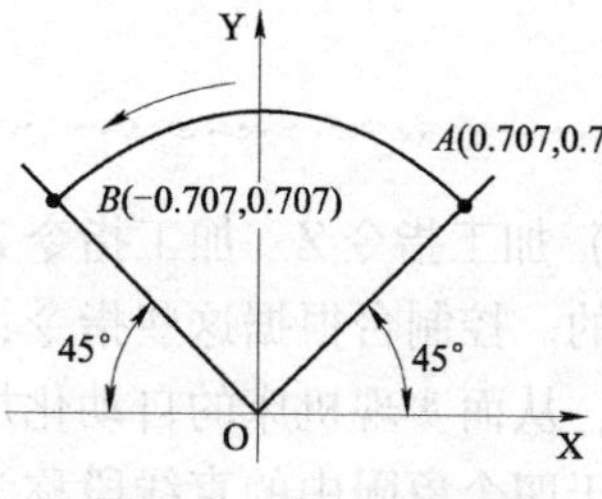

图 3-48 加工 1/4 圆弧

例 3-7 加工图 3-49 所示圆弧，加工起点为 A（-2，9），终点为 B（9，-2），编制加工程序。

圆弧半径：$R=\sqrt{2000^2+9000^2}\mu m=9220\mu m$

计数长度：$J_{YAC}=9000\mu m$

$J_{YCD}=9220\mu m$

$J_{YDB}=R-2000\mu m=7200\mu m$

则 $J_Y=J_{YAC}+J_{YCD}+J_{YDB}$

$=(9000+9220+7220)\ \mu m=25440\mu m$

其程序为　　B2000 B9000 B025440$G_Y$$NR_2$

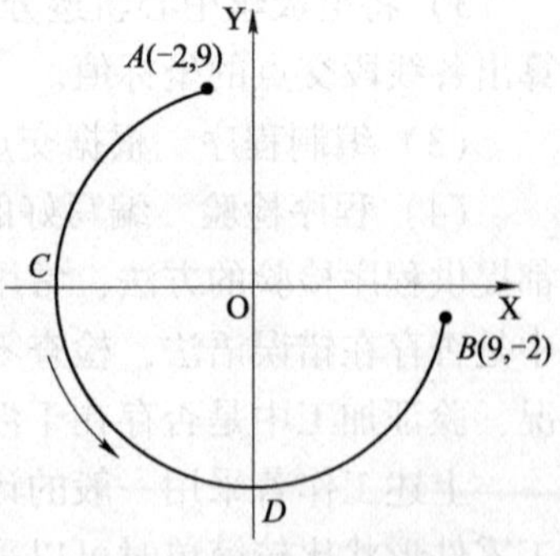

图 3-49　加工圆弧段

三、任务实施

1. 程序编制的步骤与方法

在编程前应了解数控线切割机床的规格及主要参数，控制系统所具备的功能及编程指令格式等。要对零件图样进行工艺分析，明确加工要求，进行工艺处理和工艺计算。

（1）工艺处理注意事项

1）工具、夹具的设计选择。应尽可能选择通用工具和夹具。

2）正确选择穿丝孔和电极丝切入的位置。穿丝孔是电极丝相对于工件运动的起点，同时也是程序执行的起点。一般选在工件上的基准点处。为缩短开始切割时的切入长度，穿丝孔也可设在距离型孔边缘 2～5mm 处。加工凸模时为减小变形，电极丝切割时的运动轨迹与毛坯边缘的距离应大于 5mm。

3）确定切割路线。正确的切割路线能减小工件变形，保证加工精度。一般在开始加工时应沿着离开工件夹具的方向进行切割，最后转向夹具方向。

（2）工艺计算　线切割加工时，为了获得所要求的加工尺寸，电极丝和加工图形之间必须保持一定的距离，如图 3-50 所示。图中双点画线表示电极丝中心的轨迹，实线表示型孔或凸模轮廓。编程时首先要求出电极丝中心轨迹与加工图形的垂直距离 ΔR（补偿距离），并将电极丝中心轨迹分割成单一的直线或圆弧段，求出各线段的交点坐标后，逐段进行编程。一般可按以下步骤进行。

1）根据工件的装夹情况和切割方向，确定相应的统一坐标系。为了简化计算，应尽量选取图形的对称轴线为坐标轴。

2）按选定的电极丝半径 r，放电间隙 δ 和凸、凹模的单面配合间隙 $Z/2$ 计算电极丝中心的补偿距离 ΔR。

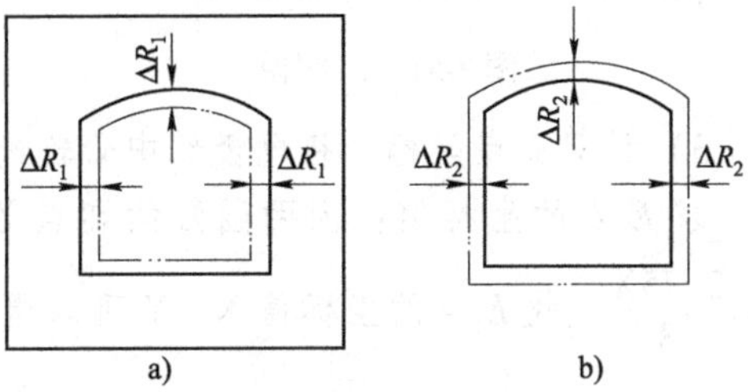

图 3-50　电极丝中心轨迹

a）凹模　b）凸模

若凸模和凹模型孔的基本尺寸相同，要求按型孔配作凸模，并保持单面间隙值 $Z/2$，则加工凹模的补偿距离 $\Delta R_1=r+\delta$，如图 3-50a 所示。

加工凸模的补偿距离 $\Delta R_2 = r + \delta - Z/2$，如图 3-50b 所示。

3）将电极丝中心轨迹分割成平滑的直线和单一的圆弧线，按型孔或凸模的平均尺寸计算出各线段交点的坐标值。

（3）编制程序　根据交点坐标值及各线段的加工顺序，逐段编制切割程序。

（4）程序检验　编写好的程序一般要经过检验才能用于正式加工。机床数控系统一般都提供程序检验的方法，常用的方法主要有画图检验和空运行等。画图检验主要是验证程序中是否存在错误语法，检查零件的加工图形是否正确；空运行是总体验证程序的实际加工情况，验证加工中是否存在干涉和碰撞，机床行程是否满足要求等。

上述工作若采用一般的计算工具由人工完成所有阶段编程工作的称为手工编程，当被加工零件形状比较简单时可以采用手工编程。当加工工件形状复杂时，必须借助计算机进行自动编程。

2. 手工编程实例

例 3-8　编制加工图 3-51 所示凸凹模（图示尺寸是根据刃口尺寸公差及凸凹模配合间隙计算出的平均尺寸）的数控线切割程序。电极丝为 $\phi0.1$mm 的钼丝，单面放电间隙为 0.01mm。下面主要讲述工艺计算和程序编制。

1）确定计算坐标系。由于图形上、下对称，孔的圆心在图形对称轴上，故选对称轴为计算坐标系的 X 轴，圆心为坐标原点（图 3-52）。因为图形对称于 X 轴，所以只需求出 X 轴上半部（或下半部）钼丝中心轨迹上各线段的交点坐标值，从而使计算过程简化。

2）确定补偿距离。补偿距离为

$$\Delta R = (0.1/2 + 0.01)\ \text{mm} = 0.06\text{mm}$$

钼丝中心轨迹如图 3-52 中双点画线所示。

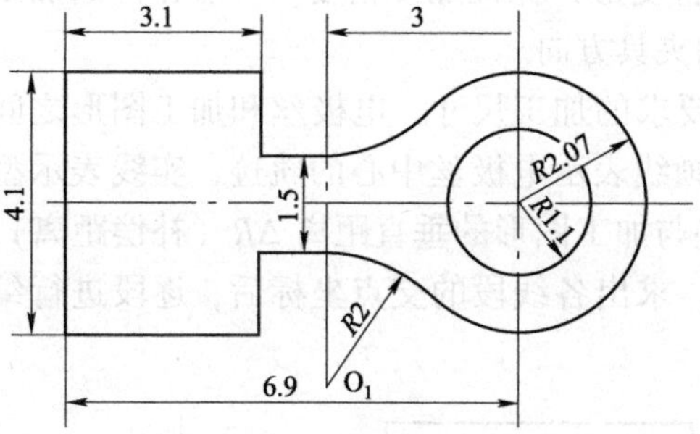

图 3-51　凸凹模

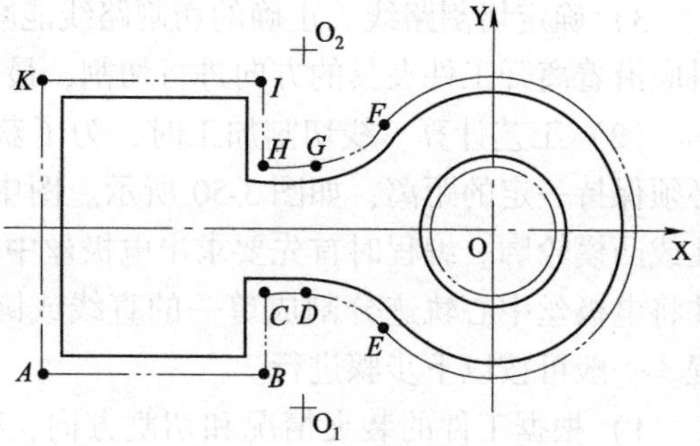

图 3-52　凸凹模编程示意图

3）计算交点坐标。将电极丝中心轨迹划分成单一的直线或圆弧段。

求 E 点的坐标值：因两圆弧的切点必定在两圆弧的连心线 $\overline{OO_1}$ 上。直线 $\overline{OO_1}$ 的方程为 $Y = \frac{2.75X}{3}$。故 E 点的坐标值 X、Y 可以通过解下面的方程组求得

$$\begin{cases} X^2 + Y^2 = 2.13^2 \\ 2.75X - 3Y = 0 \end{cases}$$

解得　X = 1.570mm　　Y = −1.4393mm。

其余交点坐标可直接从图形尺寸得到，见表3-13。

表3-13　凸凹模轨迹图形各线段交点及圆心坐标　　（单位：mm）

交点	X	Y	交点	X	Y	圆心	X	Y
A	−6.96	−2.11	*F*	−1.57	1.439	O	0	0
B	−3.74	−2.11	*G*	−3	0.81	O_1	−3	−2.75
C	−3.74	−0.81	*H*	−3.74	0.81	O_2	−3	2.75
D	−3	−0.81	*I*	−3.74	2.11			
E	−1.57	−1.4393	*K*	−6.96	2.11			

切割型孔时，电极丝中心至圆心O的距离（半径）为

$$R=(1.1-0.06)\text{mm}=1.04\text{mm}$$

4）编写程序单。切割凸凹模时，不仅要切割外表面，而且还要切割内表面，因此应在凸凹模型孔的中心O处钻穿丝孔。先切割型孔，然后按*B*→*C*→*D*→*E*→*F*→*G*→*H*→*I*→*K*→*A*→*B*的顺序切割，其切割程序单见表3-14。

表3-14　凸凹模切割程序单（3B型）

序号	B	X	B	Y	B	J	G	Z	备　注
1	B		B		B	001040	G_X	L_3	穿丝切割
2	B	1040	B		B	004160	G_Y	SR_2	
3	B		B		B	001040	G_X	L_1	
4								D	拆卸钼丝
5	B		B		B	013000	G_Y	L_4	空走
6	B		B		B	003740	G_X	L_3	空走
7								D	重新装上钼丝
8	B		B		B	012190	G_Y	L_2	切入并加工BC段
9	B		B		B	000740	G_X	L_1	
10	B		B	1940	B	000629	G_Y	SR_1	
11	B	1570	B	1439	B	005641	G_Y	NR_3	
12	B	1430	B	1311	B	001430	G_X	SR_4	
13	B		B		B	000740	G_X	L_3	
14	B		B		B	001300	G_Y	L_2	
15	B		B		B	003220	G_X	L_3	
16	B		B		B	004220	G_Y	L_4	
17	B		B		B	003220	G_X	L_1	
18	B		B		B	008000	G_Y	L_4	退出
19								D	加工结束

注意事项：

1）加工程序单是根据加工顺序逐段编制的，每加工一条线段就应编写一个程序段。

2）加工程序单中除安排切割工件图形线段的程序外，还应安排切入、退出、空行程及停机、拆丝和装丝等程序。如图3-52所示，切割路线的程序单中除切割图形线段的程序外，还应有从穿丝孔到图形起始切割点的切入程序；切割完型孔后使电极丝回到坐标原点O的

退出程序；拆掉电极丝，将电极丝位置调整到模坯之外，并位于 BC 的延长线上的空行程程序；穿丝后加工外形轮廓的切入程序等。

3）切割图形上各条线段交点的坐标是按计算坐标系计算的。而加工程序中的指令是按切割时所选的坐标系（即切割坐标系）来填写的。如切割直线 *AB* 时切割坐标系的坐标原点为 *A* 点；切割圆弧 *DE* 时切割坐标系的坐标原点为 O_1 点。因此，在填写程序单时应根据各交点在计算坐标系中的坐标，利用坐标平移求得它们在相应切割坐标系中的坐标。

四、知识拓展

1. 线切割加工工艺及注意事项

线切割加工的工艺准备和工艺过程如图 3-53 所示。

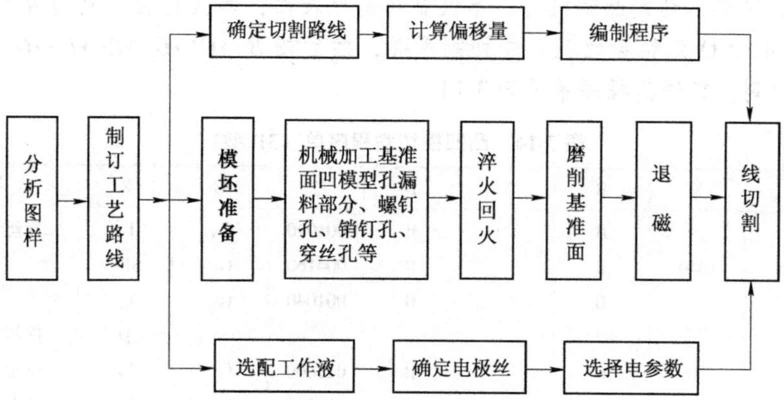

图 3-53　线切割加工的工艺准备和工艺过程

（1）模坯准备

1）工件材料及毛坯。工件材料是设计时就已经确定的。在采用快速走丝机床和乳化液介质的情况下，通常切割铜、铝和淬火钢等材料时较稳定，切割速度也快。而切割不锈钢、磁钢和硬质合金等材料时，加工不太稳定，切割速度也慢。

模具工作零件一般采用锻造毛坯，其线切割加工常在淬火与回火后进行。由于受材料淬透性的影响，当大面积去除金属和切断加工时，会使材料内部残余应力的相对平衡状态遭到破坏而产生变形，影响加工精度，甚至在切割过程中造成材料的突然开裂。为减少这种影响，除在设计时应选用锻造性能好、淬透性好、热处理变形小的合金工具钢（如 Cr12、Cr12MoV、CrWMn）作模具材料外，对模具毛坯锻造及热处理工艺也应正确进行。

2）模坯准备工序。模坯的准备工序是指凸模或凹模在线切割加工之前的全部加工工序。凹模模坯的准备工序见表 3-15。

表 3-15　凹模模坯的准备工序

序　号	工　序	工序内容
1	下料	用锯床切断所需材料
2	锻造	改善内部组织，并锻成所需的形状
3	退火	消除锻造内应力，改善加工性能

(续)

序　号	工　序	工序内容
4	刨（铣）削	刨削六面，厚度留磨削余量0.4~0.6mm
5	磨削	磨出上下平面及相邻两侧面，用90°角尺找正
6	划线	划出刃口轮廓线和孔（螺孔、销孔、穿丝孔等）的位置
7	加工型孔部分	当凹模较大时，为减少线切割加工量，需将型孔漏料部分铣（车）出，只切割刃口高度；对淬透性差的材料，可将型孔的部分材料去除，留3~5mm的切割余量
8	孔加工	加工螺孔、销孔、穿丝孔口等
9	淬火	达设计要求
10	磨削	磨削上下平面及相邻两侧面，用90°角尺找正
11	退磁	进行退磁处理
12	检验	

凸模的准备工序可根据凸模的结构特点，参照凹模的准备工序，将其中不需要的工序去掉即可。但应注意以下几点。

1）为便于加工和装夹，一般都将毛坯锻造成平行六面体。对尺寸、形状相同，断面尺寸较小的凸模，可将几个凸模制成一个毛坯，方便锻造。

2）凸模的切割轮廓线与毛坯侧面之间应留足够的切割余量（一般不小于5mm）。毛坯上还要留出装夹部位。

3）在有些情况下，为防止切割时模坯产生变形，在模坯上加工出穿丝孔。切割的引入程序从穿丝孔开始。

（2）线切割加工工艺参数的选择

1）脉冲参数的选择。线切割加工一般都采用正极性加工。加工时，可改变的脉冲参数主要有电流峰值、脉冲宽度、脉冲间隔、空载电压和放电电流。要求获得较小的表面粗糙度值时，所选用的电参数要小；若要求获得较快的切割速度，则脉冲参数要选大一些，但加工电流的增大受排屑条件及电极丝横截面积的限制，过大的电流易引起断丝，快速走丝线切割加工脉冲参数的选择见表3-16。

表3-16　快速走丝线切割加工脉冲参数的选择

应用	脉冲宽度 $t_i/\mu s$	电流峰值 I_e/A	脉冲间隔 $t_o/\mu s$	空载电压/V
快速切割或加工大厚度工件，表面粗糙度>Ra2.5μm	20~40	>12	为实现稳定加工一般选择 $t_o/t_i \geqslant 3\sim4$	一般为70~90
半精加工，表面粗糙度Ra1.25~Ra2.5μm	6~20	6~12		
精加工，表面粗糙度<Ra1.25μm	2~6	<4.8		

2）电极丝的选择。电极丝应具有良好的导电性和耐电蚀性，且抗拉强度高，材质应均匀。常用的电极丝有钼丝、钨丝和黄铜丝等。钨丝的抗拉强度高，直径在ϕ0.03~ϕ0.1mm范围内，一般用于各种窄缝的精加工，但其价格昂贵。黄铜丝适用于慢速走丝加工，被加工表面的表面粗糙度和平直度较好，蚀屑附着少，但其抗拉强度低，损耗大，直径在ϕ0.1~ϕ0.3mm范围内，一般用于慢速单向走丝加工。钼丝的抗拉强度高，适用于快速走丝加工，所以我国快速走丝机床大都选用钼丝作电极丝，直径在ϕ0.08~ϕ0.2mm范围内。

电极丝直径的选择应根据切缝的宽度、工件的厚度和拐角的尺寸来选择。当加工带尖角或窄缝的小型模具时，宜选用较细的电极丝；当加工大厚度工件或大电流切割时，应选较粗的电极丝。

3）工作液的选配。工作液对电极丝的切割速度和被加工表面的表面粗糙度、加工精度等都有较大的影响，加工时必须正确选配。常用的工作液主要有乳化液和去离子水。

慢速走丝线切割加工目前普遍使用去离子水。为了提高切割速度，在加工时还要加入有利于提高切割速度的导电液以增大工作液的电阻率。加工淬火钢时，工作液的电阻率约为 $2\times10^4\Omega\cdot cm$；加工硬质合金时，工作液的电阻率约为 $30\times10^4\Omega\cdot cm$。对于快速走丝线切割加工，目前最常用的工作液是乳化液。乳化液是由乳化油和工作介质（体积分数为5%～10%）配制而成的。工作介质可用自来水，也可用蒸馏水、高纯水和磁化水。

2. 工件的装夹与调整

装夹工件时，必须保证工件的切割部位位于机床工作台纵横进给的允许范围之内，避免撞到极限。同时还应考虑切割时电极丝的运动空间。

（1）工件的装夹

1）悬臂式装夹。图3-54所示是悬臂方式装夹工件，这种方式装夹方便、通用性强。但由于工件一端悬伸，易出现切割表面与工件上、下平面间的垂直度误差。仅用于工件加工要求不高或悬臂较短的情况。

2）两端支承方式装夹。图3-55所示是两端支承方式装夹工件，这种方式装夹方便、稳定，定位精度高，但不适于装夹较小的零件。

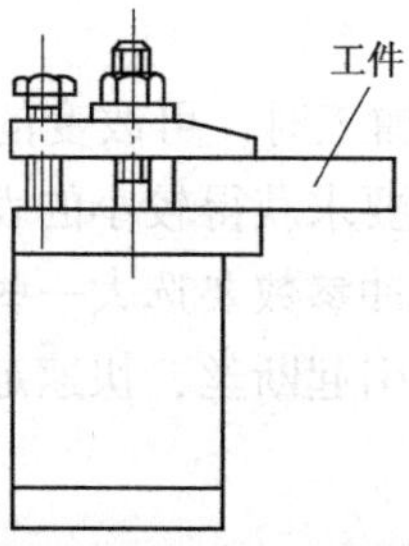

图3-54 悬臂方式装夹工件

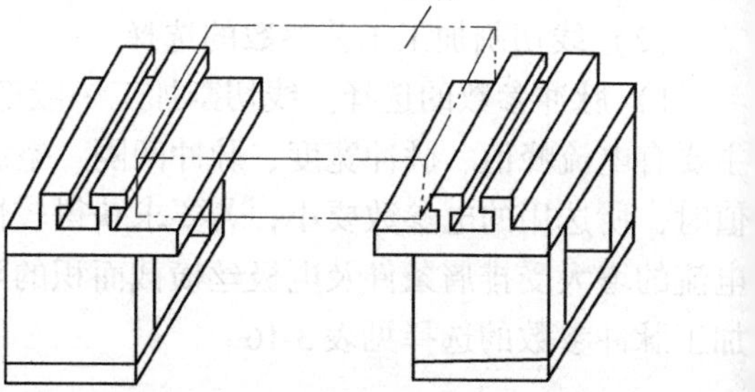

图3-55 两端支承方式装夹

3）桥式支承方式装夹。这种方式是在通用夹具上放置垫铁后再装夹工件，如图3-56所示。该方式装夹方便，对大、中、小型工件都可采用。

4）板式支承方式装夹。如图3-57所示是板式支承方式装夹工件。根据常用的工件形状和尺寸，采用有通孔的支承板装夹工件。这种方式装夹精度高，但通用性差。

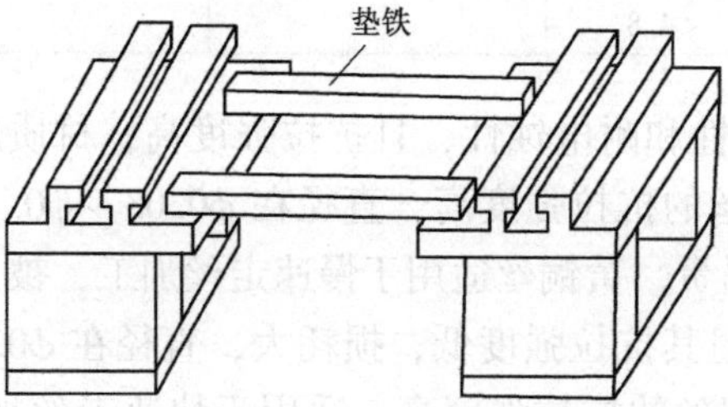

图3-56 桥式支承方式装夹

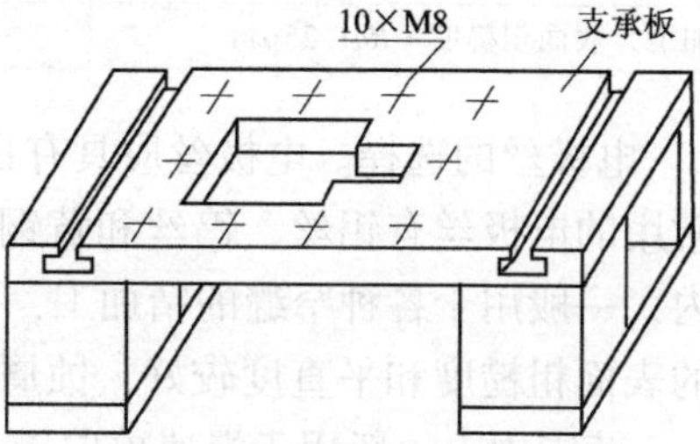

图3-57 板式支承方式装夹

（2）工件的调整　采用以上方式装夹工件，还必须配合找正法进行调整，才能使工件的定位基准面分别与机床的工作台面和工作台的进给方向 X、Y 保持平行，以保证所切割的表面与基准面之间的相对位置精度。常用的找正方法如下。

1）用百分表找正。如图 3-58 所示，用磁性表座将百分表固定在丝架或其他位置上，百分表的测量头与工件基面接触，往复移动工作台，按百分表指示值调整工件的位置，直至百分表指针的偏摆范围达到所要求的数值。找正应在相互垂直的三个方向上进行。

2）划线法找正。工件的切割图形与定位基准之间的相互位置精度要求不高时，可采用划线法找正，如图 3-59 所示。利用固定在丝架上的划针对正工件上划出的基准线，往复移动工作台，目测划针、基准间的偏离情况，将工件调整到正确位置。

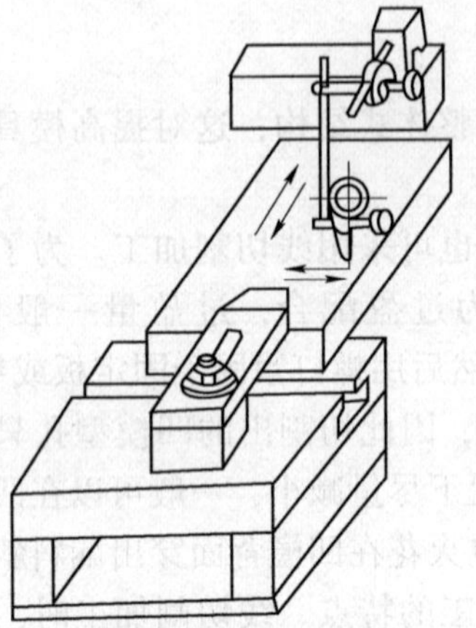

图 3-58　用百分表找正

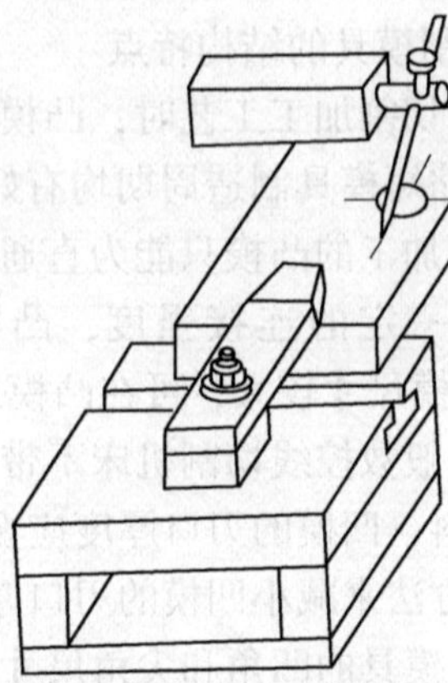

图 3-59　划线法找正

3. 电极丝位置的调整

线切割加工之前，应将电极丝调整到切割的起始坐标位置上，其调整方法有以下几种。

1）目测法。对于加工要求不高的工件，在确定电极丝与工件上有关基准的相对位置时，可以直接利用目测或借助 2 ~8 倍的放大镜进行观察。图 3-60 所示是利用穿丝孔处划出的十字基准线，分别沿划线方向观察电极丝与基准线的相对位置，根据两者的偏离情况移动工作台。当电极丝中心分别与纵横方向基准线重合时，工作台纵、横方向上的示数就确定了电极丝中心的位置。

2）火花法。如图 3-61 所示，移动工作台使工件的基准面逐渐靠近电极丝，在出现火花的瞬时，记下工作台的相应坐标值，再根据放电间隙推算电极丝中心的坐标。此法简单易行，

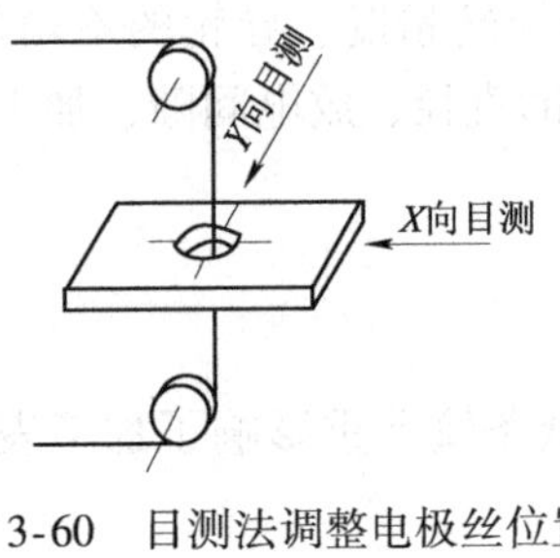

图 3-60　目测法调整电极丝位置

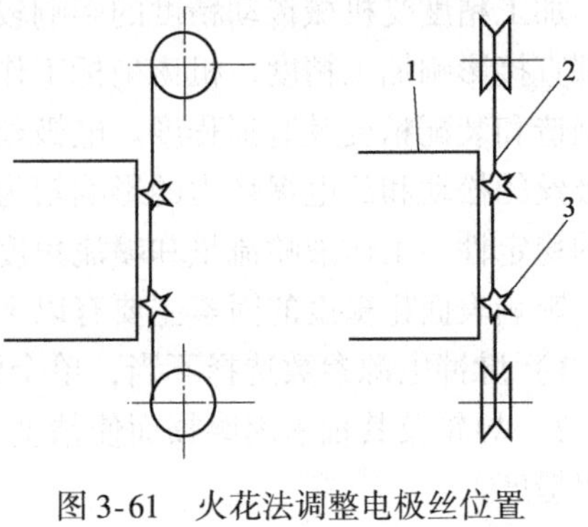

图 3-61　火花法调整电极丝位置

1—工件　2—电极丝　3—火花

但往往因电极丝靠近基准面时产生的放电间隙，导致与正常切割条件下的放电间隙不完全相同而产生误差。

3）自动找中心。所谓自动找中心，就是让电极丝在工件孔的中心自动定位。此法的原理是根据线电极与工件的短路信号来确定电极丝的中心位置，数控功能较强的线切割机床常用这种方法。首先让线电极在X轴或Y轴方向与孔壁接触，接着在另一轴的方向进行上述过程。这样经过几次重复就可找到孔的中心位置，如图3-62所示。当误差达到所要求的允许值之后，自动找中心的过程便自动结束。

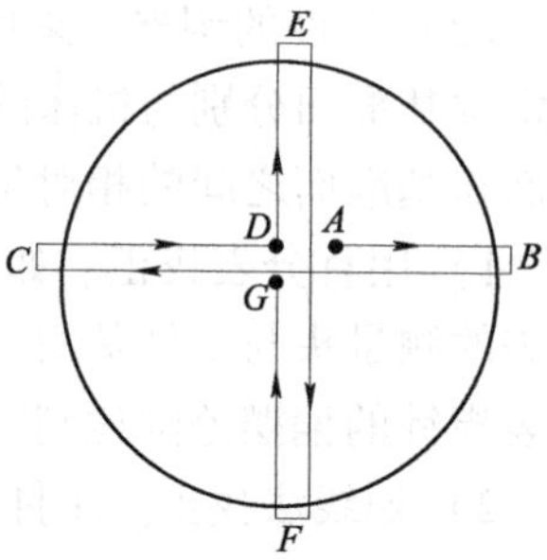

图3-62 自动找中心

4. 电火花线切割模具的注意事项

（1）线切割模具的结构特点

1）采用线切割加工工艺时，凸模和凹模尽量采用整体式结构，这对提高模具强度、简化模具结构、缩短模具制造周期均有好处。

2）线切割加工的凸模只能为直通型。凸模固定板也可采用线切割加工。为了确保凸模与固定板具有一定的连接强度，凸模与固定板应为过盈配合，过盈量一般为0.01～0.03mm；若凸模尺寸较大，可在凸模后部加工螺孔，然后用螺钉紧固于固定板或垫板上。

3）由于一般数控线切割机床不带切割斜度的装置，因此切割出的凹模型孔只能为直通型。为便于漏料，凹模的刃口厚度应在保证强度的前提下尽量减小，一般可以在凹模的背面用铣削加工的方法来减小凹模的刃口厚度，也可利用电火花在凹模背面穿出漏料斜度。

4）线切割模具的凹角和尖角尺寸应符合线切割加工的特点。线切割加工时，由于电极丝半径r和放电间隙δ的存在，在工件的凹角处不能得到清角，而是半径为$r+\delta$的圆弧。对于形状复杂的精密冲模，在凸、凹模结构设计上应注明凹角处的过渡圆弧半径R，加工凹角时应使$R=r\pm\delta$；与凹角适配的尖角也应有相对应的圆弧半径。

（2）影响线切割工艺指标的主要因素　影响线切割加工的加工速度、加工精度和表面粗糙度等工艺指标的因素较多，其中最主要的是机床精度、电源参数、工作液和操作技术等。

加工速度即生产率，它与高频脉冲电源的波形和电参数有直接的关系。增加单个脉冲能量和提高脉冲频率能提高加工速度，但也受到一定的制约。此外，工作液的种类、浓度、脏污程度和喷流情况，电极丝的材料、直径、走丝速度和抖动情况，工件的材料和厚度，加工进给控制的稳定性和机构传动精度等也影响加工速度。

加工精度受机械传动精度的影响较显著，机床坐标工作台的位移精度和电极丝的运动精度都直接影响加工精度。机床坐标工作台的位移精度取决于丝杠螺母副、齿轮副和导轨副等的制造和装配精度及磨损程度。电极丝的运动精度受导轮的回转精度、导轮的不均匀磨损、电极丝的松动和放电爆炸力的影响较为显著。此外，电极丝的直径、放电间隙、加工进给控制的稳定性、工作液喷流量和喷流角度等也影响加工精度。

影响表面粗糙度的因素主要有以下几点。

1）脉冲电源参数选择不当，单个脉冲能量过大。

2）导轮及其轴承因磨损而使精度下降，由此产生的高低条纹严重影响了加工表面的表面粗糙度。

3）钼丝损耗过大，变细了的钼丝在导轮内沿轴向窜动。

4）进给速度调节不当，加工不稳定。

此外，电极丝的走丝速度和抖动情况、机械传动精度等也影响加工表面的表面粗糙度。

（3）保证线切割质量的工艺措施

1）选用合适的模具材料。为了提高模具的使用寿命和线切割加工精度，应选用淬透性良好的合金工具钢或硬质合金来制造。由于合金工具钢淬火后，钢块表面层到中心的硬度并没有显著的降低，因此，切割时不会使凸模或凹模的柱面再次产生变形。而且凸模的工作型面和凹模的型孔能全部淬硬，刃口可以多次修磨而硬度不会明显下降，故模具的使用寿命较长。常用的合金工具钢有 Cr12、CrWMn 和 Cr12MoV 等。

2）采取减小残余应力影响的工艺措施。以线切割加工作为主要工艺时，钢质材料的加工路线是：下料→锻造→退火→机械粗加工→淬火与回火→磨削加工→线切割加工→钳工修整。

例如，对已淬硬的钢坯件进行线切割（图 3-63），在程序 $a \rightarrow b$ 的割开过程中，由于材料内部存在残余拉应力，因此会发生变形，如图中双点画线所示，使切割完的工件与电极丝轨有较大差异。

图 3-64 所示为切割孔类工件的变形。在切割矩形孔的过程中，由于材料内部的残余应力，当材料去除后，可能导致矩形孔变为图中双点画线所示的鼓形或虚线所示的鞍形。

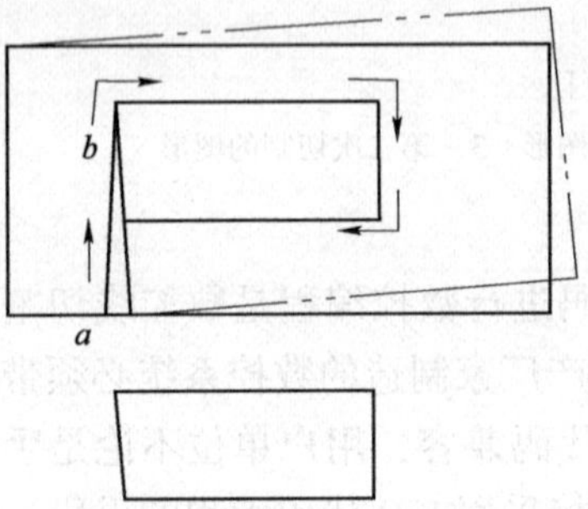

图 3-63　线切割加工后工件的变形

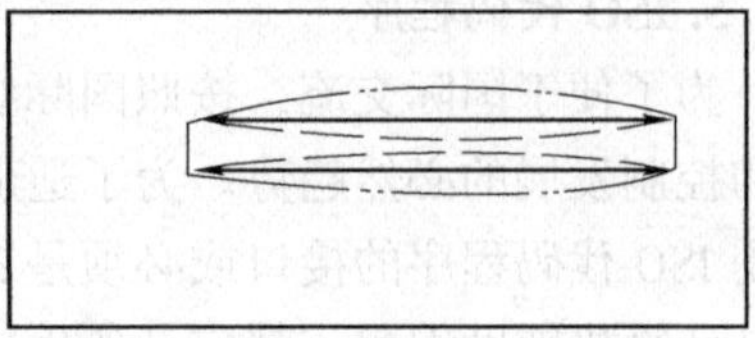

图 3-64　切割孔类工件的变形

有时，残余应力比机床精度等因素对加工精度的影响还严重，可使变形达到宏观可见的程度，甚至在切割过程中使材料炸裂。

为减小残余应力引起的变形，可采取如下措施。

1）除选用合适的模具材料外，还应正确选择热加工方法和严格执行热处理规范。

2）在线切割加工之前，可安排时效处理。

3）由于毛坯边缘处的内应力较大，因此工件轮廓应离开毛坯边缘 8～10mm。

4）线切割凸模类工件时，若从毛坯边缘切入加工则会存在切口，容易引起加工过程中的变形。因此，应正确选择线切割起始位置和加工顺序，如图 3-65 所示。

5）线切割型孔类工件时可采用二次切割法。第一次粗切各型孔，各边留精加工余量 0.1～0.5mm，故意使材料应力平衡状态受到破坏而变形；在达到新的平衡后，再进行第二次精切割，这样可达到较满意的效果，如图 3-66 所示。如果数控装置有间隙补偿功能，采用二次切割法加工就更为方便。

6）可在淬火前进行预加工，以去除大部分余量，仅留较小的精加工余量，待淬硬后再精切割成形。

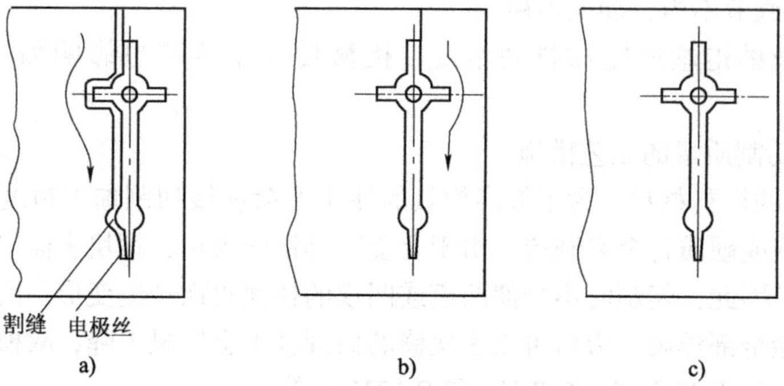

图 3-65 加工顺序的选择

a）错误的加工顺序 b）正确的加工顺序 c）最好的加工顺序

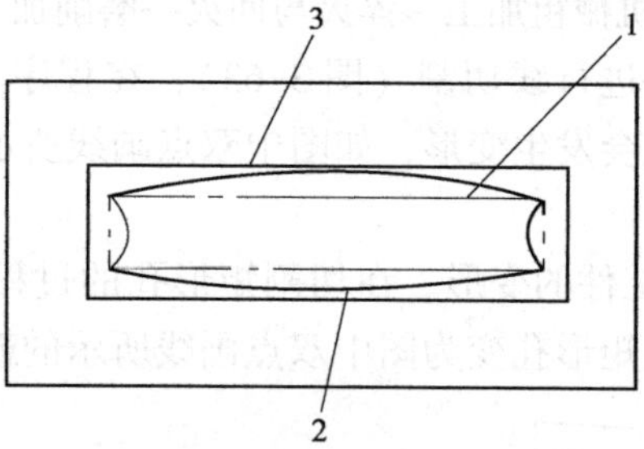

图 3-66 二次切割法加工

1—第一次切割的理论图形 2—第一次切割后的实际图形 3—第二次切割的图形

5. ISO 代码程序

为了便于国际交流，按照国际统一规范——ISO 代码进行数控编程是数控线切割加工编程和控制发展的必然趋势。为了适应这种新的要求，生产厂家制造的数控系统必须带有可以接受 ISO 代码程序的接口或必须是 3B、4B 格式与 ISO 代码兼容，用户单位不论是手工编程还是计算机辅助编程，都应具备生成 ISO 代码程序或直接采用 ISO 代码编程的手段。实际上在计算机上 3B、4B 代码格式十分容易转换成 ISO 代码程序。

表 3－17 为我国快速走丝数控电火花线切割机床常用的 ISO 指令代码，与国际上使用的标准基本一致。

表 3-17 我国快速走丝数控电火花线切割机床常用的 ISO 指令代码

代 码	功 能	代 码	功 能
G00	快速定位	G10	Y 轴镜像，X 轴、Y 轴交换
G01	直线插补	G11	Y 轴镜像，X 轴镜像，X 轴、Y 轴交换
G02	顺时针圆弧插补	G12	消除镜像
G03	逆时针圆弧插补	G40	取消间隙补偿
G05	X 轴镜像	G41	左偏间隙补偿 *D* 偏移量
G06	Y 轴镜像	G42	右偏间隙补偿 *D* 偏移量
G07	X 轴、Y 轴交换	G50	消除锥度
G08	X 轴镜像，Y 轴镜像	G51	锥度左偏 *A* 角度值
G09	X 轴镜像，X 轴、Y 轴交换	G52	锥度右偏 *A* 角度值

（续）

代　码	功　能	代　码	功　能
G54	加工坐标系 1	G91	增量坐标
G55	加工坐标系 2	G92	定起点
G56	加工坐标系 3	M00	程序暂停
G57	加工坐标系 4	M02	程序结束
G58	加工坐标系 5	M05	接触感知解除
G59	加工坐标系 6	M96	主程序调用文件程序
G80	接触感知	M97	主程序调用文件结束
G82	半程移动	W	下导轮到工作台面高度
G84	微弱放电找正	H	工件厚度
G90	绝对坐标	S	工作台面到上导轮高度

例 3-9　编制图 3-67 所示落料凹模型孔的线切割加工程序。电极丝直径为 ϕ0.5mm，单边放电间隙为 0.01mm。图中尺寸为型孔的平均尺寸。

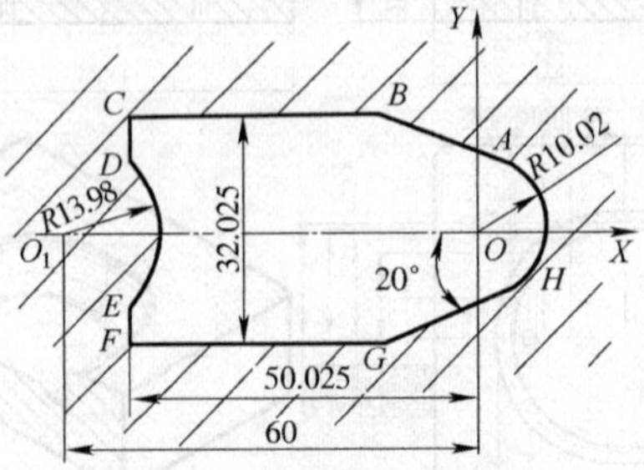

图 3-67　落料凹模型孔

穿丝孔在 O 点，按 $O \to A \to B \to C \to D \to E \to F \to G \to H \to A$ 的顺序切割，程序如下。

```
G92   X0   Y0;
G41   D85;
G01   X3427   Y9416;
G01   X-14698   Y16013;
G01   X-50025   Y16013;
G01   X-50025   Y9795;
G02   X-50025   Y-9795   I-9975   J-9795;
G01   X-50025   Y-16013;
G01   X-14698   Y-16013;
G01   X3427   Y-9416;
G03   X3427   Y 9416   I-3427   J9416;
G40;
G01   X0   Y0;
M02;
```

任务三　制订模具其他制造方法的加工工艺

一、任务导入

肥皂盒型腔镶块零件抛光的加工任务见表3-18。

表3-18　肥皂盒型腔镶块零件抛光的加工任务

学习情境	实训地点：模具实训中心 教学条件：4件肥皂盒型腔镶块已经经过电火花加工，型腔镶块样板，粒度分别为F180、F220、F320、F400、F600、F800和F1000的磨石，粒度分别为F400、F600、F800和F1000的砂纸，粒度为F1800、F3000和F8000最终研磨使用的微粉，超声波研磨机，研具，千分尺和游标卡尺等	教学要求
完成任务	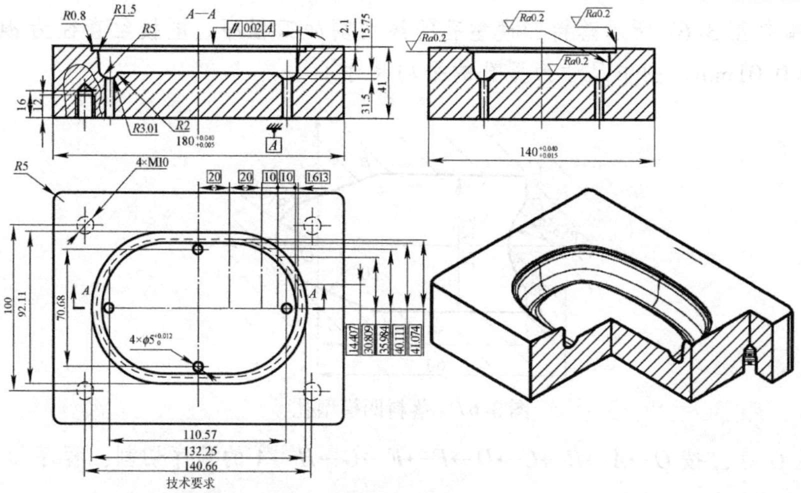 技术要求 1. 镶块进行调质热处理，硬度达32～38HRC。 2. $4\times\phi5^{+0.012}_{0}$深度为8的孔暂不加工，装配时配作。 3. 镶块具体加工尺寸以提供的3D模型为准，该图仅供参考。 4. 有文字框的尺寸为3D模型基准曲线尺寸供参考。 $\sqrt{Ra\ 0.8}$ (√)	根据所学模具制造技术知识，完成左图所示肥皂盒型腔镶块零件的超精加工，并进行检验
能力目标	会进行模具工作零件的超精加工，能填写模具加工工艺过程卡	
具体要求	① 掌握研磨和抛光的异同点及正确的操作方法 ② 能正确选用研具及研料 ③ 能完成模具工作零件粗抛、半精抛和精抛加工工艺与抛光余量的选定 ④ 能填写机械加工工艺过程卡	
教学法安排	① 多媒体教学 ② 现场演示 ③ 学生分组讨论 ④ 职业技能评价	理实一体
最终考核	工作文件15%，操作过程40%，工作结果25%，汇报效果10%，团队10%	百分制

二、知识链接——模具制造的超声加工

随着模具制造技术的发展和模具新材料的出现，对于凸模、凹模等模具工作零件，除采

用切削加工和电加工方法进行加工外，还可以采用超声加工、化学及电化学加工、冷挤压、超塑成形、铸造和激光快速成形等方法进行加工。这些加工方法各有其特点和适用范围，在应用时可根据模具材料、模具结构特点和生产条件等因素来选择。以下介绍超声加工，其他方法可查阅相关资料。

人耳能听到的声波频率为16～16000Hz，频率低于16Hz的声波称为次声波，超过16000Hz的声波称为超声波。用于加工的超声波频率为16000～25000Hz，超声波和普通声波的区别是频率高、波长短、能量大和有较强的束射性。超声加工广泛应用于模具工作表面的抛光加工，特别是深窄沟槽表面的抛光。

（1）超声抛光加工机的结构组成和工作原理

1）超声抛光的工作原理。超声抛光是利用工具端面的超声频振动，迫使磨料悬浮液对硬脆材料表面进行加工的一种加工方法。超声抛光的作用是降低工件表面粗糙度值，其原理如图3-68所示。抛光时工具5和工件7之间加入由磨料和工作液组成的磨料悬浮液，工具以较小的压力压在工件表面上。超声换能器2通入50Hz的交流电，产生16000Hz以上的超声频纵向振动，并借助变幅杆3、4把位移振幅放大到0.05～0.1mm，迫使工具端面作超声振动，使工作液中的悬浮磨料以很大的速度和加速度不断地撞击和抛磨被加工表面，使被加工表面的材料不断遭到破坏变成粉末，实现微切削作用。虽然每次打击下来的粉末很少，但由于打击的频率很高，所以仍保持一定的加工效率。超声抛光的主要作用是磨料在超声频振动下的机械撞击和抛磨，其次是工作液中的“空化”作用加速了超声加工的效率。所谓“空化”作用是当工作液对被加工表面产生正面冲击时，工作液进入被加工表面的微裂处，加速了机械破坏作用；在高频振动的某一瞬间，工作液又以很大的加速度离开工件表面，工件表面的微细裂纹间隙内形成负压和局部真空，同时在工作液内也形成很多微小的空泡，当工具端面以很大的加速度接近工件表面时，迫使空泡闭合，引起极强的液压冲击波，强化了加工过程。

2）超声抛光机的结构和组成。手持式超声抛光机如图3-69所示。超声抛光机主要由超声发生器、机械换能器和机械振动系统三部分组成，如图3-70所示。

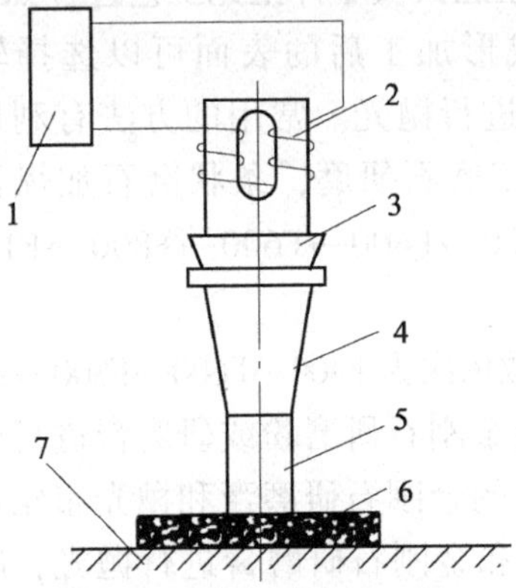

图3-68 超声抛光加工原理

1—超声发生器 2—超声换能器 3、4—变幅杆 5—工具 6—磨料悬浮液 7—工件

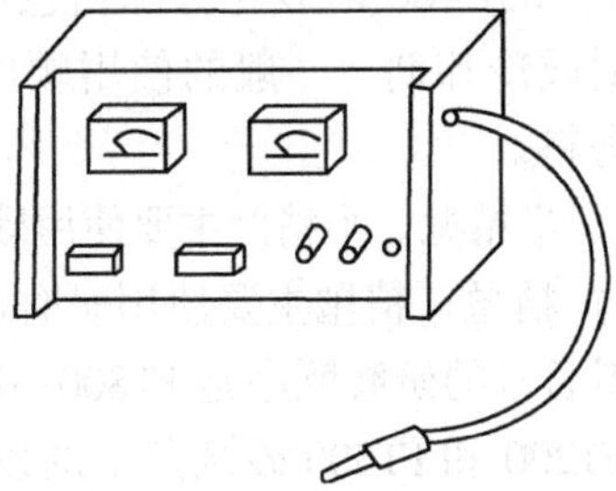

图3-69 手持式超声波抛光机

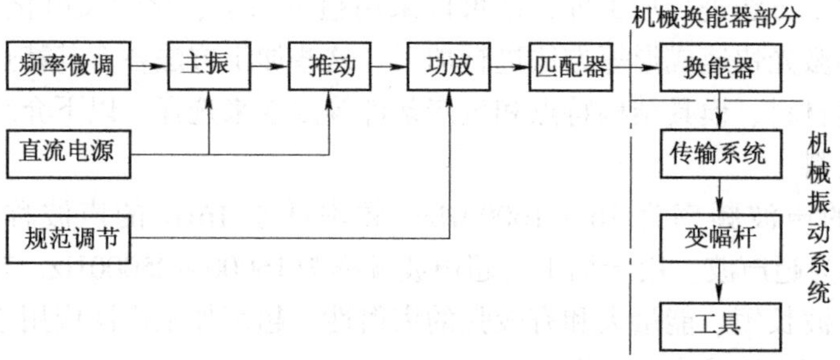

图 3-70 超声抛光机的组成

（2）超声抛光加工的特点 超声抛光具有以下特点。

1）超声抛光适用于加工硬脆材料及不导电的非金属材料。

2）工具对工件的作用力和热影响小，不会产变形、烧伤和变质层，加工精度可达 0.01～0.02mm，表面粗糙度值为 *Ra*0.1～*Ra*1μm。

3）可以抛光薄壁、薄片、窄缝及低刚度零件。

4）超声抛光设备结构简单，使用和维修方便，操作简便。

5）由于抛光时工具头无旋转运动，工具头可以采用软材料制成复杂形状，用以抛光复杂的型孔和型腔表面。

三、任务实施

1. 抛光工艺

（1）抛光余量 模具成形表面经过电火花精加工之后，进行超声波抛光时的抛光余量一般控制在 0.02～0.04mm，特殊情况下抛光余量可小于或等于 0.015mm。肥皂盒型腔镶块零件抛光余量取 0.02mm。

（2）抛光方式 欲使表面粗糙度值为 *Ra*1.25～*Ra*2.5μm 的表面抛光后达到 *Ra*0.08～*Ra*0.63μm，就需要经过逐级抛光才能实现。一般要经过粗抛光、细抛光和精抛光多个阶段。肥皂盒型腔镶块零件抛光还是以机械抛光为主。肥皂盒型腔镶块零件抛光工艺过程如下。

1）粗抛。肥皂盒型腔镶块经数控铣削、电火花成形加工后的表面可以选择转速在 35000～40000r/min 的旋转表面抛光机或超声波研磨机进行抛光。常用的方法有利用直径 ϕ3mm、WA 400 的砂轮去除白色电火花层。然后是手工磨石研磨，条状磨石加煤油作为润滑剂或冷却剂。一般的使用顺序为 F180→F220→F320→F400→F600→F800→F1000 粒度的磨料。

2）半精抛。半精抛主要使用砂纸和煤油。砂纸的号数依次为 F400→F600→F800→F1000。

3）精抛。精抛主要使用研磨膏。若用抛光布轮混合金刚石研磨粉或研磨膏进行研磨的话，则通常的研磨顺序是 F1800→F3000→F8000。F1800 的金刚石研磨膏和抛光布轮可用来去除 F1200 和 F1500 砂纸留下的发状磨痕。接着用毛毡和金刚石研磨膏进行抛光，顺序为 F14000→F60000→F100000。

2. 抛光加工实施（表 3-19）

用砂纸抛光应注意以下几点。

1）用砂纸抛光时需要利用软的木棒或竹棒。在抛光圆面或球面时，使用软木棒可更好地配合圆面和球面的弧度。而较硬的木条（如樱桃木）则更适用于平整表面的抛光。修整木条的末端使其能与钢件表面形状保持吻合，这样可以避免木条的锐角接触钢件表面而造成较深的划痕。

2）当换用不同型号的砂纸时，抛光方向应变换45°~90°，这样前一种型号砂纸抛光后留下的条纹阴影即可分辨出来。在换不同型号砂纸之前，必须用100%纯棉花蘸取酒精之类的清洁液对抛光表面进行擦拭。

3）为了避免擦伤和烧伤工件表面，在用F1200砂纸进行抛光时必须特别小心。因而有必要加载一个轻载荷，以及采用两步抛光法对表面进行抛光。用每一种型号的砂纸进行抛光时都应沿两个不同方向进行两次抛光，两个方向之间每次转动45°~90°。

表3-19 肥皂盒型腔镶块零件抛光加工工序卡

模具	肥皂盒注射模	模具编号	B2013－M5	工序号	20	工序简图：
零件	肥皂盒型腔镶块		零件编号		B19	
毛坯材料	45钢	毛坯尺寸		毛坯件数	4	
序号	机号	工种	工序内容及工艺要求说明	工时	工艺参数（机加工切削用量、电加工工艺规准）	工装
14		检验	对电火花精加工之后的肥皂盒型腔镶块进行检验		用样板或游标卡尺检验	
		粗抛	超声研磨机、磨石加煤油手工抛光		加煤油作为润滑剂或冷却剂，油石的粒度为F180→F220→F320→F400→F600→F800→F1000的磨料	
		半抛	砂纸和煤油手工抛光		砂纸的号数依次为F400→F600→F800→F1000	
		精抛	抛光布轮混合金刚石研磨粉或研磨膏进行抛光，最后用毛毡和金刚石研磨膏进行抛光		研磨粉粒度为F1800→F3000→F8000 最终使用的微粉顺序为F14000→F60000→F100000	
		检验				
工艺员			年　月　日	制造者	年　月　日	
检验员			年　月　日	检验纪要		

四、知识拓展

1. 化学及电化学加工

（1）化学腐蚀加工

1）化学腐蚀加工的原理和特点。化学腐蚀加工是将零件要加工的部位暴露在化学介质中并发生化学反应，使零件材料腐蚀溶解，以获得所需要形状和尺寸的工艺方法。化学腐蚀加工时，应先将工件表面不加工的部位用耐腐蚀涂层敷盖起来，然后将工件浸渍于腐蚀液中或在工件表面涂敷腐蚀液，将裸露部位的余量去除，来达到加工目的。常见的化学腐蚀加工有照相腐蚀、化学铣削和光刻等。

化学腐蚀加工的特点如下。

① 可加工金属和非金属（如玻璃、石板等）材料，不受被加工材料的硬度影响，不发生物理变化。

② 加工后表面无毛刺，不变形，不产生加工硬化现象。

③ 只要腐蚀液能浸入的表面都可以加工，故适合于加工难以进行机械加工的表面。

④ 加工时不需要用夹具和贵重装备。

⑤ 腐蚀液和蒸气污染环境，对设备和人体有危害作用，必须采用适当防护措施。

化学腐蚀在模具制造中主要用来加工塑料模型腔表面上的花纹、图案和文字。应用较广的是照相腐蚀。

2）照相腐蚀。照相腐蚀是把所需图像摄影到照相底片上，再将底片上的图像经过光化学反应，复制到涂有感光胶（乳剂）的型腔工作表面上。经感光后的胶膜不仅不溶于水，而且还增强了耐腐蚀能力。未感光的胶膜能溶于水，用水清洗去除未感光胶膜后，金属部分便裸露出来，再经腐蚀液的浸蚀，即能获得所需要的花纹和图案。

照相腐蚀的工艺过程如下。

原图→照相
→贴照相底片→曝光→显影→坚膜及修补→腐蚀→去胶及修整
模具表面处理→涂感光胶

图3-71所示为照相腐蚀的主要工序。和其他加工方法相比，照相腐蚀能降低劳动强度，提高生产率，获得清晰的花纹和图案。

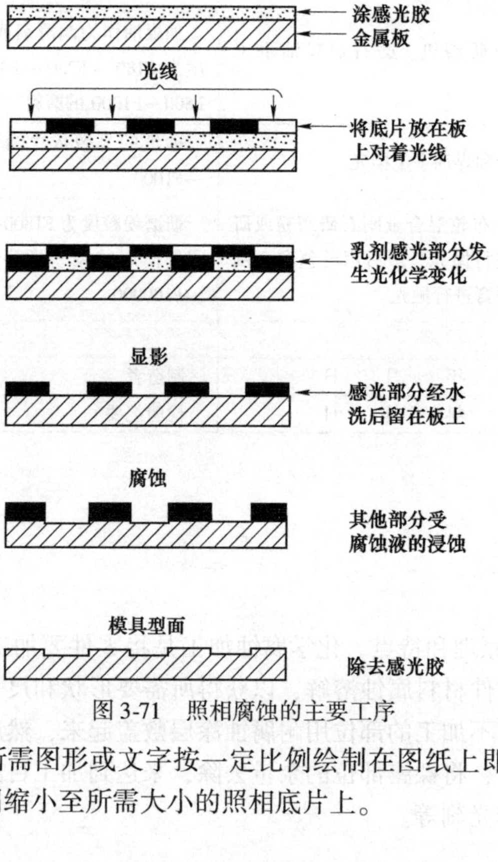

图3-71 照相腐蚀的主要工序

① 原图和照相。将所需图形或文字按一定比例绘制在图纸上即为原图。然后通过照相（专用照相设备），将原图缩小至所需大小的照相底片上。

② 感光胶。感光胶的配方有很多种，现以聚乙烯醇感光胶为例，其成分如下

聚乙烯醇	45～60g
重铬酸铵	10g
水	1000mL

配制时，先将聚乙烯醇溶解于900mL的水中并蒸煮4h；将重铬酸铵溶解于100mL的水中，倒入聚乙烯醇溶液里，再隔水蒸煮0.5h即可。

上述配制过程必须在暗室进行。暗室可用红灯照明，熬制好的感光胶需严格避光保存。

感光胶的作用是使聚乙烯醇和重铬酸铵间不起化学反应。聚乙烯醇的特点是易溶于水，无色透明，有粘结作用。水分挥发后，形成一层薄膜，但用水冲洗、擦拭便可去掉。重铬酸铵是一种感光材料，经光照、感光、显影之后，不易溶于水，和聚乙烯醇的混合物共同形成一层薄膜，较牢固地附着在模具表面。而未感光部分仍是以聚乙烯醇为主，经水冲洗后，再用脱脂棉擦拭便可去除。附着在模具表面的感光胶膜经过固化后具有一定的耐腐蚀能力，能保护金属不被腐蚀。

③ 腐蚀面清洗和涂胶。

④ 贴照相底片。

⑤ 感光。

⑥ 显影冲洗。

⑦ 坚膜及修补。

⑧ 腐蚀。腐蚀不同的材料应选用不同的腐蚀液。对于钢型腔，常用三氯化铁水溶液，可用浸蚀或喷洒的方法进行腐蚀。若在三氯化铁水溶液中加入适量的粉末硫酸铜调成糊状，涂在型腔表面（涂层厚度为0.2～0.4mm）可减少向侧面渗透。为防止侧蚀，也可以在腐蚀剂中添加保护剂或用松香粉刷嵌在腐蚀露出的图形侧壁上。

⑨ 去胶、修整。

3）照相腐蚀对模具成形零件的要求。

① 对材料的要求。钢材除应具有强度高，韧性好，硬度高，耐磨、耐蚀性好，可加工性优良，易抛光等优点外，还应具有良好的图文饰刻性能，即钢的晶粒细小，组织结构均匀。常用的45、T8、T10、P20、40Cr和CrWMn等均具有良好的饰刻性，而Crl2、Crl2MoV等材料的饰刻性较差，花纹装饰效果不太理想。

② 脱模斜度。如果要在型腔侧壁制作图文，则型腔应有较大的脱模斜度。脱模斜度除根据塑件的材料、尺寸和精度来确定以外，还必须考虑图文深度对脱模斜度的要求。图文越深，其脱模斜度则越大（一般在1°～2.5°之间）；当图文深度大于0.1mm时，脱模斜度应大于4°。

③ 表面粗糙度。在表面粗糙度值低的型腔表面上制作图文时，涂感光胶和贴花纹版时会打滑，不易粘牢。但是，如果表面太粗糙则图文的效果也不好，因此表面粗糙度要适当。如果是亚光细砂纹，表面粗糙度取 $Ra0.4$～$Ra0.8\mu m$；细花纹或砂纹取 $Ra1.6\mu m$；一般花纹取 $Ra3.2\mu m$。如果是粗花纹，表面粗糙度值还可适当增加。

④ 镶嵌块结构。如果图文面积很小，则可做成镶嵌块，只对镶嵌块进行照相腐蚀。这种方法工艺性好，容易制作，不会因为腐蚀的失败而报废模具成形零件，且花纹磨损后镶嵌块更换方便。

(2) 电铸加工　电铸加工是利用金属的电解沉积，翻制金属制品的一种工艺方法。其基本原理与电镀相同，但两者又有明显的区别，见表3-20。

表3-20　电铸、电镀的主要区别

比较项目	电　镀	电　铸
工艺目的	表面装饰，防腐蚀	成形加工
镀层厚度	0.02～0.05mm	0.06～6mm或以上
要求	表面光亮，平滑	一定尺寸和形状精度
镀层牢固程度	与工件牢固结合	要求与原模能分离

1）电铸加工的原理和特点。电铸加工如图3-72所示。用导电的原模作阴极，电铸材料作阳极，含电铸材料的金属盐溶液作电铸溶液。在直流电源（电压为6～12V，电流密度为15～40A/cm^2）的作用下，电铸溶液中的金属离子，在阴极获得电子还原成金属原子，沉积在原模表面，而阳极上的金属原子失去电子成为正离子源源不断地溶解到电铸溶液中进行补充，使溶液中金属离子的浓度保持不变。

当原模上的电铸层逐渐加厚到所要求的厚度后，将其与原模分离，即获得与原模型面相反的电铸件。

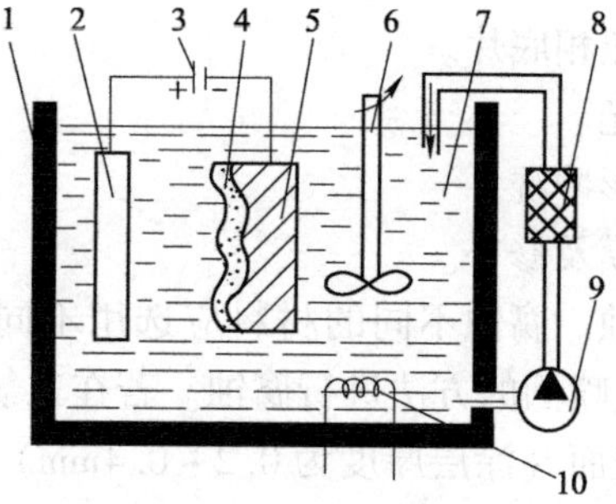

图3-72　电铸加工

1—电铸槽　2—阳极　3—直流电源　4—电铸层　5—原模（阴极）　6—搅拌器　7—电铸液　8—过滤器　9—泵　10—加热器

电铸加工具有以下特点。

① 能准确地复制形状复杂的成形表面，制件表面粗糙度值小（$Ra0.1\mu m$左右），用同一原模能生产多个电铸件（其形状、尺寸的一致性极好）。

② 设备简单，操作容易。

③ 电铸速度慢（需几十甚至上百小时），电铸件的尖角和凹槽部位不易获得均匀的铸层，尺寸大而薄的铸件容易变形。

在模具制造中，电铸加工法主要用于加工塑料压模、注射模等模具的型腔。为了保证型腔有足够的强度和刚度，其铸层厚度一般为6～8mm。用镍为电铸材料时，电铸时间约为8天，电铸件的抗拉强度一般为1.4～1.6MPa，硬度为45～50HRC，不需要进行热处理。承受冲击载荷的型腔（如锻模型腔）不宜采用电铸法制造。

2）电铸法制模的工艺过程。电铸法制模是预先按型腔的形状、尺寸做成原模，在原模上电铸一层适当厚度的镍（或铜）后将镍壳从原模上脱下，外形经过机械加工，镶入模套内作型腔。其加工的工艺过程如下。

原模设计与制造→原模表面处理→电铸至规定厚度→衬背处理→脱模→清洗干燥→成品。

① 原模。原模的尺寸应与型腔一致，沿型腔深度方向应加长5～8mm，以备电铸后切除端面的粗糙部分。原模电铸表面应有脱模斜度（一般取15′～40′），并进行抛光，使表面粗糙度值达$Ra0.08 \sim Ra0.16\mu m$。此外，还应考虑电铸时的挂装位置。

根据电铸模具的要求、铸件数量等情况，可采用不锈钢、铝、低熔点合金、有机玻璃、塑料、石膏和蜡等为原材料制造原模。凡是金属材料制作的原模，在电铸前需要进行表面钝化处理，使金属原模表面形成一层钝化膜，以使电铸后易于脱膜（一般用重铬酸盐溶液处理）。对于非金属材料制作的原模要进行表面导电化处理，其处理方法如下。

- 以极细的石墨粉、铜粉或银粉调入少量胶合剂作成导电漆，均匀地涂在原模表面。
- 用真空镀膜或阴极溅射（离子镀）的方法使原模表面覆盖一薄层金或银的金属膜。
- 用化学镀的方法在原模表面镀一层银、铜或镍的薄层。

② 电铸金属及电铸溶液。电铸金属应根据模具的要求进行选择。常用的电铸金属有铜、镍和铁三种，相应的电铸溶液为含有所选用电铸金属离子的硫酸盐、氨基磺酸盐和氧化物等的水溶液。

③ 衬背和脱模。有些电铸件（如塑料模具和电火花加工所用的电极等）电铸成形之后，需要用其他材料在其背面加固（称为衬背），以防止变形，然后对电铸件进行脱模和机械加工。加固可采用喷涂金属、镶入模套、铸铝、浇注低熔点合金或环氧树脂的方法来获得，见表3-21。

表 3-21　电铸成形件的加固方法

加固方法	图示	工艺说明
喷涂金属（铜或钢）	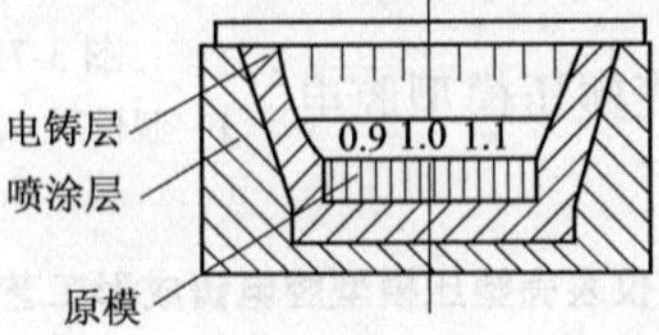	在电铸层外面喷涂金属（铜或钢）待达到一定厚度再将外形车削成所需的形状
无机粘结	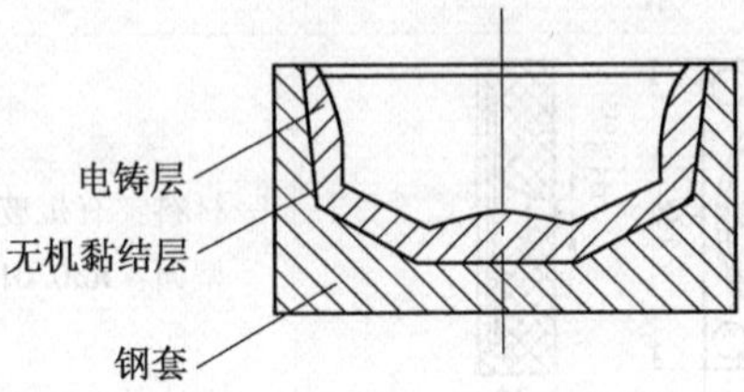	1）将电铸件的外形按铸件的镀层大致车削成形 2）按车制后铸件的外形，配车钢套内形，间隙单边为0.2～0.3mm浇无机黏结剂
铸铝	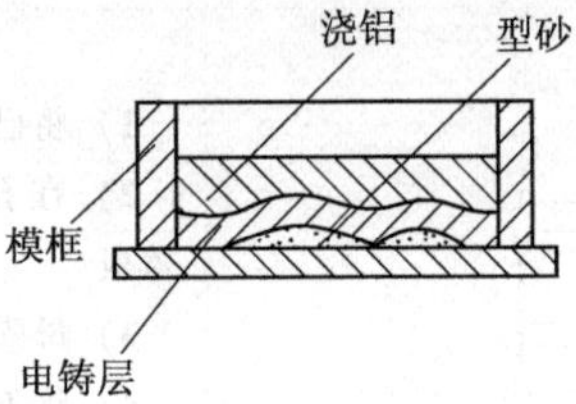	在电铸件的背面铸铝加固，在浇铸前，型腔填以型砂，以防止模具变形
浇环氧树脂或低熔点合金	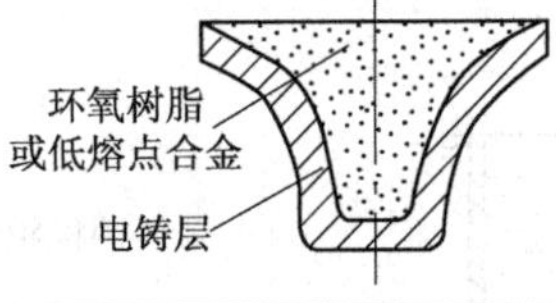	电铸电极为了防止在电火花加工时变形，在电铸件的内壁浇以低熔点合金或环氧树脂

3）电铸时注意事项，以电铸镍为例，电铸时应注意以下几点。

① 镍阳极必须采用高纯度电解镍板，其面积是电铸模型投影面积的1～2倍，采用铜螺钉与导线连接。

② 电铸槽内不应混入有机物及金属杂质，每2～4天分析调整溶液，并维持电铸溶液的

液位，液温采用恒温控制。

③ 原模放入电铸槽内1min后，待原模完全浸透再接通电源，开始4h内每隔0.5h观察一次铸层情况，并注意电流与温度的调整。

④ 电铸时严禁断电。如果中途断电但时间不超过2h则可不必取出原模，待通电后做反向电流处理；如果断电超过2h则应将原模取出，用20%稀盐酸活化后再进行电铸。

⑤ 原模及阳极在电铸溶液中的放置对电铸质量影响较大。

电铸成形的型腔结构简单，对电铸表面机械加工后直接镶入模套使用；复杂的型腔，为简化模套形状，一般都需要加衬背，机械加工后再镶入模套。脱模通常在镶入模套后进行，这样可避免电铸件在机械加工中变形或损坏。脱模方法有用锤子敲打、加热或冷却，用脱模架脱出等，要视原模材料不同合理选用。图3-73所示为金属原模及电铸脱模架，旋转脱模架的螺钉，就可以将原模从电铸件中取出。

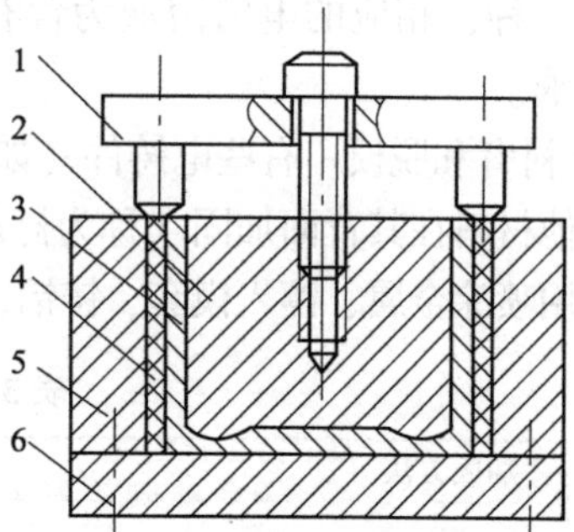

图3-73 金属原模及电铸脱模架

1—脱模架 2—原模 3—电铸型腔 4—黏结剂 5—模套 6—垫板

4）电铸法制模示例。某仪表壳塑压模型腔电铸成形工艺方法见表3-22。

表3-22 某仪表壳塑压模型腔电铸成形工艺方法

内 容	图 示	工艺说明
母模	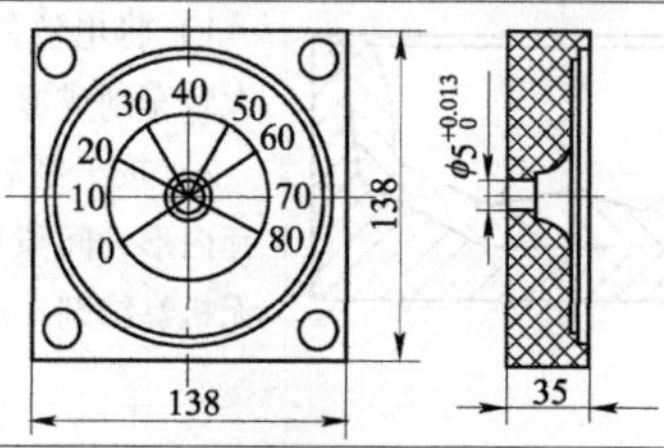	材料：有机玻璃 型面：$Ra0.01 \sim Ra0.2\mu m$
电铸前处理	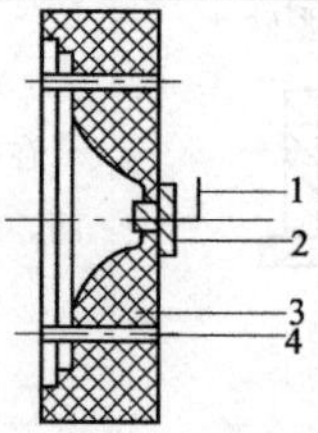 1—导线 2—空心嵌件 3—母模 4—嵌件	1）将已车削成形的嵌件镶入母模 2）在孔内放入塑料导线，一端裸露，压紧盖板 3）母模清洗后镀银 4）将不需要银层的部位去除
母模放入电解槽	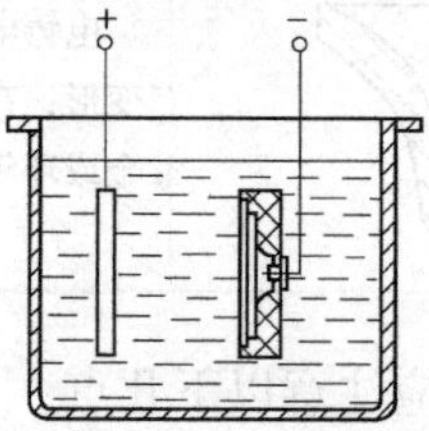	两极距离不小于200mm，母模垂直放置
电铸成形		时间：20天左右 层厚：4～5mm

（续）

内　容	图　示	工艺说明
铸后加工	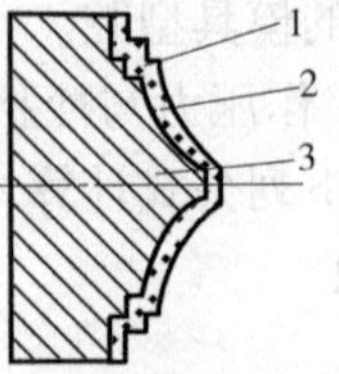 1—电铸件　2—环氧树脂　3—支承板	1）在车床上将母模割下 2）根据电铸件背面形状，配车加工一支承板，并用环氧树脂粘接在一起，成为整体
模具图	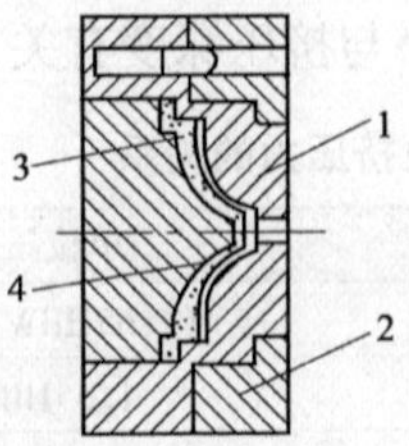 1—镶块　2—模框　3—电铸件　4—支承板	装配好的模具

2. 型腔的挤压成形技术

模具型腔的挤压成形有冷挤压、热挤压和超塑成形等方法。

（1）冷挤压成形　型腔冷挤压成形是在常温下利用安装在压力机上的工艺凸模，以一定的压力和速度挤压模坯金属，使其产生塑性变形而形成具有一定几何形状和尺寸的模具型腔。该方法具有制造周期短、生产率高、型腔精度高和使用寿命长等优点，但变形抗力大，需要大吨位的压力机。型腔冷挤压成形技术广泛应用于小尺寸浅型腔模具及难于机械加工的复杂型腔模具的制造，同时还可以用于有文字、花纹和多型腔模具的加工。

1）冷挤压方式。型腔的冷挤压方式有开式挤压和闭式挤压两种。

① 开式挤压。开式挤压如图 3-74 所示，将一定形状的模坯放在工艺凸模下加压，模坯金属的流动方向不受限制。这种方法比较简便，成形的压力较小。由于模坯受挤压面有向下凹陷的现象，因此挤压成形后还需进行机械加工。开式挤压模坯易开裂，一般只宜加工精度不高或深度较浅的型腔。

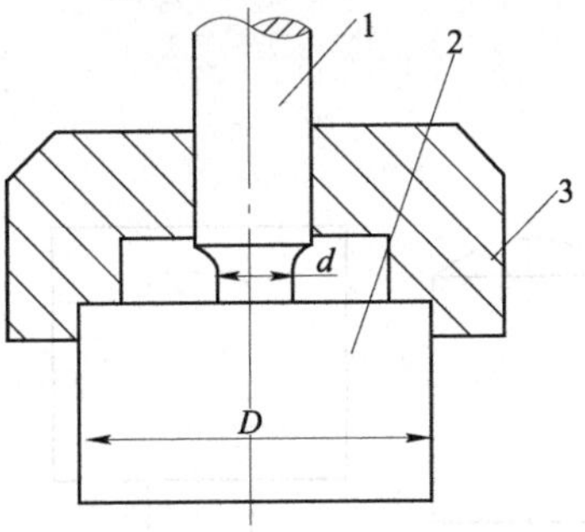

图 3-74　开式挤压

1—工艺凸模　2—模坯　3—导套

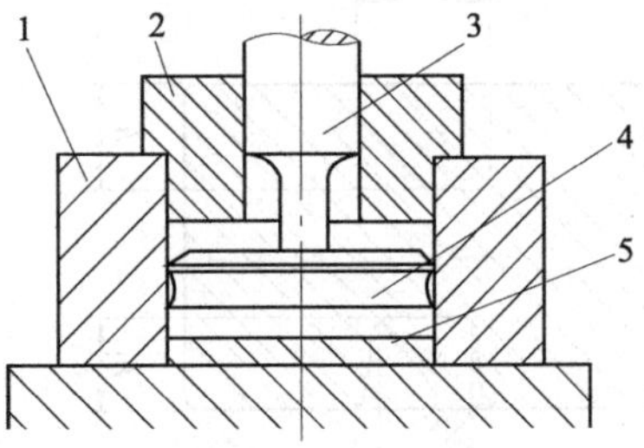

图 3-75　闭式挤压

1—模套　2—导向套　3—工艺凸模　4—模坯　5—垫板

② 闭式挤压。闭式挤压是将模坯放在挤压模套内挤压，如图 3-75 所示。在工艺凸模向下挤压的过程中，由于受到模套的限制，模坯金属产生塑性变形时只能向上流动。这就保证

了模坯金属与工艺凸模的吻合。因此，型腔轮廓清晰，尺寸精度较高，表面粗糙度值可达 $Ra0.08 \sim Ra0.42\mu m$。但需要的挤压力较开式挤压大，模坯顶面产生变形，需机械加工。该方法多用于挤压面积小、型腔较深及精度要求较高的模具型腔。

2）工作压力与设备选择。型腔冷挤压所需的工作压力与冷挤压方式、模坯材料及其性能、挤压时的润滑情况等许多因素有关，一般采用下列公式计算，即

$$F = 10^{-6} pA$$

式中 F——冷挤压所需的工作压力（N）；

A——型腔投影面积（mm^2）；

p——单位挤压力（Pa），单位挤压力的大小与挤压深度有关，具体见表3-23。

表3-23 挤压深度与单位挤压力的关系

挤压深度 h/mm	单位压力 p/Pa
5	$(1.65\text{HBW} - 45) \times 10^7$
10	$1.65\text{HBW} \times 10^7$
15	$(1.65\text{HBW} + 25) \times 10^7$

由于型腔冷挤压所需的工作运动简单、行程短、挤压工具和模坯体积小、单位挤压力大、挤压速度低，所以冷挤压一般选用构造不太复杂的小型专用液压机作为挤压设备。

3）模坯准备。在保证型腔强度的条件下，一般尽量选用含碳量较低的钢铁材料或非铁金属及其合金材料，如10、20、20Cr、T8A、T10A、3Cr2W8V与铝及铝合金、铜及铜合金等作型腔材料。模坯在冷挤压前，要进行退火处理（低碳钢完全退火至100～160HBW，中碳钢球化退火至160～200HBW），以提高材料的塑性、降低强度从而减小挤压时的变形抗力。

开式冷挤压，模坯的形状一般不受限制。闭式冷挤压时模坯应与模套配合，模坯轮廓直径可取型腔直径的2～2.5倍，高度为型腔深度的2.5～4倍。

冷挤压成形较深的型腔时，为了减小挤压力，可在模坯上开减荷穴，如图3-76所示。其中，减荷穴的尺寸 $d_1 = (0.6 \sim 0.7)d$，$h_1 = 0.7h$，$R \geqslant 2mm$，$r = 1.5 \sim 2mm$，$\alpha = 4° \sim 8°$。当型腔底部有文字或图案时，应将模坯制成凸起的端面，如图3-77a所示，或挤压时在模坯下面用凸垫反顶成形，如图3-77b所示。

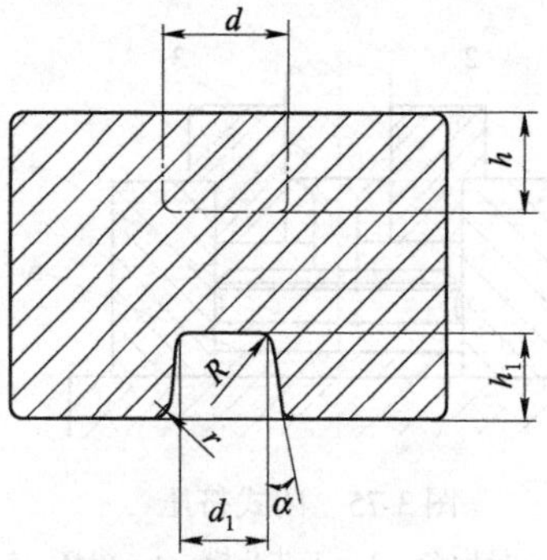

图3-76 减荷穴

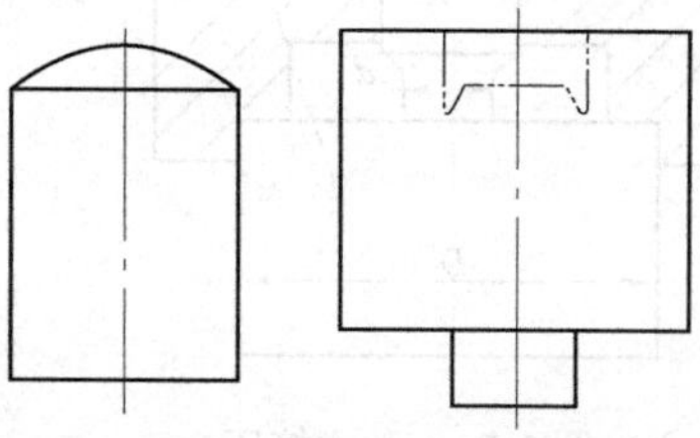

图3-77 有文字或图案的模坯

）端面有凸起的模坯 b）用凸垫反顶成形的模坯

4）工艺凸模和模套。

① 工艺凸模。冷挤压工艺凸模在挤压过程中受到很大的工作压力，当凸模压入模坯后，其表面与模坯材料之间产生剧烈的摩擦。因此，要求工艺凸模必须要有足够的强度、硬度、韧性和耐磨性。为了减少挤压时的摩擦阻力及避免使模坯材料黏附在凸模上，成形过程中常用硫酸铜或二硫化钼等润滑剂涂在凸模和模坯上。对于形状简单的工艺凸模，材料可选 T8A 和 T10A；对于形状复杂的工艺凸模，材料可选用 9SiCr、Crl2、Crl2MoV 和 CrWMn。工艺凸模经热处理后，硬度为 60 ~ 64HRC，硬度过低会造成型腔轮廓不清晰，过高则易使凸模崩裂。

工艺凸模的基本结构如图 3-78 所示，分为工作部分（L_1）、导向部分（L_2）和过渡部分。型腔的精度取决于工艺凸模工作部分的精度，该处的精度要比型腔的精度高 1 ~ 2 级，表面粗糙度值为 *Ra*0.08 ~ *Ra*0.32μm。一般将工作部分的长度设计为型腔深度的 1.1 ~ 1.4 倍。

② 模套。模套的作用是限制金属的流动方向以提高材料的塑性和成形精度。模套的结构有单层模套和双层模套两种，如图 3-79 所示。

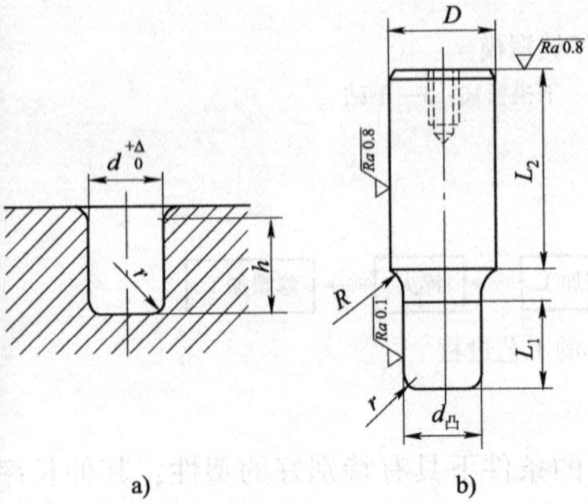

图 3-78　冷挤压工艺凸模的形状

a）型腔　b）工艺凸模

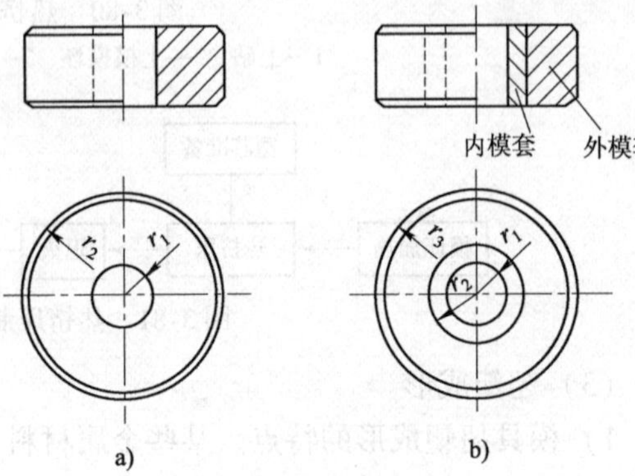

图 3-79　模套的结构

a）单层模套　b）双层模套

试验证明，单层模套的外径与内径之比越大，则强度就越高。但当 $r_2/r_1>4$ 时，即使再增加 r_2，强度改变也不会很明显，因此实际应用中常取 $r_2=(4\sim6)\ r_1$。单层模套的材料一般选用中碳钢、合金钢或工具钢，热处理硬度 44 ~ 48HRC。双层模套内套的材料选用和热处理工艺与单层模套相同，外套的材料可选 Q235 或 45 钢。内套压入外套后，因受外套的预压力，具有比同尺寸单层模套更高的承载能力。

（2）热挤压成形　热挤压成形又称为热反印法，它是将模坯加热到锻造温度后，用预先准备好的型芯压入模坯而挤压出型腔的方法。热挤压成形模具的制造方法简单，周期短，成本低，所形成的型腔内部纤维连续，组织细密，因而耐磨性好，强度高，使用寿命长。但由于模坯加热温度高，尺寸难以掌握，易出现氧化等缺陷，所以热挤压成形技术常用于尺寸精度要求不高的锻模制造。

型芯可以用工件本身或事先专门加工制造。用工件作型芯时，由于未考虑冷缩量，因而只适用于几何形状、尺寸精度要求不高的锻件的生产，如起重吊钩、吊环螺钉等产品。当工件形状复杂且尺寸精度要求较高时，必须设计、制造型芯。型芯的所有尺寸应按锻件尺寸放出锻件本身及腔的收缩量，收缩量一般取1.5%～2.0%，并作出脱模斜度。因考虑到分型面的后续加工，在高度方向上应加上5～15mm的加工余量。型芯材料一般为T7、T8或3Cr2W8V等，热处理硬度达到50～55HRC。

图3-80所示为热挤压成形起重吊钩锻模。用吊钩本身作为型芯，先用砂轮打磨表面后涂上润滑剂，放在加热好的上下模模坯之间，施加压力挤压出型腔。其工艺过程如图3-81所示。

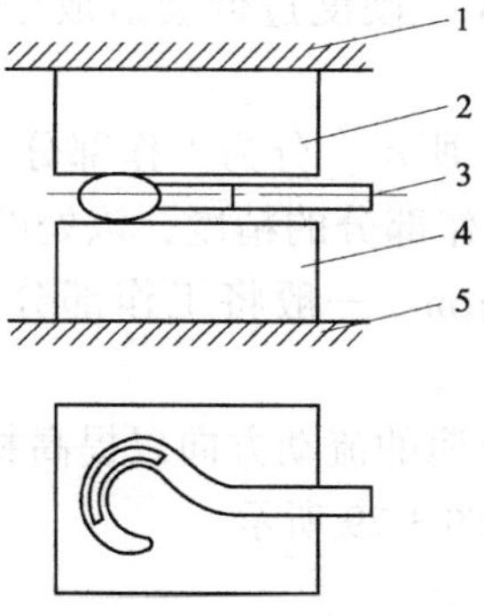

图3-80 热挤压成形吊钩锻模

1—上砧 2—上模模坯 3—型芯 4—下模模坯 5—下砧

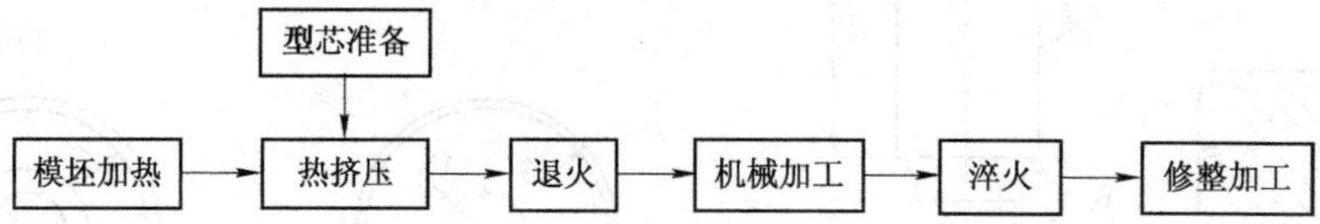

图3-81 热挤压制造模具的工艺过程

(3) 超塑成形

1）模具超塑成形的特点。某些金属材料在特定的条件下具有特别好的塑性，其伸长率δ可达到100%～2000%，甚至更高，这种现象称为超塑性。

在超塑性状态下，材料所允许的变形极大而且均匀，可以成形形状复杂的零件且不会产生加工硬化。超塑成形的模具型腔或型芯基本没有残余应力，尺寸精度高，稳定性高，材料的变形抗力小。与冷挤压相比，超塑成形可极大地降低工作压力。利用超塑成形技术制造模具从设计到加工都得到简化，材料消耗减少，可使模具成本降低。

2）常用的超塑性材料及其性能。凡伸长率δ超过100%的材料均称为超塑性材料。到目前为止，共发现一百多种超塑性金属，大部分已经在工业上得到应用，其中以非铁金属为主，如ZnAl22、ZnAl27、2A12、2A16、7A03和7A09等。近年来，我国对钢铁材料特别是模具钢的超塑性研究已经取得重大突破，如Crl2MoV、3Cr2W8V等就可以用开式挤压一次超塑成形，但与ZnAl22相比，还有待进一步发展。

常用于模具制造的超塑性金属是ZnAl22，其主要成分与性能见表3-24。

由表3-24可以看出，ZnAl22是一种锌基中含铝的合金。这种材料在360℃以上时快速冷却，如图3-82所示，可获得5μm以下的超细晶粒组织，当变形温度处在250℃时，伸长率δ可达400%以上，即进入超塑性状态。

表 3-24　ZnAl22 的主要成分和性能

主要成分（%）				性能									
				熔点	密度/	在 250℃时		恢复正常温度时			强化处理后		
w_{Al}	w_{Cu}	w_{Mg}	w_{Zn}	θ/℃	(g/cm³)	σ_b/Pa	δ（%）	σ_b/Pa	δ（%）	HBW	σ_b/Pa	δ（%）	HBW
20 ~ 24	0.4 ~ 1	0.001 ~ 0.1	余量	420 ~ 500	5.4	0.86 ×10⁷	5 ~ 112	(30 ~ 33) 10⁷	28 ~ 33	60 ~ 80	(40 ~ 43) 10⁷	7 ~ 11	86 ~ 112

材料发生超塑变形的速度和温度有一定的范围。一般来说，当温度超过材料熔点的一半，即 0.5θ 时，在一定的温度范围内具有超塑性。超塑性变形的最佳速度范围为 0.1mm/min 以下。

经超塑成形后，要进行强化处理，如图 3-83 所示，使 ZnAl22 的超塑性消失，并获得较高的力学性能。与常用模具钢相比，ZnAl22 的耐热性能和承载能力较差，所以多用于制造塑料注射模具。为增强模具的承载能力，通常在模具的外围套上钢制模框加固。为弥补材料耐热性差的缺陷，可在模具的浇口与流道处用钢制镶块嵌套。

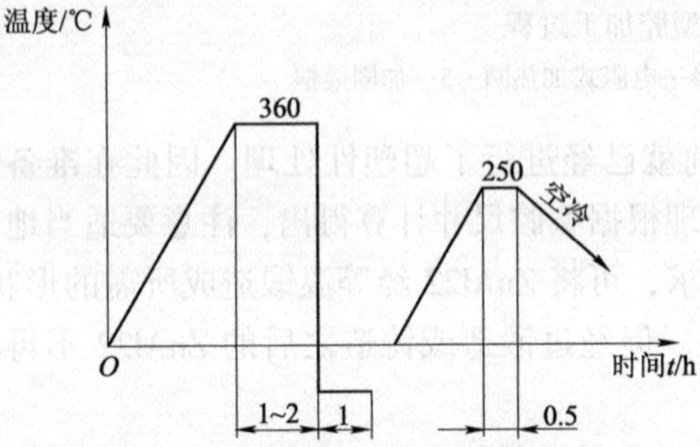

图 3-82　ZnAl22 超塑性处理工艺

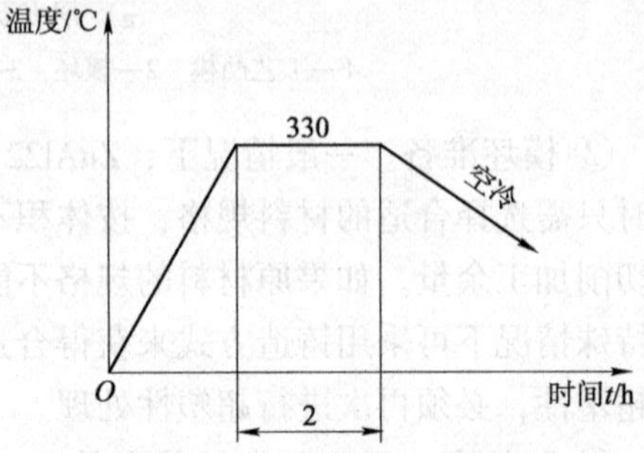

图 3-83　ZnAl22 强化处理工艺

3）型腔的超塑成形工艺。超塑成形加工型腔是用预先加工好的工艺凸模，在特定的温度及速度范围内对超塑性模坯进行挤压。超塑成形不仅可以成形型腔，而且还可以用来制造难以机械加工的凸模。

图 3-84 所示是利用 ZnAl22 超塑成形尼龙齿轮型腔的工艺过程。

① 工艺凸模。可以采用中碳钢、低碳钢、工具钢或 HPb59－1 等材料制造，工艺凸模一般可不进行热处理。在确定工艺凸模的尺寸时，要考虑模具材料及塑料制件的收缩率，其计算公式为

$$d = D[1 - \alpha_{l1} \cdot \theta_1 + \alpha_{l2}(\theta_1 - \theta_2) + \alpha_{l3} \cdot \theta_2]$$

式中　d ——工艺凸模的尺寸（mm）；

D——塑料制件的尺寸（mm）；

α_{l1}——凸模的线（膨）胀系数（$℃^{-1}$）；

α_{l2}——ZnAl22 的线（膨）胀系数（$℃^{-1}$）；

α_{l3}——塑料的线（膨）胀系数（$℃^{-1}$）；

θ_1——挤压温度（℃）；

θ_2——塑料注射温度（℃）。

α_{l2} 可在 0.004～0.006 的范围内选取，α_{l1}、α_{l3} 可按照工艺凸模及塑料类别从有关手册查得。

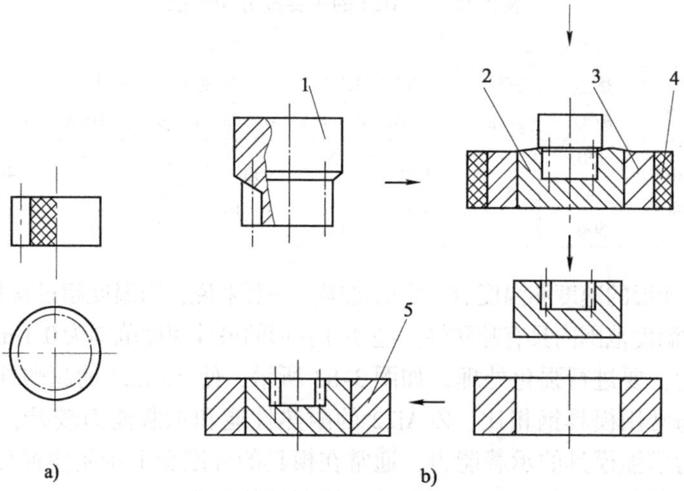

图 3-84 超塑成形尼龙齿轮型腔的工艺过程

a）尼龙齿轮 b）型腔加工过程

1—工艺凸模 2—模坯 3—防护套 4—电阻式加热圈 5—加固模框

② 模坯准备。一般情况下，ZnAl22 在出厂前就已经进行了超塑性处理。因此在准备模坯时只需选择合适的材料规格，按体积不变的原理根据型腔尺寸计算得出，注意要适当地留出切削加工余量。如果原材料的规格不能满足要求，可将 ZnAl22 经等温锻造成所需的形状，在特殊情况下可采用铸造方式来获得合适的模坯。但经过锻造或铸造之后的 ZnAl22 不再具有超塑性，必须再次进行超塑性处理。

③ 防护套。进入超塑性状态的 ZnAl22 屈服强度低，伸长率高，挤压加工时金属材料因受力会发生自由的塑性流动而影响成形精度。因此，为了获得理想的形状，ZnAl22 的超塑成形通常是在防护套中进行的，如图 3-85 所示。在防护套的作用下，材料沿与凸模压入方向相反的方向流动，且流动时与防护套内壁紧密贴合，从而提高了型腔的尺寸精度。

防护套内壁尺寸由型腔的外形尺寸决定，可比模坯尺寸大 0.1～0.2mm，表面粗糙度值为 *Ra*0.8μm。防护套壁厚一般不得小于 25mm，高度应略高于模坯的厚度。当防护套高度大于 10mm 时，其内壁应加工出 20′～1.5°的脱模斜度。

防护套的材料一般采用普通结构钢，热处理硬度大于 42HRC。

④ 超塑成形的设备。超塑成形的设备可用普通液压机进行改造。现有液压机（如 Y32、Y71 系列）就基本满足超塑成形的要求，只是工作速度太快。采用调速电动机结合改变液压泵的流量，可实现减速的目的。

ZnAl22 的超塑性变形应在一定的温度下进行，因此在挤压成形时，设备需要有加热保温装置。图 3-86 所示为采用电阻炉作为加热装置，用来维持超塑成形所需的温度。隔热板常采用酚醛布胶板或环氧布胶板等材料。成形加工时一般不设计导柱和导套，而是通过模口直接导向，其目的是为了减小因模具各部位受热不均匀给成形精度带来的影响。由于处于超塑性状态的材料变形抗力小，极易变形，因此不宜直接用顶杆顶出，应使用面积较大的顶板。必要时可降低温度后再顶出脱模。

⑤ 超塑成形的润滑。合理的润滑可以减小材料超塑变形时与工艺凸模的摩擦力，降低挤压成形的工作压力，同时，还可以防止金属黏附，易于脱模，以获得理想的型腔尺寸和表面粗糙度。常用的润滑剂有295硅脂、201甲基硅油和硬脂酸锌等。使用时涂抹要均匀，用量不要太多，否则在润滑剂堆积过多的部位不能被超塑性材料充满，影响型腔精度。对于模具钢，其超塑成形温度高，上述润滑剂均不能满足要求，故应采用熔融玻璃剂润滑。

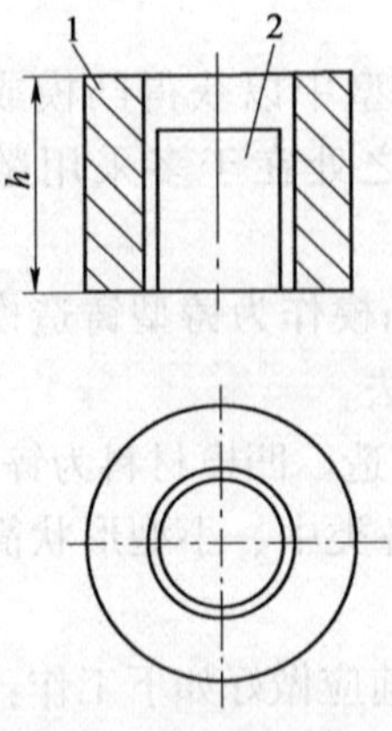

图 3-85 超塑成形防护套

1—防护套 2—模坯

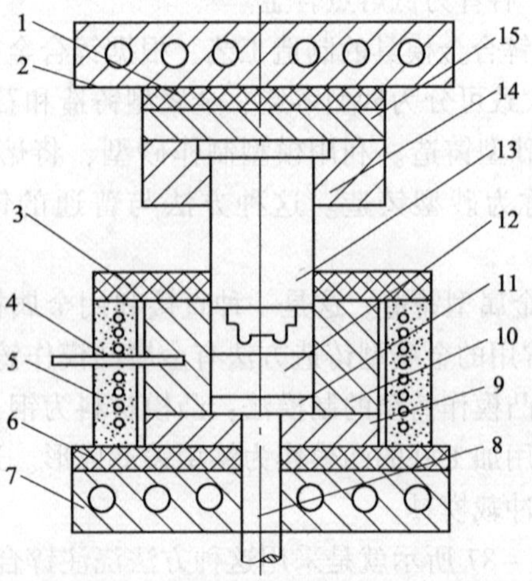

图 3-86 超塑成形模具及加热装置

1、3、6—隔热板 2、7—水冷板 4—热电偶 5—加热炉 8—顶杆 9—下垫板 10—防护套 11—顶板 12—模坯 13—凸模 14—固定板 15—上垫板

3. 模具铸造成形技术

铸造是将液态金属浇注到铸型内，待其冷却凝固后获得与铸型型腔形状、尺寸一致的工件的工艺过程。这种方法可以比较容易地制成形状复杂，特别是具有复杂内腔的零件或毛坯。铸造成形的特点是切削加工工作量少，制作周期短，投资小，成本低廉，铸造所用的原材料十分广泛，如钢、铸铁和非铁金属等均可采用铸造成形。但铸件在成形过程中较难精确控制，其内部化学成分与结构组织经常不均匀，晶粒粗大，内部易产生气孔、缩松、砂眼等铸造缺陷，力学性能不如锻件高，操作人员劳动强度大。

(1) 锌合金模具的制造 锌合金是以高纯度（99.99%）锌为基体的锌、铜、铝三元合金，有时还含有少量的镁，又称锌基合金。用锌合金材料制造的模具称为锌合金模具。由于锌合金熔点低（380℃），铸造性能好，并具有一定的强度，所以锌合金模具常通过铸造成形。目前，锌合金模具已广泛应用于生产批量较小的产品，特别是在新产品的试制和老产品的改型中优势明显。

1）模具用锌合金的性能。为了提高锌合金模具的强度、硬度和耐磨性，锌合金中各元素的含量要适当。模具用锌合金材料的主要成分参见表 3-25。

表 3-25 模具用锌合金材料的主要成分 （%）

w_{Al}	w_{Cu}	w_{Mg}	w_{Zn}
2.8~8.8	0.7~6.0	0.025~0.06	92~93

由表 3-25 可以看出，锌是锌合金的主要组成成分，其性能与低碳钢近似，但在常温状

态下呈脆性。加入铜元素后会使合金的硬度、强度和耐磨性增加，但会降低锌合金的塑性与流动性。铝可以提高合金的强度、冲击韧度，抑制脆性化合物的产生，提高合金的流动性和细化晶粒，但铝的含量过高会使合金的耐磨性降低。加入少量的镁，既可以有效地抑制晶间腐蚀又可细化晶粒，提高合金的强度和硬度。

锌合金的熔点为380℃，浇注温度为420~450℃。其熔点比锡铋合金的熔点高，属中熔点合金，后者为低熔点合金。

2）锌合金模具的制造工艺。根据锌合金模具的结构、用途及工厂设备条件不同，其铸造方法大致可分为砂型铸造、金属型铸造和石膏型铸造。

① 砂型铸造。利用模型制作砂型，将熔化的锌合金浇注到砂型中以获得凸模或凹模的方法称为砂型铸造。这种方法与普通的铸造方法相似，不同之处在于多采用敞开式铸造。

② 金属型铸造。这是一种直接利用金属样件，或用加工好的凸模作为铸型铸造模具的方法。常用的金属型铸造方法有金属凸模作铸型制模法和样件制模法。

- 凸模作铸型的制模法：凸模材料为钢，用机械加工的方法制造。凹模材料为锌合金，用加工好的凸模作为铸型铸造成形。这种方法适用于生产各类中、小型形状简单的冲裁模具。

图3-87所示就是采用这种方法浇注锌合金落料模。在铸造之前应做好如下工作：按设计要求加工凸模，经检验合格后将凸模固定于上模座上；在下模座上安装模框，正对凸模下方安放凹模漏料孔型芯；在模框外侧四周填上湿型砂并压实，以防止锌合金液泄漏；采用喷灯或氧乙炔焰将凸模预热到150~200℃，为便于凸、凹模的分开，可在凸模上涂上硅脂或硫酸铜等脱模剂。

由于锌合金收缩率较大，凹模上平面部位容易发生塌边，不能获得清晰的轮廓，因此合金的浇注高度应取凹模高度的1.5倍，待冷却成形后机械加工。

上述浇注方法称为模内浇注法，适用于合金用量在20kg以下的模具浇注。对于合金用量较多的模具，为了消除浇注热量和凸模预热对模架变形的影响，可采用模外浇注，如图3-88所示，即在模架外的平板上单独将凹模（或凸模）浇注成形，然后安装到模架上去。模外浇注工艺简单、操作方便，目前应用广泛。

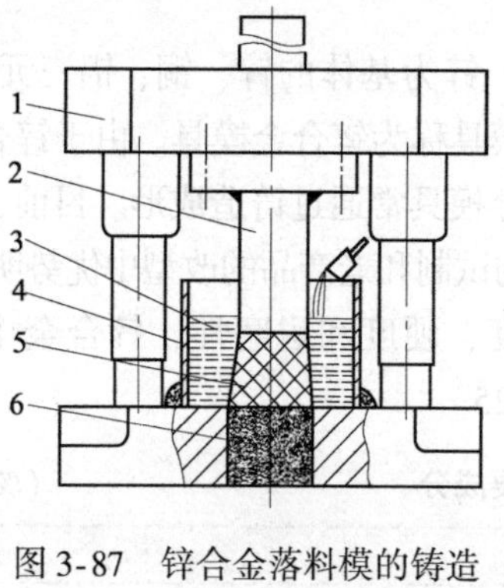

图3-87　锌合金落料模的铸造

1—模架　2—凸模　3—锌合金　4—模框　5—漏料孔砂芯　6—干型砂

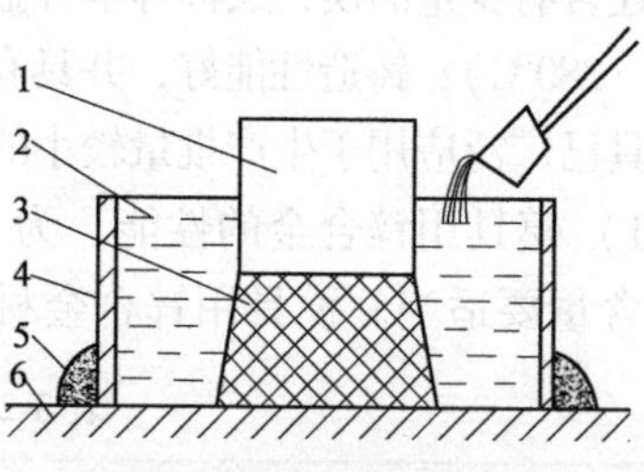

图3-88　模外浇注

1—凸模　2—锌合金　3—漏料孔砂芯　4—模框　5—湿型砂　6—平台

- 样件制模法：这是直接用样件作为铸型铸造模具的方法。这种方法简便易行，应用广泛，但型面尺寸精度低。

样件是用板料制成的与冲压件形状、尺寸一致的薄壁零件。其制作方法有手工敲制法和冲压件改制法。手工敲制法是用金属（钢、铝、铜等）板料手工敲制而成，这种样件尺寸精度较低，形状不能太复杂，对板金工的技术水平要求较高。用冲压件进行改制，只需按照工艺要求增加一些补充部分（一般是凸缘）即可，其优点是制作简单，样件精度高。图3-89所示的是利用冲压件改制样件的制模过程。

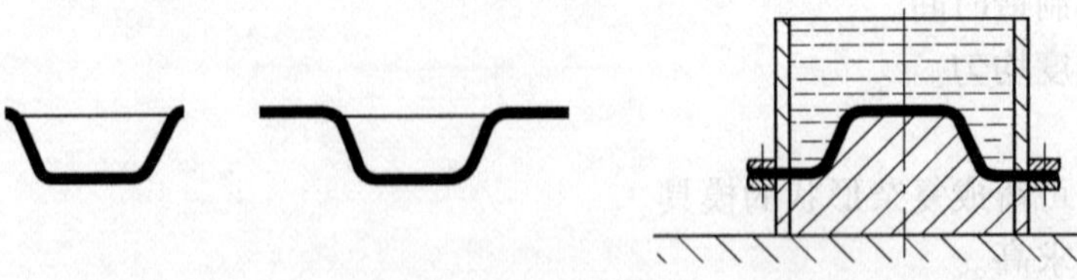

图3-89　利用冲压件改制样件制模

a）冲压件　b）改制后的样件　c）利用样件浇注

金属型制模法常用于冲裁模和压印模的制作。

③石膏型铸造。利用样件翻制石膏铸型，浇注锌合金凸模或凹模的方法称为石膏型铸造。石膏铸型制作工艺简单，并具有良好的复制性能，因此这种方法可用于制作花纹细致、轮廓清晰、形状复杂、表面精度与尺寸精度较高的模具。但由于石膏是一种导热性差、吸湿性强、强度低且脆性高的材料，因此一般只适用于生产小型成形模和塑料模等模具。

（2）铍铜合金模具的制造

1）铍铜的组成与性能。铍铜属于特殊青铜，它是一种以铍为主要合金元素的铜合金，又称铍青铜。铜中加入少量的铍后，合金的性能发生很大的变化。经淬火和人工时效后，具有很高的强度（是强度最高的铜合金，可与高强度合金钢相媲美）、硬度、弹性极限及疲劳强度。此外，铍铜还具有较好的铸造性和热加工性，可通过铸造、热挤压、锻造和冲压等工艺制造模具。常用于制造吹塑和注射模等模具。

工业上用于模具制造的铍铜合金中铍的质量分数 $w_{Be}=1.6\%\sim2.5\%$。表3-26是铍铜QBe1.9的主要成分。

表3-26　铍铜合金QBe1.9的主要成分　（%）

w_{Ni}	w_{Ti}	w_{Be}	w_{Al}	w_{Fe}	w_{Pb}	w_{Si}	w_{Cu}	杂质总和
0.2~0.4	0.1~0.25	1.85~2.1	<0.15	<0.15	<0.005	<0.15	余量	<0.5

2）时效强化。先淬火（780℃±10℃，水冷）后，$\sigma_b=500\sim550$MPa，硬度120HBW，$\delta=25\%\sim45\%$。再冷挤压成形，时效处理（400~450℃，2h）之后，铍铜才具有很高的强度与硬度（$\sigma_b=1250\sim1400$MPa，硬度300~400HBW）。

3）合金熔炼与铸造工艺。铍是一种有毒金属。熔炼时，铍铜合金的吸气性很强，且铍、钛在高温下极易被氧化而形成夹杂。熔炼铜合金时，炉气中有氢、氧、氮、一氧化碳、二氧化碳、水蒸气和二氧化硫等多种气体。这些气体能以各种形式与铜液发生作用，使合金内部产生气孔，对模具质量产生十分不利的影响。为了降低对模具质量的影响和防止铍化物对人体的危害，一般将铍铜合金置入真空感应炉中进行熔炼，铍以铜铍中间合金形式加入。电渣重熔也有助于降低气孔率和夹杂物质的含量。

铍铜合金铸造成形多采用水冷模无流浇注或半连续浇注，浇注的温度范围为1120～1160℃。为排除合金中的夹杂物，可在浇注时用专用过滤网进行过滤。当采用金属型铸造时，其温度不宜过低，以60～80℃为宜，但最高不得超过120℃，以避免在冷却过程中产生裂纹。

铍铜合金主要用来制造塑料模。铍铜合金模具具有以下特点。

① 导热性好。

② 可缩短模具制造时间。

③ 热处理后强度均匀。

④ 耐腐蚀。

⑤ 铸造性好，可铸成复杂形状的模具。

⑥ 模型精度要求高。

⑦ 材料价格高。

⑧ 需要用压力铸造技术。

根据上述特点，铍铜合金适用于制作制件需要量大、切削加工困难、形状复杂的精密塑料成形模具。

图3-90是用金属型浇注铍铜合金的示意图，其工艺过程如下。

母模制作→压铸箱组装→浇入熔料→对熔料加压→脱模、抛磨处理→切去浇口废料→热处理→装配。

铸造模具的精度取决于铸型的加工精度，所以对铸型尺寸、形状及表面粗糙度要求都比较高。设计模具时要考虑脱模斜度、收缩率和加工余量等因素。由于合金熔点较高，一般在880℃左右，所以模具材料宜选用耐热模具钢（4Cr2W5V），热处理硬度为42～47HRC。

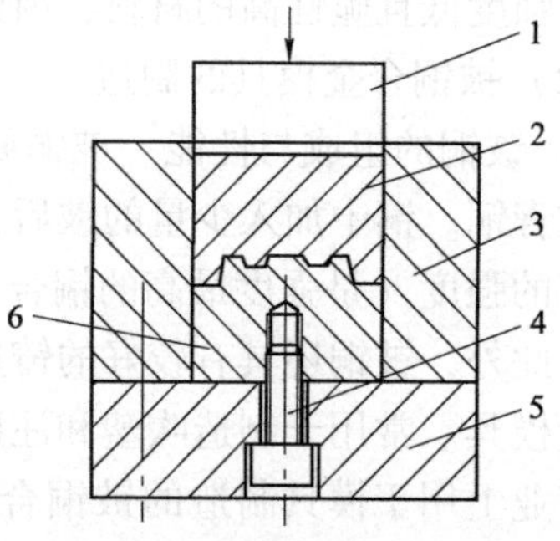

图3-90 铍铜合金示意图

1—加压装置 2—铍铜合金凹模 3—铸造模框 4—脱模螺钉 5—垫板 6—母模

（3）陶瓷型铸造 陶瓷型铸造是在砂型铸造的基础上发展起来的铸造工艺。陶瓷型由质地较纯、热稳定性较高的耐火材料制作而成，用这种铸型铸造出来的铸件具有较高的尺寸精度（IT8～IT10），表面粗糙度值为 $Ra1.25 \sim Ra10\mu m$。所以这种铸造方法亦称陶瓷型精密铸造。

1）陶瓷层材料。制陶瓷型所用的造型材料包括耐火材料、黏结剂、催化剂、脱模剂和透气剂等。

2）陶瓷型铸造工艺。

① 模型的制作。用来制造陶瓷铸型的模型一般需要两个：一个是用来制造砂套的粗模，如图3-91a所示；另一个是用来成形型腔表面的精模，如图3-91b所示。

② 砂套造型。将粗模置于砂箱内的平板上，在粗模上方开设排气孔和灌浆孔的部位竖两根圆棒，如图3-91c所示，然后往砂箱内填满水玻璃砂，夯实后开模。在砂套上打气眼，充入二氧化碳使其硬化。

③ 陶瓷浆料的制作。陶瓷型材料由耐火材料、黏结剂、催化剂和透气剂等按一定的比例配制而成。其中，耐火材料主要含 Al_2O_3 和 SiO_2。

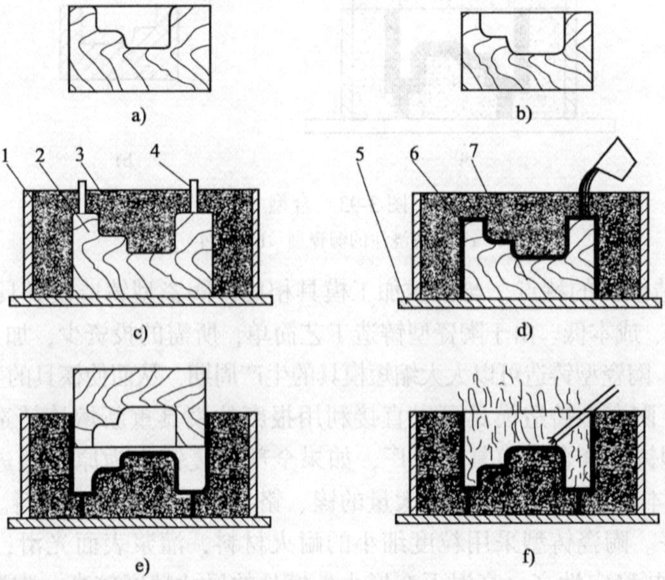

图 3-91　陶瓷型铸造

a）粗模　b）精模　c）砂套造型　d）灌浆　e）起模　f）喷烧

1—砂箱　2—粗模　3—水玻璃砂　4—排气孔及灌浆孔芯　5—垫板　6—陶瓷灌浆　7—精模

④ 灌浆与喷烧。将砂套套在精模的外部，并使两者间隙均匀，如图 3-91d 所示，将陶瓷浆料从浇口中注入充满间隙。结胶后，一般控制在 15～20min 内即可开模。开模之后要喷烧陶瓷型腔，并吹入压缩空气助燃。

⑤ 烘干。烘干的目的是将陶瓷铸型内残存的酒精、水分和少量有机物清除干净。将陶铸型放入烘干炉中，以 100～300℃/h 的速度将温度慢慢升高至 450℃，保温 4～6h，冷后出炉。

⑥ 合箱浇注。合箱浇注的操作与普通砂型铸造相似。陶瓷铸型可以进行冷浇，浇注后用氮气保护，以减少铸件表面氧化及脱碳层的产生，待冷却后即可开箱清理铸件。

清理后的铸件需要经正火及回火处理（加热到 680℃，保温 24h），然后进行必要的机械加工，完成模具的制造。

陶瓷型铸造的完整工艺过程如图 3-92 所示。

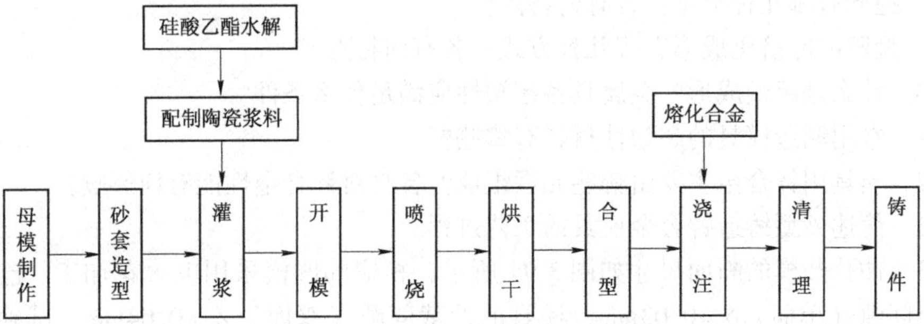

图 3-92　陶瓷型铸造的完整工艺过程

最后将陶瓷型按图 3-93a 合型，经浇注、冷却、清理即得到所需要的铸件，如图 3-93b 所示。

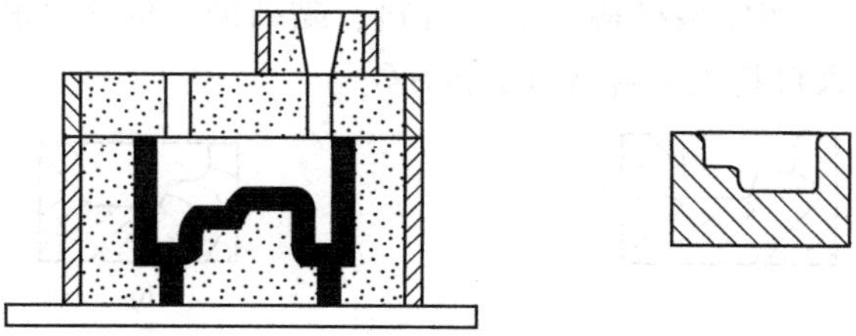

a)　　　　b)

图 3-93　合型

a）准备浇注的陶瓷型　b）铸件

3）陶瓷型铸造模具的特点。与机械加工模具相比，陶瓷型铸造模具具有如下特点。

① 生产周期短、成本低。由于陶瓷型铸造工艺简单，所需的投资少，加工精度高，机械加工工作量少，因此，陶瓷型铸造可以大大缩短模具的生产周期，从而使模具的生产成本降低。

② 节省材料。陶瓷型铸造模具可以直接利用报废的模具重新熔炼铸造。粗略统计，一家年产 100t 陶瓷型铸造合金钢模具的工厂，如果全部用废钢作为原材料进行熔炼，每年可节省几十万元的成本。同时，还可节约大量的镍、铬、钼等重要合金材料。

③ 模具性能好。陶瓷铸型采用粒度细小的耐火材料，灌浆表面光滑，铸件表面粗糙度值小；陶瓷浆料的热稳定性高，高温下变形小，模具的尺寸精度较高。陶瓷型铸造模具的使用寿命比机械加工模具的使用寿命长 25% ~500%。

复习思考与训练

3-1　电火花加工有何特点？常用于加工哪些模具零件？

3-2　什么是电火花加工过程中的极性效应？加工时如何正确选择加工极性？

3-3　影响电火花加工精度的主要因素有哪些？常采用哪些方法来减小和消除其不良影响？

3-4　在电火花加工中怎样协调生产率和加工表面粗糙度之间的相互矛盾关系？

3-5　在用电火花加工方法进行凹模型孔加工时，怎样保证凸模和凹模的配合间隙？

3-6　在模具加工中化学腐蚀加工主要应用在哪些方面？

3-7　电铸加工有何特点？主要适合制造哪些模具零件？

3-8　抛光有哪几种类型？各有何特点？

3-9　型腔的冷挤压成形有哪几种方式？各有何特点？

3-10　什么是超塑成形？金属具备超塑性应满足什么条件？

3-11　常用制造模具的超塑性材料有哪些？

3-12　模具用锌合金主要由哪些元素组成？各自对锌合金性能有何影响？

3-13　简述砂型铸造锌合金模具的工艺过程。

3-14　冲孔凸模的断面尺寸如图 3-94 所示，相应的凹模采用电火花加工。已知加工时的放电间隙（单面）$\delta=0.03$mm，模具的冲裁间隙（双面）$Z=0.04$mm，试确定加工电极的横截面尺寸。

3-15　落料凹模的型孔尺寸如图 3-95 所示，型孔采用电火花加工。已知加工时的放电间隙（单面）为 $\delta=0.02$mm，模具的冲裁间隙（双面）$Z=0.06$mm，试确定加工电极的横截面尺寸。

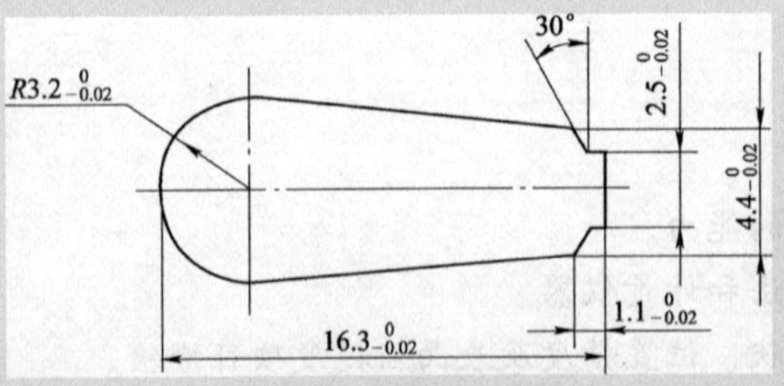

图 3-94　冲孔凸模

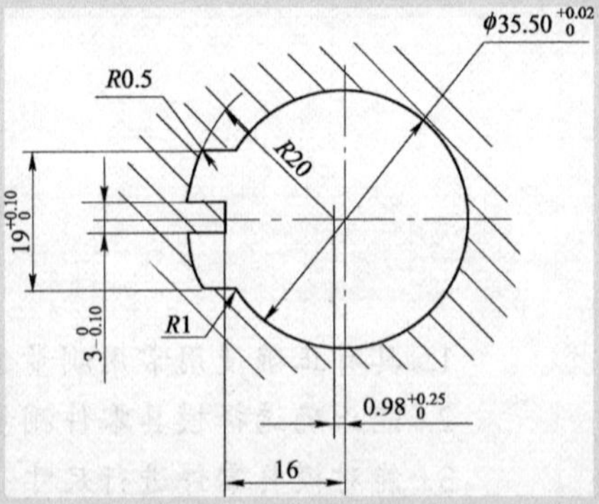

图 3-95　落料凹模

3-16　和型腔加工的其他方法相比，电火花加工型腔有何特点？

3-17　什么是电规准？怎样选择电规准？

3-18　在电火花加工中，根据型腔的结构和要求，可采用哪些加工方法？

3-19　和电火花加工相比，电火花线切割加工的主要特点是什么？

3-20　编制图 3-96 所示的 4 个模具工作零件的线切割加工程序。

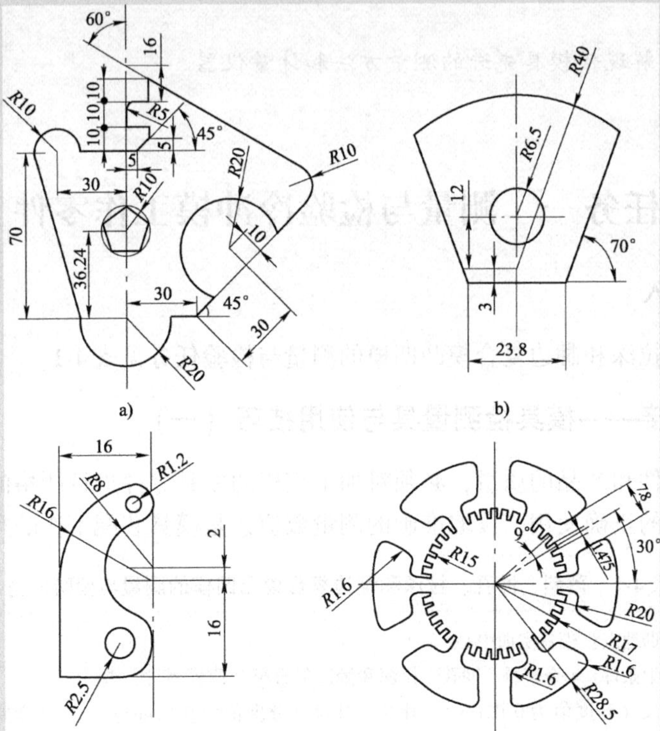

图 3-96　模具工作零件

项目四　测量与检验模具零件

能力目标

1. 具有正确使用常用测量工具的能力。
2. 能正确选择模具零件测量方法和计量仪器。
3. 能对模具零件进行尺寸、形状、位置精度及表面粗糙度项目检验。

知识目标

1. 掌握模具零件的测量方法和常用量具的使用方法。
2. 熟悉通用量具、专用量具及标准量具的使用场合及使用范围。
3. 依据工艺文件要求对模具零件进行尺寸、形状、位置精度及表面粗糙度检验。
4. 了解现代模具先进的测量方法和计量仪器。

任务一　测量与检验冷冲模工作零件

一、任务导入

落料、冲孔、拉深和翻边复合模凸凹模的测量与检验任务见表4-1。

二、知识链接——模具检测量具与使用技巧（一）

为确保模具零件和产品的质量，必须对加工完毕的模具零件进行严格的测量。掌握正确的测量方法和量具的正确使用，读取准确的测量数值，是模具装配工作的重要保证。

表4-1　落料、冲孔、拉深和翻边复合模凸凹模的测量与检验任务

学习情境	实训地点：模具实训中心 教学条件：4个落料、冲孔、拉深和翻边复合模凸凹模零件，游标卡尺（分度值为0.02mm）、外径千分尺（分度值为0.01mm）、内径千分尺（分度值为0.01mm）、游标万能角度尺、半径样板、平板、V形架、百分表、磁性表座和表面粗糙度比较样块等	教学要求

（续）

完成任务	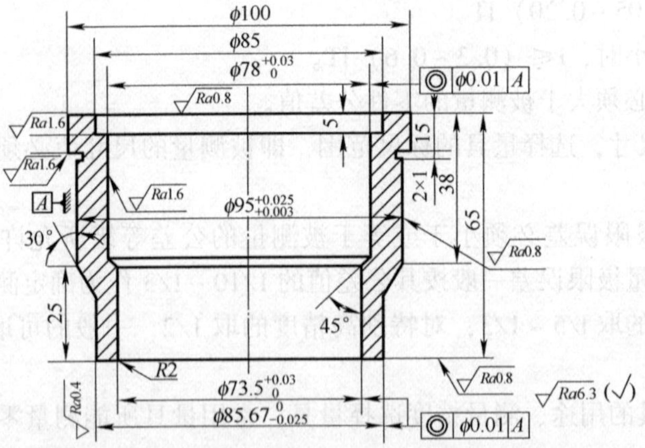	根据所学模具制造技术知识，完成左图所示落料、冲孔、拉深和翻边复合模凸凹模零件的尺寸、形状、位置精度及表面粗糙度测量与检验
能力目标	会进行模具零件的尺寸、形状、位置精度及表面粗糙度的测量与检验	
具体要求	① 能正确使用常用测量工具 ② 掌握模具零件的测量方法和量具的使用方法 ③ 熟悉通用量具、专用量具及标准量具的使用场合与使用范围 ④ 依据工艺文件要求对模具零件进行尺寸、形状、位置精度及表面粗糙度的检验	
教学法安排	① 多媒体教学 ② 现场演示 ③ 学生分组讨论 ④ 职业技能评价	理实一体
最终考核	工作文件 10%，操作过程 40%，工作结果 30%，汇报效果 10%，团队 10%	百分制

1. 常用量具

量具是用来测量、检验工件及产品尺寸和形状的工具。量具的种类很多，根据其用途和特点可分为通用量具、专用量具和标准量具三类。

（1）通用量具　通用量具一般都有标尺，能对不同工件、多种尺寸进行测量。在标尺范围内可测量出工件或产品的形状、尺寸的具体数据值，如游标卡尺、千分尺、百分表和游标万能角度尺等。

（2）专用量具　专用量具不能测量出实际尺寸，只能测定工件或产品的形状及尺寸是否合格，如卡规、量规（塞规、环规）和塞尺等。

（3）标准量具　标准量具只能制成某一固定尺寸，通常用来校对或调整其他量具，也可以作为标准与被测量件进行比较，如量块等。

2. 量具的选择原则

在模具制造中，正确选择检测量具是保证模具质量，提高零件精度，保证装配性能要求，以及缩短制模周期的重要因素。

在生产中检测量具的选择原则如下。

1）根据被测零件的尺寸公差，选择量具的分度值（i）和标尺范围，使选择的分度值

(i) 和被测量公差值 (IT) 满足下列关系。

一般情况下，$i \leqslant$ (0.05～0.20) IT。

当被测量的公差值很小时，$i \leqslant$ (0.3～0.6) IT。

所选量具的标尺范围必须大于被测量的零件公差值。

2）根据测量的公称尺寸，选择量具的标尺范围，即被测量的尺寸值必须在所选量具的标尺范围之内。

3）所选量具的测量极限误差必须小于或等于被测量的公差等级所允许的测量极限误差。被测量公差允许的测量极限误差一般按其公差值的1/10～1/3作为确定测量与极限误差的依据。对公差等级较高的取1/5～1/3，对特别高精度的取1/2，一般的可取1/5，较低精度的取1/10～1/5。

4）根据各类检测量具的用途、测量精度选择量具。常用量具所能测量零件的公差等级见表4-2。

表4-2 常用量具所能测量零件的公差等级

量具名称		被测零件的尺寸公差等级（IT）
游标卡尺	分度值为0.02mm	8～16
	分度值为0.05mm	12～16
	分度值为0.1mm	16
千分尺	0级	6～8
	1级	8～9
	2级	9～11
分度值为0.002 mm的杠杆千分尺		5
分度值为0.002 mm的杠杆卡规		5
百分表	0级	6～8
	1级	8～10
千分表	分度值为0.002mm	5～8
	分度值为0.001mm	5～7

除考虑以上各种因素外，选择量具时还应注意以下几点。

1）根据模具零件结构的特点、形状、尺寸大小、质量、材料、刚性及检测部位和表面精度等选择不同的量具及测量方法。

2）根据被测工件所处的状态（静态、动态）选用测量量具。

3）根据工件的加工方法和测量基准面，批量选择量具，如单件生产选用通用量具，大批量生产采用专用极限量具。

3. 通用量具的使用

（1）金属直尺与金属卷尺

1）金属直尺。金属直尺是最简单的长度量具，它的长度有150mm、300mm、500mm和1000 mm四种规格。图4-1所示是常用的150 mm金属直尺。

图4-1 150 mm金属直尺

由于金属直尺的标尺间距为1mm，而标尺标记（刻线）本身的宽度就有0.1～0.2mm，所以测量时读数误差比较大，只能读出毫米数，即它的最小读数值为1mm，比1mm小的数值，只能估计而得。金属直尺的应用如图4-2所示。

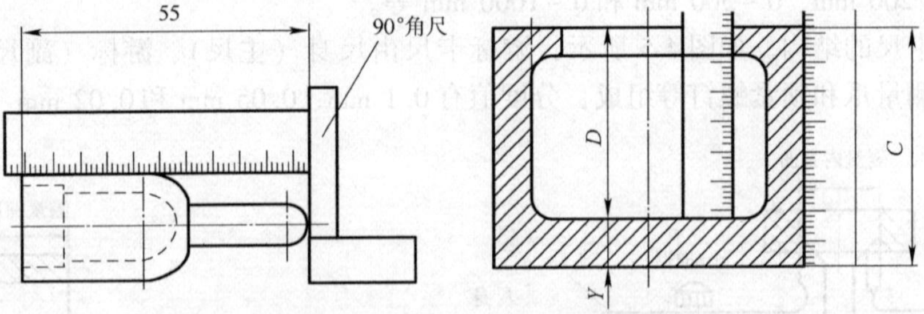

图4-2　用金属直尺直接测量零件

2）金属卷尺。金属卷尺有1 m、2 m、3 m和5 m等多种规格。使用时，用尺端的挂钩钩住工件的边缘来测量尺寸。无法利用挂钩时，可将尺端让过一段尺寸来使用，使量取的尺寸更准确，如图4-3所示。

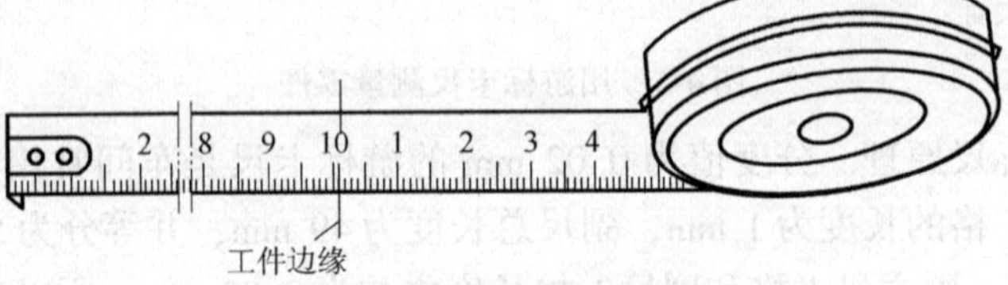

图4-3　用金属卷尺直接测量零件

金属直尺与金属卷尺均为粗测量工具，测量误差较大。

(2) 90°角尺　90°角尺又称直角尺，是钳工必备的工具，如图4-4所示，其用途如下。

1）同金属直尺一样，在长度允许的范围内，可以利用90°角尺上的标尺来量取长度，或测量零部件尺寸。

2）用于作划线基准，可以划垂直线、平行线。

3）用于测量零部件的垂直度。

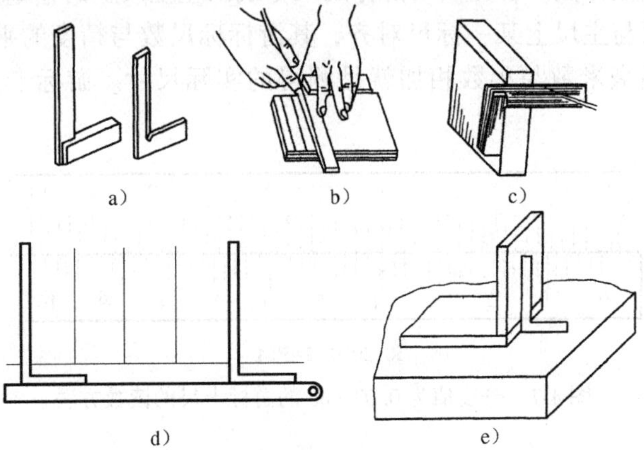

图4-4　90°角尺用途

a）90°角尺　b）划垂直线　c）划平行线　d）与直尺配合划平行线　e）检验垂直度

（3）游标类量具　常用游标类量具有游标卡尺、游标高度卡尺、游标深度卡尺和游标万能角度尺等。

1）游标卡尺。游标卡尺是一种中等精度的量具，游标卡尺的规格有 0 ~ 125 mm、0 ~ 150 mm、0 ~ 200 mm、0 ~ 500 mm 和 0 ~ 1000 mm 等。

①游标卡尺的结构。如图 4-5 所示，游标卡尺由尺身（主尺）、游标（副尺）、固定测量爪、活动测量爪和锁紧螺钉等组成，分度值有 0. 1 mm、0. 05 mm 和 0. 02 mm 三种。

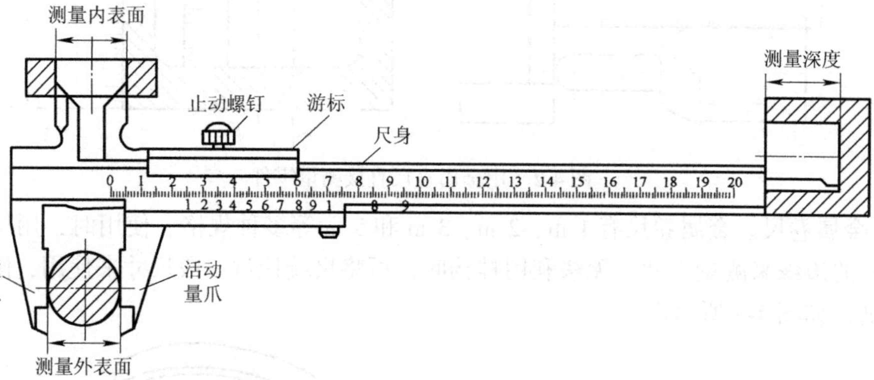

图 4-5　用游标卡尺测量零件

②游标卡尺的标尺原理。分度值为 0. 02 mm 的游标卡尺是车间常用的计量工具，其标尺原理是主尺上每一格的长度为 1 mm，副尺总长度为 49 mm，并等分为 50 格，每格长度为 49mm/50 = 0. 98 mm，则主尺 1 格和副尺 1 格长度之差为 0. 02 mm，所以其精度为 0. 02 mm，其标尺原理示意如图 4-6 所示。

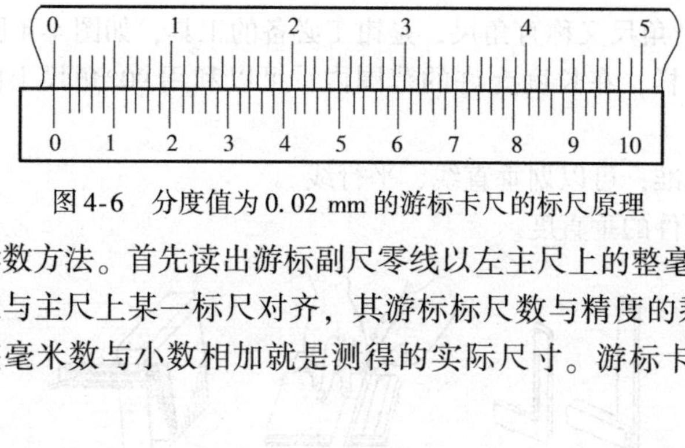

图 4-6　分度值为 0. 02 mm 的游标卡尺的标尺原理

③游标卡尺的读数方法。首先读出游标副尺零线以左主尺上的整毫米数，再看副尺上从零线开始第几条标尺与主尺上某一标尺对齐，其游标标尺数与精度的乘积就是不足1 mm的小数部分，最后将整毫米数与小数相加就是测得的实际尺寸。游标卡尺读数方法如图 4-7 所示。

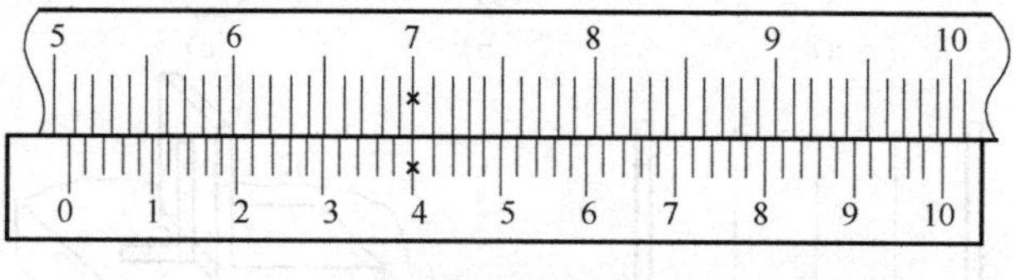

图 4-7　分度值为 0. 02 mm 的游标卡尺的读数方法

使用技巧

测量前应将游标卡尺擦拭干净，检查测量爪贴合后主尺与副尺的零线是否对齐。

测量时，所用的推力应使两测量爪紧贴工件表面，力量不宜过大。

测量时，应拿正游标卡尺，避免歪斜，保证主尺与所测尺寸线平行。

读数时，应正视游标卡尺，避免视线误差的产生。

2）游标高度卡尺、游标深度卡尺。游标高度卡尺由尺身、游标、划线脚和底盘组成。划线脚镶有硬质合金。游标高度卡尺能直接表示出高度尺寸，其分度值一般为 0.02 mm，通常作为精密划线工具使用，如图 4-8 所示。

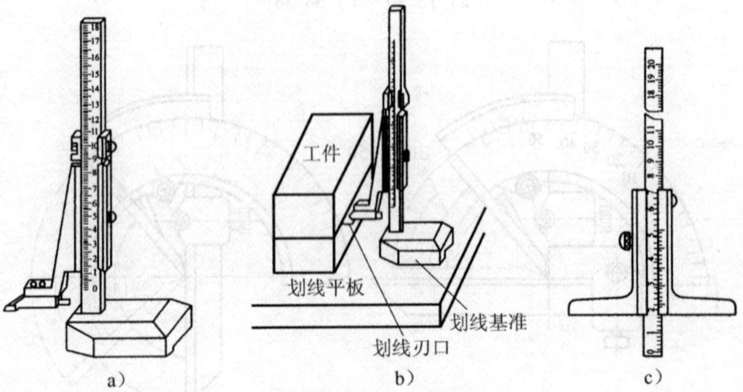

图 4-8　游标高度卡尺、游标深度卡尺

a）游标高度卡尺　b）用游标高度卡尺划线　c）游标深度卡尺

使用技巧

游标高度卡尺作为精密划线工具，不得用于粗糙毛坯表面的划线。

用完以后应将游标高度卡尺、游标深度卡尺擦拭干净，涂油装盒保存。

3）游标万能角度尺。游标万能角度尺是用来测量工件内外角度的量具，按游标的测量精度分为 2′和 3′两种，测量范围为 0°～320°，其中精度为 2′的游标万能角度尺应用较广。

① 游标万能角度尺的结构。游标万能角度尺主要由尺身、扇形板、基尺、游标、90°角尺和卡块等组成，如图 4-9 所示。

② 2′游标万能角度尺的标尺原理。角度尺尺身标尺每格为 1°，游标共有 30 个格，等分 29°/30 = 58′，尺身 1 格和游标 1 格之差为 2′，因此其测量精度为 2′。

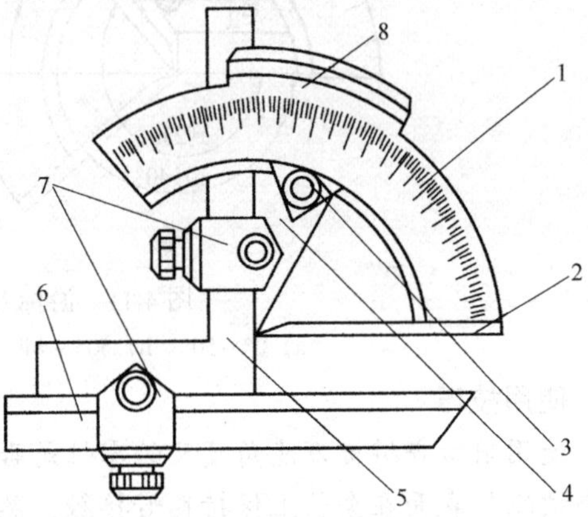

图 4-9　游标万能角度尺

1—尺身　2—基尺　3—制动器　4—扇形块　5—90°角尺　6—直尺　7—卡块　8—游标

③ 游标万能角度尺的读数方法。游标万能角度尺的读数方法与游标卡尺的方法相似，先从尺身上读出游标零刻线前的整度数，再从游标上读出角度数，两者相加就是被测工件的度数值，如图 4-10 所示。

④ 游标万能角度尺的标尺范围。在游标万能角度尺的结构中，由于直尺和 90°角尺可以移动和拆换，因此游标万能角度尺可以测量 0°～320°的任何角度，如图 4-11 所示。

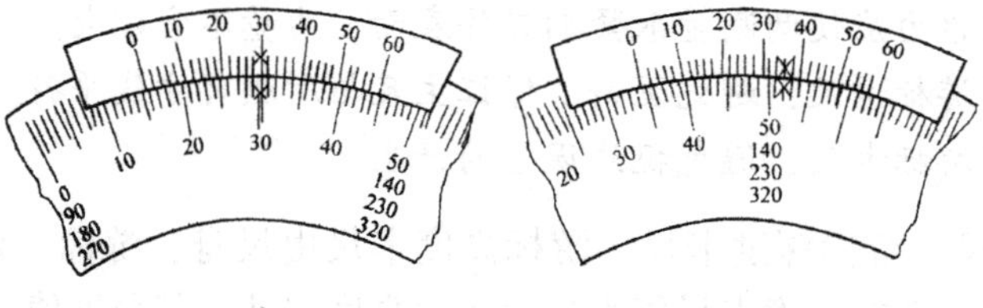

图 4-10 游标万能角度尺的读数方法

a) 15°30′ b) 34°36′

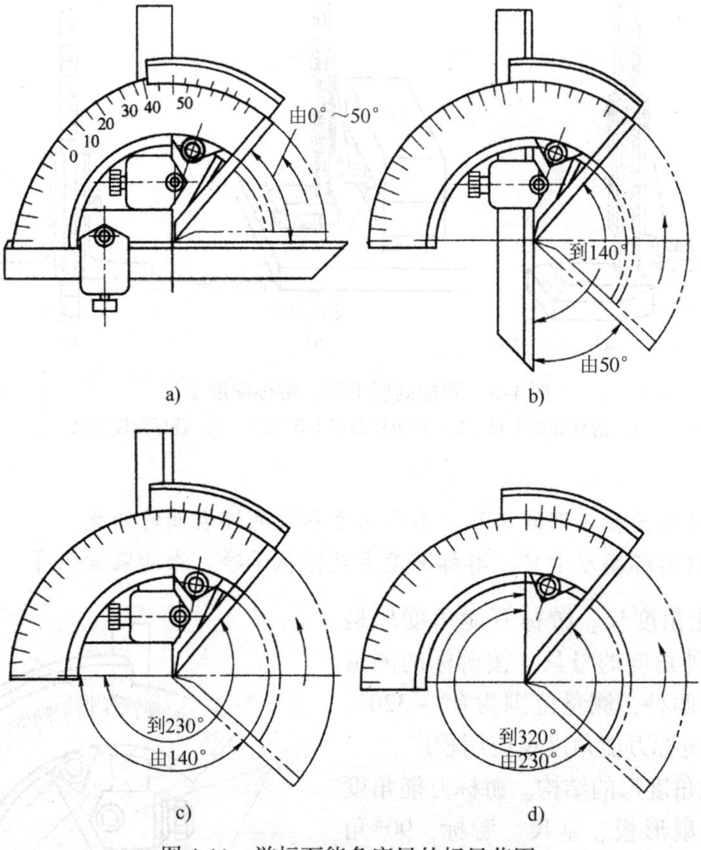

图 4-11 游标万能角度尺的标尺范围

a) 0°～50° b) 50°～140° c) 140°～230° d) 230°～320°

使用技巧

使用前检查游标万能角度尺的零位是否对齐；测量时，应使游标万能角度尺的两个测量面与被测件表面在全长上保持良好接触，然后拧紧制动器上螺母进行读数。

测量角度在0°～50°范围内，应装上90°角尺和直尺。

测量角度在50°～140°范围内，应装上直尺。

测量角度在140°～230°范围内，应装上90°角尺。

测量角度在230°～320°范围内，不装90°角尺和直尺。

4）千分尺。千分尺是一种精密测量的测微量具，用来测量加工精度较高的工件，其测量精度为0.01 mm。千分尺分为外径千分尺、内径千分尺和深度千分尺。

① 千分尺的结构。外径千分尺主要由尺架、砧座、固定套管、微分管、锁紧手柄、测微螺杆和测力装置等组成，如图 4-12 所示。其规格按标尺范围分为 0 ~ 25 mm、25 ~ 50 mm、50 ~ 75 mm、75 ~ 1 00 mm、100 ~ 125 mm 和 125 ~ 150 mm 等，使用时按被测工件的尺寸大小选用。

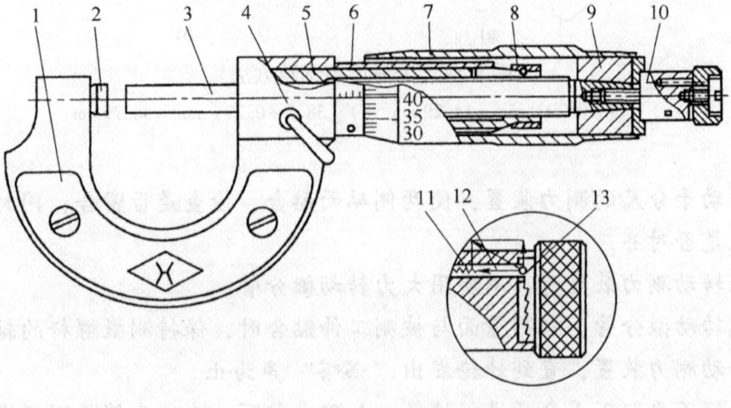

图 4-12　外径千分尺

1—尺架　2—砧座　3—测微螺杆　4—锁紧手柄　5—螺纹套　6—固定套管
7—微分管　8—螺母　9—接头　10—测力装置　11—弹簧　12—棘轮爪　13—棘轮

内径千分尺主要由固定测头、活动测头、螺母、固定套管、微分管、调整量具、管接头、管套和量杆等组成，如图 4-13 所示，它的标尺范围可达 13 mm 或 25 mm，最大不超过 50 mm。为扩大标尺范围，成套的内径千分尺还带有各种尺寸的接长杆。

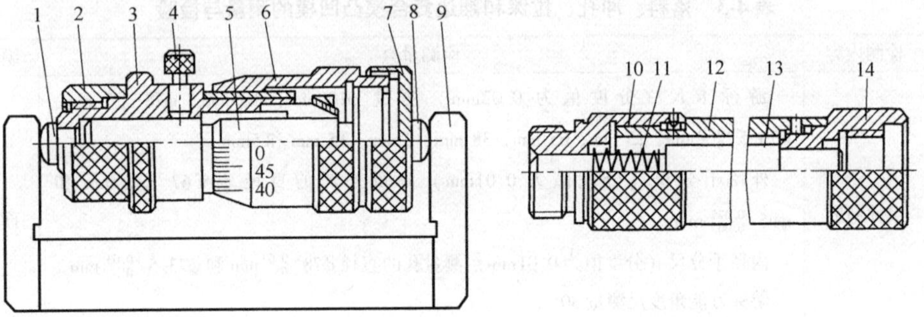

a)　　b)

图 4-13　内径千分尺

a) 内径千分尺　b) 接长杆

1—固定测头　2、7—螺母　3—固定套管　4—锁紧装置　5—调微螺母　6—微分管
8—活动测头　9—调整量具　10、14—管接头　11—弹簧　12—管套　13—量杆

② 千分尺的标尺原理。千分尺测微螺杆上的螺距为 0. 5 mm，当微分管转一圈时，测微螺杆就沿轴向移动 0. 5 mm，固定套管上刻有间隔为 0. 5 mm 的标尺，微分管圆锥面上共刻有 50 个格，因此微分筒每转一周，螺杆就移动 0. 5 mm/50 = 0. 01 mm，因此千分尺的分度值为 0. 01 mm。

③ 千分尺的读数方法。首先读出微分筒边缘在固定套管主尺的毫米数和半毫米数，然后看微分管上哪一格与固定套管上基准线对齐，并读出相应的不足半毫米数，最后把两个读数相加就是测得的实际尺寸。读数方法如图 4-14 所示。

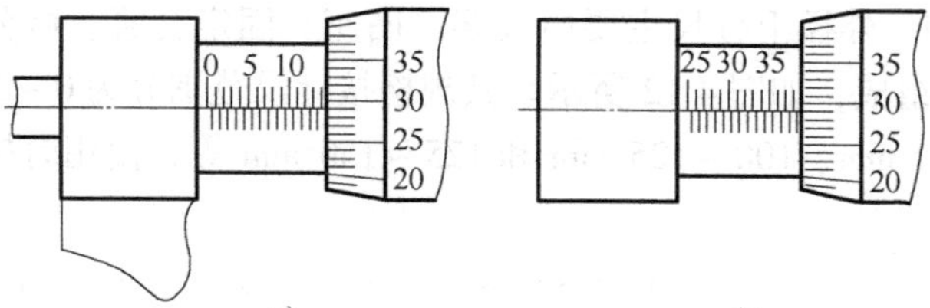

a) b)

图4-14 千分尺的读数方法

a) (14 +0.29) mm = 14.29mm b) (38.5 +0.29) mm = 38.79mm

使用技巧

测量前，转动千分尺的测力装置，使两侧砧面贴合，检查是否密合；同时检查微分管与固定套管的零线是否对齐。

测量时，在转动测力装置时，不要用大力转动微分管。

测量时，先转动微分管，当测量面与被测工件贴合时，保持测微螺杆的轴线与工件表面垂直，此时用转动测力装置，直到棘轮发出“嗒嗒”声为止。

读数时，最好不要取下千分尺进行读数，如确需取下，应首先锁紧测微螺杆，防止尺寸变动。

读数时，不要漏读0.5 mm。

三、任务实施

落料、冲孔、拉深和翻边复合模凸凹模的测量与检验见表4-3。

表4-3 落料、冲孔、拉深和翻边复合模凸凹模的测量与检验

序号	检测内容	检测量具	说　明
1	尺寸精度	游标卡尺（分度值为0.02mm）测量 $\phi100$mm、$\phi85$mm、$\phi78^{+0.03}_{0}$ mm、$\phi73.5^{+0.03}_{0}$ mm、25 mm、65 mm、38 mm、2 mm、15 mm和5mm 外径千分尺（分度值为0.01mm）测量外圆的直径 $\phi85.67^{0}_{-0.025}$ mm和 $\phi95^{+0.025}_{+0.003}$ mm 内径千分尺（分度值为0.01mm）测量孔的直径 $\phi78^{+0.03}_{0}$ mm和 $\phi73.5^{+0.03}_{0}$ mm 游标万能角度尺测量30° 半径样板测量 *R*2 mm	直接测量
2	形状精度	加工设备保证	
3	位置精度	平板、V形架，百分表，磁性表座以 $\phi95^{+0.025}_{+0.003}$ mm外圆为测量基准直接测量 $\phi85.67^{0}_{-0.025}$ mm同轴度 $\phi0.01$ mm及 $\phi78^{+0.03}_{0}$ mm同轴度 $\phi0.01$ mm	同轴度 $\phi0.01$ mm
4	表面粗糙度	表面粗糙度比较样块对比测量 *Ra*0.4μm、*Ra*0.8μm、*Ra*1.6μm、*Ra*3.2μm和 *Ra*6.3μm所标注表面粗糙度	通过触觉、视觉比较

四、知识拓展

1. 其他检测量具

（1）百分表　百分表是一种指示式测量仪，用来检验机床精度和测量工件的尺寸、形状和位置误差，如圆度、圆跳动、平面度和直线度等，其分度值为0.01mm。

1）百分表的结构。百分表的结构如图 4-15 所示，由触头、测量杆、齿轮、指针和表盘等组成，测量时需与表架和表座配合使用。

2）百分表的标尺原理。当测量杆上升 1 mm 时，百分表的长针正好转动一周，由于百分表的表盘上共刻有 100 个等分格，所以长针每转一格，则测量杆移动 0.01 mm。

3）百分表的读数方法。长指针每转一格为 0.01 mm，短指针每转一格为 1 mm，测量时把长短指针读数相加即为测量读数。

4）百分表的安装与使用。百分表的安装与使用如图 4-16 所示。

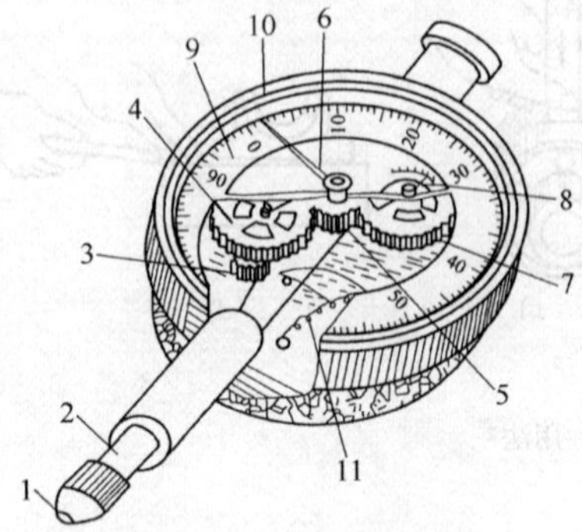

图 4-15　百分表的组成

1—触头　2—测量杆　3—小齿轮
4、7—大齿轮　5—中间小齿轮　6—长指针
8—短指针　9—表盘　10—表圈　11—拉簧

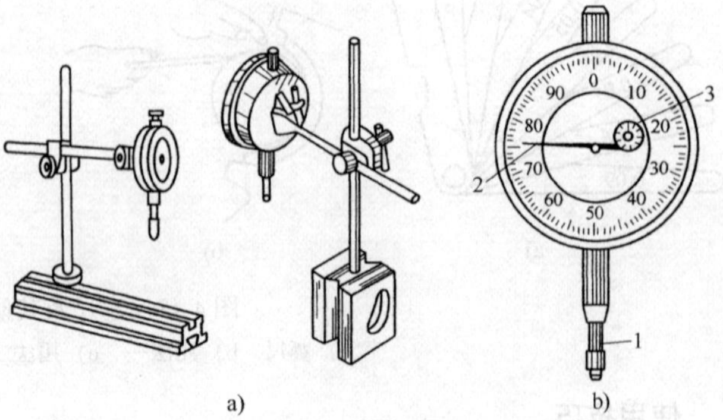

图 4-16　百分表的安装与使用

a）百分表的安装　b）百分表的使用
1—测量杆　2—长指针　3—小齿轮

使用技巧

使用前检查表盘和指针有无松动。

将百分表装夹在合适的表座上，用手指向上轻抬测头，然后让其自由落下，重复几次，此时长指针不应产生位移。

测量时现将测量杆轻轻提起，把表架或工件移到测量位置后，缓慢放下测量杆。

测平面时，测量杆要与被测平面垂直。测圆柱体时，测量杆中心必须通过工件中心，即触头在圆柱最高点。注意测量杆应有 0.3 ~ 1 mm 的压缩量，保持一定的初始力，以免由于存在负偏差而测不出值来。

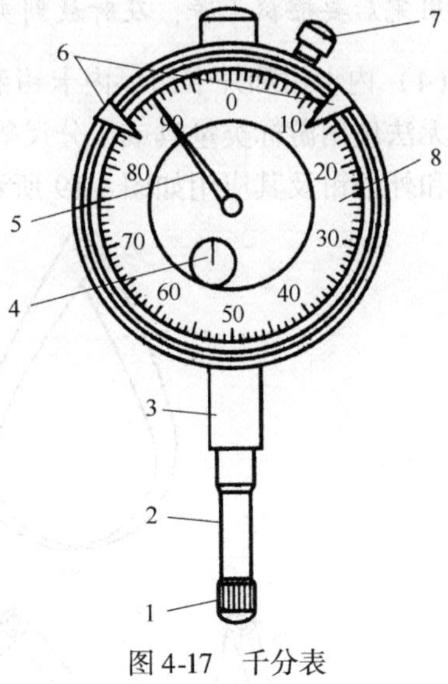

图 4-17　千分表

1—测头　2—测量杆　3—套筒　4—短针
5—长针　6—界限指针　7—制动器　8—表盘

（2）千分表　千分表的用途、结构形式及工作原理与百分表相似，如图 4-17 所示，但千分表的传动机构中齿轮传动的级数要比百分表多，因而放大比更大，分度值更小，测量精度也更高，可用于较高精度的测量。千分表的分度值为 0.001mm，其标尺范围为 0 ~ 1mm。

由于千分表的读数精度比百分表高，所以百分表适用于尺寸精度为 IT6 ~ IT8 零件的找正和检验，千分表则适用于尺寸精度为 IT5 ~ IT7 零件的找正和检验。百分表和千分表按其制造精度，可分为 0、1 和 2 级三种。其中，0 级精度较高。使用时，应按照零件的形状和精度要求，选用合适的百分表或千分表的精度等级和标尺范围。

(3) 塞尺　塞尺又称厚薄规，是用来检验两个结合面之间间隙大小的片状量规。塞尺由一组薄钢片组成，厚度一般为0.01～1 mm，长度有50 mm、100 mm和200 mm等多种规格，每片有两个平行的测量面，用于测量零件之间的微小间隙，如图4-18所示。

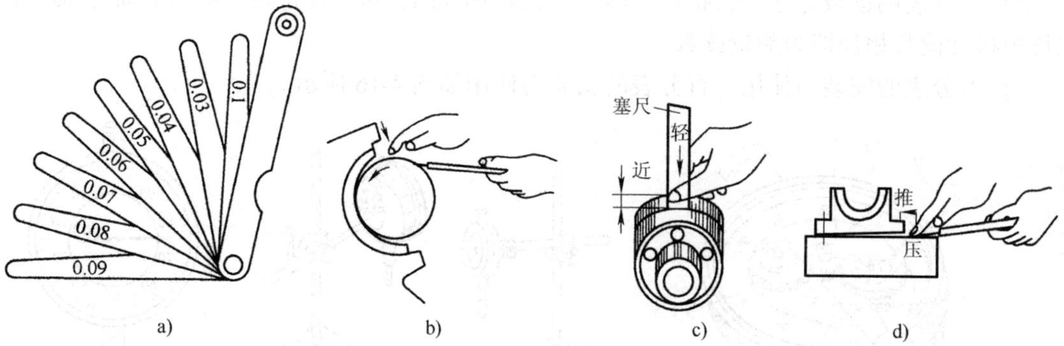

图4-18　塞尺及其使用

a) 赛尺　b) 用法一　c) 用法二　d) 用法三

使用技巧

使用时应根据间隙大小选择塞尺的薄片数，可用一片或数片重叠在一起使用。

由于塞尺的片很薄，容易弯曲和折断，因此测量时不能用力过大。

不要测量高温零件，以免变形，影响精度。

用完后要擦拭干净，及时放到夹板中。

(4) 内卡钳和外卡钳　内卡钳和外卡钳是一种间接测量工具，由于工件或测量场合的限制无法使用游标类量具或千分尺等测量工具时，才使用该类测量工具，测量精度较差。内卡钳和外卡钳及其应用如图4-19所示。

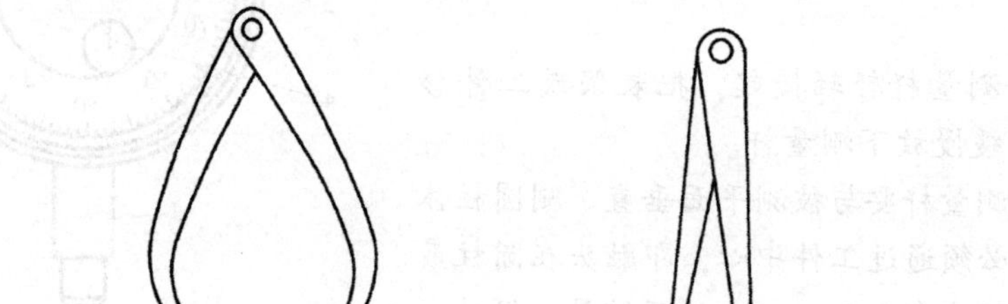

图4-19　内卡钳和外卡钳及其应用

a) 外卡钳　b) 内卡钳　c) 内卡钳对尺寸　d) 外卡钳对尺寸　e) 外卡钳测量　f) 内卡钳测量

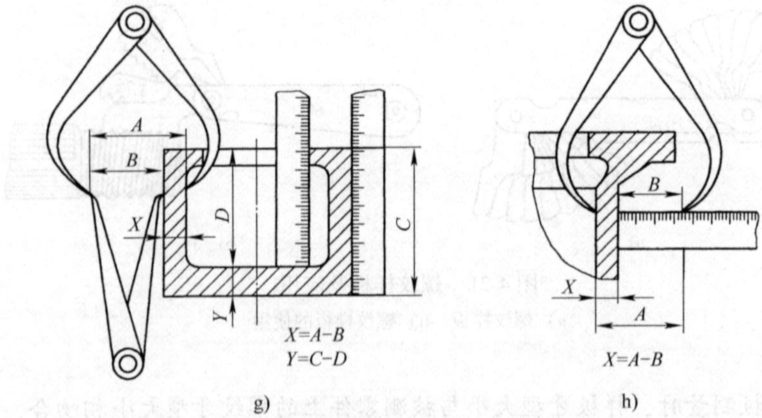

图 4-19　内卡钳和外卡钳及其应用（续）

g）内外卡钳配合使用　h）外卡钳与直尺配合使用

使用技巧

使用时应先在工件上度量后，再与带标尺的量具进行比较，然后得出读数；或者先在有标尺的量具上度量出必要的尺寸后，再和所要测量的工件进行比较。

两卡脚的测量面与工件接触要正确，调整卡钳使卡脚与工件感觉稍有摩擦即可。

（5）半径样板　半径样板又称半径规、R 规，用来检测工件圆弧部分的曲面半径，有时作为极限量规使用，如图 4-20 所示。

半径样板由一组薄钢片组成，厚度约 1mm，一端为凸圆弧，另一端为凹圆弧，根据半径大小通常分为 3 套，即 $R1\sim R6.5$mm、$R7\sim R14.5$mm、$R15\sim R25$mm。

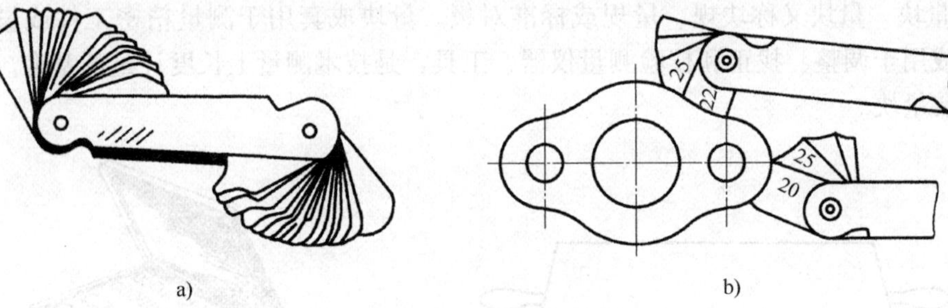

图 4-20　半径样板及应用

a）半径样板　b）用半径样板测量内、外圆弧

使用技巧

半径样板最小只能测量 $R1$mm，最大只能测量 $R25$mm，如果半径小于 $R1$mm 或大于 $R25$mm 就需要自制半径样板。

测量时半径样板圆弧与零件轮廓圆弧相吻合，半径样板上的标值即为零件圆弧半径。

当光线不足，样板与零件圆弧吻合程度难以判断时，可通过对灯看缝隙大小来判断。

（6）螺纹样板（螺纹规）　螺纹样板用于检测低精度普通螺纹的螺距和牙型。规格有米制 60°螺纹样板和寸制 55°螺纹样板两种。它由一组厚度约 1 mm 薄钢片加工而成，米制 60°螺纹样板有 20 片，可以检测的螺距为 0.4～6 mm，共 20 种；寸制 55°螺纹样板有 24 片，从 4 牙/in 到 60 牙/in，共 24 种，如图 4-21 所示。

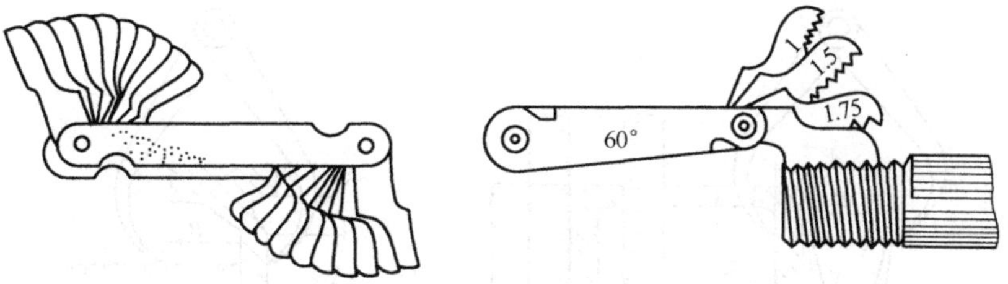

a)　　b)

图 4-21　螺纹样板及应用

a）螺纹样板　b）螺纹样板的使用

使用技巧

选用螺纹样板测量时，样板牙型大小与被测零件上的螺纹牙型大小相吻合，样板标值即所测零件螺距。

寸制 55°螺纹除用来测量寸制螺纹外，还可测量管螺纹及锥管螺纹。

当光线不足，螺纹样板与零件螺纹吻合程度难以判断时，可通过对灯光看缝隙大小来判断。

（7）平台检测与平板　平台检测是在检测平板（图 4-22）上利用通用量具和辅助检测量具对模具零件进行检测的方法，即所需量具主要是检测平板和简单量具。采用该方法可检测几何形状比较复杂的零件或样板。

检测平板是平台检测技术中最主要的测量工具，是检测中主要定位基准平面。检测平板的材料有铸铁和岩石，硬度为 180～220HBW。检测平板的精度指标主要是测量表面的平面度。按其平面度值要求，检测平板可分为 0 级、1 级、2 级和 3 级，其中 0 级精度最高。

（8）量块　量块又称块规、量规或标准对板。量块成套用于测量精密工件或量规的正确尺寸，或用于调整、找正和校验测量仪器、工具，是技术测量上长度计量的基准。图 4-23 所示为套装量块。

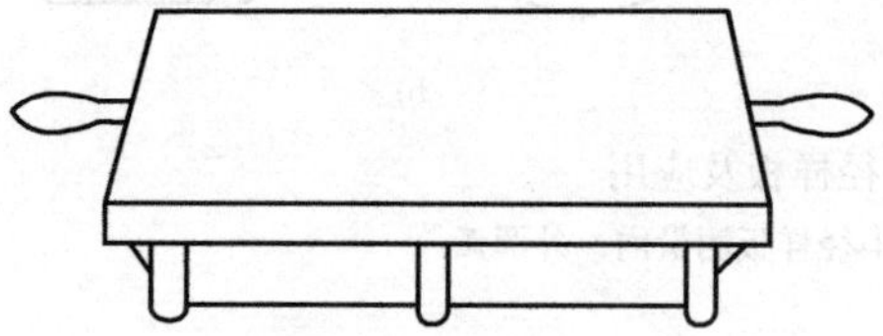

图 4-22　铸铁检测平板

图 4-23　量块

由于量块的一个测量面与另一个测量面间具有能够研合的性能，因此可从成套的各种不同尺寸的量块中选取适当的量块组成所需的尺寸。为了减小量块组的长度累计误差，选取的量块块数要尽量少，通常以不超过 4 块为宜。

研合量块时，首先用优质汽油将选用的各量块清洗干净，用干净布料擦拭干净，然后以大尺寸量块为基础，顺次将小尺寸量块研合上去。研合方法如图 4-24 所示，将量块沿着其测量面长边方向，先将两块量块测量面的端缘部分接触并研合，然后稍加压力，将一块沿着另一块推进，使两块量块的测量面全部接触，并研合在一起。使用量块时要小心，避免碰撞或跌落，切勿划伤测量面。

（9）角度、锥度测量工具及其使用技巧　在角度和锥度测量中，属于直接测量的量具有角度样板、锥度量规、万能量角器、测角仪、光学分度头和投影仪等。用于间接测量的量具有正弦尺、钢球、圆柱、指示表和万能工具显微镜等。

1）角度样板。角度样板常用于检验螺纹车刀、成形刀具及模具零件上的斜面或倒角等。图 4-25 所示为检验外锥体用的角度样板，它是根据被测角度的两个极限尺寸制成的，有通端和止端。

检验工件角度时，若工件在通端样板中，光隙从角顶到角底逐渐增大；在止端样板中，光隙从角顶到角底逐渐减小，则表明角度在规定的两极限尺寸之内，被测角度合格。

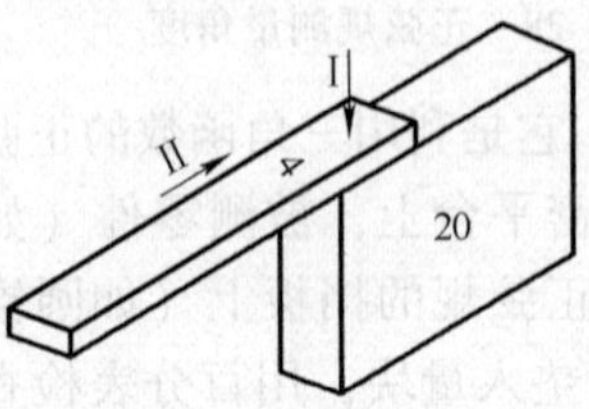

图 4-24　量块的研合

Ⅰ—加力方向　Ⅱ—推进方向

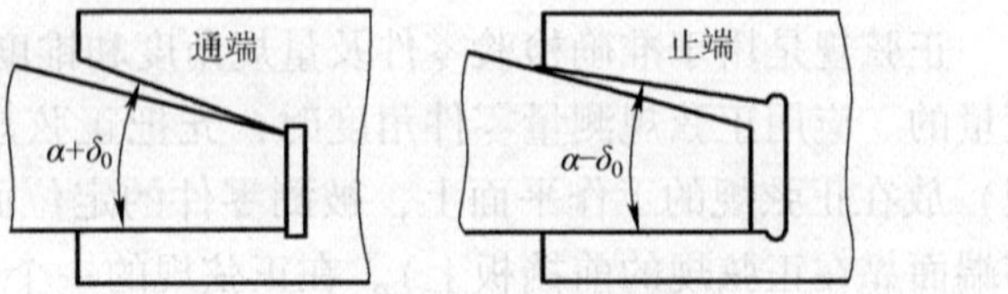

图 4-25　角度样板测量角度

2）锥度量规。锥度量规一般用于批量零件或综合精度要求较高零件的检验。图 4-26 所示为锥度量规结构，在量规的基面端头处间距为 m 的两刻线或小台阶，代表圆锥基面距公差。

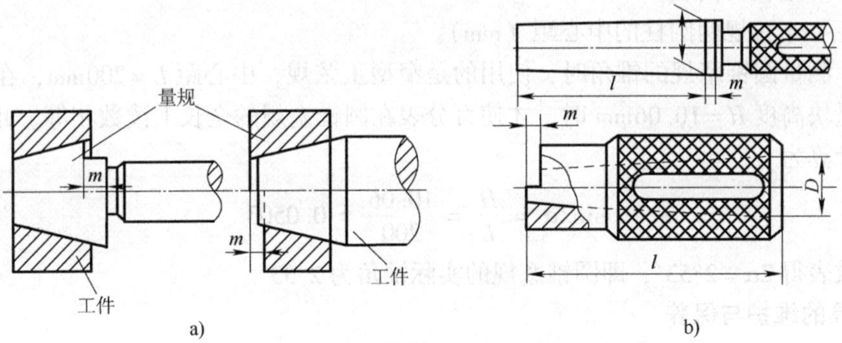

图 4-26　锥度量规结构与测量

a）用锥度套规测量工件　b）锥度塞规

用锥度量规检验工件时，按量规相对于被检零件端面的轴向移动量判断，当零件圆锥端面介于量规两标尺之间时则为合格。当检验锥体的直径、锥角、形状、精度有更高要求的零件时，除了要求用量规检验其基面距外，还要观察量规与零件锥体的接触斑点。即测量前，在量规表面 3 个位置沿素线方向均匀涂上一薄层红丹粉（用全损耗系统用油调成糊状），然后与被测工件一起轻研，旋转 1/3 ~ 1/2 圈，观察零件锥体着色情况，判断零件是否合格。通常接触面达到 80% 为合格。

3）正弦规。正弦规是锥度测量常用量具，分宽形和窄形。其结构如图 4-27 所示。两圆柱中心距有 100mm 和 200 mm 两种，根据被测零件大小选用不同型号。

正弦规测量角度的原理和使用方法如图 4-28 所示。

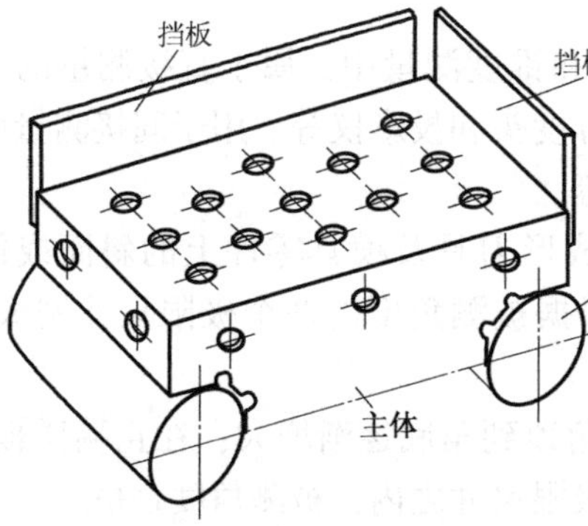

图 4-27 正弦规结构

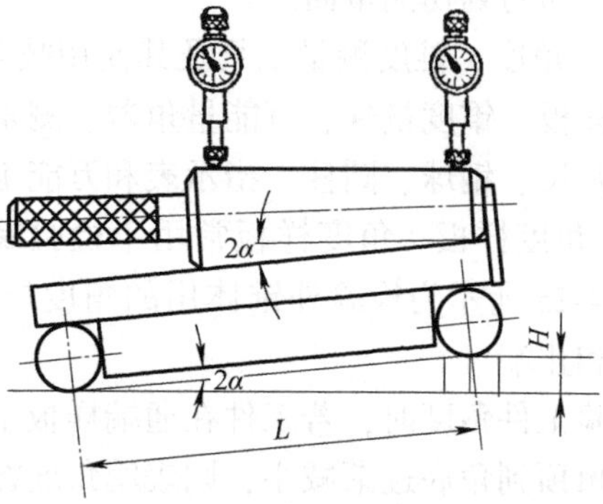

图 4-28 正弦规测量角度

正弦规是用于准确检验零件及量规角度和锥度的量具。它是利用三角函数的正弦关系来度量的。应用正弦规测量零件角度时，先把正弦规放在精密平台上，被测零件（如圆锥塞规）放在正弦规的工作平面上，被测零件的定位面平靠在正弦规的挡板上（如圆锥塞规的前端面靠在正弦规的前挡板上）。在正弦规的一个圆柱下面垫入量块，用百分表检查零件全长的高度，调整量块尺寸，使百分表在零件全长上的读数相同。此时，就可应用直角三角形的正弦公式算出零件的角度，即

$$\sin 2\alpha = \frac{H}{L}$$

式中 2α——圆锥的锥角（°）；

H——量块的高度（mm）；

L——正弦规两圆柱的中心距（mm）。

例如，测量圆锥塞规的锥角时，使用的是窄型正弦规，中心距 $L = 200\text{mm}$，在一个圆柱下垫入的量块高度 $H = 10.06\text{mm}$ 时，才使百分表在圆锥塞规的全长上读数相等。此时圆锥塞规的锥角计算为

$$\sin 2\alpha = \frac{H}{L} = \frac{10.06}{200} = 0.0503$$

查正弦函数表得 $2\alpha = 2°53'$，即圆锥塞规的实际锥角为 $2°53'$。

2. 量具的维护与保养

为了保证量具的精度，延长量具的使用期限，在工作中应对量具进行必要的维护与保养。维护与保养的方法如下。

1）测量前应将量具的各个测量面和工件被测量表面擦净，以免脏物影响测量精度或磨损量具。

2）量具在使用过程中，不要和其他工具、刀具放在一起，以免碰坏。

3）机床开动时，不要用量具测量工件，以免引发事故或损坏量具。

4）温度对量具精度影响很大，因此，量具不要放在热源（电炉、暖气等）附近，以免受热变形。

5）量具用完后，应及时擦净、上油，存放在专用盒中，保存在干燥处，以免生锈。

6）精密量具应实行定期的鉴定和保养，当发现精密量具使用时有不正常现象时，应及时送交计量单位检修。

任务二　测量与检验塑料模工作零件

一、任务导入

肥皂盒型腔镶块的测量与检验任务见表4-4。

表4-4　肥皂盒型腔镶块的测量与检验任务

学习情境	实训地点：模具实训中心 教学条件：4副肥皂盒型腔镶块零件、游标卡尺（分度值为0.02mm）、外径千分尺（分度值为0.01mm）、内径千分尺（分度值为0.01mm）、游标万能角度尺、半径样板、平板、V形架、百分表、磁性表座和表面粗糙度比较样块等	教学要求
完成任务	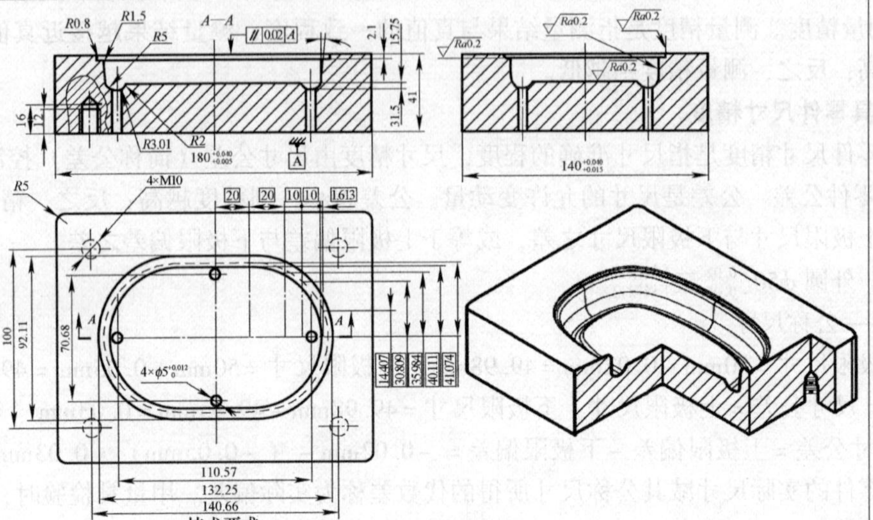 技术要求 1. 镶块进行调质热处理，硬度达32～38HRC。 2. $4×\phi5^{+0.012}_{0}$深度为8的孔暂不加工，装配时配作。 3. 镶块具体加工尺寸以提供的3D模型为准，该图仅供参考。 4. 有文字框的尺寸为3D模型基准曲线尺寸供参考。	根据所学模具制造技术知识，完成左图所示肥皂盒型腔镶块零件的检验
能力目标	会进行模具零件的测量与检验	
具体要求	① 能正确使用车间的常用测量工具 ② 掌握模具零件的测量方法和量具的使用方法 ③ 熟悉通用量具、专用量具及标准量具的使用场合及使用范围 ④ 依据工艺文件要求对模具零件进行检验	
教学法安排	① 多媒体教学 ② 现场演示 ③ 学生分组讨论 ④ 职业技能评价	理实一体
最终考核	工作文件10%，操作过程40%，工作结果30%，汇报效果10%，团队10%	百分制

二、知识链接——模具检测量具与使用技巧（二）

1. 模具零件测量概念

模具零件加工的质量包括精度和表面粗糙度。精度是指加工后工件的实际尺寸、形状等参数与绝对准确的理论参数相符合的程度。其偏差越小，则加工精度越高。精度包括尺寸精度、形状精度和位置精度 3 个方面。

在生产和测绘中，尺寸精度和表面粗糙度的检测是不可缺少的重要工序。

1）测量的概念。测量是指为确定被测量值而进行的一组操作过程，其实质是将被测的量 L 与具有计量单位的标准量 E 进行比较，从而确定比值 q 的过程，即 $q = L/E$。

2）测量对象。测量对象主要指几何量，包括长度、角度、表面形状和位置误差、表面粗糙度及螺纹、齿轮等的各种参数。

3）计量单位。长度单位为米（m），机械零件通用长度单位为毫米（mm）和微米（μm）；角度单位有弧度（rad）、度（°）、分（′）、秒（″）。

4）测量方法。测量方法是指在进行测量时所采用的测量器具、测量原理和测量条件的总和。测量条件是测量时零件和测量器具所处的环境，如温度、湿度、振动和灰尘等。

5）测量精度。测量精度是指测量结果与真值的一致程度，测量结果越接近真值，则测量精度越高；反之，测量精度则越低。

2. 模具零件尺寸精度

模具零件尺寸精度是指尺寸准确的程度，尺寸精度由尺寸公差（简称公差）控制的。

（1）零件公差　公差是尺寸的允许变动量。公差越小，则精度越高；反之，精度越低。公差等于上极限尺寸与下极限尺寸之差，或等于上极限偏差与下极限偏差之差。

例如：外圆 $\phi50^{-0.02}_{-0.05}$ （−0.02——上极限偏差；−0.05——下极限偏差）

$\phi50$——公称尺寸。

其上极限尺寸 = 50mm − 0.02mm = 49.98mm，下极限尺寸 = 50mm − 0.05mm = 49.95mm

则　　尺寸公差 = 上极限尺寸 − 下极限尺寸 = 49.98mm − 49.95mm = 0.03mm

或　　尺寸公差 = 上极限偏差 − 下极限偏差 = −0.02mm −（−0.05mm）= 0.03mm

模具零件的实际尺寸减其公称尺寸所得的代数差称为实际偏差。用量具检验时，当模具零件的实际偏差处于上、下极限偏差之间，即为合格。

（2）零件公差等级　国家标准将反映尺寸精度的标准公差（IT）分为 20 级，表示为 IT01、IT0、IT1、IT2、…、IT18。其中，IT01 的公差值最小，精度最高。常用的由 IT06 ~ IT11，IT12 ~ IT18 为未注公差尺寸的公差等级。同一个公称尺寸，若其公差等级相同，则公差值相等。

（3）几何公差特征项目及符号　几何公差特征项目及符号见表 4-5。

表 4-5　几何公差特征项目及符号

公差		特征项目	符号	有或无基准要求
形状	形状	直线度	—	无
		平面度	▱	无
		圆度	○	无
		圆柱度	⌭	无
形状或位置	轮廓	线轮廓度	⌒	有或无
		面轮廓度	⌓	有或无

公差		特征项目	符号	有或无基准要求
位置	定向	平行度	//	有
		垂直度	⊥	有
		倾斜度	∠	有
	定位	位置度	⌖	有或无
		同轴（同心）度	◎	有
		对称度	⌯	有
	跳动	圆跳动	↗	有
		全跳动	⌰	有

3. 模具零件形状公差及其测量

模具零件形状精度是指模具零件上的被测要素（线和面）相对于理想形状的准确度，如直线度、平面度、圆度和圆柱度等，其精度由形状公差来控制。测量时，当实际的形状误差小于形状公差时，即为合格。

（1）模具零件直线度及其测量　直线度是指被测表面直线偏离其理想形状的程度。直线度在图样上的标注方法如图4-29a所示，测量方法如图4-29b所示。将刀口形直尺沿给定方向与被测平面接触，并使两者之间的最大缝隙为最小，测得的最大缝隙即此平面在该素线方向的直线度误差。

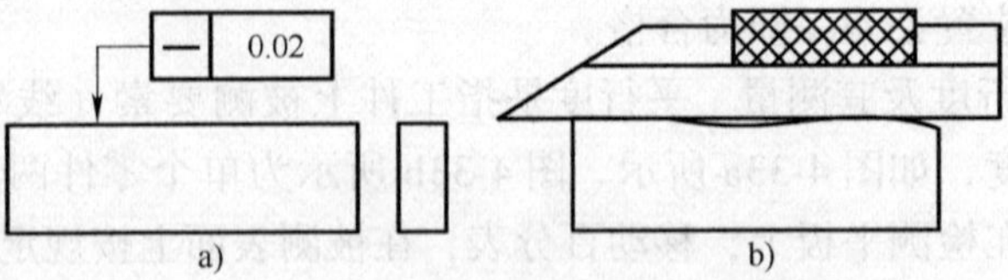

图4-29　直线度的标注及其测量方法

a）标注　b）测量方法

（2）模具零件平面度及其测量　平面度是指被测平面偏离其理想形状的程度，在图样上的标注如图4-30a所示。图4-30b所示为小型工件平面度误差的一种测量方法，将刀口形直尺与被测平面接触，在各个方向检测，其中最大缝隙的读数值，即平面度误差。

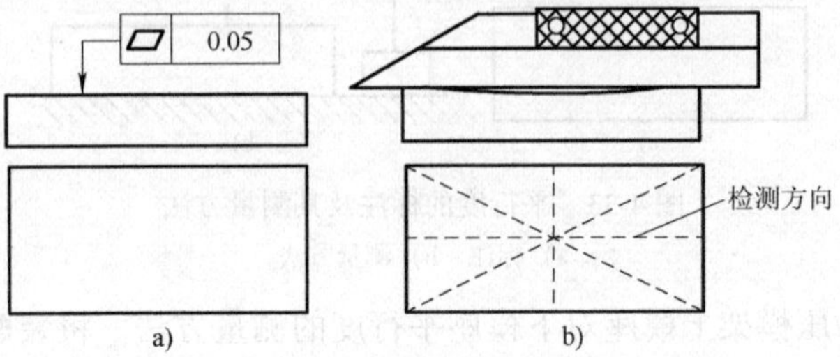

图4-30　平面度的标注及其测量方法

a）标注　b）测量方法

（3）模具零件圆度及其测量　圆度是指被测圆柱面或圆锥面在正截面内的实际轮廓偏离其理想形状的程度，在图样上的标注如图4-31a所示。图4-31b所示为圆度仪测量圆度误差的方法。将被测工件放置在圆度仪上，调整工件的轴线使其与圆度仪的回转轴线同轴。测头每转一周，即可显示该测量截面的圆度误差。测量若干截面，其中最大的误差值即为被测圆柱面的圆度误差。

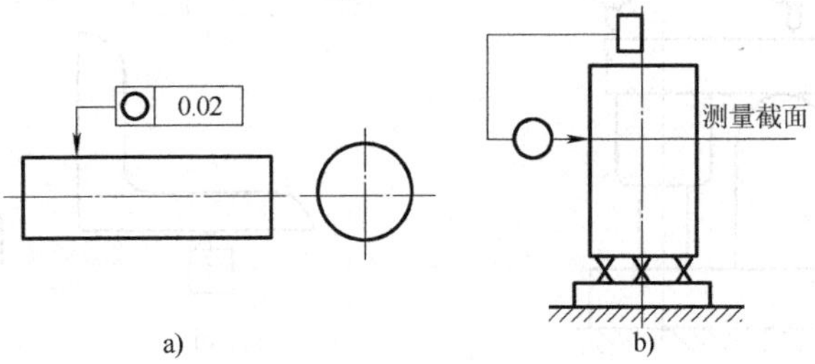

图4-31　圆度的标注及其测量方法

a）标注　b）测量方法

(4) 模具零件圆柱度及其测量　圆柱度是指被测圆柱面偏离其理想形状的程度，如图 4-32 所示。圆柱度误差的测量方法与圆度误差测量方法基本相同，不同的是测量头在无径向偏移情况下，要测量若干个横截面，以确定圆柱度误差。

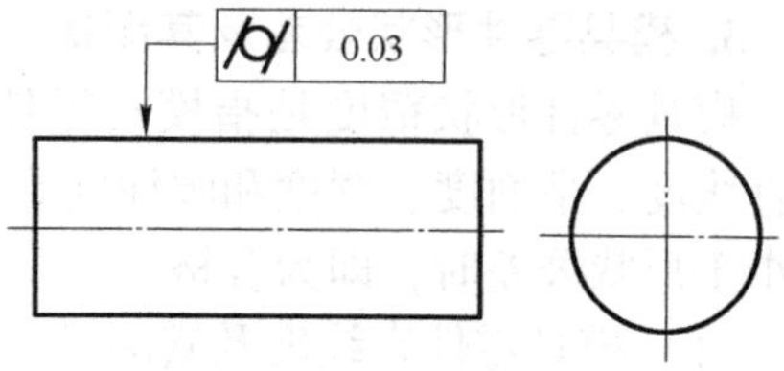

图 4-32　圆柱度的标注

4. 模具零件位置公差及其测量

模具零件的位置精度是指模具零件的被测要素（线和面）相对于基准之间的位置准确度，如平行度、垂直度、同轴度和圆跳动等，其精度由位置公差来控制。测量时，当实际的位置误差小于或等于位置公差，即为合格。

(1) 模具零件平行度及其测量　平行度是指工件上被测要素（线和面）相对于与基准平行方向所偏离的程度，如图 4-33a 所示。图 4-33b 所示为单个零件两面平行度误差的测量方法，将被测零件放在检测平板上，移动百分表，在被测表面上按规定测量线进行测量，百分表最大与最小读数之差值即为平行度误差。

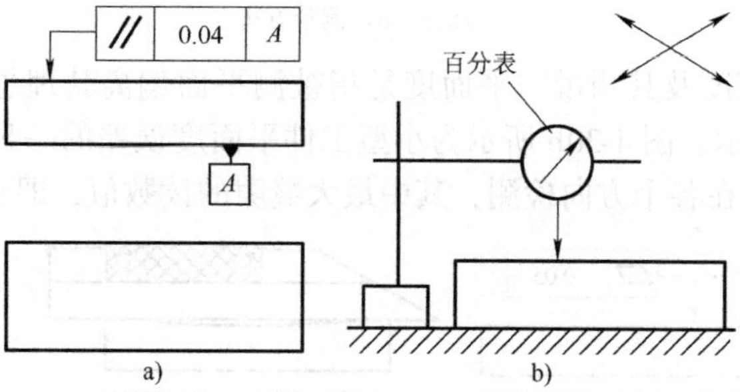

图 4-33　平行度的标注及其测量方法

a）标注　b）测量方法

图 4-34 所示为冲压模架上模座对下模座平行度的测量方法。将装配好的上、下模座合拢，中间垫以球面垫块，测量时放在精密平板上，移动千分表架或推动模架，在被测面上用千分表测量，取最大与最小读数差即为模架的平行度误差。

(2) 模具零件垂直度及其测量　垂直度是指工件上被测要素（线和面）相对于基准垂直方向所偏离的程度，在图样上的标注方法如图 4-35a 所示。垂直度的测量有以下两种方法。

1）用 90°角尺测量垂直度。图 4-35b 所示为垂直度的测量方法，测量 90°角尺窄边之间的缝隙，最大缝隙与最小缝隙即垂直度误差。

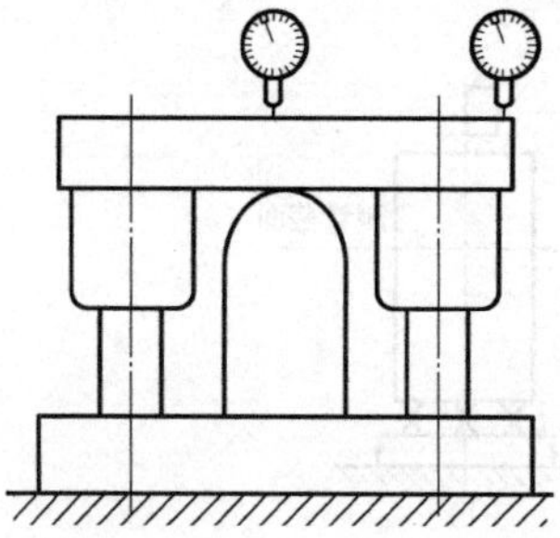

4-34　冲压模架上模座对下模座平行度的测量方法

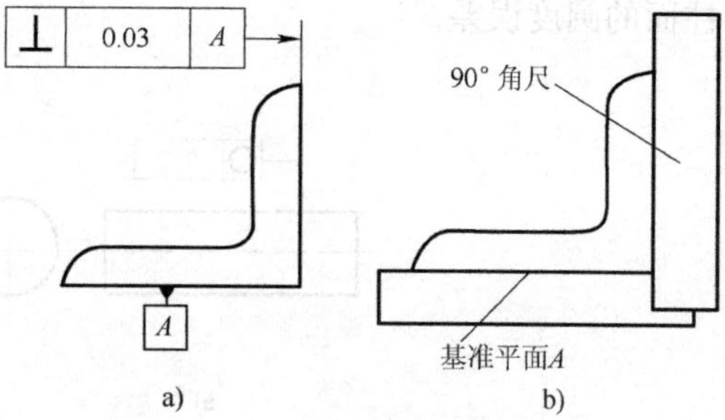

图 4-35　垂直度的标注及其测量方法

a）标注　b）测量方法

2）用百分表测量垂直度。图4-36所示为冲压模架导柱与下模座垂直度的测量方法。在装配冲压模架时，利用压力机或铜棒将导柱装入下模座过程中，需测量与找正导柱对下模座的垂直度。百分表在图示两个方向上按规定的测量线分别对导柱进行测量，得到两个方向测量读数值，即为图示两个方向的垂直度误差 Δ_x、Δ_y，则导柱对下模座垂直度误差为

$$\Delta_{\max}=\sqrt{\Delta_x^2+\Delta_y^2}$$

图4-37所示为冲压模架导套内孔对上模座的垂直度测量方法。将装有导套的上模座反置于检测平板上，导套内插入芯棒，测量芯棒的轴线垂直度，可得导套内孔对上模座平面的垂直度误差。

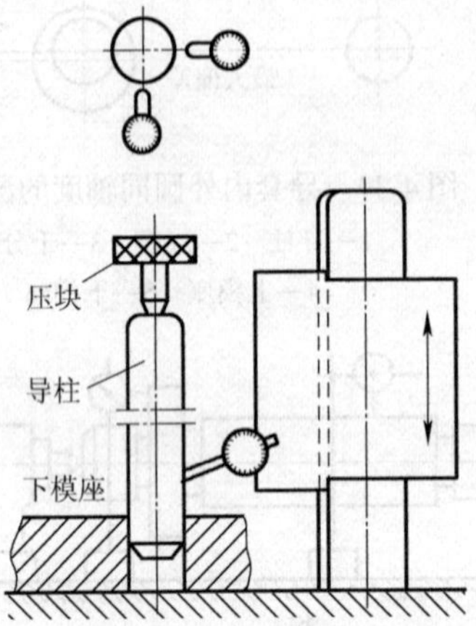

图4-36 导柱对下模座垂直度的测量方法

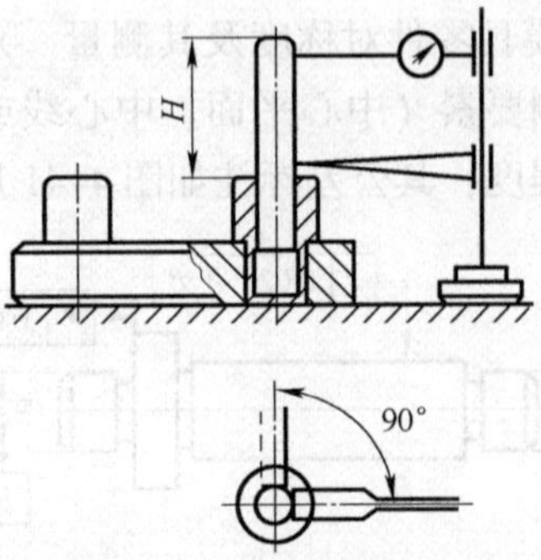

4-37 导套内孔对上模座垂直度的测量方法

（3）模具零件的同轴度及其测量 同轴度是指工件上被测轴线相对于基准轴线所偏离的程度，其在图样上的标注方法如图4-38a所示。图4-38b所示为同轴度的一种测量方法，将基准轴线 A、B 的轮廓表面的中间截面放置在V形铁上，首先在轴向测量，取上下两个百分表在垂直于基准轴线的正截面上测得各对应点的读数 M_a-M_b 作为在该截面上的同轴度误差；再转动工件，按上述方法测量若干个截面，取各截面测得的读数差中的最大绝对值作为该工件的同轴度误差。

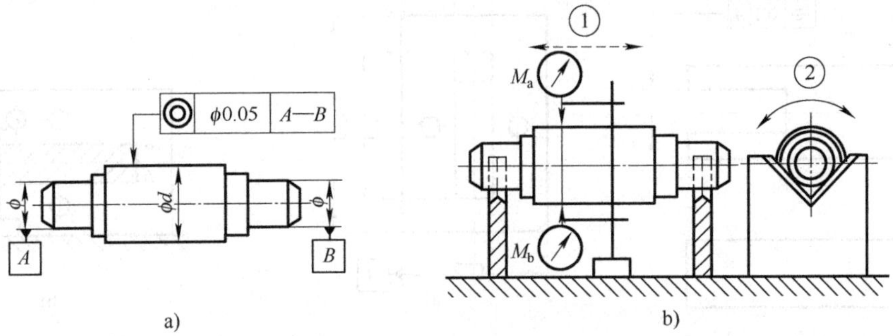

图4-38 同轴度的标注及其测量方法

a）标注 b）测量方法

图4-39所示为冲压模架上模板导套内外圆同轴度的测量方法。在冲压模架上装配导套

时，除了保证导套对模板的垂直度外，还需保证两导套中心的位置度，这就需要保证导柱外圆装配部位与内孔的同轴度要求。测量时，将上模板翻转套在导柱上，套上导套并旋转导套，用千分表检测导套压配部位内外圆的同轴度，并将其最大偏差放在两道套中心连线的垂直位置上（前面或后面），以减少由于不同轴而引起的中心距变化。

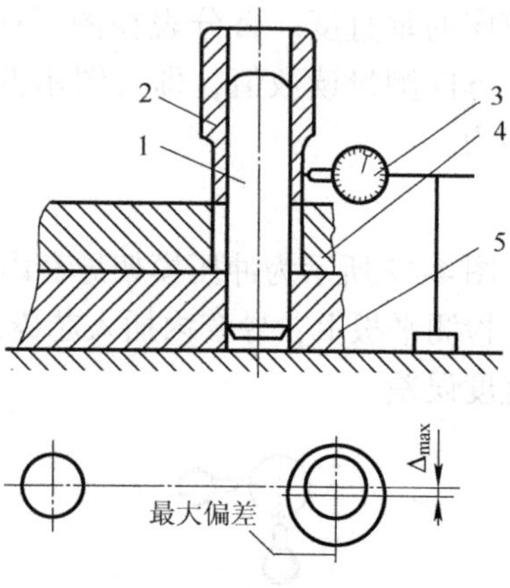

图 4-39 导套内外圆同轴度的测量方法
1—导柱 2—导套 3—千分表
4—上模座 5—下模座

（4）模具零件的圆跳动及其测量 圆跳动是指在被测圆柱面的任一横截面上或端面的任一直径处，在无轴向移动情况下，围绕基准轴线回转一周时，沿径向或轴向的跳动程度。径向圆跳动和端面圆跳动公差标注如图 4-40a 所示，检测方法如图 4-40b 所示。当工件旋转一周时，百分表最大与最小读数之差即为径向圆或端面圆跳动的误差。

（5）模具零件对称度及其测量 对称度是指要求共面的被测要素（中心平面、中心线或轴线）偏离基准要素的程度，其公差标注如图 4-41 所示。

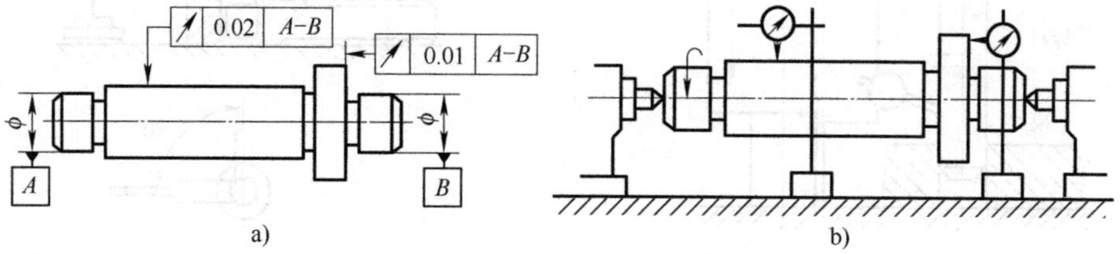

图 4-40 圆跳动的标注及其测量方法
a）标注 b）测量方法

图 4-42 所示为凹模对称度的测量方法，图中凹模长方孔要求与模具中心对称。测量时，在被测凹模孔内放置测量块，然后放在平板上，用百分表在测量块 *a* 面的若干位置上测量，记下各读数值。翻转工件，用同样方法在测量块 *b* 面的若干对应点上测量。各对应点读数差中的最大值即为凹模孔的对称度。

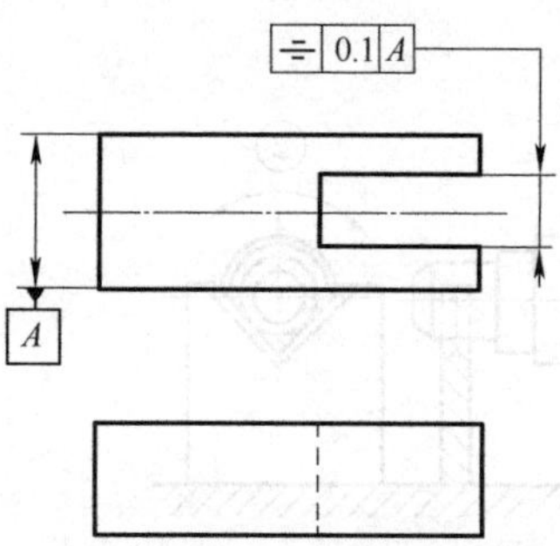

图 4-41 对称度的标注

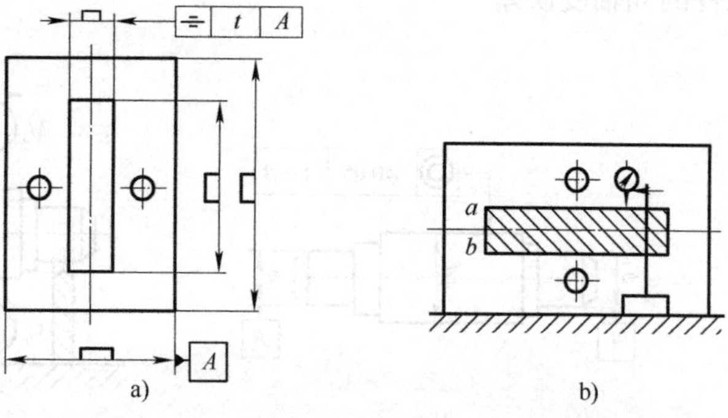

图 4-42 凹模对称度的标注及其测量方法
a）标注 b）测量方法

5. 模具零件表面粗糙度测量

表面粗糙度直接影响模具零件的耐磨性、耐蚀性、疲劳强度和配合质量等。要减少模具零件表面粗糙度值，就必须提高模具零件表面加工质量，增加加工成本，因此科学地分析模具零件表面的作用，选择合适的表面粗糙度是十分必要的。

（1）冲压模具零件表面粗糙度值的确定

1）冲压模板类零件底面与周边表面粗糙度值。冲压模具的上、下模座，上、下垫板，凸、凹模固定板，卸料板，压料板，打料板与顶料板等零件表面粗糙度值通常为 $Ra0.8 \sim Ra1.6\mu m$。板类零件周边表面粗糙度值通常为 $Ra3.2 \sim Ra6.3\mu m$。

2）冲压模具的凸模与凹模工作面表面粗糙度值通常为 $Ra0.4 \sim Ra0.8\mu m$，凸模与凹模固定部位及与之配合的模板孔表面粗糙度值通常为 $Ra0.8 \sim Ra3.2\mu m$。

3）卸料（顶料）零件与凸模（凹模）配合面表面粗糙度值通常为 $Ra3.2 \sim Ra6.3\mu m$。

4）螺栓或其他零件的非配合孔面表面粗糙度值通常为 $Ra6.3 \sim Ra12.5\mu m$。销孔面的表面粗糙度值通常为 $Ra0.8\mu m$。

冲压模具凸凹模零件表面粗糙度值的标注如图 4-43 所示。

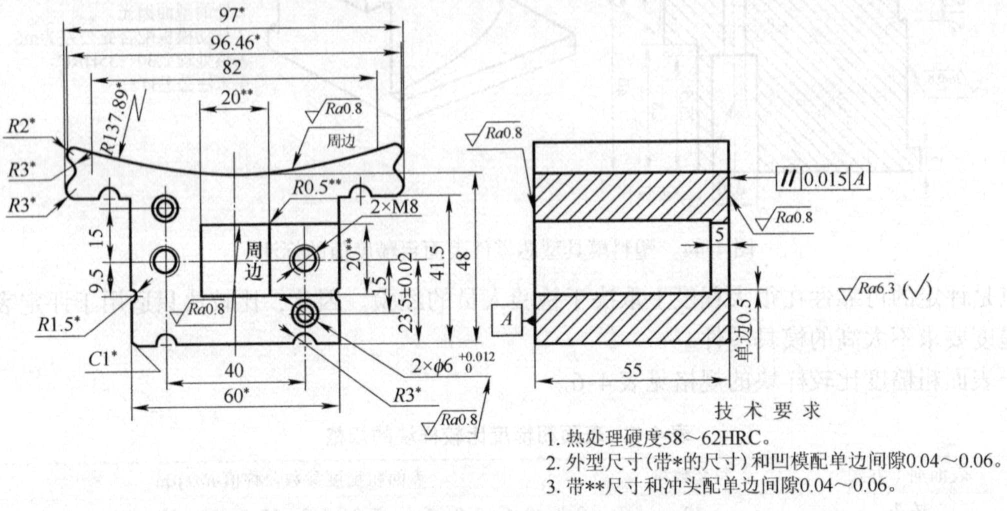

图 4-43　冲压模具凸凹模零件表面粗糙度的标注

（2）塑料模具零件表面粗糙度值的确定

1）塑料模板类零件底面与周边表面粗糙度值。塑料模具的动、定模座，动、定模板，流道推板，塑料件顶出板，垫块，推杆固定板，推板等零件表面粗糙度值通常为 $Ra0.8 \sim Ra1.6\mu m$，最小可取 $0.4\mu m$。板类零件周边表面粗糙度值通常为 $Ra3.2 \sim Ra6.3\mu m$。

2）复位杆，推杆与推管内、外表面的表面粗糙度值通常为 $Ra0.8 \sim Ra1.6\mu m$。

3）型芯表面的表面粗糙度值通常为 $Ra0.8 \sim Ra1.6\mu m$，型芯与模板孔配合面通常为 $Ra1.6 \sim Ra3.2\mu m$。型腔表面通常为 $Ra0.025 \sim Ra0.2\mu m$，最高可达 $Ra0.008 \sim Ra0.012\mu m$。

另外，导柱与导套滑动配合面表面粗糙度值通常为 $Ra0.4 \sim Ra0.8\mu m$，与模座过盈配合面表面粗糙度值通常为 $Ra0.8 \sim Ra1.6\mu m$。滑块、导轨、斜导柱等滑动配合零件表面粗糙度值通常为 $Ra0.8 \sim Ra1.6\mu m$。

塑料模具型芯零件表面粗糙度值的标注如图 4-44 所示。

（3）表面粗糙度的测量方法

1）用比较法测量表面粗糙度。比较法具有简单易行的优点，适合在车间或现场使用。

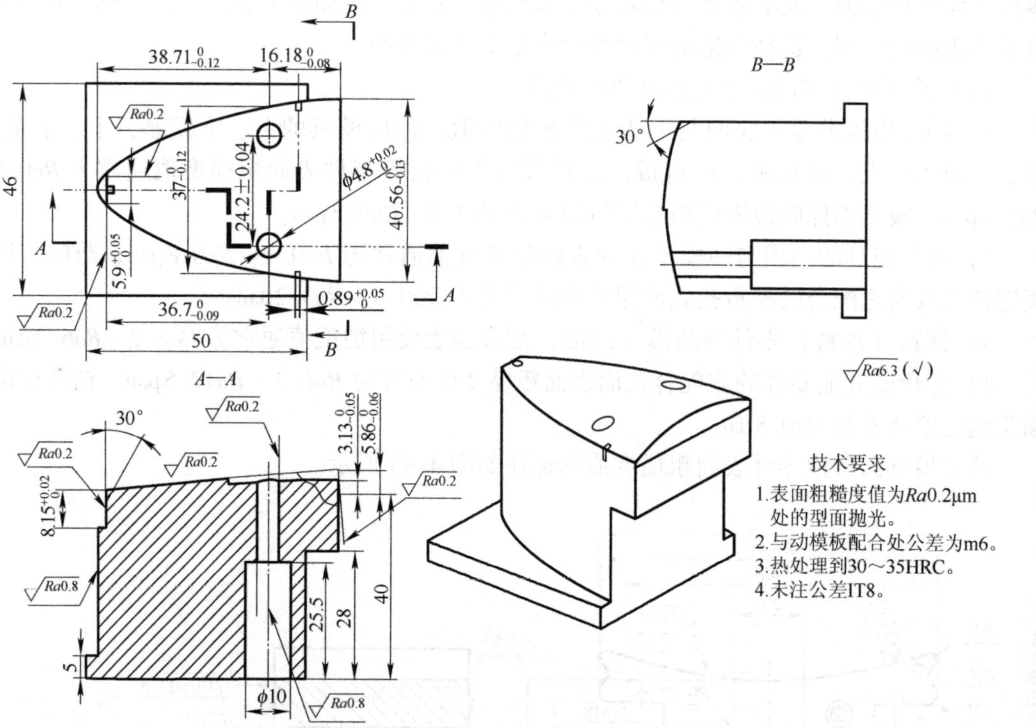

图 4-44　塑料模具型芯零件表面粗糙度值的标注

缺点是评定的可靠性在很大程度上取决于检验人员的经验。因此，比较法只适用于评定表面粗糙度要求不太高的模具零件。

表面粗糙度比较样块的规格见表 4-6。

表 4-6　表面粗糙度比较样块的规格

表面加工方式		每套数量	表面粗糙度参数公称值 Ra/μm
铸造		12	0.2，0.4，0.8，1.6，3.2，6.3，12.5，25，50，100
机加工	磨	8	0.025，0.05，0.1，0.2，0.4，0.8，1.6，3.2
	车、镗	6	0.4，0.8，1.6，3.2，6.3，12.5
	铣	6	0.4，0.8，1.6，3.2，6.3，12.5
	插、刨	6	0.8，1.6，3.2，6.3，12.5
电火花		6	0.4，0.8，1.6，3.2，6.3，12.5
抛丸、喷砂		10	0.2，0.4，0.8，1.6，3.2，6.3，12.5，25，50，100
抛光		7	0.012，0.025，0.05，0.1，0.2，0.4，0.8

图 4-45 所示为表面粗糙度比较样块，它是采用特定合金材料加工而成的，具有不同的表面粗糙度参数值。通过触觉、视觉将被测件表面与之作比较，以确定被测表面的表面粗糙度。

用比较法测量表面粗糙度时，常用的有视觉比较法和触觉比较法。

① 视觉比较法就是通过目测反复比较被测表面与比较样板间的加工痕迹异同、反光强弱、色彩差异，以判定被测表面的表面粗糙度值的大小。必要时可借用放大镜进行比较。

② 触觉比较法就是用手指分别触摸或划过被测表面和比较样板，根据手的感觉来判断

被测表面与比较样板在峰谷高度和间距上的差别，从而判断被测表面粗糙度的大小。

图 4-45　表面粗糙度比较样块

注意事项

被测表面与表面粗糙度比较样板应具有相同的材料。不同的材料表面的反光特性和手感不同。例如，用一个钢质的表面粗糙度比较样板与一个铜质的加工表面相比较，将会导致误差较大的比较结果。

被测表面与表面粗糙度比较样板应具有相同的加工方法，不同的加工方法所获取的加工痕迹是不一样的。例如，车加工的表面粗糙度绝对不能用磨加工的表面粗糙度比较样板去比较并得出结果。

2）用针描法测量表面粗糙度。针描法是指利用触针划过被测表面，把表面粗糙度轮廓放大描绘出来，经过计算处理装置直接给出表面粗糙度值。采用针描法的原理制成的表面粗糙度轮廓测量仪称为触针式轮廓仪，它适用于测量表面粗糙度值为 $Ra0.04 \sim Ra5.0\mu m$ 的内、外表面和球面。

如图 4-46 所示，触针式轮廓仪的驱动箱以恒速拖动传感器沿工件被测表面轮廓方向移动，传感器测杆上的金刚石触针与被测表面轮廓接触，触针把该轮廓上的微小峰、谷转换为垂直位移，这位移经传感器转换为电信号，然后经检波、放大路线分送两路，其中一路送至记录器，记录出实际表面粗糙度轮廓；另一路经滤波器消除（或减弱）波纹度的影响，由指示表显示表面粗糙度值。

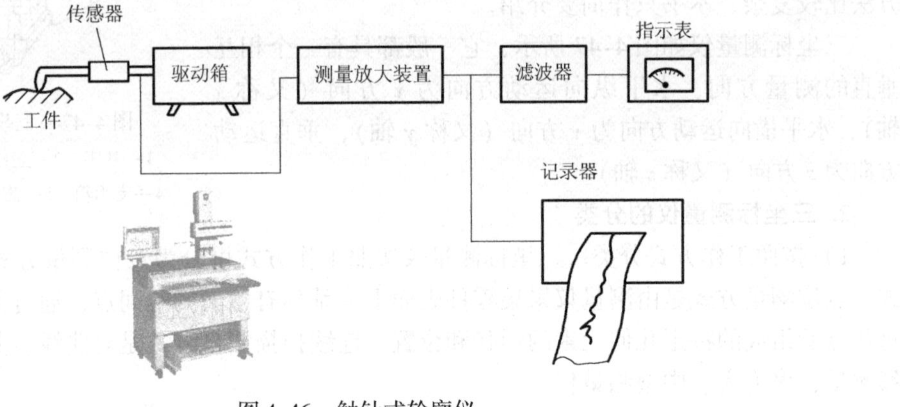

图 4-46　触针式轮廓仪

其他常用的表面粗糙度测量装置有便携式表面粗糙度测量仪、光切显微镜和干涉显微镜等。

三、任务实施

肥皂盒型腔镶块的测量与检验见表 4-7。

表 4-7　肥皂盒型腔镶块的测量与检验

序号	检测内容	检测量具	说　明
1	尺寸精度	游标卡尺（分度值为 0.02mm）直接测量 $180^{+0.040}_{+0.015}$mm、$140^{+0.040}_{+0.015}$mm、41mm、18mm、12mm、15mm、75mm、3.15mm、100mm、92.11mm、70.68mm、110.57mm、132.25mm 和 140.66mm 半径样板直接测量 *R*0.8mm、*R*1.5mm、*R*2mm、*R*3mm 和 *R*5mm	直接测量，由于型腔镶块精加工最终由电火花工序完成，型腔内壁尺寸由电极控制
2	形状精度	1）加工设备保证（数控、电火花成形设备） 2）采用已经做好的样板测量 3）三坐标测量仪	
3	位置精度	平板、V 形架，百分表。以肥皂盒型腔大底面为测量基准直接测量镶块上表面	平行度公差 0.02mm
4	表面粗糙度	用表面粗糙度比较样块对比测量 *Ra*0.2μm 和 *Ra*0.8μm，标注表面粗糙度	通过触觉、视觉比较

四、知识拓展

1. 三坐标测量仪概述

三坐标测量仪是一种以精密机械为主基础，综合应用电子技术、计算机技术、光栅与激光干涉技术等先进的检测仪器。它几乎可以对生产中的所有零件，特别是模具的三维复杂曲面尺寸、形状和相互位置进行高准确度的空间测量。由于计算机技术的引入，可方便地进行数字运算与程序控制，智能化程度很高，在测量方面具有万能性和多样性。因此，发展高速坐标测量仪是现代工业生产的要求。三坐标测量仪的结构原理与测量方法比较复杂，本书只作简要介绍。

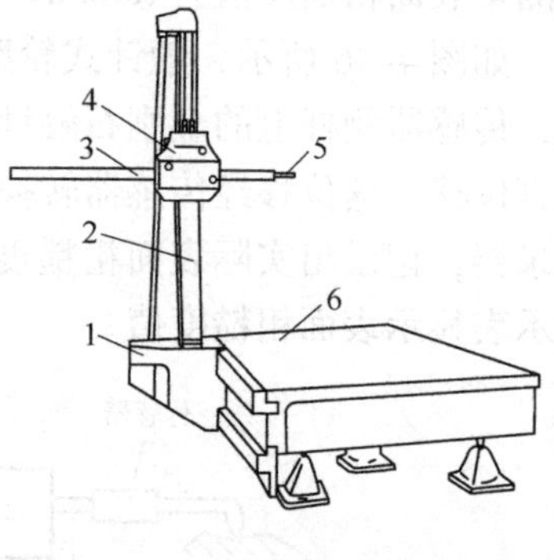

图 4-47　三坐标测量仪

1—基座　2—立柱　3—水平臂
4—支承箱　5—测头　6—工作台

三坐标测量仪如图 4-47 所示，它一般都具有一个相互垂直的测量方向，水平纵向运动方向为 x 方向（又称 x 轴），水平横向运动方向为 y 方向（又称 y 轴），垂直运动方向为 z 方向（又称 z 轴）。

2. 三坐标测量仪的分类

1）按照工作方式分类。三坐标测量仪按照工作方式可分为点位测量方式和连续扫描方式。点位测量方式是由测量仪采集零件表面上一系列有意义的空间点，通过数学处理，求出这些点所组成的特定几何元素的形状和位置。连续扫描测量方式是对曲线、曲面轮廓进行连续测量，多为大、中型测量仪。

2）按照结构分类。常用三坐标测量仪按其结构分类有单臂式或摇臂式、桥式、龙门式、立体式和坐标镗床式等，每种形式各有特点与适用范围。

图 4-48a、b 所示为悬臂式，其特点是结构紧凑、工作面开阔、装卸工件方便、便于测量，但悬臂易于变形，且变形量随测量轴 y 轴的位置变化而变化，因此 y 轴测量范围受限。

图 4-48c、d 所示为桥式，其特点是结构刚性好，x、y、z 的行程大，一般为大型机。

图 4-48e、f 所示为龙门式，其特点是龙门架刚度大，结构稳定性好，精度较高。工作

台可以移动，装卸工件方便，但考虑龙门或工作台移动的惯性，龙门式一般为小型机。

图4-48g所示为立式，其特点是适合大型工件的测量。

图4-48h所示为坐标镗床式，结构与镗床基本相同，刚性好、测量精度高，但结构复杂，适用于小型工件。

在模具的制造和检测中，常用桥式、龙门式和立柱式。

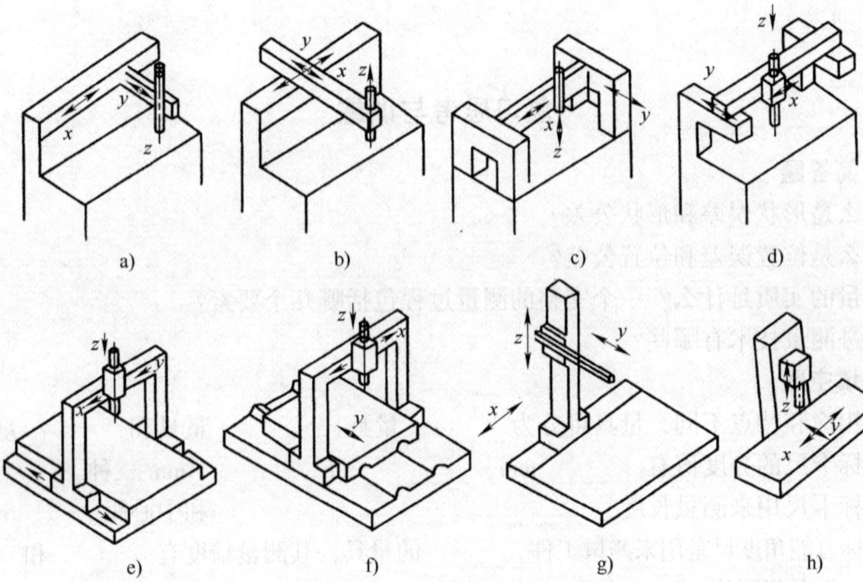

图4-48 三坐标测量仪结构形式

a)、b) 悬臂式 c)、d) 桥式 e)、f) 龙门式 g) 立式 h) 坐标镗床式

3. 三坐标测量仪的测量系统

测量系统是坐标测量仪的重要组成部分，它关系着坐标测量仪的精度、成本和使用寿命。对于CNC三坐标测量仪一定要求测量系统输出的坐标值为数字脉冲信号，才能实现坐标位置闭环控制。坐标测量仪上使用的测量系统种类很多，按其性质可分为机械式、光学式和电气式测量系统。各种测量系统精度范围见表4-8。

表4-8 各种测量系统精度范围

测量系统	精度范围/μm	测量系统	精度范围/μm
丝杠或齿条	10~50	感应同步器	2~10
刻线尺（光屏投影）	1~10	磁尺	2~10
光电扫描	0.2~1	码尺（绝对测量系统）	10
光栅	1~10	激光干涉仪	0.1

4. 三坐标测量仪的应用

三坐标测量仪集精密机械、电子技术、传感器技术、电子计算机等现代技术于一体。对坐标量测仪，任何复杂的几何表面与几何形状，只要测头能感受（或瞄准）到的地方，就可以测出它们的几何尺寸和相互位置关系，并借助于计算机完成数据处理。如果在三坐标测量仪上设置分度头、回转台（或数控转台），除采用直角坐标系外，还可采用极坐标、圆柱坐标系测量，使测量范围进一步扩大。对于有x、y、z、ϕ（回转台）四轴坐标的测量仪，常称为四坐标测量仪。增加回转轴的数目，还有五坐标或六坐标测量仪。三坐标测量仪与“加工中心”相配合后，便具有“测量中心”的功能。在现代化生产中，三坐标测量仪已成为 CAD/CAM 系统中的一个测量单元，它将测量信息反馈到系统主控计算机，进一步控制加工过程，提高产品质量。正因如此，三坐标测量仪越来越广泛地应用于模具制造、电子、汽车和航空航天等工业领域。

复习思考与训练

4-1　简答题

1. 什么是形状误差和形状公差？
2. 什么是位置误差和位置公差？
3. 测量的实质是什么？一个完整的测量过程包括哪几个要素？
4. 先进测量技术有哪些？

4-2　填空题

1. 按用途和特点不同，量具可分为________量具、________量具和________量具。
2. 游标卡尺的分度值有________mm、________mm、________mm 三种。
3. 游标卡尺用来测量长度、________、________、________和中心距。
4. 游标万能角度尺是用来测量工件________的量具，其测量精度有________和________两种，测量角度范围为________。
5. 千分尺是测量时常用________量具之一，它的测量精度为________mm。
6. 塞尺是用来检验两结合面之间________的片状量规。
7. 量块用于调整、找正、校检测量仪器、工具，是技术测量上长度计量的________。

4-3　选择题

1. 分度值为 0.02mm 的游标卡尺，当两测量爪合拢时，游标卡尺上的第 50 格与尺身的________mm 对齐。

A. 50　　B. 49　　C. 39　　D. 29

2. 用百分表测量平面时，其测量头应与平面________。

A. 平行　　B. 垂直　　C. 倾斜　　D. 任意位置

3. 图 4-49 中游标卡尺测量面与工件接触正确的是________。

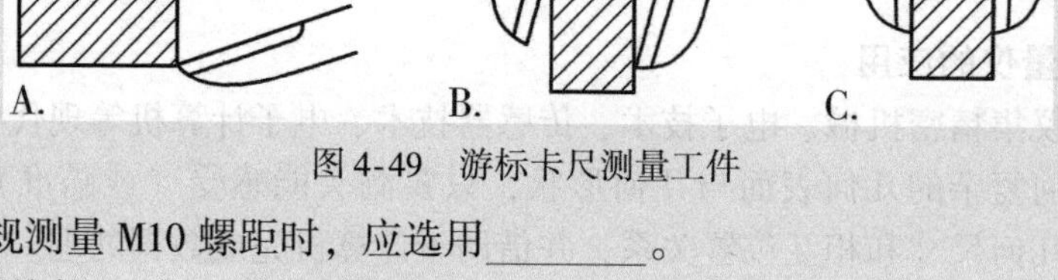

图 4-49　游标卡尺测量工件

4. 用螺纹规测量 M10 螺距时，应选用________。

A. 60°螺纹规　　B. 55°螺纹规　　C. 半径规　　D. 金属直尺

5. 测量零件内孔时，________。

A. 环规　　B. 卡规　　C. 塞规　　D. 半径规

6. 卡钳不能测量________。

A. 外径　　B. 内径　　C. 壁厚　　D. 深度

4-4　简答题

1. 简述 0.02mm 游标卡尺的标尺原理。
2. 简述千分尺的标尺原理。
3. 简述百分表的标尺原理。

4-5　计算题

如图 4-50 所示，用中心距 $L = 200$mm 的正弦尺测量锥度为 1:30 的外圆锥体，试计算所需垫量块厚度 H。若百分表测量的指示数左端高于右端时，问实际锥度大于还是小于要求值？

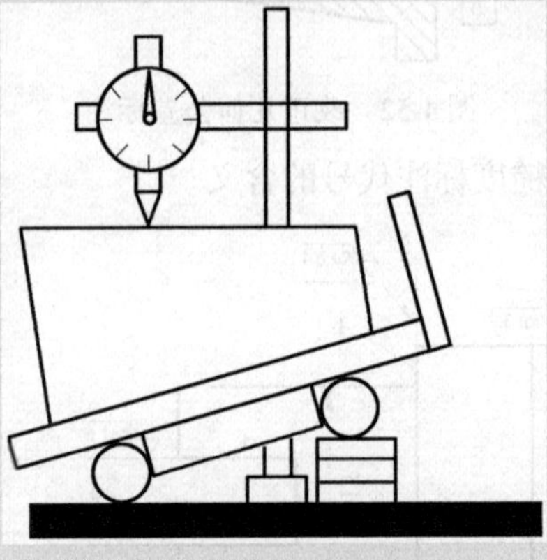

图 4-50　正弦尺测量应用实例

4-6　应用题

1. 将下列技术要求标注在图 4-51 上。

1）圆锥面 a 的圆度公差为 0.1mm。

2）圆锥面 a 对孔轴线 b 的斜向圆跳动公差为 0.02mm。

3）基准孔轴线 b 的直线度公差为 0.005mm。

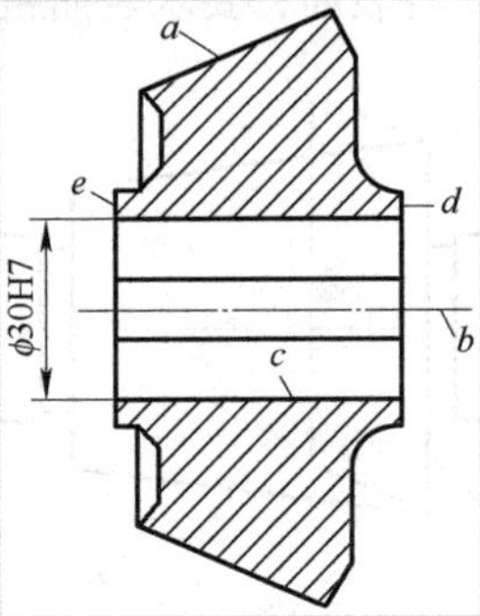

图 4-51　位置公差标注

4）孔表面 c 的圆柱度公差为 0.01mm。

5）端面 d 对基准孔轴线 b 的端面全跳动公差为 0.01mm。

6）端面 e 对端面 d 的平行度公差为 0.03mm。

2. 改正图 4-52 中各项几何公差标注上的错误（不允许改变几何公差项目）。

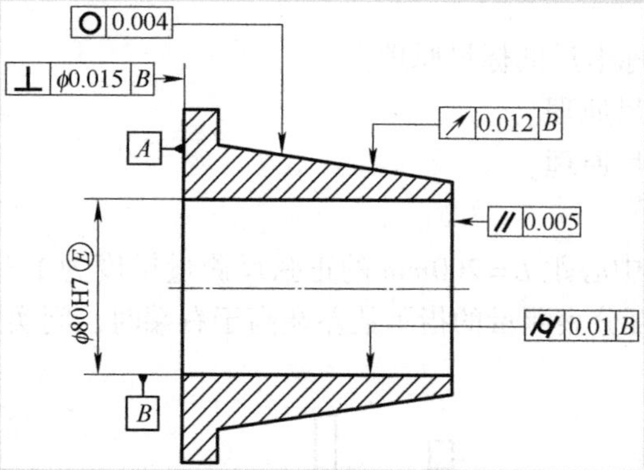

图 4-52 改正几何公差标注

3. 解释图 4-53 中表面粗糙度标注代号的含义。

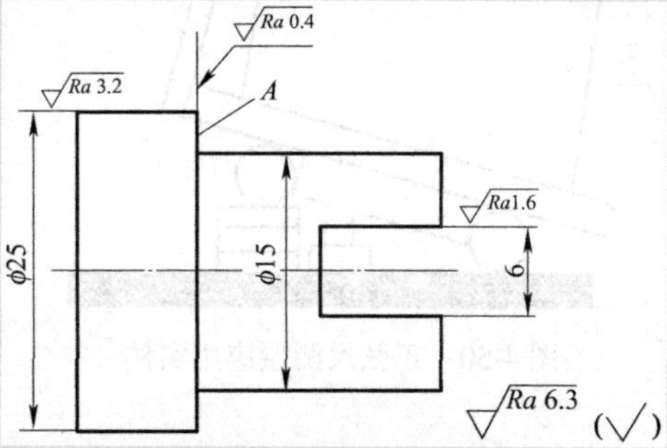

图 4-53 表面粗糙度标注

4. 将下列表面粗糙度按要求标注在图 4-54 上。

1）用去除材料的方法获得表面 a 和 b，要求表面粗糙度的上限值为 Ra1.6μm。

2）用任何方法加工 ϕd_1 和 ϕd_2 圆柱面，要求表面粗糙度的上限值为 Ra6.3μm。

3）其余用去除材料的方法获得各表面，要求表面粗糙度 Ra 的最大值均为 12.5μm。

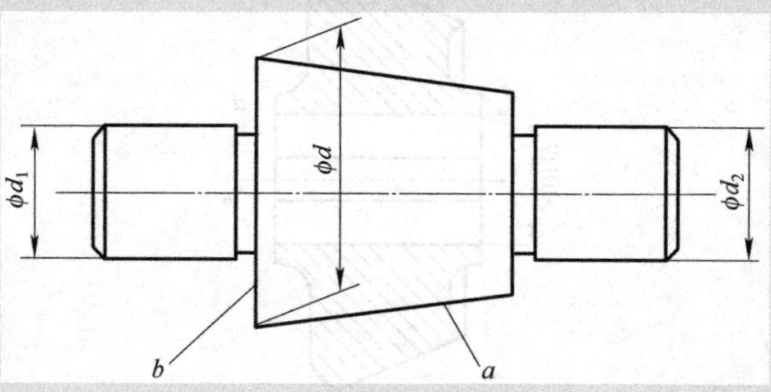

图 4-54 表面粗糙度标注应用

项目五　装配模具

能力目标

1. 具有合理使用装配组织形式及选择模具装配方法的能力。
2. 能正确进行冷冲压模具组件装配与总装，以及间隙、位置调整。
3. 能正确进行塑料模具组件的装配、总装与修模。

知识目标

1. 掌握正确的模具装配组织形式及修配装配法。
2. 熟悉装配量具、工具使用方法及使用范围。
3. 依据模具的装配技术要求能够确定装配顺序。
4. 熟悉试模要求及修模方法。

任务一　装配单工序冲裁模

一、任务导入

单工序落料冲裁模的装配任务见表5-1。

二、知识链接——模具装配方法

1. 模具装配概述

模具装配是模具制造过程中的关键工作，装配质量的好坏直接影响到制件的质量、模具本身的工作状态及使用寿命。模具装配的工作主要包括两个方面：一个是将加工好的模具零件按图样要求进行组装、部装乃至总装；另一个是在装配过程中进行一部分的补充加工，如配作和配修等。

模具属于少件生产类型，所以模具装配大都采用集中装配的组织形式。所谓集中装配是指从模具零件组装成部件或模具的全过程，由一个工人在固定地点来完成。有时因交货期短，也可将模具装配的全部工作适当分散为各种部件的装配和总装配，由一组工人在固定地点合作完成模具的装配工作，此种组织形式称为分散装配。

表 5-1　单工序落料冲裁模的装配任务

学习情境	实训地点：模具实训中心 教学条件：单工序落料冲裁模的16种零部件，J23－40压力机，模具测量仪器，钳工工作台、扳手、锤子、各种铜棒、撬杠和勾头撬杠等拆装工具，钳工锉（平锉）、划线工具、千分尺、游标卡尺、90°角尺和塞尺等。	教学要求
完成任务	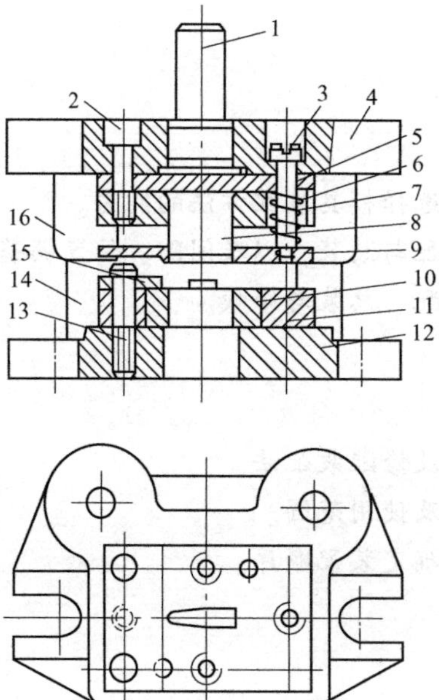 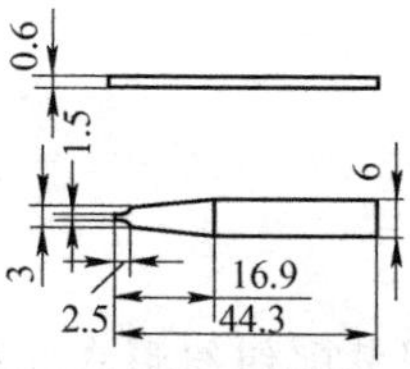 材料:H62黄铜板 1—模柄　2—内六角螺钉　3—卸料螺钉　4—上模板　5—垫板　6—凸模固定板　7—弹簧　8—凸模　9—卸料板　10—凹模　11—凹模套　12—下模座　13—螺钉　14—导柱　15—定位板　16—导套	根据所学模具制造技术知识，完成左图所示单工序落料冲裁模的装配任务，并进行试冲 编制装配工艺规程，填写装配工艺卡
能力目标	会进行冲模组件装配、总装及间隙位置调整	
具体要求	① 掌握装配尺寸链和装配工艺方法 ② 掌握模具零件的固定方法 ③ 掌握模具间隙及位置的控制方法 ④ 掌握冲裁模的装配 ⑤ 掌握模具的调试和修理	
教学法安排	① 多媒体教学 ② 现场演示 ③ 学生分组讨论 ④ 职业技能评价	理实一体
最终考核	工作文件10%，操作过程50%，工作结果20%，汇报效果10%，团队10%	百分制

对于需要大批量生产的模具部件（如标准模架），则一般采用移动式装配，即每一道装配工序按一定的时间完成，装配后的组件再传送至下一个工序，由下道工序的工人继续进行装配，直至完成整个部件的装配。

模具装配方法的选择需要根据模具产品的结构特点、性能要求、生产纲领、生产条件等决定。一般有互换装配法和非互换装配法之分。

（1）互换装配法　根据模具装配零件能够达到的互换程度，互换装配法可分为完全互换法、部分互换法和分组互换法三种。

1）完全互换法。装配时，各配合模具零件不经选择、修配、调整，经组装后就能达到预先规定的装配精度和技术要求，这种装配方法称为完全互换法。完全互换法与装配尺寸链密切相关。

完全互换法是按极值法来确定零部件的制造公差。如果模具制造精度要求较高，则各组成环所分得的制造公差就很小，即零部件的加工精度要求较高。这给加工带来了极大困难，甚至会出现超出现有工艺水平而无法加工或在经济上非常不合算的情况。所以完全互换法仅适合于一些装配精度不太高的模具标准部件的大批量生产。

完全互换法的优点是装配质量稳定可靠，装配工作简单，易于实现装配工作的机械化及自动化，便于组织流水线作业和零部件的协作与专业化生产。

2）部分互换法。在大批量生产中，当装配精度要求比较高、组成环又比较多时，为了零件加工不至过分困难，宜采用部分互换法进行装配。但根据概率统计分析，将出现0.27%不合格品，几乎可以忽略不计，可组件的平均公差放大了 $\sqrt{n-1}$ 倍后，可有效降低模具零件的制造难度，提高加工的经济性。

3）分组互换法。分组互换法是将配合零件的制造公差扩大数倍（扩大倍数以能按经济精度进行加工为度），然后将加工出来的零件进行实测，按扩大前的公差大小、扩大倍数以及实测尺寸进行分组，并以不同的颜色相区别，进行分组装配。

将精密导柱和导套的配合尺寸的制造公差均扩大4倍，并分为4个组进行装配，可以保证各组装配后的最大配合间隙为0.0055mm，最小配合间隙为0.0005mm，见表5-2。采用分组互换法扩大了零件的制造公差，使零件的加工制造更容易，但在各组内零件的尺寸公差和配合间隙与原设计的装配精度要求相同。此法既能完成互换装配，又能达到高的装配精度，适用于装配精度高的模具部件的成批生产。

表5-2　导柱、导套实测尺寸的分组　（单位：mm）

组别	标志颜色	导柱的配合尺寸	导套的配合尺寸	配合情况	
				最大间隙	最小间隙
1	白色	$\phi25^{-0.0025}_{-0.0050}$	$\phi25^{-0.0005}_{-0.0020}$	0.0055	0.0005
2	绿色	$\phi25^{-0.0050}_{-0.0075}$	$\phi25^{-0.0020}_{-0.0045}$	0.0055	0.0005
3	黄色	$\phi25^{-0.0075}_{-0.0100}$	$\phi25^{-0.0045}_{-0.0070}$	0.0055	0.0005
4	红色	$\phi25^{-0.0100}_{-0.0125}$	$\phi25^{-0.0070}_{-0.0095}$	0.0055	0.0005

（2）非互换装配法　由于模具装配的技术要求一般都很高，其装配尺寸链又较多，所以整副模具装配通常选择非互换装配法。非互换装配法主要有修配装配法及调整装配法两种。

1）修配装配法。修配装配法是指各相关模具零件按现有工艺条件下经济可行的精度进行制造，而组装时，则根据实际需要，将指定零件的预留修配量修去，使之达到装配精度的方法。

图5-1所示是用于大型注射模具的浇口套组件。将浇口套装入定模板后要求上表面高出定模板0.02mm，以便定位圈将其压紧。下表面则与定模板平齐。为了保证零件加工和装配的经济可行性，上表面高出定模板平面的0.02mm由加工精度保证，下表面则选择浇口套为修配零件，预留高出定模板平面的修配余量 h。将浇口套压入模板配合孔后，在平面磨床上将浇口套下表面和定模板平面一起磨平，使之达到装配要求。

修配装配法的主要优点是能在较大程度上放宽零件的制造公差，使其加工容易，而最终又能达到很高的装配精度要求。这对装配精度要求很高的多环尺寸链的模具装配特别有利。但必须在装配时增加一道修配工序。

2）调整装配法。将各相关模具零件按经济加工精度制造，在装配时通过改变一个零件的位置或选定适当尺寸的调节件加入到尺寸链中进行补偿，以达到规定装配精度要求的方法称为调整装配法。调整装配法分为可动调节法与固定调节法两种。

① 可动调节法。该方法是指用移动、旋转等运动改变所选定的调节件的位置，来达到装配精度的方法。图5-2所示是选用螺钉作为调节件，调整塑料注射模自动脱螺纹装置的滚动轴承的间隙。转动调整螺钉，可使轴承外环作轴向移动，使轴承外环、滚珠及内环之间保持适当的配合间隙。此方法不用拆卸零件，操作方便。

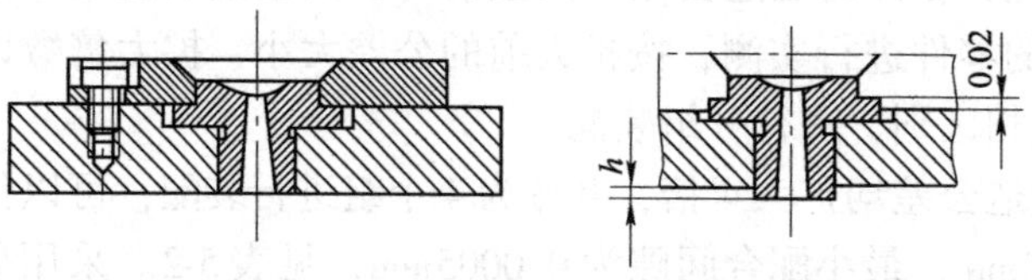

图5-1 浇口套组件的修配装配

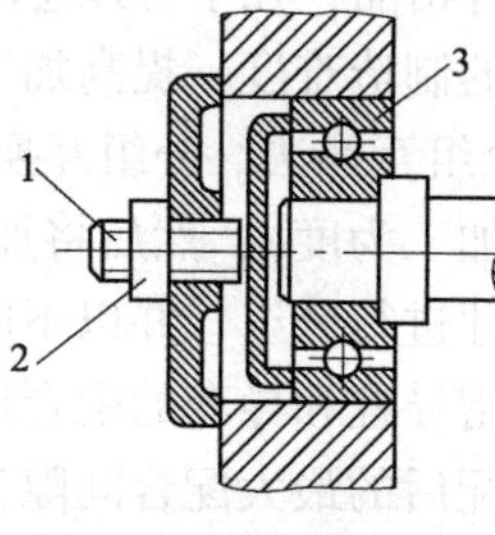

图5-2 可动调整装配法

1—调整螺钉 2—锁紧螺母 3—滚动轴承

② 固定调节法。固定调节法是指按一定的尺寸等级制造的一套专用零件（如垫圈、垫片或轴套等），装配时通过选择某一尺寸等级的合适的调节件加入到装配结构中，从而达到装配精度的方法。

图5-3所示是塑料注射模滑块型芯水平位置的装配调整。根据预装配时对间隙的测量结果，从一套不同厚度的调整垫片中，选择一个适当厚度的调整垫片进行装配，从而达到所要求的型芯位置。

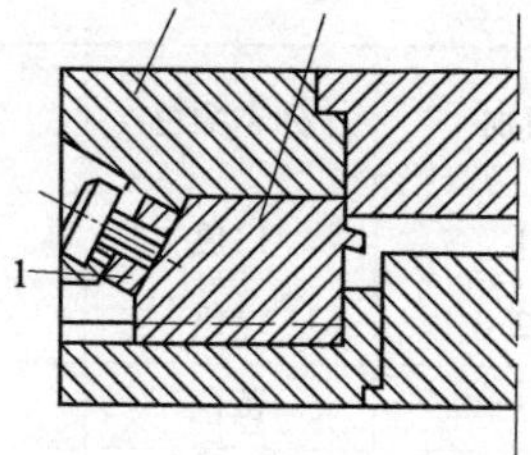

图5-3 塑料注射模滑块型芯水平位置的装配调整

1—调整垫 2—紧楔块 3—滑块型芯

调整装配法的优点是在各组成环按经济加工精度制造的条件下，来达到装配精度要求，不需要进行任何修配加工，还可以补偿因磨损和热变形对装配精度的影响，但常常需要增加尺寸链中零件的数量。

2. 模具装配工艺过程

模具装配的工艺过程，一般由四个阶段组成，即准备、组件装配、总装配、检验和测试阶段，见表5-3。

表 5-3 模具装配工艺过程

工艺过程		工艺说明
准备阶段	研究装配图	装配图是进行装配工作的主要依据，通过对装配图的分析研究，了解要装配模具的结构特点和主要技术要求，各零件的安装部位功能要求和加工工艺过程，与有关零件的连接方式和配合性质，从而确定合理的装配基准、装配方法和装配顺序
	清理检查零件	根据总装配图零件明细表，清点和清洗零件，检查主要零件的尺寸和几何精度，查明各部分配合面的间隙、加工余量，以及有无变形和裂纹等缺陷
	布置工作场地	准备好装配时所需的工具、夹具、量具、材料和辅助设备，清理好工作台
组件装配阶段		1）按照各零件所具有的功能进行部件组装，如模架的组装、凸模和凹模（或型芯和型腔）与固定板的组装，卸料和推杆机构的组装等 2）组装后的部件必须按规定符合装配技术要求
总装配阶段		1）选择好装配的基准件，安排好上、下模（定模、动模）的装配顺序 2）将零件及组装后的组件，按装配顺序组装结合在一起，成为一副完整的模具 3）模具装配完后，必须保证装配精度，满足规定的各项技术要求
检验和调试阶段		1）按照模具验收技术条件，检验模具各部分的功能 2）在实际生产条件下，进行试模，调整、修整模具，直到合格后装配完成

3. 凸、凹模间隙的控制

在实际生产中，控制凸模与凹模间隙的方法很多，需根据冲模的结构特点、间隙值的大小和装配条件来确定，最常用的方法见表 5-4。

表 5-4 凸、凹模间隙的控制方法

控制方法	图示	工艺说明	优缺点
透光调整法	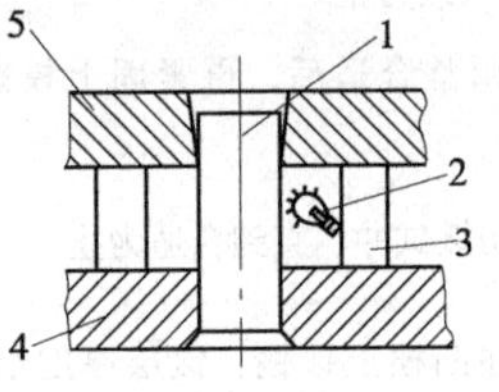1—凸模 2—光源 3—垫铁 4—固定板 5—凹模	1）分别安装上模与下模，螺钉不要紧固，暂不装配销 2）将垫块放在固定板及凹模之间垫起，并用夹钳夹紧 3）翻转冲模，将模柄夹紧在机用平口钳上 4）用手灯或电筒照射，并在下模漏料孔中观察。根据透光情况来确定间隙大小和均匀分布状况。当发现凸模与凹模之间所透光线在某一方向偏多，则表明间隙在此地点间隙偏大，可用锤子敲击相应的侧面，使其凸模向偏大方向移动，再反复透光，调整到合适为止 5）调整后，将螺钉及销紧固 6）试冲。用一张相当于所冲板料厚度的纸片，放在已调好的凸、凹模之间，用锤子轻轻敲击一下上模板，则凸、凹模闭合后，冲出制品 7）检查样件。试冲出的样件若四周毛刺较小或毛刺分布均匀，表面间隙调整合适。若在某一段发现毛刺较大，则说明在此段方向上间隙不均匀，要继续调整，直到试冲合适为止	方法简单，易于操作，但较费工时，适于小型冲模装配

（续）

控制方法	图　示	工艺说明	优缺点
测量法	—	1）将凸模与凹模分别固定在上模与下模之后，使凸模合于凹模孔内 2）用塞尺测量凸、凹模边缘，来确定间隙的均匀程度 3）根据测量结果，进行调整 4）调整合适后，紧固螺钉及圆柱销，并经过试冲检验其装配是否正确	方法简单、操作方便，适于大间隙冲模
垫铜片、纸片、量块调整法	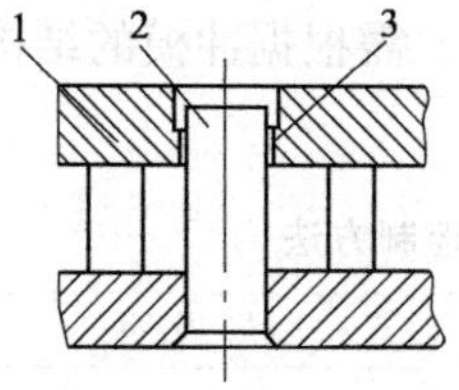 —凹模　2—凸模　3—垫片	1）将凸模固定板组合及凹模之间用等高垫铁垫起，使凸模插入凹模相应孔内 2）按间隙大小用厚度为 0.03～0.04mm 的纯铜皮叠成多层（等于间隙值）垫在凸、凹模刃口之间（也可以用纸板及适当厚度的量块），其深度为 10～12mm，并使四周方向松紧程度一致 3）将凹模与下模板、凸模固定板与上模板分别用夹钳夹紧固定，将下模部分用螺钉紧固并穿入圆柱销。上模部分的螺钉拧得不要太紧，圆柱销暂不装配 4）将上模板的导套小心套进下模板的导柱内，并慢慢放下。凸、凹模之间仍用原来的垫片垫入凸、凹模之间。假如某方向松紧程度相差较大，说明间隙不均匀。这时，可用锤子轻轻敲起固定板使之调整到各方向松紧程度一致为止 5）调整合适后，再紧固上模螺钉及圆柱销 6）切纸试冲，直到合适为止	工艺较复杂，但效果理想，调整后的间隙均匀
镀铜调整法	—	1）在凸模上镀铜，镀层厚度恰好为凸、凹模间隙值 2）将镀过铜的凸模浸入 10% 硫酸亚铁溶液中，并与氰化钠中和进行消毒 3）用清水洗、擦干、上油 4）按装配工艺装配后，试冲验证间隙均匀程度	间隙均匀但工艺复杂

（续）

控制方法	图 示	工艺说明	优 缺 点
涂层法	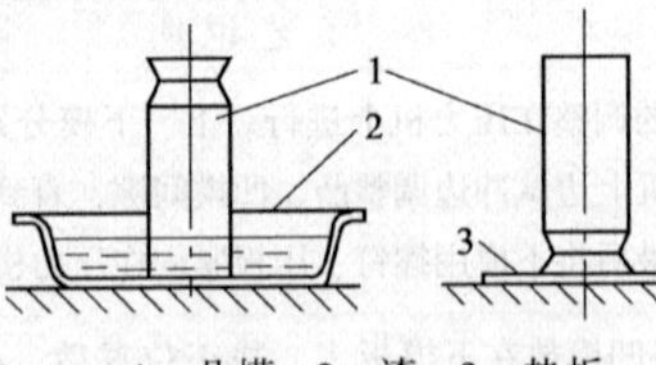 1—凸模 2—漆 3—垫板	在凸模上涂一层薄膜材料，涂层厚度等于凸、凹模单边间隙值，涂料为： 1）涂淡金水，可反复涂几次或涂一次干燥后，再涂上全损耗系统用油和用研磨砂调和的薄涂料 2）涂拉夫桑薄膜 3）涂漆：用1260 氨基醇酸绝缘清漆。其方法是将凸模浸入盛漆的容器中约 15mm 深，刃口朝下。浸后取出凸模，端面用吸水纸擦一下，然后使刃口朝上，让漆膜慢慢向下倒流，形成一定锥度。在炉内烘干（炉温从10℃升到120℃，保温0.5～1h），随炉冷却后即可装配。装配后的冲模经试冲检查间隙均匀程度，若不合适应重新涂漆调整，直到合格为止	方法简单，适用于小间隙的冲模
利用工艺定位器调整法	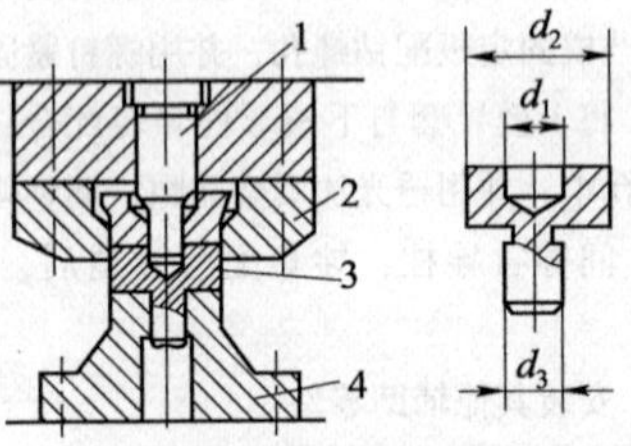 1—凸模 2—凹模 3—定位器 4—落料凸模	用工艺定位器保证上、下模同轴，控制装配过程中凸、凹模间隙的均匀 定位器：d_1 与凸模滑配合；d_2 与凹模滑配合；d_3 与凸凹模孔滑配合。d_1、d_2、d_3 要一次装夹车削而成，以保证三个直径圆柱的同轴度	适于复合模的装配
标准样件调整法		对于弯曲模、拉深模及成形模，在调整及安装时，可按产品零件图先制作一个样件。在调整时，将样件放在凸、凹模之间调整间隙	方法简单。调整后间隙均匀
加长凸模工艺尺寸定位法	—	对于圆形凸模和凹模，在制造凸模时，将凸模工作部分加长1～2mm，并将加长部分的工艺尺寸加大到正好与凹模孔滑配合。这样，在装配凸模与凹模时容易对中（同心），以保证其间隙值。待装配后，再将加长部分的工艺尺寸磨掉	方法简单适用于圆形结构凸、凹模
酸腐蚀法	—	在加工凸、凹模时，可将凸模尺寸与模孔尺寸加工到相同，装配后再将凸模用酸腐蚀，以达到配合间隙合理与均匀。腐蚀后用清水洗去酸液 酸液成分如下（体积分数）： 1）硝酸20%＋醋酸30%＋水50% 2）蒸馏水55%＋过氧化氢25%＋草酸20%＋硫酸1%～2% 腐蚀时，一定要控制时间，不要太长	适于间隙小的冲模

4. 冷冲模装配顺序的选择

冲模的主要零件组装成部件后，可进行总装配。为了使凸、凹模易于对中和使间隙均匀，装配时应首先考虑上、下模的装配顺序。冲模的装配顺序选择与冲模结构有关，其选择方法见表5-5。

表5-5 冷冲模装配顺序的选择

模具结构	装配顺序	工艺说明
无导柱、导套装置的冲模	装配没有严格的次序要求	间隙的调整在压力机上进行。上、下模分别按图样装配后，在压力机上边试冲边调整凸、凹模间隙，直到合格工件被冲出为止，最后将下模用螺钉、压板紧固在压力机的工作台上即可
凹模安装在下模板上的导柱模	先安装下模，然后依据下模配装上模	1）将凹模放在下模板上，找正位置后，将下模板按凹孔划出漏料孔的位置及大小，并加工漏料孔 2）将凹模紧固在下模板上 3）将凸模与凸模固定板组合用等高垫铁垫起，使上模导套和凸模刃口部位分别伸进相应的导柱及凹模孔内 4）调整凸、凹模间隙，使其均匀 5）把上模板、垫板与凸模固定板组合用夹钳夹紧。取下后按凸模固定板配钻螺孔，并用螺钉紧固，但不要拧紧 6）将上模导套与下模导柱轻轻配合，视凸模是否能进入凹模孔中，并用透光法观察间隙，调整均匀 7）间隙、导柱、导套配合合适后，再将螺钉紧固，打入销 8）安装其他辅助零件
有导柱的复合冲模	先安装上模，再配装下模	1）按图样要求，先安装好上模部分 2）借助上模的冲孔凸模及落料凹模孔，找正下模的凸凹模位置及调整间隙 3）按冲孔凹模孔，在底板上加工出漏料孔 4）调整间隙后，装配下模及其他辅助零件

5. 冷冲模装配要点

冷冲模装配要点见表5-6。

表5-6 冷冲模装配要点

项　目	装配要点
基准件选择	装配时，先要选择基准件。原则上按照模具主要零件加工时的依赖关系来确定。可作为装配时的基准件有凸模、凹模、导向板及固定板等
装配	1）以导向板作基准进行装配时，通过导向板将凸模装入固定板，再装上模座。然后，通过上模配装下模 2）对于固定板具有止口的模具，以止口将有关零件定位进行装配（止口尺寸可按模块配制，一经加工好就作为基准） 3）对于级进模，为便于调整准确步距，在装配时应将拼块凹模先装入下模板后，再以凹模定位装凸模入上模板 4）当模具零件装入上、下模座时，先装作为基准的零件，检查无误后再拧紧螺钉，打入销；以后各部件在试冲无误后再拧紧螺钉、紧固销

（续）

项　　目	装配要点
调整凸、凹模间隙	装配模具时，必须严格控制及调整凸、凹模间隙的均匀性。间隙调整后，才能紧固螺钉及销
试冲	试冲时可用切纸（纸厚等于料厚）试冲及上机试冲两种方法。试冲出的制品零件要仔细检查。如试冲时发现间隙不均匀，毛刺过大，应重新进行装配调整后，再钻铰销孔紧固

三、任务实施

单工序冲裁模分为无导向装置的冲裁模和有导向装置的冲裁模两种类型。对于无导向装置的冲裁模，装配时可以按图样要求将上、下模分别进行装配，其凸、凹模间隙是在冲裁模被安装在压力机上时进行调整的。而对于有导向装置的冲裁模，装配时首先要选择基准件，然后以基准件为准配装其他零件并调好间隙值。表 5-1 中单工序落料冲裁模的装配方法见表 5-7。

表 5-7　单工序落料冲裁模的装配方法

序号	工　序	图　　示	工艺说明
1	装配前的准备	—	1）通读总装配图，了解所冲零件的形状、精度要求及模具的结构特点、动作原理和技术要求 2）选择装配顺序及装配方法 3）检查零件尺寸、精度是否合格，并且备好螺钉、弹簧、销等标准件及装配用的辅助工具
2	装配模柄	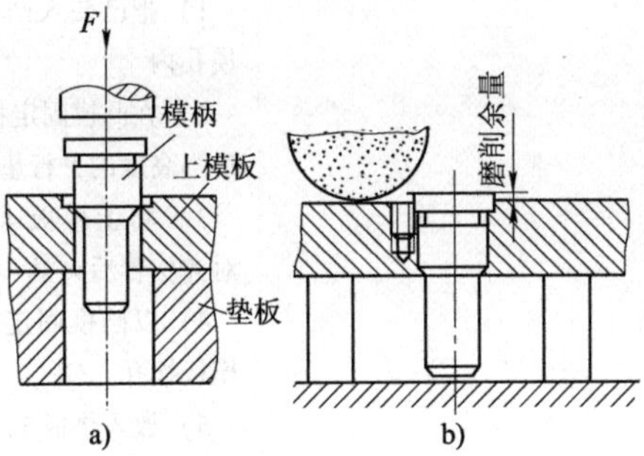	1）用手扳压力机，将模柄 1 压入上模板 4 中，压实后，再把模柄 1 端面与上模板 4 的底面在平面磨床上磨平 2）用 90° 角尺检查模柄 1 与上模板 4 的垂直度，并调整直到合适为止
3	导柱、导套的装配	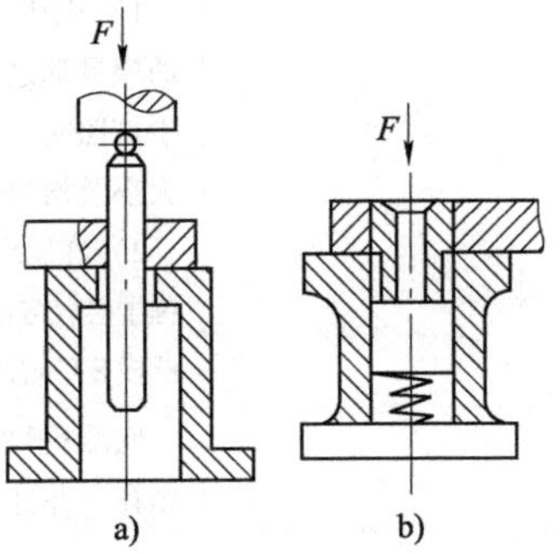	1）在压力机上分别将导柱 14、导套 16 压入下模座 12 和上模板 4 内 2）用 90° 角尺检查其垂直度，如果超过垂直度误差标准，应重新安装

（续）

序号	工　序	图　示	工艺说明
4	凸模的装配	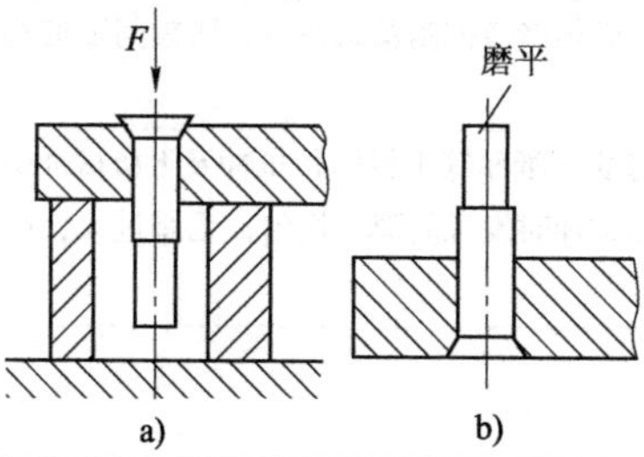	1）在压力机上将凸模8压入凸模固定板6，并检查凸模8与凸模固定板6的垂直度 2）装配后将凸模固定板6的上平面与凸模8的尾部一起磨平 3）将凸模8的工作部位端面磨平，以保持刃口锋利
5	弹压卸料板的装配	—	1）将卸料板9套在已装入凸模固定板6内的凸模上 2）在凸模固定板6与卸料板9之间垫上平行垫块，并用平行夹板将其夹紧 3）按卸料板9上的螺孔在凸模固定板6上划窝 4）拆下后，钻削凸模固定板6上的螺孔
6	装凹模	—	1）把凹模10装入凹模套11内 2）压入紧固后，将上、下平面在平面磨床上磨平
7	安装下模	—	1）在凹模10与凹模套11的组合上安装定位板15，并把其组合安装在下模座12上 2）调好各零件间相对位置后，在下模座按凹模套11的螺孔配钻、加工螺孔、销孔 3）装入销，拧紧螺钉
8	配装上模	—	1）把已装入凸模固定板6的8插入凹模孔内 2）在凸模固定板6与凹模套11间垫上适当高度的平行垫铁 3）将上模板4放在凸模固定板6上，对齐位置后夹紧 4）以凸模固定板6螺孔为准，配钻上模板螺孔 5）放入垫板5，拧上紧固螺钉
9	调整凸凹模间隙	—	1）先用透光法调整间隙，即将装配后的模具翻过来，把模柄夹在台虎钳上，用手灯照明，从下模座的漏料孔中观察间隙大小及均匀性，并要进行调整使之均匀 2）在发现某一方向间隙不均匀时，可用锤子轻轻敲击凸模固定板6侧面，使上模的凸模8位置改变，以得到均匀的间隙为准
10	紧固上模	—	间隙均匀后，将螺钉紧固，配钻上模座销孔，并打入销

(续)

序号	工　序	图　示	工艺说明
11	装入卸料板	—	1）将卸料板9，紧固在已装好的上模上 2）检查卸料板是否在凸模内，上、下移动是否灵活，凸模端面是否缩入卸料孔内约0.5mm 3）检查合适后，装入弹簧7
12	试切与调整	—	1）用与制件同样厚度的低板作为工件材料，将其放在凸、凹模之间 2）用锤子轻轻敲击模柄进行试切 3）检查试件毛刺大小及均匀性。若毛刺小或均匀，表明装配正确，否则应重新装配调整
13	打刻编号	—	试切合格后，根据厂家要求打刻、编号
14	入库	—	

四、知识拓展

1. 冷冲模装配技术要求

冷冲模装配的主要要求是：保证冲裁间隙的均匀性，这是冷冲模装配合格的关键；保证导向零件导向良好、卸料装置和顶出装置工作灵活有效；保证排料孔畅通无阻，冲压件或废料不卡留在模具内；保证其他零件的相对位置精度等。

（1）总体装配技术要求

1）模具各零件的材料、几何形状、尺寸精度、表面粗糙度和热处理等均需符合图样要求。零件的工作表面不允许有裂纹和机械伤痕等缺陷。

2）模具装配后，必须保证模具各零件间的相对位置精度。尤其是制件有些尺寸与多个冲模零件有关时，必须特别予以注意。

3）装配后的所有模具活动部位，应保证位置准确、配合间隙适当，动作可靠、运动平稳。固定的零件，应牢固可靠，在使用中不得出现松动和脱落。

4）选用或新制模架的精度等级应满足制件所需的精度要求。

5）上模座沿导柱上、下移动应平稳和无阻滞现象，导柱与导套的配合精度应符合标准规定，且间隙均匀。

6）模柄圆柱部分应与上模座上平面垂直，其垂直度误差在全长范围内不大于0.05mm。

7）所有凸模应垂直于固定板的装配基面。

8）凸模与凹模的间隙应符合图样要求，且沿整个轮廓上的间隙要均匀一致。

9）被冲毛坯定位应准确、可靠、安全，排料和出件应畅通无阻。

10）应符合装配图上除上述以外的其他技术要求。

（2）部件装配后的技术要求

1）模具外观。模具外观的技术要求见表5-8。

2）工作零件。模具工作零件（凸、凹模）的技术要求见表5-9。

表 5-8 模具外观的技术要求

序号	项目	技术要求
1	铸造表面	1）铸造表面应清理干净，使其光滑、美观、无杂尘 2）铸造表面应涂上绿色、蓝色或灰色漆
2	加工表面	模具加工表面应平整、无锈斑、锤痕及碰伤、焊补等
3	加工表面倒角	1）加工表面除刃口、型孔外，锐边、尖角均应倒钝 2）小型冲模倒角应不小于 $C2$，中型冲模不小于 $C3$，大型冲模不小于 $C5$
4	起重杆	当模具重量大于25kg时，模具本身应装有起重杆或吊环、吊钩
5	打刻编号	在模具正面（模板上）应按规定打刻编号：冲模图号、制件号、使用压力机型号、工序号、推杆尺寸及根数、制造日期

表 5-9 模具工作零件的技术要求

序号	安装部位	技术要求
1	凸模、凹模、凸凹模、侧刃与固定板的安装基面装配后的垂直度	凸模、凹模、凸凹模、侧刃与固定板的安装基面装配后的垂直度误差： 当刃口间隙不大于0.06mm时，在100mm长度上垂直度误差应小于0.04mm 当刃口间隙为0.06～0.15mm时，垂直度误差小于0.08mm 当刃口间隙大于等于0.15mm时，垂直度误差小于0.12mm
2	凸模（凹模）与固定板的装配	1）凸模（凹模）与固定板装配后，其安装尾部与固定板安装面必须在平面磨床上磨平至 $Ra0.80 \sim Ra1.60\mu m$ 2）多个凸模工作部分高度（包括冲裁凸模、弯曲凸模、拉深凸模以及导正钉等）必须按图样保持相对的尺寸要求，其相对误差不大于0.1mm 3）在保证使用可靠的情况下，凸、凹模在固定板上的固定允许用低熔点合金浇注
3	凸模（凹模）与固定板的装配	1）装配后的冲裁凸模或凹模，凡是由多件拼块拼合而成的，其刃口两侧的平面应完全一致、无接缝感觉以及刃口转角处非工作的接缝面不允许有接缝及缝隙存在 2）对于由多拼块拼合而成的弯曲、拉深、翻边、成形等的凸、凹模，其工作表面允许在接缝处稍有不平现象，但平面度误差不大于0.02mm 3）装配后的冷挤压凸模工作表面与凹模型腔表面不允许留有任何细微的磨削痕迹及其他缺陷 4）凡冷挤压的预应力组合凹模或组合凸模，其组合时的轴向压入量或径向过盈量应保证达到图样要求，同时与其相配的接触面锥度应完全一致，涂色检查后应在整个接触长度和接触面上着色均匀 5）凡冷挤压的分层凹模，必须保证型腔分层接口处一致，不允许有缝隙及凹入型腔现象

3）紧固件。模具装配后紧固件（螺钉、销）技术要求见表5-10。

表 5-10 紧固件装配后的技术要求

紧固件名称	技术要求
螺钉	1）装配后的螺钉必须拧紧，不许有任何松动现象 2）螺钉拧紧部分的长度，对于钢件及铸钢件连接长度不小于螺钉直径，对于铸铁件连接长度应不小于螺纹直径的 1.5 倍
圆柱销	1）用圆柱销连接两个零件时，每一个零件都应有 1.5 倍柱销直径长度的占有量（圆柱销深入零件的深度 >1.5 倍柱销直径） 2）圆柱销与销孔的配合松紧应适度

4）导向零件。导向零件装配后的技术要求见表 5-11。

表 5-11 导向零件装配后的技术要求

序号	装配部位	技术要求
1	导柱压入模座后的垂直度	导柱压入下模座后的垂直度在 100mm 长度范围内的误差为 滚珠导柱类模架≤0.005mm 滑动导柱Ⅰ类模架≤0.01mm 滑动导柱Ⅱ类模架≤0.015mm 滑动导柱Ⅲ类模架≤0.02mm
2	导料板的装配	1）装配后模具上的导料板的导向面应与凹模进料中心线平行。对于一般冲裁模其平行度误差不得大于 0.05mm/100mm 2）对于级进模，其平行度误差不得大于 0.02mm/100mm 3）左、右导板的导向面之间的平行度误差不得大于 0.02mm
3	斜楔及滑块导向装置	1）模具利用斜楔、滑块等零件作多方向运动的结构，其相对斜面必须吻合。吻合程度在吻合面纵横方向上均不得小于 3/4 长度 2）预定方向的误差不得大于 0.03mm/100mm 3）导滑部分必须活动正常，不能有阻滞现象发生

5）凸、凹模间隙。装配后凸、凹模间隙的技术要求见表 5-12。

表 5-12 装配后凸、凹模间隙的技术要求

序号	模具类型		技术要求
1	冲裁凸、凹模		间隙必须均匀，其误差不大于规定间隙的 20%；局部尖角或转角处不大于规定间隙的 30%
2	压弯、成形类凸、凹模		装配后的凸、凹模四周间隙必须均匀，其装配后的误差值最大不应超过“料厚 + 料厚的上极限偏差”；而最小值不应超过“料厚 + 料厚的下极限偏差”
3	拉深模	几何形状规则（圆形、矩形）	各向间隙应均匀，按图样要求进行检查
		形状复杂、空间曲线	按压弯、成形类冲模处理

6）模具的闭合高度。

① 装配好的冷冲模，其模具闭合高度应符合图样所规定的要求。其闭合高度的公差值见表 5-13。

② 在同一压力机上，联合安装冲模的闭合高度应保持一致。冲裁类冲模与拉深类冲模联合安装时，闭合高度应以拉深模为准。冲裁模凸模进入凹模刃口的进入量应不小于 3mm。

表 5-13 闭合高度的公差值 （单位：mm）

模具闭合高度尺寸	偏　差	模具闭合高度尺寸	偏　差
≤200	+1 −3	>400	+3 −7
200～400	+2 −5		

7）顶出、卸料件。顶出、卸料件在装配后的技术要求见表 5-14。

表 5-14 顶出、卸料件装配后的技术要求

序　号	装配部位	技术要求
1	卸料板、推件板、顶板	装配后的冲压模具，其卸料板、推件板、顶板、顶圈均应相应露出凹模面、凸模顶端、凸凹模顶端 0.5～1mm，图样另有要求时，按图样要求进行检查
2	弯曲模顶件板	装配后的弯曲模顶件板，在处于最低位置（即工作最后位置）时，应与相应弯曲拼块接齐，但允许顶件板低于相应拼块。其公差在料厚为 1mm 以下时为 0.01～0.02mm；当料厚大于 1mm 时，为 0.02～0.04mm
3	顶杆、推杆	顶杆、推杆装配时，长度应保持一致。在一副冲模内，同一长度的顶杆，其长度误差不大于 0.1mm
4	卸料螺钉	在同一副模具内，卸料螺钉应选择一致，以保持卸料板的压料面与模具安装基面平行度误差在 100mm 长度内不大于 0.05mm
5	螺杆孔与推杆孔	模具的上、下模座，凡安装弹顶装置的螺杆孔或推杆孔，除图样上有标注外。一律在坐标的中心。其允许偏差对于有导向模架应不大于 1mm，对于铸件底座应不大于 2mm

模具装配后，卸料机构动作要灵活，无阻滞现象。其弹簧、卸料橡皮应有足够的弹力及卸料力。

8）模板间平行度要求。模具装配后，模板上、下平面（上模板上平面对下模下平面）平行度误差见表 5-15。

表 5-15 平行度误差 （单位：mm）

模具类别	刃口间隙	凹模尺寸（长+宽或直径的 2 倍）	300mm 长度内的平行度公差
冲裁模	≤0.06	—	0.06
	>0.06	≤350	0.08
		>350	0.10
其他模具	—	≤350	0.10
		>350	0.14

注：1. 刃口间隙取平均值。

2. 包含有冲裁工序的其他类模具，按冲裁模进行检查。

9）模柄。模柄装配的技术要求见表 5-16。

10）漏料孔。下模座漏料孔一般按凹模孔尺寸每边放大 0.5～1mm。漏料孔应通畅，无阻滞现象。

表 5-16 模柄装配的技术要求

序 号	安装部位	技术要求
1	直径与凸台高度	按图样要求加工
2	模柄对上模板的垂直度	在 100mm 长度范围内不大于 0.05mm
3	浮动模柄装配	在浮动模柄结构中，传递压力的凹凸模球面必须在摇摆及旋转的情况下吻合，其吻合接触面积不少于应接触面积的 80%

2. 冷冲模零件的固定装配

(1) 模具零件的一般固定装配

1) 螺孔的配钻加工。配钻加工的钻床操作在模具制作中是一种常用的方法。所谓配钻加工，就是在钻削加工某一零件时，其孔位可不按图样中的尺寸和公差来加工，而是通过另一零件上已钻好的实际孔位来配作。例如，制作冲模时，可先将凹模按图样要求将螺孔、销孔或内部圆形孔加工出来，并经淬硬后作为标准样件，再通过这些孔，来引钻其他固定板、卸料板、模板的螺孔或销孔。其常见的配钻方法见表 5-17。

表 5-17 螺孔的配钻加工方法

配钻方法	加工过程	注意事项
直接引钻法	将两个零件按装配时的相对位置夹紧在一起，以光孔为引导孔，用一个与光孔直径相配合的钻头，在待加工工件上欲钻孔位置的中心处，先钻出一个“锥孔”，再把两工件分开，以锥孔为基准钻螺孔	1）钻头直径应相当于导向孔直径 2）钻锥孔的锥角应为 105°～110° 3）钻锥孔时，进刀要缓慢。在达到锥坑深度后，进钻回升一下，再进刀 0.2～0.3mm。可以保证同轴度要求
样冲印孔法	如果待加工的零件孔位是根据已加工好的不通螺孔来配钻时，可先将准备好的螺纹样冲（图 5-4）拧入已加工好的螺孔内，然后将两个工件按装配位置装夹在一起，并轻轻地给样冲施加压力，则在另一件上影印上冲眼，即可按其加工	1）螺纹样冲尖应淬硬且锥尖与螺纹中心线要同轴 2）在同一组螺纹样冲装入同一组零件的多个螺孔后，必须用游标卡尺将它们的顶尖找平后再印，否则会由于顶尖高低不平影响压印精度
复印印孔法	在已加工好的光孔或螺孔的平面上涂上一层红丹，再将两个零件按装配要求放在一起，即可在待加工的工件上印有印迹，根据印痕位置打上样冲眼再加工	1）红丹一定要涂匀 2）痕迹一定要清晰明显 3）打样冲眼时要仔细

利用表 5-17 的配钻加工方法，尽管显得很原始，但对于缺少精密设备的中小工厂还是比较适用的。特别是对于配钻孔较多的零件，此方法要比划线钻孔法的精度高，且能保证良好的装配关系。

2）圆柱销孔的加工。模具零件的圆柱销孔不但是紧固孔而且也是定位孔。它与圆柱销应加工成 H7/m6 配合精度。在加工圆柱销孔时，应注意以下几点。

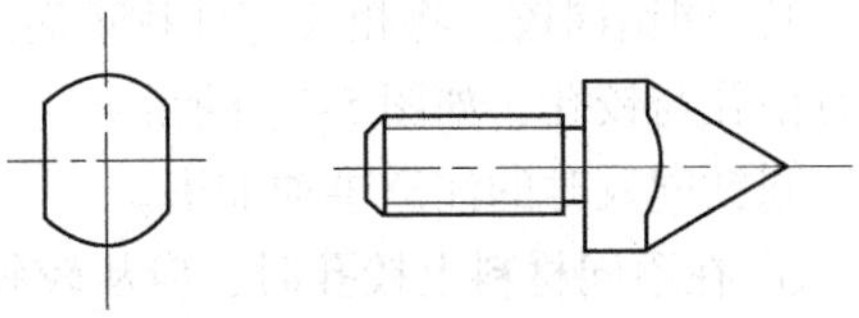

图 5-4 螺纹样冲

① 圆柱销孔的表面粗糙度应加工成不大于 $Ra1.6\mu m$。因此，销孔不能采用钻头直接钻孔一次成形，必须在钻头钻孔后，用相应尺寸铰刀钻铰成形。其钻铰前，钻孔直径可按表 5-18 选取。

表 5-18 圆柱销孔铰孔前的钻孔直径 （单位：mm）

圆柱销孔直径	6	8	10	12	16	20	25
钻孔直径	5.7	7.5	9.5	11.5	15.5	19.5	24.5

② 为便于装配与铰孔，销孔上、下应进行划窝和倒角，其大小与销孔直径有关，其值可参见表 5-19。

表 5-19 圆柱销孔倒角尺寸 （单位：mm）

圆柱销孔直径	6 ~ 8	10 ~ 16	18 ~ 25
倒角尺寸	*C*1	*C*1.5	*C*2

③ 对于同一模具不同零件的同一柱销孔，为了销孔位置准确，保证装配后的同轴度，应采用配钻铰方法加工销孔。其加工方法如下。

首先选定定位销孔的基准件是淬硬件，如凹模，在热处理前应将定位销孔铰好，热处理后如果变形不大，则用铸铁棒加研磨剂进行研磨，或使用硬质合金刀精铰一次，以恢复到所要求的质量。然后把装配调整好的需定位的各零件用螺钉紧固在一起，配钻铰加工（以淬硬后的凹模销孔做导引）。

为了保证销孔的加工质量及各部件的同轴度，配钻铰销孔时，应选用比已加工好的销孔（基准件）直径小 0.1 ~ 0.2mm 的钻头锪锥坑找正中心，再进行钻、锪和粗、精加工，所留铰削余量要适当。在铰削中，要加注充分的切削液。

④ 对于需要淬硬的冲模零件，为了防止销孔由于淬火后变形而影响其装配精度，最好在淬火后用硬质合金铰刀复铰一次（预先留有 0.05 ~ 0.10mm 复铰余量）。在复铰时，其转速不应太快，一般为 90 ~ 120r/min，进给量为 0.10 ~ 0.15mm/min。

⑤ 对于 45 钢需要淬火的模具零件，为了预防淬火后的销孔变形，也可以采用淬火前钻孔，淬火后铰孔的工艺方法。

图 5-5 所示是通过凹模 1 上的通孔对凸模固定板 2 直接引钻锥孔。拆开后，再按锥孔位置加工凸模固定板上螺孔或通孔。若凹模上通孔的孔径小于凸模固定板上的相应孔径，可从凹模通孔直接向凸模固定板引钻锥孔，分开后再对凸模固定板做扩孔加工。

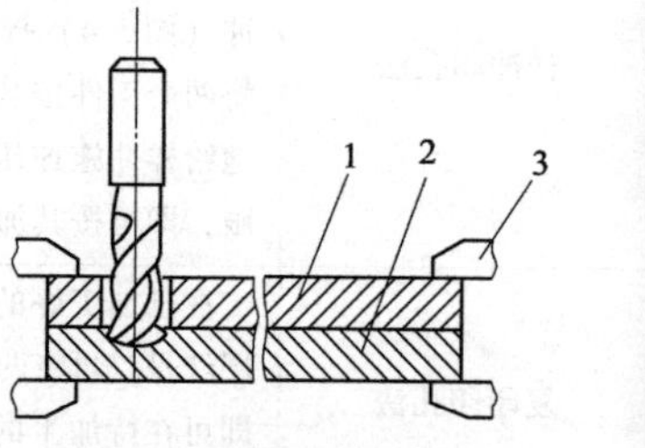

图 5-5 引钻凸模固定板

1—凹模 2—凸模固定板 3—平行夹头

如图 5-6 所示，待相关零件位置找正后，利用螺钉中心冲压印出下模座上通孔的中心位置，再进行后续的划线或钻孔加工。

3）同钻同铰。将相关零件找正后用平行夹头夹紧成一体，然后按一块板上的划线位置同时钻孔与铰孔，如图 5-7 所示。

同钻同铰时的注意事项如下。

① 在不同材料上铰孔时，应从较硬材料一方铰入较软材料一方。否则孔易扩大。

② 通过淬硬件上的孔来铰削时，应先用研磨棒研磨淬硬件的变形孔，然后才能引铰。

③ 对于不通孔的铰削，应先用标准铰刀铰孔，然后用磨去切削锥部分的旧铰刀铰削孔的底部。

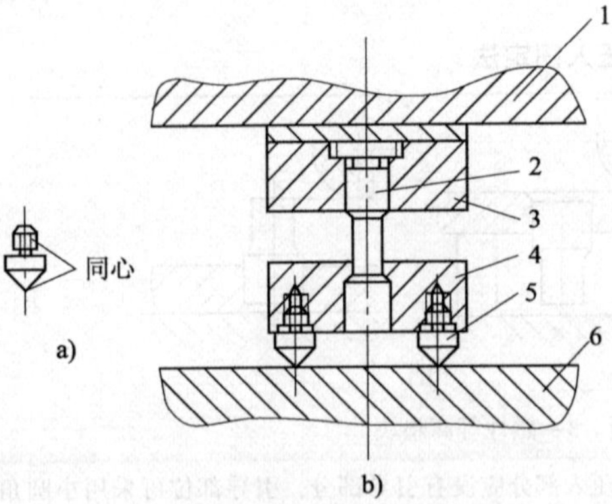

图 5-6　用螺钉中心冲压印孔位

1—上模座　2—凸模　3—凸模固定板　4—凹模

5—螺钉中心冲　6—下模座

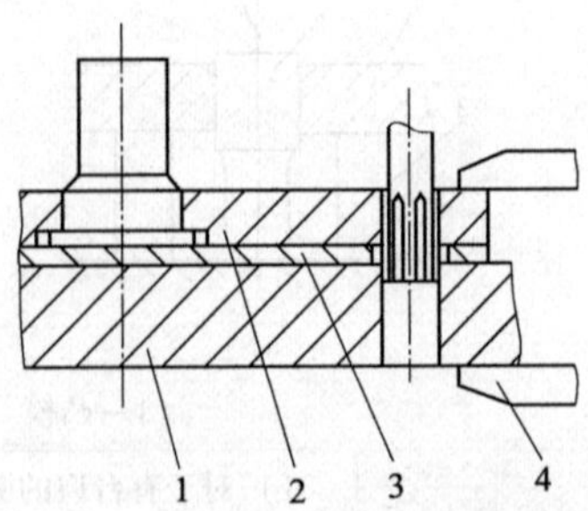

图 5-7　不同材料上同钻同铰销孔

1—上模座　2—凸模固定板

3—垫板　4—平行夹头

(2) 模具成形零件的常用固定方法

1) 紧固件固定法。紧固件固定法见表 5-20。

表 5-20　紧固件固定法

紧固方法	图示	工艺说明	注意事项
螺钉紧固	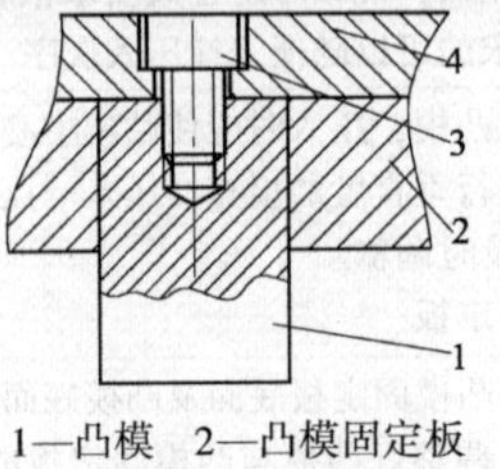 1—凸模　2—凸模固定板 3—螺钉　4—垫板	1）凸模放入固定板孔内，调好位置，使其与凸模固定板垂直 2）用螺钉紧固	紧固要牢，不许松动；凸模为硬质合金时，螺孔用电火花加工
斜压块及螺钉紧固	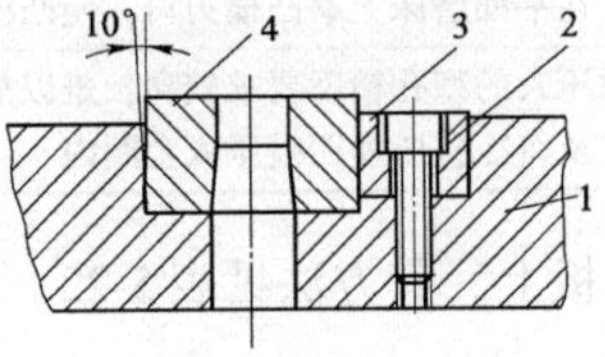 1—凹模固定板　2—螺钉 3—斜压块　4—凹模	1）将凹模放入凹模固定板内，调好位置 2）压入斜压块 3）拧紧螺钉固定	1）凹模一定要和凹模固定板安装面垂直 2）螺钉要拧紧，不能松动 3）10°锥度要求准确配合
钢丝紧固	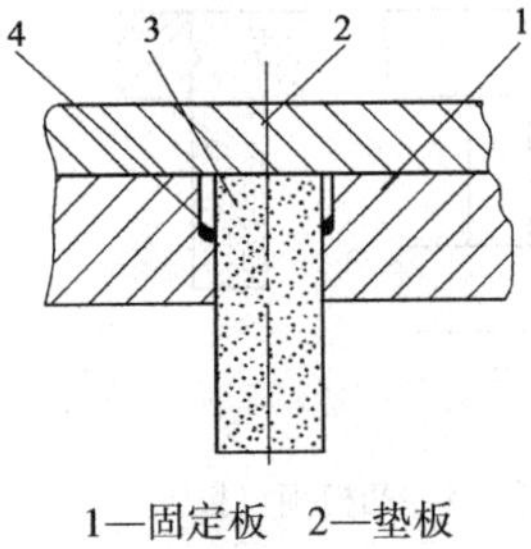 1—固定板　2—垫板 3—凸模　4—钢丝	1）在固定板上先加工钢丝长槽，槽宽等于钢丝直径，一般为 2mm 2）将钢丝及凸模一并从上至下装入固定板紧固	钢丝与固定板槽及凸模槽配合要严密 装配后凸模一定要垂直于固定板安装平面

2）压入固定法。压入固定法见表 5-21。

表 5-21　压入固定法

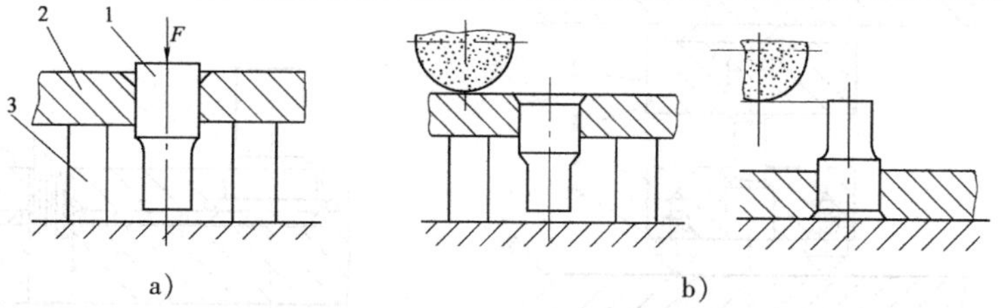

1—凸模　2—固定板　3—磁性等高垫块

对零件的技术要求	凸模	1）对于有台肩的圆形凸模，压入部分应设有引导部分，引导部位可采用小圆角、小的锥度及在 3mm 左右的长度内，将直径磨小 0.03～0.05mm 2）对于无台肩的成形凸模，压入端（非刃口端）四周应修成斜度或圆角，以便于压入
	凸模固定板	1）型孔的过盈量及表面粗糙度等级应符合图样要求 2）型孔与凸模固定板上、下基面应垂直 3）型孔形状不应呈锥形或鞍形 4）当凸模不允许设锥形及圆角引导部位时，可在凸模固定板型孔凸模压入处制成斜度小于 1°、高 5mm 的引导部分，以便于凸模压入 5）采用 H7/n6 或 H7/m6，表面粗糙度为 *Ra*0.8～1.6μm
零件压入次序		在固定多凸模的情况下，各凸模的压入次序在工艺上应有选择；凡装配容易定位、便于作其他凸模安装基准的应优先安装压入；凡较难定位或要求依赖其他零件通过一定工艺方法才能定位的应后压入；无特殊要求的可以随便选择压入次序
压入注意事项及压入方法		1）需用手扳压力机或液压机压入凸模，压入时应使凸模中心线置于压力机压力中心 2）凸模在压制过程中，应经常进行垂直度的检查。压入一点深度后即要检查，压入 1/3 深度时再作一次检查，不合适时要及时调整 3）压入时严禁锤击凸模及凸模固定板
压入后的加工		1）若是带凸肩的凸模，压入后将凸模固定板底面及凸模底面一起磨平 2）若是铆接式装配，在压力机上调整好凸模与凸模固定板的垂直度，将凸模压入固定板内，用锤子和錾子将凸模上端面铆合后磨平 3）以凸模固定板底面为基准，在平面磨床上磨凸模刃口，使凸模刃口锋利
优缺点及适用范围		1）优点：牢固可靠；缺点：对压入的型孔精度要求较高，难以加工 2）适用于凸模压入固定板内，及将冷挤压模凹模压入套圈内

3）挤紧法。利用挤紧法将凸模固定在固定板上，其方法见表 5-22。

表 5-22　挤紧固定法

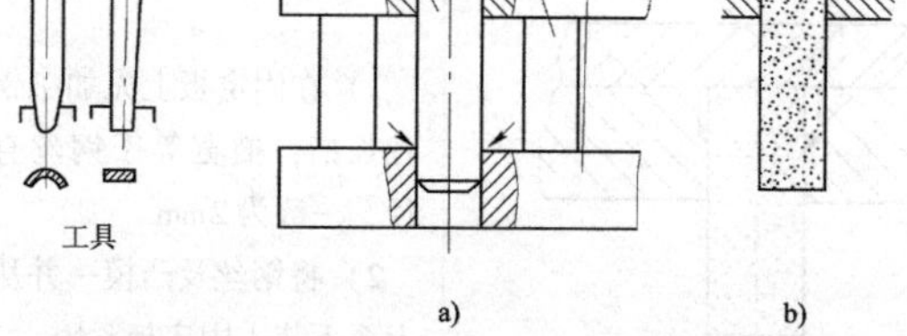

1—凹模　2—凸模　3—垫铁　4—凸模固定板

加工方法	挤紧法是将凸模放在固定板相应型孔中，调好位置后，用錾子（捻子）环绕凸模外缘对固定型孔进行局部敲击，将凸模固定板材料部分向凸模挤压使凸模紧固在凸模固定板上

（续）

加工步骤	1）将凸模通过凹模型孔压入凸模固定板相应型孔内（凸、凹模的间隙要严格控制） 2）用錾子（捻子）在凸模固定板型孔周围敲击，将凸模固定板型孔周围材料挤压向凸模 3）复查凸、凹模间隙是否均匀，如不符合要求时，调整后重新进行挤压固定
多凸模挤压次序安排	1）凸模固定板中要挤压多个凸模时，要先挤压最大的凸模 2）其次挤压离最大凸模最远处的凸模，并以最大凸模为基准，以后依次进行挤压
挤紧后的加工	1）凸模在凸模固定板上挤紧后，与凸模固定板组合一起磨平挤紧平面 2）以磨平的平面为基准，磨削凸模刃口端面，以使凸模锋利
优缺点及适用范围	1）操作方便，易于掌握 2）要求凸模固定板型孔精度高，加工困难 3）适于中小冲模凸模在凸模固定板上的固定

4）焊接法。焊接法固定凸模见表 5-23。

表 5-23　焊接法固定凸模

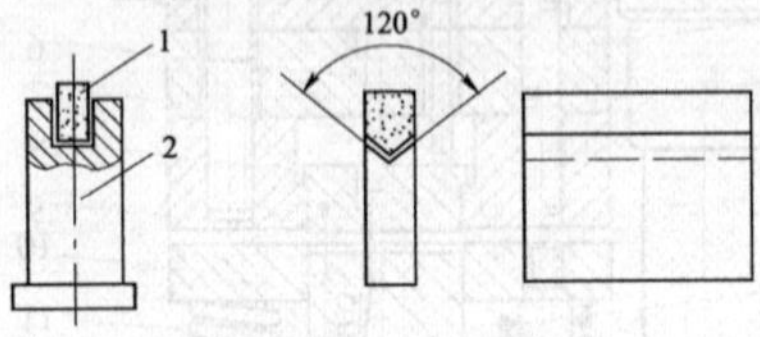

1—凸模　2—凸模体

适应范围		硬质合金模凸模的固定以及精度要求不高的大型凸模的固定
工艺过程（硬质合金凸模固定）	准备工作	1）清理焊接表面，去掉工件上的毛刺及杂物 2）预热 700～800℃
	焊接方法	1）利用火焰钎焊或高频钎焊加热到 1100℃进行焊接 2）焊缝一般为 0.2～0.3mm 3）采用 H62 黄铜或 105 焊料，灼热后蘸熔剂送入焊缝 4）将脱水硼砂或氟硼酸钠，在焊接前同时放入焊缝内，然后进行焊接 5）焊后放入木炭中缓冷
	去除应力	将焊后的组合体放入箱式电炉中，加热至 250～300℃，保温 4～6h

任务二　装配倒装式复合模

一、任务导入

倒装式复合模的装配任务见表 5-24。

二、知识链接——复合模的装配方法

复合模是指在压力机一次行程中，可以在冲裁模的同一个位置上完成冲孔和落料等多个工序。其结构特点主要表现在它必须具有一个外缘可作落料凸模，内孔可作冲孔凹模用的复合式凸凹模，它既是落料凸模又是冲孔凹模。

在制造复合模时，与普通冲模不同，上下模的配合稍不准，就会导致整副模具的损坏，所以在加工和装配时不得有丝毫差错。装配需注意以下三点。

1）所加工的工作零件如凸模、凹模及凸凹模和相关零件必须要保证加工精度。

表 5-24 倒装式复合模的装配任务

学习情境	实训地点：模具实训中心 教学条件：倒装式复合模的 24 种零部件，J23－40 压力机，模具测量仪器、钳工工作台、扳手、锤子、各种铜棒、撬杠和勾头撬杠等拆装工具，钳工锉（平锉）、划线工具、千分尺、游标卡尺、90°角尺和塞尺等	教学要求
完成任务	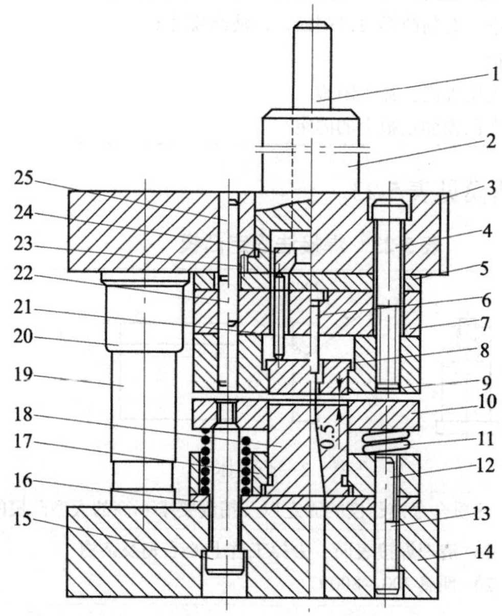 1—顶杆 2—模柄 3—上模座 4、13—螺钉 5、16—垫板 —凸模 7、17—凸模固定板 8—卸件器 9—凹模 10—卸料板 11—弹簧 12、22、23、25—销 14—下模座 15—卸料螺钉 18—凸凹模 19—导柱 20—导套 21—顶出杆 24—顶板	根据所学模具制造技术知识，完成图示倒装式复合模的装配，并进行试冲，最后编制装配工艺规程，填写工艺卡片
能力目标	会装配复合模冲模组件、总装及间隙位置调整，能够在压力机上试模	
具体要求	① 掌握装配尺寸链和装配工艺 ② 掌握模具零件的固定方法 ③ 掌握模具间隙及位置的控制方法 ④ 掌握倒装式复合模的装配方法与技巧 ⑤ 掌握模具的调试和修理方法 ⑥ 能够在压力机上试模	
教学法安排	① 多媒体教学 ② 现场演示 ③ 学生分组讨论 ④ 职业技能评价	理实一体
最终考核	工作文件 10%，操作过程 50%，工作结果 20%，汇报效果 10%，团队 10%	百分制

2）装配时，冲孔和落料的冲裁间隙应均匀一致。

3）装配后的上模中推件装置的推力的合力中心，应与模柄中心重合。如果二者重合，推件时会使推件块歪斜与凸模卡紧，出现推件不正常或推不下来，有时甚至导致细小凸模的折断。

三、任务实施

表5-24所示倒装式复合模的装配工艺见表5-25。

表5-25　复合模的装配工艺

序　号	工　序	工艺说明
1	检查零件及组件	检查冲模各零件及组件是否符合图样要求，并检查凸、凹模间隙均匀程度，各种辅助零件是否配齐
2	装配组件	1）将压入式模柄2装配于上模座3内，并磨平端面 2）装凸模6装入凸模固定板7内，组成凸模组件 3）将凸凹模18装入凸凹模固定板17内，组成凸凹模组件
3	确定装配基准件	落料冲孔复合膜应以凸凹模为装配基准件，首先确定凸凹模在模架中的确切位置 1）安装凸凹模组件，加工下模座漏料孔。确定凸凹模组件在下模座上的位置，然后用平行夹板将凸凹模组件、垫板和下模座夹紧，在下模座上划出漏料孔线 2）加工下模座和垫板漏料孔，下模座漏料孔尺寸应比凸凹模漏料孔尺寸单边大0.5～1mm 3）安装固定凸凹模组件，将凸凹模组件在下模座重新找正定位，用平行夹板夹紧。钻、铰销孔和螺孔，装入定位销12和螺钉13
4	安装上模部分	1）检查上模各个零件尺寸是否能满足装配技术条件要求，如卸件器8顶出端面应凸出落料凹模面0.5mm等，打料系统各零件尺寸是否合适，动作是否灵活等 2）安装上模，调冲裁间隙。将上模系统各零件分别装于上模座3和压入式模柄2孔内。用平行夹板将凹模9、凸模组件、垫板5和上模座3轻轻夹紧，然后调整凸模组件和凸凹模18与冲孔凹模的冲裁间隙，以及凹模9和凸凹模18的落料凸模的冲裁间隙。可以采用垫片法调整，并对纸片进行手动试冲，直至内、外型冲裁间隙均匀，再通过平行夹板将上模各板夹紧 3）钻铰上模销孔和螺孔。上模部分通过平行夹板夹紧，在钻床上以凹模9上的销孔和螺钉作为引钻孔，钻铰销孔和螺孔。然后安装定位销23和螺钉4，拆掉平行夹板
5	安装弹压卸料部分	1）安装弹压卸料板，将弹压卸料板套在凸凹模上，弹压卸料板和凸凹模组件端面垫上平行垫板，保证弹压卸料板上端面与凸凹模上平面的装配位置尺寸，用平行夹板将弹压卸料板和下模夹紧，然后在钻床上同钻卸料螺孔，拆掉平行夹板，最后将下模各板卸料螺孔加工到规定尺寸 2）安装卸料弹簧和卸料螺钉，在凸凹模组件上和弹压卸料板上分别安装卸料弹簧11和卸料螺钉15
6	自检	按冲模技术条件进行总装配检查
7	检验	
8	试冲	
9	打刻编号	
10	入库	

四、知识拓展

1. 模具工作零件的特殊固定方法

（1）红热固定法　在加工硬质合金模具时，常利用红热（热套）固定法将凸模或凹模模块固定在模套中，其固定方法见表5-26。

表5-26　红热固定法固定凸、凹模

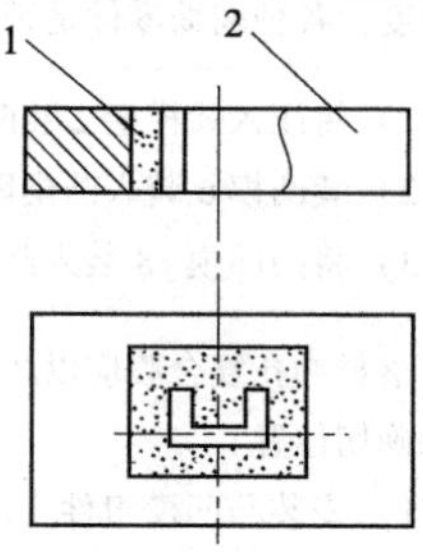

1—硬质合金凹模　2—套圈

<table>
<tr><td colspan="3">方法</td><td>按配合尺寸将加工好的凹模（凸模）、固定板及合金块的配合面擦干净，放入箱式电炉加热。取出后将合金块放入型孔中，冷却后固定板收缩即可将合金块紧固。紧固后的组合体用平面磨床磨平稍加修整即可使用</td></tr>
<tr><td rowspan="5">工艺说明</td><td colspan="2">过盈量</td><td>（0.001～0.002）A
（0.001～0.002）B</td></tr>
<tr><td rowspan="2">加热温度</td><td>套圈</td><td>400～450℃</td></tr>
<tr><td>模块</td><td>200～250℃</td></tr>
<tr><td colspan="2">工艺说明</td><td>在热套冷却后，再进行型孔加工，如用线切割机床加工型孔</td></tr>
<tr><td colspan="2">稳定处理</td><td></td></tr>
</table>

（2）低熔点合金固定法　采用低熔点合金固定模具零件，在中小型模具装配中已被广泛应用。它主要用于固定凸模、固定凹模、固定导柱、导套、浇注导向板及卸料板型孔等。其工艺简单、操作方便、有足够的强度，合金能重复使用。而且，被浇注的型孔及零件安装部位精度要求较低，便于调整维修。但采用低熔点合金浇注，操作起来比较费时，预热时易使模具变形。

1）低熔点合金在模具制造中的应用。低熔点合金在模具制造中的应用见表5-27。

表5-27　低熔点合金在模具制造中的应用

应用部位	图　示	优　缺　点
固定凸模	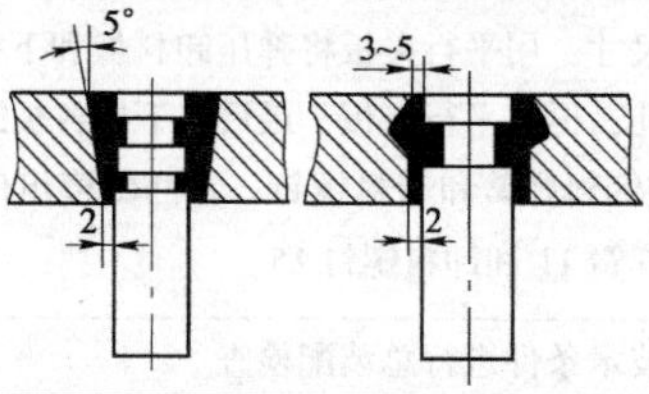	1）可解决多孔凸模固定时间隙调整的困难 2）工艺简单，操作方便 3）有足够强度，适于冲制2mm以下板料小型模具 4）模具生产周期短 5）合金能重复使用，节约材料
固定凹模	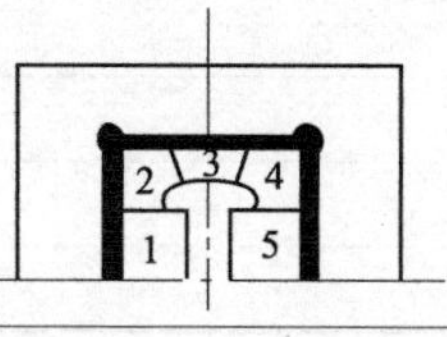	

（续）

应用部位	图示	优缺点
固定导柱、导套	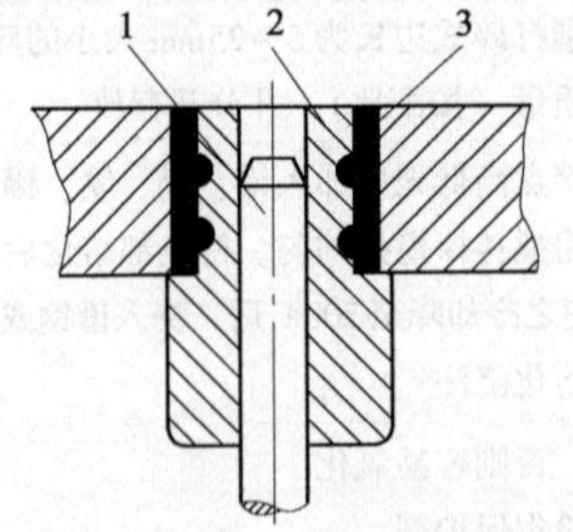	工艺简单，便于操作，易调节配合间隙，便于维修，成本低廉
浇注卸料板卸料孔	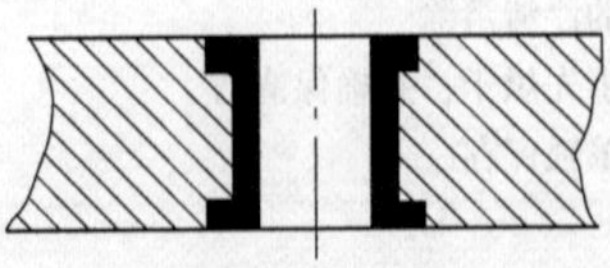	导向卸料孔光滑，不用较高的技术，易于调整与凸模的配合间隙

2）低熔点合金配方。常用低熔点合金配方见表5-28。

表5-28 常用低熔点合金配方

序号	构成元素	名称	锑（Sb）	铅（Pb）	镉（Cd）	铋（Bi）	锡（Sn）
		熔点/℃	630.5	327.4	320.9	271	232
		密度/（g/cm³）	6.69	11.34	8.64	9.8	7.28
1	成分（质量分数,%）		9	28.5	—	48	14.5
2			5	35	—	45	15
3			—	—	—	58	42
4			1	—	—	57	42
5			—	27	10	50	13

3）低熔点合金性能及适用范围。常用低熔点合金的力学性能及应用范围见表5-29。

表5-29 低熔点合金的力学性能及应用范围

序号	熔点/℃	硬度/HBW	抗拉强度/MPa	抗压强度/MPa	冷凝膨胀值	应用范围
1	120	—	900	1100	0.002	固定凸、凹模，浇注卸料孔及导柱、导套孔
2	100	—	—	—	—	固定凸、凹模，导柱及浇注卸料孔
3	135	18～20	800	870	0.005	浇注型模型腔
4	135	21	770	950	—	浇注型模型腔
5	70	9～11	400	740	—	固定电极及电气靠模

4）低熔点合金的配制。低熔点合金的配制方法见表5-30。

表 5-30 低熔点合金的配制方法

序号	工 序	工艺说明
1	准备工作	1）将合金元素的锑和铋分别打碎成边长为 5～25mm 大小的碎块 2）分别将各金属元素称好质量（按配比），并分开存放
2	熔化，制合金锭	1）用坩埚加热，并依次按熔点高低先后加入铅、镉、铋、锡金属 2）每加入一种金属，都要用搅拌棒搅拌均匀。待全部熔化后，再加下一个金属元素 3）所有金属全部熔化后，使之冷却降至 300℃后，浇入槽钢或角钢制模样内，急冷成条状 4）使用时，按需要量将其熔化浇注
3	注意事项	1）合金熔化温度不宜太高，否则容易氧化 2）在熔化过程中，用石墨粉作保护剂 3）熔化时，要随时将多余的浮渣清除 4）制锭用的合金模样必须事先烘干，并确保清洁 5）合金条要放在干燥地点单独保存

5）低熔点合金浇注固定方法。低熔点合金浇注固定凸（凹）模的方法见表 5-31。

表 5-31 低熔点合金浇注固定凸（凹）模的方法

浇注部位	图 示	工艺说明
固定凸模	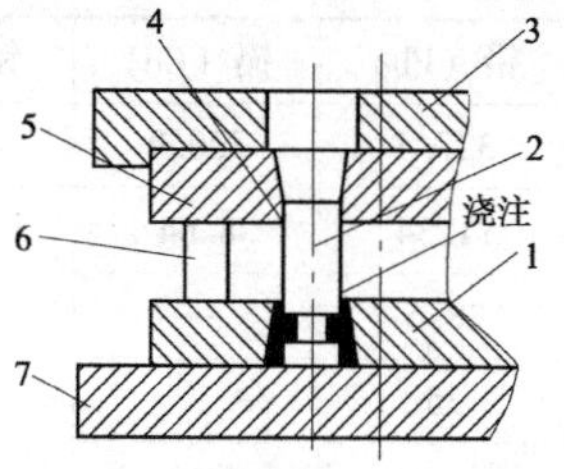 1—凸模固定板 2—凸模 3—底座 4—间隙垫片 5—凹模 6—垫铁 7—垫板	1）凸模及凸模固定孔粘接部位表面要清洗干净 2）将凸模固定板放在平台上，再垫上等高垫铁 3）放进凹模，调整好凹模和凸模固定板相对位置 4）将凸模插入凹模相应孔内，调好间隙，使之均匀 5）调好间隙后，用等高垫铁将凸模与凹模垫起 6）将凸模固定板放在平台上，将凸模安装部位插入相应的固定型孔中，调好四周间隙 7）浇注熔化后的合金 8）冷却 24h 后，用平面磨床将其磨平即可使用
固定导套	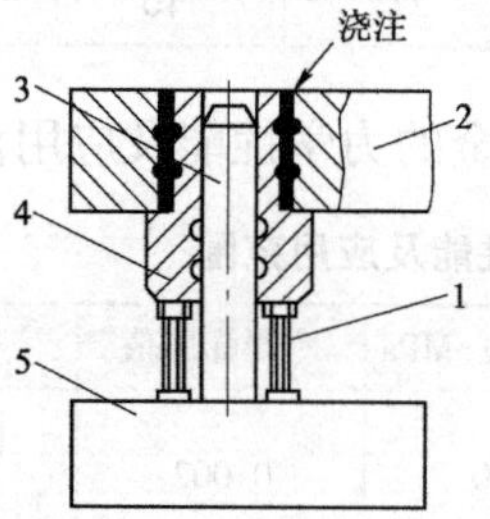 1—调整螺钉 2—上模板 3—导柱 4—导套 5—底板	1）下模座装上导柱，放在平台上 2）放上等高垫铁（用以垫起上模座）及导套（或用调节螺钉支承） 3）放上上模座，将导套插入导柱并控制好导柱、导套间隙 4）浇注合金，使导套固定
浇注卸料孔	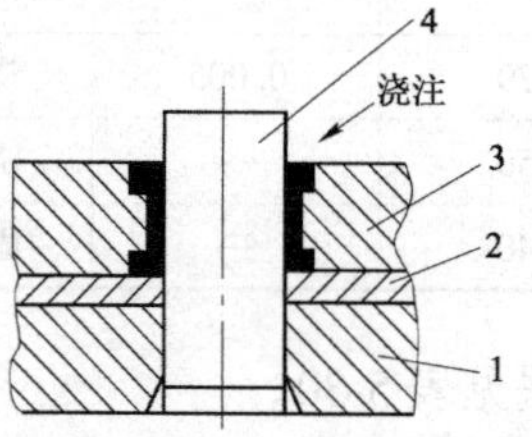 1—凹模 2—垫板 3—卸料板 4—凸模	1）将凸模经镀铜或涂漆及用垫层装入凹模孔，保证间隙均匀及凸模对凹模上平面的垂直度 2）放上垫板及卸料板，将凸模插入已粗加工后的卸料型孔中，调好位置 3）浇注合金。冷凝后去除多余合金，经钳工修整后即可使用

2. 冷冲模装配特点

冷冲模的装配特点见表5-32。

表5-32 冷冲模的装配特点

冲模类型	加工、装配特点	说明
级进模	1）先加工凸模，并经淬火淬硬 2）对卸料板进行划线，并加工成形 3）将卸料板、凸模固定板、凹模毛坯四周对齐，用夹钳夹紧，同钻销孔及螺纹底孔 4）用已加工好的凸模在卸料板粗加工的孔中，采用压印锉修法将其加工成形 5）把加工好的卸料板与凹模用销固定，用加工好的卸料孔对凹模进行划线凹模型孔，卸下后粗加工凹模孔，然后用凸模压印锉修，保证间隙均匀 6）用同样的方法加工固定板孔 7）进行装配，先装下模，再配装上模 8）试冲与调整	如有电加工设备，应先加工凹模，再以凹模为基准配做卸料板及凸模固定板
复合模	1）首先加工冲孔凸模，淬火淬硬 2）对凸凹模进行粗加工，按图样划线。加工后用冲孔凸模压印锉修成形凸凹模内孔 3）制作一个与工件完全相同的样件，把凸凹模与样件粘合，或按图样划线 4）按样件（或划线）加工凸凹模外形尺寸 5）把加工好的凸凹模切下一段，作为卸料器 6）淬硬凸凹模，用此压印锉修凹模孔 7）用冲孔凸模通过卸料器压印加工凸模固定板 8）先装上模，再以上模配装下模 9）试模与调整	如有电火花加工设备时，应先加工凸模，将凸模加工得长一些，以此作为电极加工凹模 如有线切割设备时，可对冲模零件分别加工成形后装配
弯曲模	1）弯曲模工作部分形状比较复杂，几何形状及尺寸精度要求较高，在制造时，凸、凹模工作表面的曲线和折线需用事先制作的样板及样件来控制。样板与样件的加工精度为±0.05mm 2）工作部分表面应进行抛光，表面粗糙度值小于 $Ra0.40\mu m$ 3）凸、凹模尺寸及形状应在修理试模合适后淬硬。圆角半径要一致，凸模工作部分要加工成圆角 4）在装配时，按冲裁模装配方法装配，借助样板或样件调整间隙	选用卸料弹簧及橡皮时，一定要保证弹力，一般在试模时定
拉深模	1）拉深模工作部分边缘要求修磨出光滑的圆角 2）拉深模应边试模边对工作部分锉修，修锉到冲出合格件后再淬硬 3）借助样件调整间隙 4）大、中型拉深模的凸模应留有通气孔，以便于工件的卸出	试冲后确定前道工序模坯尺寸，装配时应注意凸、凹模相对位置

3. 级进模装配

级进模是多工序冲模。其特点是在送料方向上具有两个或两个以上的工位，可以在不同工位上进行连续冲压并同时完成几道冲压工序。它不仅能完成多道冲裁工序，往往还有弯曲、拉深和成形等多种工序同时进行。这类模具的加工、装配要求较高，难度也较大。如果模具的步距与定位稍有误差，就很难保证制品内、外形尺寸精度。所以在加工、装配这类模具时，应该特别认真、仔细。

（1）加工与装配要求　级进模的加工除了必须保证工作零件及辅助相关零件的加工精度外，还应保证下述要求。

1）凹模各型孔的相对位置及步距，一定要按图样要求加工、装配准确。

2）凸模的各固定型孔、凹模型孔、卸料板导向孔三者的位置必须要一致，即在加工装配后，各对应型孔的中心线应保持同轴度的要求。

3）各组凸、凹模在装配后，间隙应保证均匀一致。

（2）零件的加工特点　加工级进模零部件时，可根据加工设备来确定加工顺序。在没有电火花及线切割机床的情况下，可采用如下加工工艺进行。

1）先加工凸模并经淬火淬硬。

2）将卸料板按图样划线，并利用机械及手工将其加工成形。其中，卸料孔应留有一定的精加工余量，作为用凸模压印的余量。

3）将已加工的卸料板与凹模四周对齐，用夹钳夹紧，同钻螺孔及销孔。

4）已加工及淬硬后的凸模在卸料板粗加工后的型孔中，采用压印整修法将其加工成形，并达到一定的配合要求。

5）把已加工好的卸料板与凸模用销固定，用加工好的卸料板孔对凹模进行划线凹模型孔，卸下后粗加工凹模孔，再用凸模压印、锉修并保证间隙大小及均匀性。

6）利用同样的方法加工固定板型孔及下模板漏料孔。

在具备电火花、线切割设备的情况下，级进模的加工应先加工凹模，再以凹模为基准，按上述方法配作卸料板、固定板型孔及利用凹模压印加工凸模。

（3）级进模的装配要点

1）装配顺序的选择。级进模的凹模是装配基准件，故应先装配下模，再以下模为准装配上模。

级进模的凹模结构多数采用镶拼形式，由若干块拼块或镶块组成。为了便于调整准确的步距和保证间隙均匀，装配时先把拼块凹模的步距调整准确，并进行各组凸、凹模的预配，检查间隙均匀程度，修整合格后再把凹模压入固定板。然后把固定板装入下模板，再以凹模定位装配凸模，把凸模装入上模，待用切纸法试冲达到要求后，用销定位固定，再装入其他辅助零件。

2）装配方法。假如级进模的凹模是整体凹模，则凹模型孔步距是靠加工凹模时保证的。若凹模是拼块凹模结构形式，则各组凸、凹模在装配时，采取预配合装配法。这是级进模装配的最关键工序，也是细致的装配过程，绝不能忽视。因为各拼块虽在精加工时保证了尺寸要求和位置精度，但拼合后因累积误差也会影响步距精度。所以在装配时，必须由钳工研磨修整和调整。

凸、凹模预配的方法如下。

按图示拼合拼块，按基准面排齐、磨平。将凸模逐个插入相对应的凹模型孔内，检查凸模与凹模的配合情况，目测凸模与凹模的间隙均匀后再压入凹模固定板内。把凹模拼块装入凹模固定板后，最好用三坐标测量仪、坐标磨床或坐标镗床对其位置精度和步距精度进行最后的检查，并用凸模复查以修整间隙后，再磨上、下面。

当各凹模镶件对精度有不同要求时，应先压入精度要求高的镶拼件，再压入容易保证精度的镶件。例如，在冲孔、切槽、弯曲、切断的级进模中，应先压入冲孔、切槽、切断的拼块后压入弯曲凹模。这是因为前者型孔与定位面有尺寸及位置精度要求，而后者只要求位置精度。

3）装配示例。现以电度表磁极冲片为例说明级进模的装配方法，见表5-33。

表5-33 级进模的装配方法

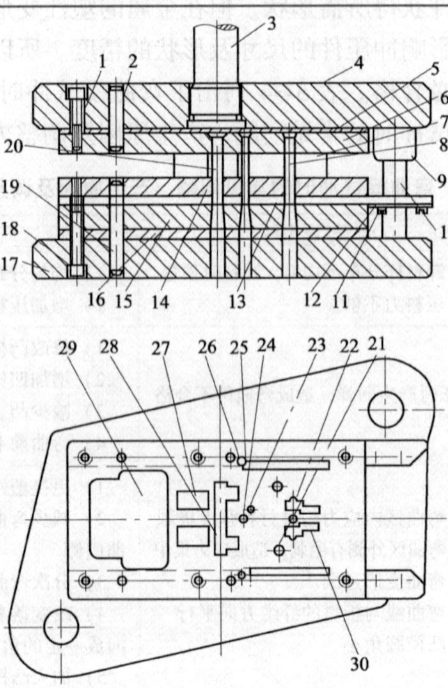

1、11、18—螺钉 2、19、26—销 3—模柄 4—上模板 5、16—垫板 6—凸模固定板 7—侧刃凸模 8、20～24、27、28、30—冲孔凸模 9—导套 10—导柱 12—托料板 13—导料板 14—卸料板 15—凹模 17—下模板 25—挡块 29—落料凸模

序号	工 序	工艺说明
1	凸、凹模预配	1）装配前仔细检查各凸模形状及尺寸及凹模型孔是否符合图样要求 2）将各凸模分别与相应的凹模孔相配，检查其间隙是否均匀。不合适者应重新修磨或更换
2	凸模装入凸模固定板	以凹模孔定位，将各凸模分别压入凹模固定板型孔中，并挤紧牢固
3	装配下模	1）在下模板17上划中心线，按中心预装凹模15、垫板16、导料板13、卸料板14 2）在下模板17、垫板16、导料板13、卸料板14上，用已加工好的凹模分别复印螺孔位置，并分别钻孔，攻螺纹 3）将下模板17、垫板16、导料板13、卸料板14、凹模15用螺钉紧固，打入销
4	装配上模	1）在已装好的下模上放等高垫铁，将凸模与固定板组合通过卸料孔导向装入凹模 2）预装上模板4，划出与凸模固定板相应螺孔、销孔位置并钻铰螺孔、销孔 3）用螺钉将固定板组合、垫板上模板连接在一起，但不要拧紧 4）复查凸、凹模间隙并调整合适后，紧固螺钉 5）切纸检查，合适后打入销
5	装配辅助零件	装配辅助零件后，试冲
6	检验	
7	打刻编号	
8	入库	

4. 其他冷冲模装配特点，试模的常见问题及调整

（1）弯曲模和拉深模的装配特点，试模的常见问题及调整方法　弯曲模与拉深模都是通过毛坯的塑性变形使冲压件获得所需形状。但在金属的塑性变形过程中，必然伴随弹性变形，而弹性变形的结果必然影响冲压件的尺寸及形状的精度。所以，即使模具零件制造得很精确，所成形的冲压件也未必合格。表5-34列出了弯曲模试冲时的常见问题、产生原因及调整方法见表5-34；拉深模试冲时的常见问题、产生原因及调整方法见表5-35。

表5-34　弯曲模试冲时的常见问题、产生原因及调整方法

常见问题	产生原因	调整方法
弯曲件底面不平	1）卸料杆分布不均匀，卸料时顶弯 2）压料力不够	1）均匀分布卸料杆或增加卸料杆数量 2）增加压料力
弯曲件尺寸和形状不合格	冲压时产生回弹，造成弯曲件不合格	1）修改凸模的角度和形状 2）增加凹模的深度 3）减少凸、凹模之间的间隙 4）弯曲前毛坯退火，增加校正压力
弯曲件产生裂纹	1）弯曲区内应力超过材料强度极限 2）弯曲区外侧有毛刺，造成应力集中 3）弯曲变形过大 4）弯曲线与板料的纤维方向平行 5）凸模圆角小	1）更换塑性好的材料或材料退火后弯曲 2）减少弯曲变形量或将有毛刺一边放在弯曲内侧 3）分次弯曲，首次弯曲用较大的弯曲半径 4）改变落料排样，使弯曲线与板料纤维方向成一定的角度 5）加大凸模圆角
弯曲件表面擦伤或壁厚减薄	1）凹模圆角太小或表面粗糙 2）板料粘附在凹模内 3）间隙小，挤压变薄 4）压料装置压料力太大	1）加大凹模圆角，降低表面粗糙度值 2）凹模表面镀铬或化学处理 3）增加间隙 4）减小压料力
弯曲件出现挠度或扭转	中性层内外收缩，弯曲量不一样	1）对弯曲件进行再校正 2）材料弯曲前进行退火处理 3）改变设计，将弹性变形设计在与挠度相反的方向上

表5-35　拉深模试冲时的常见问题、产生原因及调整方法

常见问题	产生原因	调整方法
局部被拉裂	1）径向拉应力太大，凸、凹模圆角太小 2）润滑不良或毛坯材料塑性差	1）减小压边力，增大凸、凹模圆角 2）更换润滑剂或用塑性好的毛坯材料
凸缘起皱且冲压件侧壁拉裂	压边力太小，凸缘部分起皱，无法进入凹模里而拉裂	加大压边力
拉深件底部被拉脱	凹模圆角半径太小	加大凹模圆角半径
盒形件角部破裂	1）凹模角部圆角半径太小 2）凸、凹模间隙太小或变形程度太大	1）加大凹模角部圆角半径 2）加大凸、凹模间隙或增加拉深次数
拉深件底部不平	1）毛坯不平或弹顶器弹顶力不足 2）顶杆与毛坯接触面积太小	1）平整毛坯或增加弹顶器的弹顶力 2）改善顶杆结构
拉深件壁部拉毛	1）模具工作部分有毛刺 2）毛坯表面有杂质	1）修光模具工作平面和圆角 2）清洁毛坯或更换润滑剂

（续）

常见问题	产生原因	调整方法
拉深高度不够	1）毛坯尺寸太小或凸模圆角半径太小 2）拉深间隙太大	1）放大毛坯尺寸或加大凸模圆角半径 2）调小拉深间隙
拉深高度太大	1）毛坯尺寸太大或凸模圆角半径太大 2）拉深间隙太小	1）减小毛坯尺寸或减小凸模圆角半径 2）加大拉深间隙
拉深件凸缘起皱	凹模圆角半径太大或压边圈失效	减小凹模圆角半径或调整压边圈
拉深件边缘呈锯齿形	毛坯边缘有毛刺	修整前道工序落料凹模刃口，使间隙均匀，减小毛刺
拉深件断面变薄	1）凹模圆角半径太小或模具间隙太小 2）压边力太大或润滑剂不合适	1）增大凹模圆角半径或加大模具间隙 2）减小压边力或更换合适的润滑剂
阶梯形冲压件局部破裂	凹模及凸模圆角太小，加大了拉深力	加大凸模与凹模的圆角半径，减小拉深力

（2）冲裁模试模的常见问题及调整方法　模具装配完成后均需按正常工作条件进行试模，通过试模找出模具制造中的缺陷并加以调整解决。冲裁模试模的常见问题、产生原因及调整方法见表5-36。

表5-36　冲裁模试模时的常见问题、产生原因及调整方法

常见问题	产生原因	调整方法
冲压件形状或尺寸不正确	凸模与凹模的形状或尺寸不正确	微量时可修整凸模与凹模，重调间隙。严重时须更换凸模与凹模
毛刺大且光亮带大	冲裁间隙过小	修整落料模的凸模或冲孔模的凹模，以放大间隙
毛刺大且光亮带很小、圆角大	冲裁间隙过大	更换凸模或凹模，以减少模具间隙
毛刺部分偏大	冲裁间隙不均匀或局部间隙不合理	调整间隙。若局部间隙偏小时则可修大；若局部间隙偏大，有时也可加镶块予以补救
卸料不正常	1）装配时卸料元件配合太紧或卸料元件安装倾斜 2）弹性元件弹力不足 3）凹模和下模座之间的排料孔不同心 4）卸料板行程不足 5）弹顶器顶出距离过短	1）修整或重新安装卸料元件，使其能够灵活运动 2）更换或加厚弹性元件 3）修整下模座排料孔 4）修整卸料螺钉头部沉孔深度或修整卸料螺钉长度 5）加长顶出部分长度
啃口	1）导柱与导套间间隙过大 2）凸模或导柱等安装得不垂直 3）上、下模座不平行 4）卸料板偏移或倾斜 5）压力机台面与导轨不垂直	1）更换导柱与导套或模架 2）重新安装凸模或导柱等零件，校验垂直度 3）以下模座为基准，修磨上模座 4）修磨或更换卸料板 5）检修压力机
冲压件不平整	1）凹模倒锥 2）导正销与导正孔配合较紧 3）导正销与挡料销间距过小	1）修磨凹模除去倒锥 2）修整导正销 3）修整挡料销
内孔与外形相对位置不正确	1）挡料钉位置偏移 2）导正销与导正孔间隙过大 3）导料板的导料面与凹模中心线不平行 4）侧刃定距尺寸不正确	1）修整挡料钉位置 2）更换导正销 3）调整导料板的安装位置，使导料面与凹模中心线平行 4）修磨或更换侧刃

（续）

常见问题	产生原因	调整方法
送料不畅或条料被卡住	1）导料板间距过小或导料板安装倾斜 2）凸模与卸料板间的间隙过大，导致搭边翻边 3）导料板工作面与侧刃不平行 4）侧刃与侧刃挡块间不贴合，导致条料上产生毛刺	1）修整导料板 2）更换卸料板以减小凸模与卸料板的间隙 3）修整侧刃或导料板 4）消除两者之间的间隙

任务三　装配普通二板式塑料模

一、任务导入

普通二板式塑料模的装配任务见表5-37。

表5-37　普通二板式塑料模的装配任务

学习情境	实训地点：模具实训中心 教学条件：普通二板式塑料模的16种零部件，XS－ZY－125注射机，模具测量仪器、钳工工作台、扳手、锤子、各种铜棒、撬杠和勾头撬杠等拆装工具，钳工锉（平锉）、划线工具、千分尺、游标卡尺、90°角尺和塞尺等	教学要求
完成任务	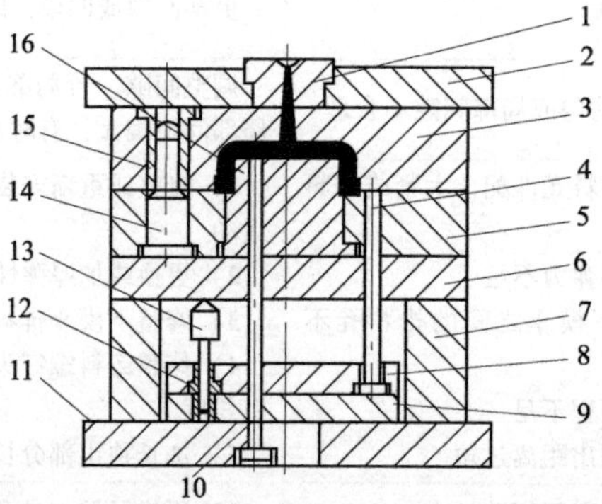 1—浇口套　2—定模板　3—定模　4—顶杆　5—动模固定板 6—垫板　7—支承板　8—推板　9—推板垫板　10—顶件杆 11—动模板　12—顶板导套　13—顶板导柱 14—导柱　15—导套　16—动模型芯	根据所学模具制造技术知识，完成左图所示普通二板式塑料模的装配，并进行试模，最后编制装配工艺规程，填写工艺卡
能力目标	会进行塑料模组件装配、总装及推出位置调整	
具体要求	① 掌握装配尺寸链和装配工艺方法 ② 掌握模具零件的固定方法 ③ 掌握塑料模推出位置的控制方法 ④ 掌握塑料模的装配 ⑤ 掌握塑料模的调试和修理	

（续）

教学法安排	① 多媒体教学 ② 现场演示 ③ 学生分组讨论 ④ 职业技能评价	理实一体
最终考核	工作文件15%，操作过程40%，工作结果25%，汇报效果10%，团队10%	百分制

二、知识链接——型腔模的装配

1. 型腔模装配的技术要求

型腔模包括压缩模、注射模、锻模及合金压铸模，其装配的技术要求见表5-38。

表5-38　型腔模装配的技术要求

序　号	项　目	技术要求
1	模具外观	1）装配后的模具闭合高度、安装于注射机上的各配合部位尺寸、顶出板顶出形式、开模距等均应符合图样要求及所使用设备条件 2）模具外露非工作部位棱边均应倒角 3）大、中型模具均应有起重吊孔、吊环，供搬运用 4）模具闭合后，各承压面（或分型面）之间要闭合严密，不得有较大缝隙 5）零件之间各支承面要互相平行，平行度误差在200mm范围内不应超过0.05mm 6）装配后的模具应打印标记、编号及合模标记
2	成形零件及浇注系统	1）成形零件，浇注系统表面应光洁，无塌坑、伤痕等弊病 2）对成形时有腐蚀性的塑料零件，其型腔表面应镀铬、打光 3）成形零件尺寸精度应符合图样规定的要求 4）互相接触的承压零件（如互相接触的型芯，凸模与挤压环，柱塞与加料室）之间，应有适当间隙或合理的承压面积及承压形式，以防零件间直接挤压 5）型腔在分型面处，浇口及进料口处应保持锐边，一般不得修成圆角 6）各飞边方向应保证不影响工件正常脱模
3	斜楔及活动零件	1）各滑动零件配合间隙要适当，起止位置定位要正确。镶嵌紧固零件要紧固安全可靠 2）活动型芯、顶出及导向部位运动时，滑动要平稳，动作可靠灵活，互相协调，间隙要适当，不得有卡紧及感觉发涩等现象
4	锁紧及紧固零件	1）锁紧作用要可靠 2）各紧固螺钉要拧紧，不得松动
5	顶出系统零件	1）开模时顶出部分应保证顺利脱模，以方便取出工件及浇注系统废料 2）各顶出零件要动作平稳，不得有阻滞现象 3）模具稳定性要好，应有足够的强度，工作时受力要均匀

（续）

序　号	项　目	技术要求
6	加热及冷却系统	1）冷却水路要通畅，不漏水，阀门控制要正常 2）电加热系统要无漏电现象，并安全可靠，能达到模温要求 3）各气动、液压、控制机构动作要正常，阀门、开关要可靠
7	导向机构	1）导柱、导套要垂直于模座 2）导向精度要达到图样要求的配合精度，能对定模、动模起良好的导向、定位作用

2. 型腔模部件的装配方法

（1）型芯与固定板的装配　型芯与固定板的装配工艺见表5-39。

表5-39　型芯与固定板的装配

序号	结构形式	图　示	工艺说明	注意事项
1	型芯与通孔式固定板	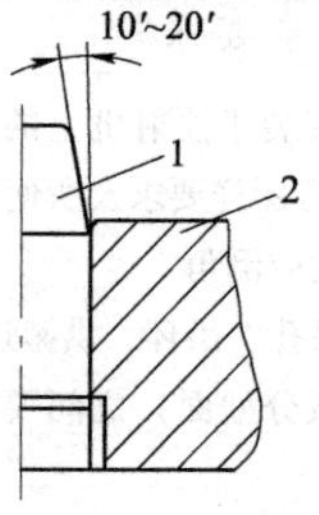 1—型芯　2—固定板	主要采用直接压入法，将型芯直接压入固定板型孔中。压入时，最好采用液压机或专用压力机压入 1）压入前在型芯表面及固定板型孔压入贴合面涂以适当润滑油，以便于压入 2）固定板用等高垫铁垫起，其安装表面要和工作台面平行 3）将型芯导入部位放入固定板型孔内，并要校正垂直度 4）慢慢将型芯压入 5）压入一半后，再校正一次垂直度，调整合适后再继续加压 6）全部压入后，再测量垂直度	1）装配前应将固定板型孔的清角稍加修整成圆角，以便于型芯压入 2）压入前应检查固定板型孔与型芯配合程度，不要太紧，否则压入时会弯曲 3）压入时要始终保持平稳的压力
2	埋入式型芯	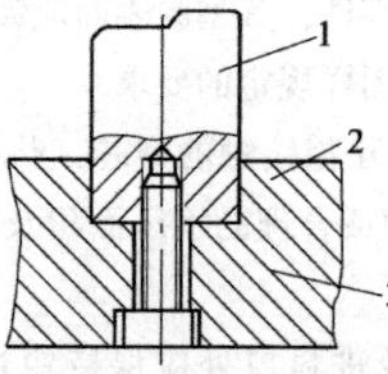 1—型芯　2—固定板 3—螺钉	1）修整固定板沉孔与型芯尾部形状及尺寸差异，使其达到配合要求（一般修整型芯较为方便） 2）当型芯应埋入固定板较深时，可将型芯尾部四周略修斜度。当埋入5mm以下时，则不应修斜度，否则会影响固定后的强度 3）型芯埋入固定板后，应用螺钉紧固	在修整配合部位时，应特别注意动、定模的相对位置，否则将使装配后的型芯不能与动模配合
3	螺钉固定式型芯与固定板	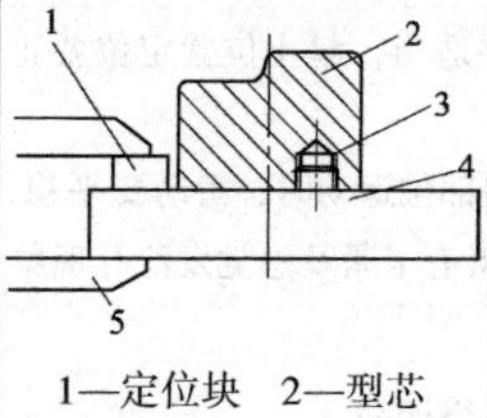 1—定位块　2—型芯 3—销　4—固定板 5—平行夹头	面积大而高度低的型芯，常用螺钉、销直接与固定板连接 1）在淬硬的型芯2上，压入销套 2）根据型芯在固定板上要求的位置，将定位块1用平行夹头5固定于固定板4上 3）将型芯的螺孔位置复印到固定板4上，并钻、锪孔 4）初步用螺钉将型芯紧固，如固定板上已经装好导柱导套，则需调整型芯，以确保定、动模正确位置 5）在固定板反面划出销孔位置并与型芯一起钻铰销孔后打入销	装配时为便于打入销，可将销端部稍微修出锥度。销与销套的配合长度直线部位需3～5mm，以便于型芯的拆卸

（续）

序号	结构形式	图示	工艺说明	注意事项
4	螺纹型芯与固定板	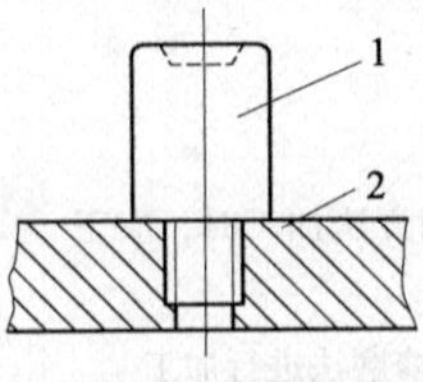 1—型芯 2—固定板	热固性塑料压塑模常采用螺纹连接式装配，将型芯直接拧入固定板中，并用定位螺钉紧固。定位螺孔在型芯位置调整合适后，进行攻制，然后取下型芯，进行热处理后装配	装配时，一定要保持型芯与固定板之间的相对位置精度和型芯与固定板平面的垂直度

（2）型腔凹模与动、定模板的装配　型腔凹模与动、定模板的装配见表5-40。

表5-40　型腔凹模与动、定模板的装配

结构形式	图示	工艺说明	注意事项
单件整体圆形型腔凹模	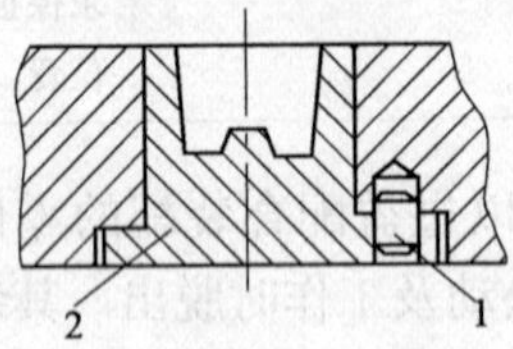 1—定位销　2—凹模	1）在模板的上、下平面上划出对准线，在型腔凹模的上端面划出相应对准线，并将对准线引向侧面 2）将型腔凹模放在固定板上，以线为基准，定其位置 3）将型腔压入模板 4）压入极小一部分时，进行位置调整，也可用百分表调整其直线部分。若发生偏差，可用管子钳将其旋转至正确位置 5）将型腔全部压入模板并调整其位置 6）位置合适后，用型腔销孔（在热处理前钻铰完成）复钻与固定板的销孔，打入销定位，防止转动	1）型腔凹模和动模板镶合后，型面上要求紧密无缝。因此，压入端不准修出斜度，应将导入斜度修在模板上 2）型腔凹模与模板相对位置一定要符合图样要求
多件整体型腔凹模	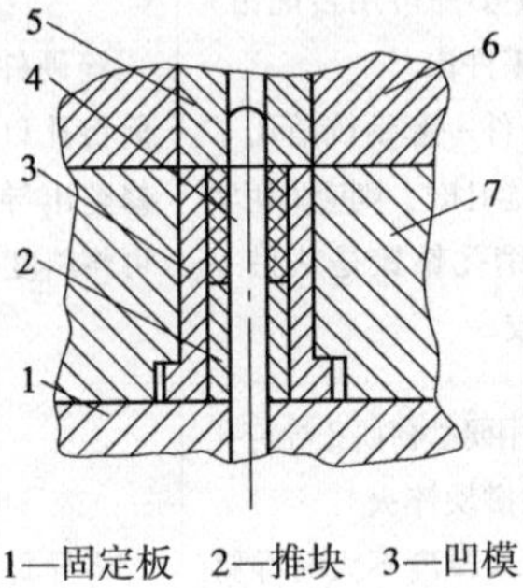 1—固定板　2—推块　3—凹模型腔　4—型芯　5—定模镶块　6—定模套　7—动模套	1）将推块2和定模镶块5用工艺销穿入两者孔中定位 2）将型腔凹模套在推块上，用量具测得型腔凹模外形的位置尺寸，即动模板固定孔的实际尺寸 3）将型腔凹模压入动模板 4）放入推块，从推块的孔中复钻小型芯在固定板1上的孔 5）将小型芯4装入定模镶块5的孔中，并保证位置精度	1）注意选择装配基准（基准为定模镶块上的孔） 2）装配时应注意动、定模的相对位置精度
拼块型腔（单型腔）	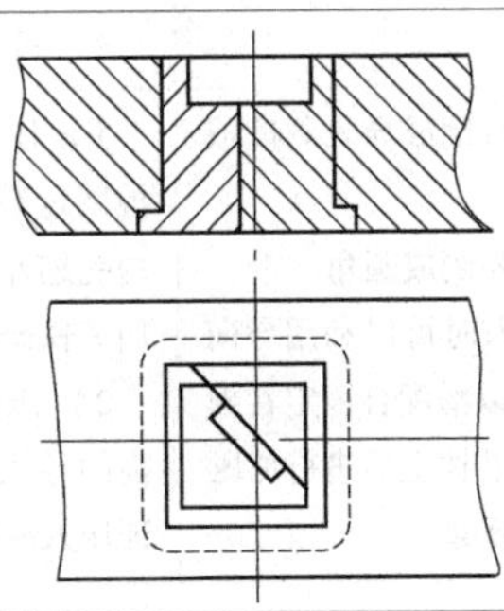	采用压入法将型腔凹模压入模板中 在压入前，一般要经粗加工，待压入后再将预先经热处理粗加工的型腔用电火花机床精加工成形，或用刀具加工到要求的尺寸，并保证尺寸精度及表面粗糙度	1）压入模板的型腔拼块要配合严密，不可松动 2）压入应始终保持平稳

（续）

结构形式	图示	工艺说明	注意事项
拼块模框	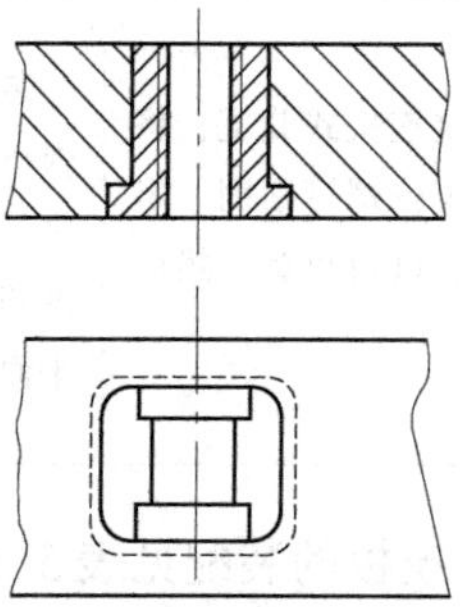	拼块的加工尺寸，在用磨削方法加工时，应正确控制，然后压入拼合成形 模板的固定孔可以采用压印修磨法进行加工	1）拼合后不应存在缝隙 2）加工模板固定孔时，应注意孔壁与安装基面的垂直度
沉坑内拼块型腔	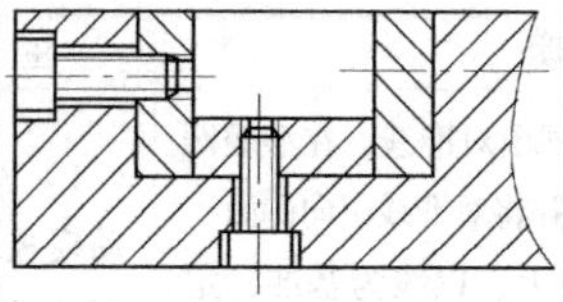	1）用铣床加工模板沉孔 2）将拼块镶入 3）根据拼块螺孔位置，用划线法在模板上划出通孔位置，并钻、锪孔 4）将螺钉拧入紧固	1）拼块之间应配合严密，不准有缝隙存在 2）应按图样要求保证拼块的正确位置

（3）过盈配合件的装配　在型腔模装配中，还有不少以过盈配合装配的零件，如销套及导钉的压入等。这些零件装配后不用螺钉紧固，但不许松动及工作时脱出。其装配方法见表5-41。

表5-41　过盈配合零件的装配

结构形式	图示	工艺说明	注意事项
销套	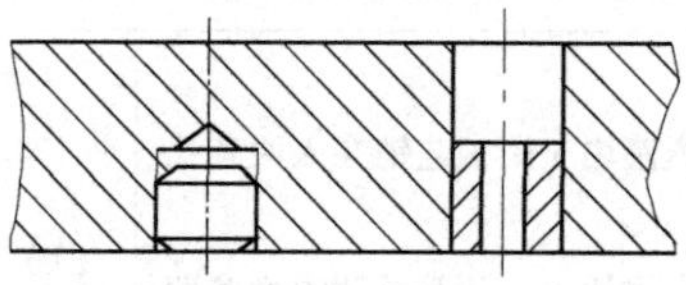	1）利用液压机（小件可用台虎钳）将销套压入淬硬的零件内 2）压入后与另一件一起钻铰销孔 3）当淬硬件为不通孔时，则应采用实心的销套，此时的销孔钻铰是从另一件向实心的销套钻铰	淬硬件应在热处理前将孔口部位倒角并修整出导入斜度，也可将斜度设在销套上
导钉	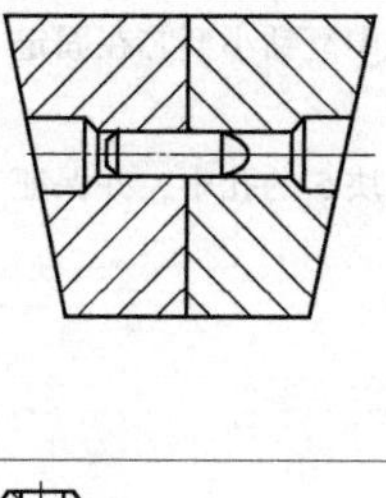	1）将拼块合拢，用研磨棒研正导钉孔 2）将研磨合适的拼块淬火 3）压入导钉。拼块厚度不大时导钉可在斜度的导向端压入；拼块较厚时，导钉在压入端压入，则应在压入端修出导入锥度	将导钉装入时，应防止两块拼块偏移
镶套	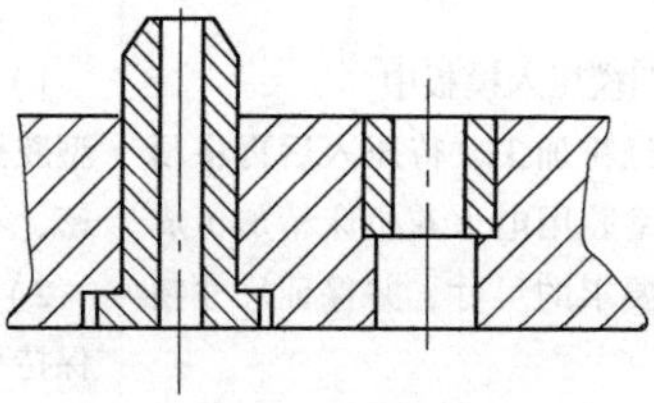	1）模板孔在压入口倒成导入斜度或倒角 2）压入件压入端要倒成圆角 3）压入镶套。压入时可以利用导向芯棒。先将导向芯棒以滑配合固定在模板上，将压入件套在芯棒上后进行加压 4）压配后应进行修磨	1）压入时应严格控制过盈量，以防止内孔缩小。压入后应用铸铁研棒研磨 2）压入件需有较高的导入部位，以保证压入后的垂直度

（续）

结构形式	图　　示	工艺说明	注意事项
多拼块	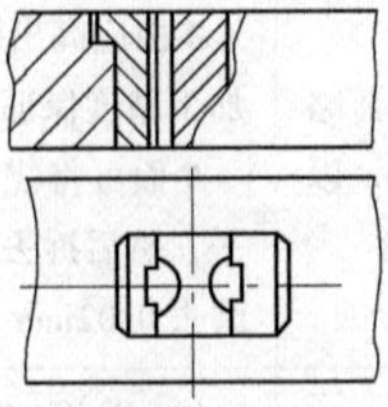	在一块模板上同时压入几件拼块时，可采用平行夹板将拼块夹紧，以防产生缝隙 压入时，可以用液压机进行，在压入端应垫平垫块，使各模块进入模板的高度一致	拼合后不应产生缝隙，应拼合严密
锥面配合	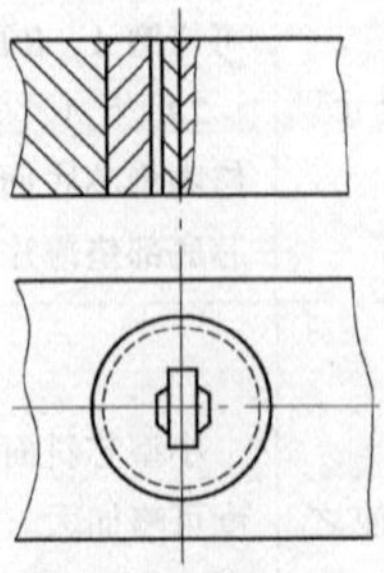	压入件与模孔应与锥面配合，二者锥面需一致。先用红粉检查贴合情况。在压入时，应用百分表测量型腔各点，以保证型腔形状与模板的相对位置	压入端均留余量，待压入后将其与模板一起磨平

3. 型腔模在装配中的修磨

型腔模由许多零件组合而成。尽管各零件在加工与制造过程中公差要求很严，但在装配中仍很难保证装配后的技术要求。因此，在装配过程中，应将零件进行局部修磨，以达到装配要求。其修磨方法见表5-42。

表5-42　型腔模在装配中修磨方法

序　号	图　　示	修磨要求	修磨方法
1	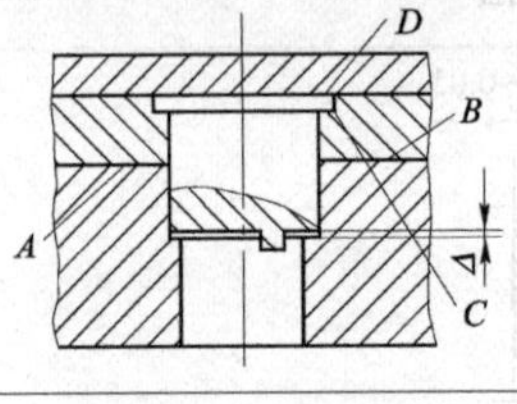	型芯端面与加料室平面间有间隙Δ，需消除	1）单型腔时，修磨固定板平面A（修磨时需拆下型芯）或修磨型腔上平面B 2）多型腔时，修磨型芯台肩C，装入模板后再修磨D面
2	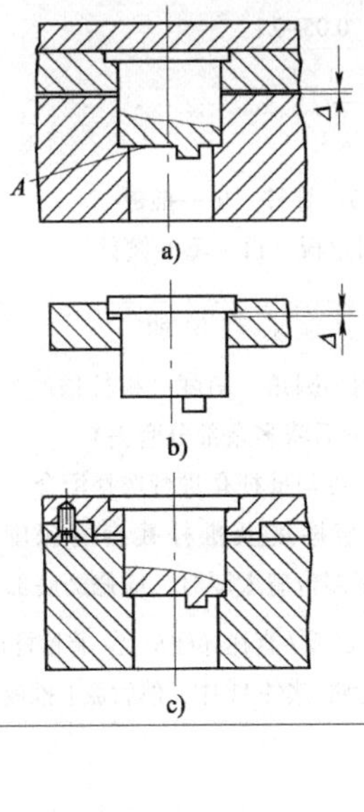	型芯与型芯固定板有间隙Δ	1）修磨型芯工作面A如图a所示 2）在型芯与固定板台肩内加入垫片，适用于小模具 3）在固定板上设垫块（厚度大于2mm），在型芯固定板上铣凹坑，适用于大、中型模具

（续）

序　号	图　示	修磨要求	修磨方法
3	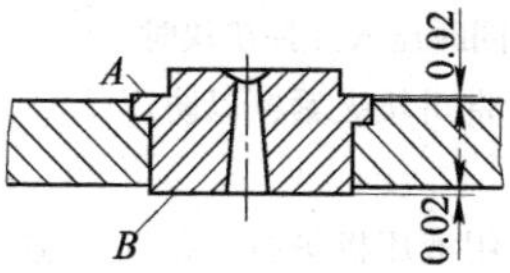	修磨后需使浇口套略高于固定板 0.02mm 以便定位圈压紧浇口套	A 面应高出固定平面 0.02mm，由加工精度保证 B 面可将浇口套压入固定板后磨平，然后拆去浇口套，再将固定板磨去 0.02mm
4	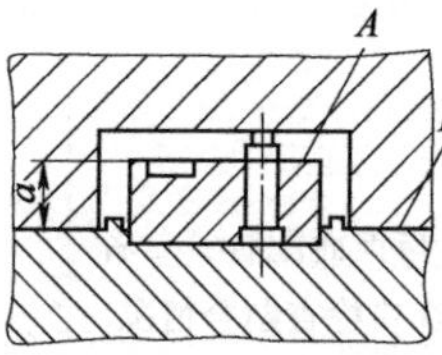	埋入式型芯高度尺寸	1）当 A、B 面无凹、凸形状时，可修磨 A、B 面到要求尺寸 2）当 A、B 面有凹、凸形状时，修磨型芯底面，可使 a 减小；在型芯底部垫薄片可使 a 尺寸加大
5	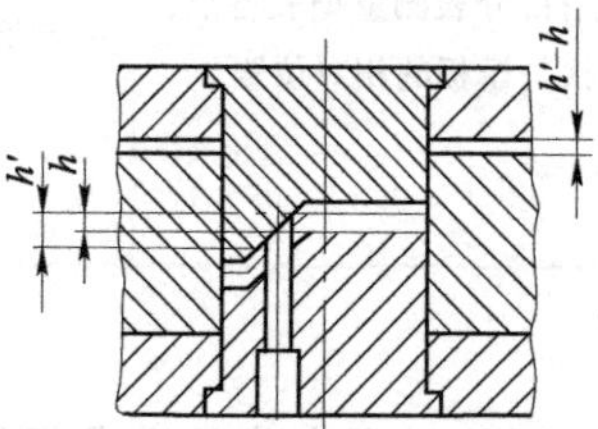	修磨型芯斜面后使之与型芯贴合	小型芯斜面必须先磨成形，总高度可略加大。待装入后合模，使小型芯与上型芯接触，测出修磨量 h'—h，然后修磨小型芯斜面

注：在装配复杂模具时，应注意各面尺寸相互关联，防止修一面而影响其他面尺寸。

4. 型腔模整体装配方法

（1）推杆的装配　推杆的装配方法见表 5-43。

表 5-43　推杆的装配方法

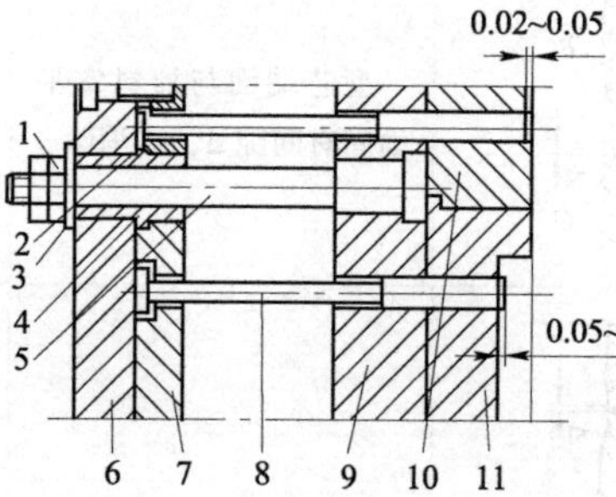

1—螺母　2—复位杆　3—垫圈　4—导套　5—导柱　6—推板
7—推杆固定板　8—推杆　9—支承板　10—固定板　11—型腔镶件

序　号	工　序	工艺说明
1	零件检查与修整	1）将推杆孔入口处倒小圆角、斜度（推杆顶端可倒角。在加工时，可将推杆做长一些，装配后将多余部分磨去） 2）推杆数量较多时，可与推杆孔进行选择配合 3）检查推杆尾部台肩厚度及推杆孔台肩深度，使装配后留有 0.05mm 间隙。当推杆尾部台肩太厚时，应修磨底部
2	装配	将装有导套 4 的推杆固定板 7 套在导柱 5 上，将推杆 8、复位杆 2 穿入推杆固定板 7 和承撑板 9、型腔镶件 11 中，然后盖上推板 6，拧紧螺钉

（续）

序号	工序	工艺说明
3	修整	1）修磨导柱或模脚的台肩尺寸。使推板复位至与垫圈3或模脚台肩接触时，如果推杆低于型面，则应修磨导柱台阶或模脚的上平面；如果推杆高于型面，则可修磨推板6的底面 2）修磨推杆及复位杆的端面。应使复位杆在复位后，其端面低于分型面0.02～0.05mm。在推板复位至终点位置后，测量其中一根高出分型面的尺寸，确定修磨量。其他几根应修磨成统一尺寸，推杆端面应高出型面0.05～0.10mm 3）推杆及复位杆可在平面磨床上用卡盘夹紧进行修磨

技术要求：

1）推板在装配后，应动作灵活，尽量避免磨损。

2）推杆在固定板孔内，每边应留有0.5mm间隙量。

3）推杆固定板与推板需有导向装置和复位支承。

（2）卸料板的装配　卸料板的装配方法见表5-44。

表5-44　卸料板的装配

结构形式	图示	工艺说明
型孔镶块式卸料板	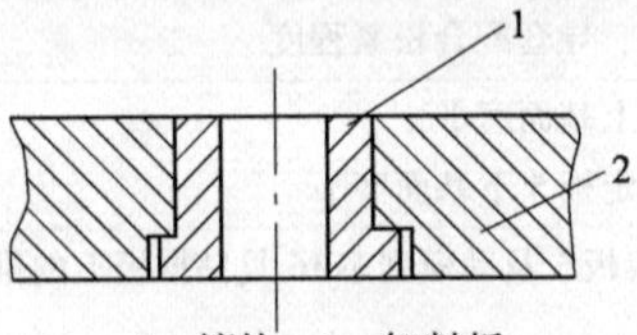 1—镶块　2—卸料板 （为了提高卸料板使用寿命，型孔部分镶入淬硬的镶块）	1）圆形镶块采用过盈配合方式，即将镶块采用压入法压入卸料板内。此时，卸料板内的镶块内孔应有较小的表面粗糙度值，与型芯滑配合工作部分高度保持5～10mm，其余部分应加工成1°～3°的斜度 2）非圆形镶块与卸料板采用铆钉及螺钉连接。装配时，将镶块装入卸料板型孔，再套到型芯上，然后从镶块上已钻出的铆钉孔中复钻卸料板。铆合后，铆钉头在成形面上不应留有痕迹 采用螺钉紧固时，可将镶块装入卸料板后再套入型芯，调整合适时，再紧固螺钉
埋入式卸料板	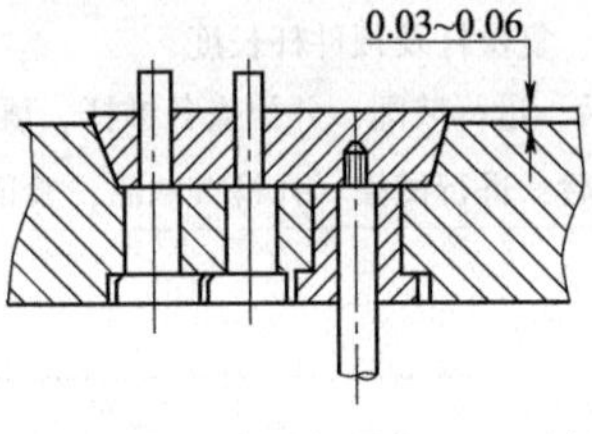 （埋入式卸料板是将卸料板埋入固定板沉孔内，与固定板呈斜面接触。其上平面高出固定板0.03～0.06mm）	卸料板为圆形结构时，卸料板与固定板在车床上配合加工后，压入或紧固 卸料板为非圆形结构时，可用铣床铣削加工，并留有一定的余量，在装配后修磨 小型模具可采用划线加工，对于大、中型模具，可将卸料板与固定板同时加工。首先将修配好的卸料板用螺钉紧固于固定板上，然后以固定板外形为基准，直接镗出各孔 孔为非圆形时，应先镗出基准孔，然后在立铣床上加工成形

三、任务实施

普通二板式塑料模的装配见表5-45。

表 5-45 普通二板式塑料模的装配

序 号	工 序	工艺说明
1	精修定模	1）定模 3 经锻、刨后，磨削六面。上下平面留修磨余量 2）划线加工型腔。用铣床铣削型腔或用电火花加工型腔。深度按要求尺寸增加 0.2mm 3）用油石修整型腔表面
2	精修动模型芯及动模固定板型孔	1）按图样将预加工的动模型芯 16 精修成形，钻、铰顶件孔 2）按划线加工动模固定板 5 的型孔，并与型芯配合加工
3	同镗导柱、导套孔	1）将定模 3、动模固定板 5 叠合在一起，使分型面紧密接触，然后夹紧，镗削导柱、导套孔 2）锪导柱、导套孔台肩孔
4	复钻螺孔、销孔及推件孔	1）将定模 3 与定模板 2 叠合在一起，夹紧后复钻螺孔、销孔 2）将动模板 11、动模固定板 5、垫板 6、支承板 7 叠合夹紧，复钻螺孔、销孔
5	动模型芯压入动模固定板	1）将动模型芯 16 压入固定板并配合紧密 2）装配后，型芯外露部分要符合图样要求
6	压入导柱、导套	1）将导套 15 压入定模 3 2）将导柱 14 压入动模固定板 5 3）检查导柱、导套配合松紧程度
7	磨削安装基面	1）将定模 3 上基面磨平 2）将动模固定板 5 下基面磨平
8	复钻推板上的推杆孔	通过动模固定板 5 及动模型芯 16 复钻推板上的推杆，在顶杆孔卸下后复钻垫板各孔
9	将浇口套压入定模板	用压力机将浇口套压入定模板
10	装配定模部分	在定模板 2、定模 3 上复钻螺孔、销孔后，拧入螺钉并敲入紧固
11	装配动模	将动模固定板 5、垫板 6、支承板 7、动模板 11 复钻后，拧入螺钉、打入销紧固
12	修整推杆、复位杆、顶杆的长度	1）将动模部分全部装配后，使支承板底面和推板紧贴于定模板。自型芯表面测出推杆、复位杆及顶件杆长度 2）修磨长度后，进行装配，并检查各推杆、顶杆的灵活性
13	试模与调整	各部位装配完后，进行试模，并检查制品，验证模具的质量状况
14	打刻编号	
15	入库	

四、知识拓展

1. 压缩模装配

热固性塑料压缩模的装配方法见表 5-46。

2. 型腔模试模常见问题及调整

试模时若发现塑件不合格或模具工作不正常，就需找出原因，调整或修理模具，至模具工作正常，试件合格为止。型腔模试模中的常见问题及调试方法见表 5-47。

表 5-46 压缩模的装配方法

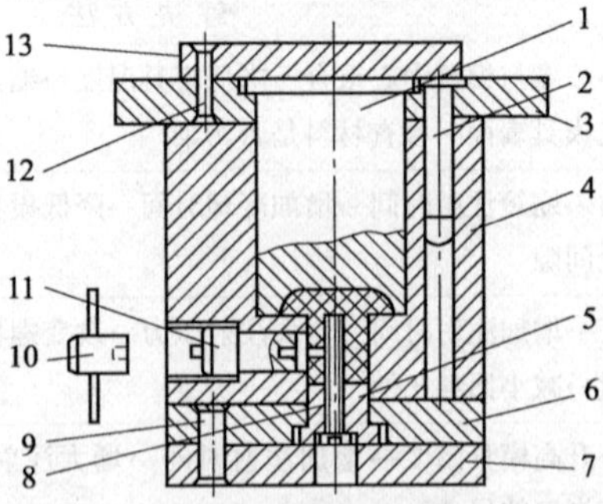

—上型芯 2—导柱 3—上固定板 4—凹模 5—下型芯 6—下固定板 7—模板 8、11—型芯 9、12—圆柱销 10—工具 13—上模板

序 号	工 序	工 艺 说 明
1	修制凹模	1）加工凹模毛坯。外形经锻、刨、磨到尺寸；上、下表面经磨后应留有修磨余量；加料腔留精修余量；斜度由车床车出 2）钳工精修加料腔的配合面和斜度 3）按划线钻、铰导柱孔和侧型芯孔 4）热处理 5）研光型腔
2	精修型芯	1）用车床精车上型芯 1、下型芯 5、型芯 11 到尺寸 2）精修上型芯 1，使之达到要求尺寸精度及表面质量，并与凹模配合修制外形尺寸，保证间隙 3）用同样的方法精修型芯下型芯 5、型芯 11 4）热处理 5）抛光研磨
3	修整固定板固定孔	1）上固定板 3 的型孔用上型芯 1 配合修整或压印锉修；下固定板 6 的型孔由下型芯 5 压印锉修 2）修制斜度及压入口圆角
4	将型芯压入固定板	1）将上型芯 1 压入上固定板 3 2）将型芯 8 先压入型芯 5，再压入下固定板 6 3）按型芯装配固定板实际高度修磨凹模，并使上型芯底面与凹模型腔接触
5	在上、下固定板上复钻、铰导柱孔	在固定板上复钻上、下导柱孔。将凹模与上型芯配合，复钻上导柱孔；下型芯与凹模再复钻下固定板导销孔，钻后精铰及锪孔
6	压入导柱、导钉	将导柱及导钉分别压入上、下固定板
7	平磨	将固定板底面磨平，表面粗糙度为 $Ra0.80\mu m$ 以下
8	镀铬抛光型芯与凹模	1）将凹模及型芯拆下，镀铬、抛光 2）表面粗糙度为 $Ra0.20 \sim Ra0.10\mu m$ 3）按上述工序重新安排
9	铆合模板	1）将上型芯 1 装入上固定板 3，盖上上模板 13，复钻铰孔后，铆合销 2）用同样方法铆合下模板
10	试模调整	将装配后的模具在压机上试压，并根据试模情况及制品质量进行修整
11	打刻编号	
12	入库	

表5-47 型腔模试模中的常见问题及解决方法

常见问题	解决方法
主浇道黏模	抛光主浇道→喷嘴与模具中心重合→降低模具温度→缩短注射时间→增加冷却时间→检查喷嘴加热圈→抛光模具表面→检查材料是否污染
塑件脱模困难	降低注射压力→缩短注射时间→增加冷却时间→降低模具温度→抛光模具表面→增大脱模斜度→减小镶块处间隙
尺寸稳定性差	改变料筒温度→增加注射时间→增大注射压力→改变螺杆背压→升高模具温度→降低模具温度→调节供料量→减小回料比例
表面波纹	调节供料量→升高模具温度→增加注射时间→增大注射压力→提高物料温度→增大注射速度→增加浇道与浇口的尺寸
塑件翘曲和变形	降低模具温度→降低物料温度→增加冷却时间→降低注射速度→降低注射压力→增加螺杆背压→缩短注射时间
塑件脱皮分层	检查塑料种类和级别→检查材料是否污染→升高模具温度→物料干燥处理→提高物料温度→降低注射速度→缩短浇口长度→减小注射压力→改变浇口位置→采用大孔喷嘴
银丝斑纹	降低物料温度→物料干燥处理→增大注射压力→增大浇口尺寸→检查塑料的种类和级别→检查塑料是否污染
表面光泽差	物料干燥处理→检查材料是否污染→提高物料温度→增大注射压力→升高模具温度→抛光模具表面→增大浇道与浇口的尺寸
凹痕	调节供料量→增大注射压力→增加注射时间→降低物料速度→降低模具温度→增加排气孔→增大浇道与浇口尺寸→缩短浇道长度→改变浇口位置→降低注射压力→增大螺杆背压
气泡	物料干燥处理→降低物料温度→增大注射压力→增加注射时间→升高模具温度→降低注射速度→增大螺杆背压
塑料充填不足	调节供料量→增大注射压力→增加冷却时间→升高模具温度→增加注射速度→增加排气孔→增大浇道与浇口尺寸→增加冷却时间→缩短浇道长度→增加注射时间→检查喷嘴是否堵塞
塑件溢料	降低注射压力→增大锁模力→降低注射速度→降低物料温度→降低模具温度→重新校正分型面→降低螺杆背压→检查塑件投影面积→检查模板平直度→检查模具分型面是否锁紧
熔接痕	提高模具温度→提高物料温度→增加注射速度→增大注射压力→增加排气孔→增大浇道与浇口尺寸→减少分型剂用量→减少浇口个数
塑件强度下降	物料干燥处理→降低物料温度→检查材料是否污染→升高模具温度→降低螺杆转速→降低螺杆背压→增加排气孔→改变浇口位置→降低注射速度
裂纹	升高模具温度→缩短冷却时间→提高物料温度→增加注射时间→增大注射压力→降低螺杆背压→嵌件预热→缩短注射时间
黑点及条纹	降低物料温度→喷嘴重新对正→降低螺杆转速→降低螺杆背压→采用大孔喷嘴→增加排气孔→增大浇道与浇口尺寸→降低注射压力→改变浇口位置

任务四 装配带侧抽芯的二板式塑料模

一、任务导入

带侧抽芯的二板式塑料模的装配任务见表5-48。

表 5-48　带侧抽芯的二板式塑料模的装配任务

学习情境	实训地点：模具实训中心 教学条件：带侧抽芯的二板式塑料模的 24 种零部件。XS－ZY－125 注射机。模具测量仪器，钳工工作台、扳手、锤子、各种铜棒、撬杠、勾头撬杠等拆装工具，钳工锉（平锉）、划线工具、千分尺、游标卡尺、90°角尺、塞尺等	教学要求
完成任务	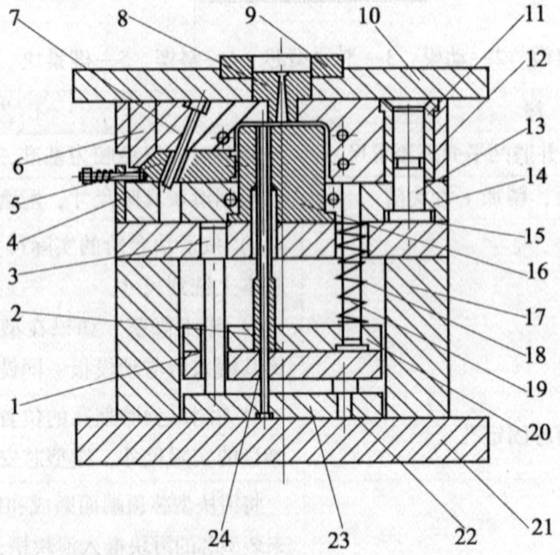 1—小导套　2—推管　3—小导柱　4—限位板　5—滑块 6—楔紧块　7—斜导柱　8—浇口套　9—定位圈　10—定模座板 11—导套　12—定模板　13—导柱　14—动模板　15—支承板 16—型芯　17—垫块　18—弹簧　19—复位杆　20—推杆固定板 21—动模座板　22—限位钉　23—小型芯固定板　24—小型芯	根据所学模具制造技术知识，完成左图所示带侧抽芯的二板式塑料模的装配任务，并进行试模，最后编制装配工艺规程
能力目标	会装配塑料模组件，调整总装及侧向型芯推出位置	
具体要求	① 掌握装配尺寸链和装配工艺方法 ② 掌握模具零件的各种固定方法 ③ 掌握塑料模推出及侧抽型芯位置的控制方法 ④ 掌握带侧抽芯塑料模的装配方法 ⑤ 掌握塑料模的调试和修理方法	
教学法安排	① 多媒体教学 ② 现场演示 ③ 学生分组讨论 ④ 职业技能评价	理实一体教学方式
最终考核	工作文件 20%，操作过程 40%，工作结果 25%，汇报效果 5%，团队 10%	百分制

二、知识链接——侧抽芯机构的装配

1. 滑块抽芯机构的装配方法（一）。

在型腔模结构中，滑块抽芯机构的装配要点见表 5-49。

表 5-49 滑块抽芯机构的装配要点

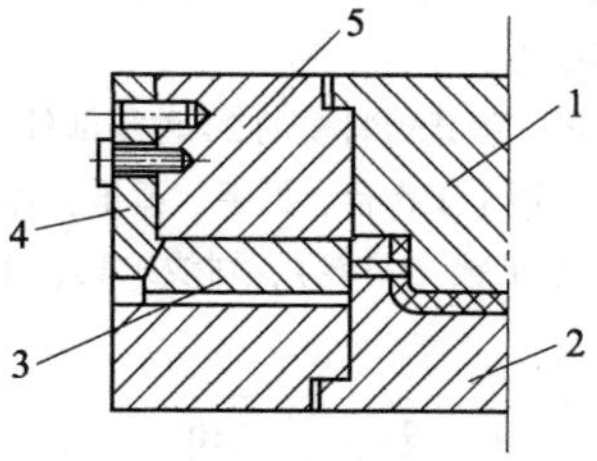

1—定模 2—动模 3—滑块型芯 4—斜楔 5—楔紧块

序号	工　　序	工艺说明
1	将型腔镶块压入模板，并磨两平面至要求尺寸	修磨时，以型腔为基准，并保证型腔尺寸
2	将型腔镶块压入动模板，精加工滑块槽	根据滑块实际尺寸，配磨或精铣滑块槽
3	铣T形槽	1）按滑块台阶的实际尺寸，精铣动模板上的T形槽，基本上铣到尺寸 2）钳工修整。如果在型腔镶块上也带有T形槽，可将其镶入后与动模板一同铣削
4	测定型孔位置及配制型芯固定孔	首先测出型腔型孔的位置，并在滑块的相应位置，按测量的实际尺寸，镗型芯安装孔
5	装滑块型芯	将滑块型芯顶端面磨成和定模型芯相应部位形状。再将未装型芯的滑块推入滑块槽，使滑块前端面与型腔块相接触。再装入型芯并推入滑块槽。修磨合适后，由销定位
6	装配楔块	1）用螺钉紧固楔块 2）修磨楔块及滑块斜面，使之配合合适 3）通过楔块对定模板复钻铰销孔，装入销紧固 4）将楔块后端面与定模一起磨平，使其与滑块斜面均匀接触
7	镗斜销孔	假如有斜销时，应在滑块、动模板、定模板组合后进行镗孔在立式铣床上进行
8	调整与试模	开模后，检查滑块能否复位，合适后用定位板定位

2. 滑块抽芯机构的装配方法（二）。

在型腔模结构中，塑料模具侧抽芯机构的装配方法见表5-50。

表 5-50 塑料模具侧抽芯机构的装配方法

序号	工　　序	图　　示	工艺说明
1	主型芯和型腔装配		将型腔和主型芯按前述的方法正确装配到位
2	配加工导滑槽	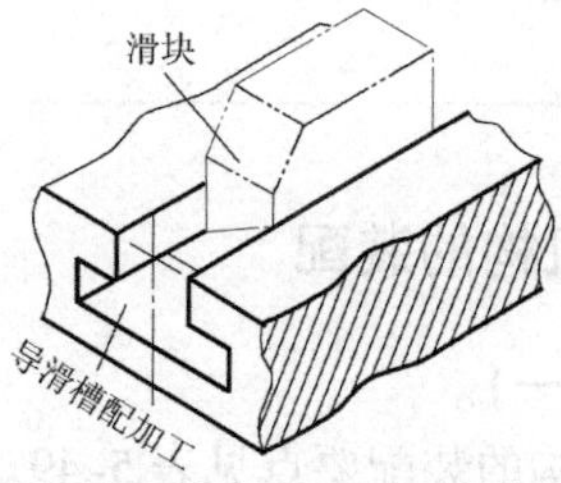	1）根据滑块导滑定位部分的尺寸，按滑块的工作位置和导滑部分的配合间隙要求，在模板上配加工导滑槽 2）加工时必须根据侧滑块型芯孔的工作位置（作为加工基准），控制导滑槽底面和导滑槽的侧向位置

（续）

序号	工　序	图　示	工艺说明
3	加工侧型芯固定孔（槽）	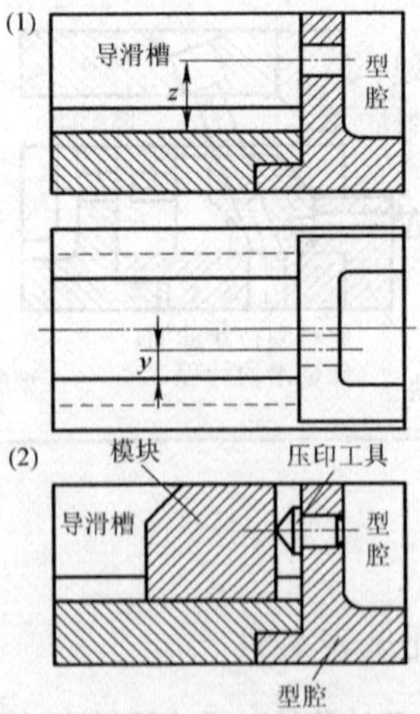	1）精确测量出侧型芯孔的位置高度尺寸z和横向尺寸y，装上侧滑块。再在侧滑块上划线，初步确定侧型芯安装孔的位置 2）在侧型芯孔内装入中心冲或压印工具，采用压印的方法，在滑块上确定侧型芯固定孔（槽）的位置 3）采用钻→扩→铰、钻→扩→镗、铣削的方法加工定位孔（槽）
4	装配侧型芯滑块	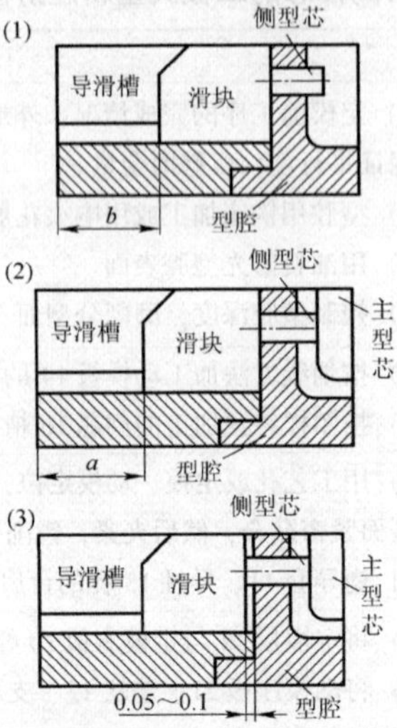	1）修磨侧型芯型面部分，使其与主型芯相应部位吻合 2）将滑块装入导滑槽，使滑块端面与型腔镶块基准面接触，测量滑块尾部与模板端面的距离为b 3）将滑块装入导滑槽，使侧型芯型面与主型芯型面接触，测量滑块尾部与模板端面的距离a 4）按修磨量 $b-a=0.05\sim0.1$mm 修磨滑块或侧型芯，其中 0.05~0.1mm 是滑块端面与型腔镶块之间的间隙 5）配钻侧型芯定位销孔和螺孔，装配侧型芯
5	楔紧块的装配	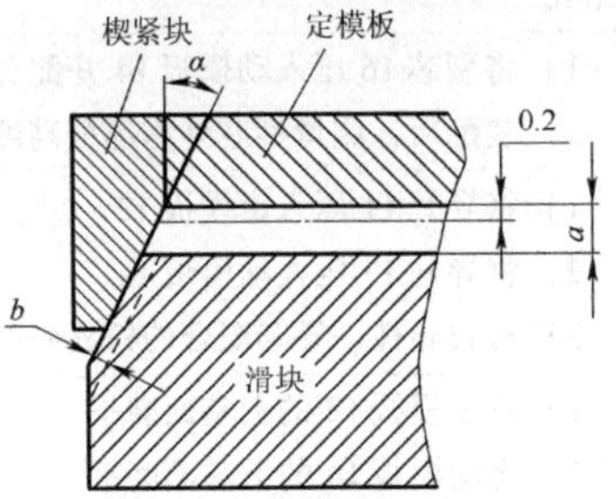	1）用螺钉紧固楔紧块 2）修磨楔紧块斜面，保证楔紧块与侧型芯滑块的斜面密合，修磨量 $b=a-0.2$mm 3）在楔紧块与定模板之间配钻定位销孔，将楔紧块定位 4）将楔紧块与定模板磨平
6	加工斜导孔	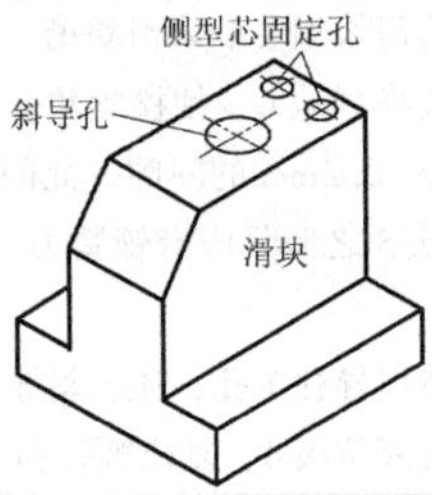	1）在镗床上采用回转工作台，或在铣床上采用斜置工件法镗削斜导孔 2）研磨斜导孔，达到所要求的尺寸和表面粗糙度要求

（续）

序号	工　序	图　示	工艺说明
7	安装并修磨限位块	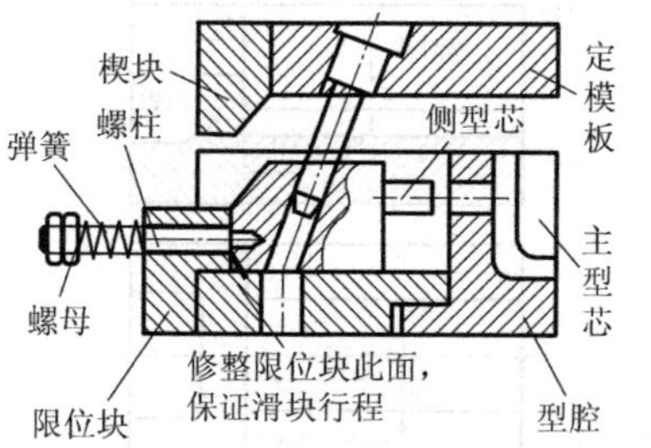	1）将限位块安装在动模板上，把限位块与动模板下平面磨平 2）按要求的滑块抽芯的最大行程，修磨限位块，并装配弹性侧抽芯机构，防止在分型和开模过程中产生干涉

三、任务实施

带侧抽芯的二板式塑料模的装配见表5-51。

表5-51　带侧抽芯的二板式塑料注射模的装配

序号	工　序	工艺说明
1	复检所有模具零件，精修定模	1）定模前工序的完成情况：外形粗加工，每边留余量1mm，磨削两平面并保证平行度，留修磨余量 2）型腔用铣床加工或用电火花加工，深度按要求留加工余量进行抛光 3）用油石修光型腔表面 4）控制型腔深度，磨削分型面
2	精修动模板型孔及型芯	1）按划线方法加工动模板14的型孔 2）按图样将预加工的型芯16精修成形，钻、铰推件孔
3	配镗导柱、导套孔（采用标准模架的已完成）	1）用工艺孔或定模、动模定位，将定模板12、动模板14叠合在一起，使分型面紧密贴合，然后夹紧，镗削导柱13、导套11孔 2）锪导套11、导柱13孔的台肩孔
4	复钻各螺孔、销孔及推件孔	1）将定模板12与定模座板10叠合在一起夹紧，复钻螺孔、销孔 2）将动模座板21、垫块17、支承板15、动模板14叠合夹紧，复钻螺孔、销孔
5	将型芯压入动模板	1）将型芯16压入动模板14并配合紧密 2）装配后，测量型芯外露部分高度是否符合图样要求并调整
6	压入导柱、导套（采用标准模架的已完成）	1）将导套11压入定模板12 2）将导柱13压入动模板14 3）检查导柱、导套配合的松紧程度
7	磨削安装基面	1）将定模板12的上基面磨平 2）将动模板14的下基面磨平
8	装滑块抽芯机构	1）将滑块型芯装入滑块槽，并推至前端面与动模定位面接触 2）装楔紧块6，使楔紧块6与滑块5斜面均匀接触，同时要保证分模面之间留有0.2mm的间隙，此间隙可用塞尺检查。保证模具闭合后，楔紧块6和滑块5之间具应有锁紧力。否则应在楔紧块6后端面垫上适当厚度的金属薄片 3）镗斜导柱7孔，压入斜导柱7 4）装限位板4、复位螺钉和弹簧，使滑块5能复位的定位

（续）

序号	工　序	工艺说明
9	复钻推杆固定板上的推杆孔	通过动模板14及型芯16，引钻推杆固定板20上的推杆孔，卸下后再复钻推杆固定板20各孔及沉头孔
10	将浇口套压入定模板	用压力机将浇口套8压入定模座板10和定模板12中
11	装好定模部分	定模板12、定模座板10复钻螺孔、销孔后，拧入螺钉和敲入销紧固
12	装好动模部分	将动模座板21、垫块17、支承板15、动模板14复钻后，拧入螺钉、打入销紧固
13	修整推杆及复位杆	1）将动模部分全部装配后，使推板紧贴于型芯固定板23上的限位钉。自型芯表面测出推杆、复位杆19及推管2的长度 2）修磨长度后，进行装配，并检查它们的灵活性
14	试模与调整	各部分装配完后，进行试模、检查制品、验证模具质量状况，发现问题予以调整
15	打刻编号	
16	入库	

四、知识拓展

二次分型塑料注射模具的装配见表5-52

表5-52　二次分型模具的装配

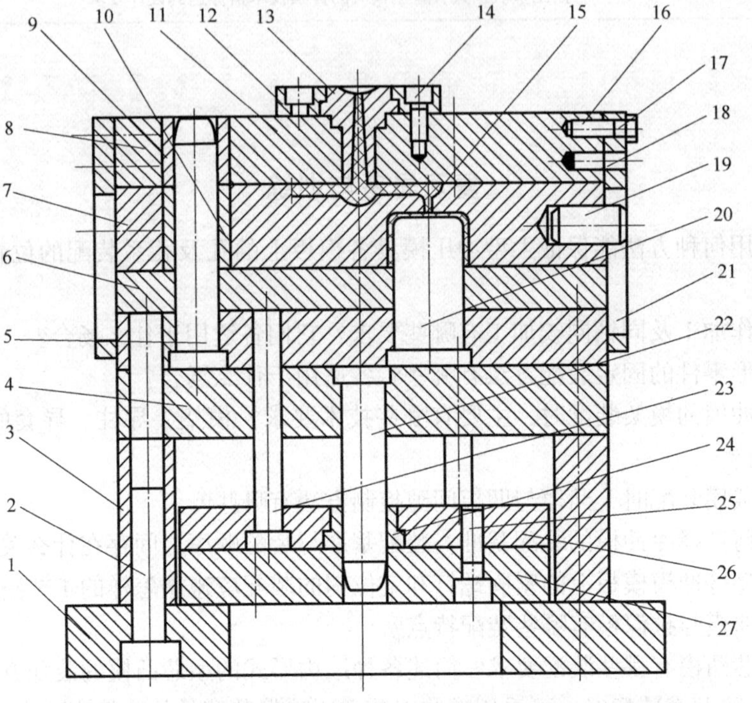

1—动模座板　2、14、16、17、25—螺钉　3—等高垫块　4—垫板　5、22—导柱　6—框件板　7—型腔　8—定模座板　9、10、24—导套　11—制件　12—浇口套固定板　13—浇口套　15—型芯固定板　18—定位销　19—定距销　20—型芯　21—定距拉杆　23—推杆　24—推杆固定板　26—推板　27—推板垫板

（续）

项　目		工艺说明
动模部分的装配	装配型芯（型腔）固定板、支承板、垫板	将型芯20、导柱5、压入型芯固定板15，将导柱装入垫板，按要求检查型芯（型腔）、导柱（导套）等零件与固定板之间的相互位置精度，待其完全符合使用要求后，将二者定位或紧固
	装配卸料板	将导套压入推杆固定板，将推杆、复位杆（拉料杆）等装入推板固定板，调整好与推板之间的相互位置后，用平行夹头紧固，装配定位销，最后用螺钉固定
	装配推件机构	将推件机构与垫板、型芯固定板配调，确定推杆、拉料杆、复位杆在垫板、型芯固定板上的孔位，配加工推杆、拉料杆、复位杆孔，装配好下模部分，保证开模、合模时，推件机构运动灵活，无阻滞现象
定模部分的装配	装配型腔（型芯）与导套或导柱	1）将型腔或型芯装入型腔或型芯固定板内，用选定的方法将其定位和固定，合并修磨其上平面 2）将导套或导柱装入定模座板，合并修磨磨平模座上平面 3）将型腔或型芯固定板与定模固定板结合，调整好型腔位置，用平行夹具夹牢，将两板紧固，配加工定位销孔，打入定位销
	浇口套的装配	1）将浇口套与定模座板组合，确定浇口套孔的准确位置，精确地配加工浇口套孔 2）压入浇口套，将浇口套按装配要求与定模座板和型腔或型芯固定板进行合并修磨，达到设计要求
合模调整	调整分型面之间的密合	合模，观察分型面之间的密合状况，按模具设计时的要求，修磨型芯上表面，保证分型面、型芯与浇口套以及型腔面同时密合
	分型与脱模运动的协调与调整	根据开模距离修配拉杆槽表面，观察模具在分型与脱模运动过程中是否平稳、灵活，是否有阻滞现象发生，如果有这些不良现象，必须查明原因，进行合理调整，甚至重装模具，直至模具的各项技术指标达到设计要求

复习思考与训练

5-1　采用何种方法能保证大型冲压模具各模板上的孔及孔系装配的位置精度？为什么要用该方法？

5-2　配作加工及同钻同铰加工有哪些要求？它们各适用于什么场合？

5-3　成形零件的固定装配方法有哪些？各适用于什么场合？

5-4　冷冲模的模架装配时，主要有哪些技术要求？模架上导柱、导套的装配应按照什么步骤进行？

5-5　冲裁模装配时，凸模与凹模间隙控制方法有哪些？

5-6　如何选择冷冲模的装配基准？装配基准与装配顺序之间存在什么关系？

5-7　小型冷冲模模板上的紧固螺钉和定位销的装配应遵循怎样的工艺路线？

5-8　弯曲模与拉深模有哪些装配特点？

5-9　型芯凸模有哪些装配要求？简述各种结构形式的型芯凸模的装配方案。

5-10　型腔凹模装配时，可采用哪些工艺方法确保装配的位置精度要求？

5-11　滑块抽芯机构装配主要包括哪些步骤及内容？

5-12　推出机构装配过程中，有哪些部位需要进行补充加工及修磨？如何进行？

参考文献

[1] 刘航. 模具制造技术 [M]. 北京：机械工业出版社，2011.
[2] 孙凤勤. 模具制造工艺与设备 [M]. 北京：机械工业出版社，1999.
[3] 李云程. 模具制造工艺学 [M]. 北京：机械工业出版社，1998.
[4] 张铮. 模具制造技术 [M]. 北京：电子工业出版社，2002.
[5] 李云程. 模具制造技术 [M]. 北京：机械工业出版社，2002.
[6] 潘宝权. 模具制造工艺 [M]. 北京：机械工业出版社，2004.
[7] 彭建声，吴成明. 简明模具工实用技术手册 [M]. 北京：机械工业出版社，2004.
[8] 甄瑞麟. 模具制造工艺学 [M]. 北京：清华大学出版社，2005.
[9] 刘航. 机械制造技术 [M]. 北京：北京邮电大学出版社，2010.
[10] 林承全. 模具制造技术——基于工作过程 [M]. 北京：清华大学出版社，2010.
[11] 刘航. 模具制造技术 [M]. 2版，西安：西安电子科技大学出版社，2012.
[12] 熊建武. 模具零件的工艺设计与实施 [M]. 北京：机械工业出版社，2009.
[13] 李晓东. 模具制造工艺学 [M]. 上海：上海科学技术出版社，2011.
[14] 杨占尧. 冲压模具图册 [M]. 北京：高等教育出版社，2004.
[15] 熊建武，熊昱洲. 模具零件的手工制作与检测 [M]. 北京：北京理工大学出版社，2011.
[16] 杨海鹏. 模具拆装与测绘 [M]. 北京：清华大学出版社，2009.
[17] 戴刚. 模具制造综合技能训练 [M]. 北京：电子工业出版社，2006.